国家级技工教育规划教材

全国技工院校医药类专业教材

有机化学——药用化学基础

许瑞林　程　静　主编

中国劳动社会保障出版社

图书在版编目（CIP）数据

有机化学：药用化学基础 / 许瑞林，程静主编. --北京：中国劳动社会保障出版社，2023

全国技工院校医药类专业教材

ISBN 978-7-5167-5854-0

Ⅰ.①有… Ⅱ.①许…②程… Ⅲ.①有机化学-技工学校-教材 Ⅳ.①O62

中国国家版本馆 CIP 数据核字（2023）第 103649 号

中国劳动社会保障出版社出版发行

（北京市惠新东街 1 号　邮政编码：100029）

*

北京市科星印刷有限责任公司印刷装订　　新华书店经销

787 毫米×1092 毫米　16 开本　17.5 印张　375 千字
2023 年 6 月第 1 版　　2023 年 6 月第 1 次印刷
定价：46.00 元

营销中心电话：400-606-6496
出版社网址：http://www.class.com.cn

总前言

为了深入贯彻党的二十大精神和习近平总书记关于大力发展技工教育的重要指示精神，落实中共中央办公厅、国务院办公厅印发的《关于推动现代职业教育高质量发展的意见》，推进技工教育高质量发展，全面推进技工院校工学一体化人才培养模式改革，适应技工院校教学模式改革创新，同时为更好地适应技工院校医药类专业的教学要求，全面提升教学质量，我们组织有关学校的一线教师和行业、企业专家，在充分调研企业生产和学校教学情况、广泛听取教师意见的基础上，吸收和借鉴各地技工院校教学改革的成功经验，组织编写了本套全国技工院校医药类专业教材。

总体来看，本套教材具有以下特色：

第一，坚持知识性、准确性、适用性、先进性，体现专业特点。教材编写过程中，努力做到以市场需求为导向，根据医药行业发展现状和趋势，合理选择教材内容，做到"适用、管用、够用"。同时，在严格执行国家有关技术标准的基础上，尽可能多地在教材中介绍医药行业的新知识、新技术、新工艺和新设备，突出教材的先进性。

第二，突出职业教育特色，重视实践能力的培养。以职业能力为本位，根据医药专业毕业生所从事职业的实际需要，适当调整专业知识的深度和难度，合理确定学生应具备的知识结构和能力结构。同时，进一步加强实践性教学的内容，以满足企业对技能型人才的要求。

第三，创新教材编写模式，激发学生学习兴趣。按照教学规律和学生的认知规律，合理安排教材内容，并注重利用图表、实物照片辅助讲解知识点和技能点，为学生营造生动、直观的学习环境。部分教材采用工作手册式、新型活页式，全流程体现产教融合、校企合作，实现理论知识与企业岗位标准、技能要求的高度融合。部分教材在印刷工艺上采用了四色印刷，增强了教材的表现力。

本套教材配有习题册和多媒体电子课件等教学资源，方便教师上课使用，可以通过技工教育网（http://jg.class.com.cn）下载。另外，在部分教材中针对教学重点和难点制作了演示视频、音频等多媒体素材，学生可扫描二维码在线观看或收听相应内容。

本套教材的编写工作得到了河南、浙江、山东、江苏、江西、四川、广西、广东等省（自治区）人力资源社会保障厅及有关学校的大力支持，教材编审人员做了大量的工作，在此我们表示诚挚的谢意。同时，恳切希望广大读者对教材提出宝贵的意见和建议。

本书前言

　　本书是全国技工院校医药类专业教材之一，根据技工院校医药类人才的培养目标及医药类各专业的教学要求，在作者多年教学实践的基础上编写的。全书共分五章，采用脂肪族芳香族化合物混合编排的方式，以官能团为主线，较系统地阐明有机化学的基本知识、基本理论及基本反应，强化了有机化合物结构和性质间的关系，并联系医药、化工等实际应用。从培养医药类专业应用型人才的目标出发，教材内容以"必需""够用"为原则，力求少而精；文字叙述力求通俗易懂，注意启发性。为适应自主化学习的需要，本书在每节内容后均配有习题，并在书后给出了参考答案，供读者使用。

　　本书编写分工为：邓杰文（酚，羧酸，实验三、五），王顺龙（炔烃、卤代烃、醚），刘香菊（羧酸衍生物、硝基化合物、胺和季铵化合物），许瑞林（绪论，醇，氨基酸、多肽、蛋白质和核酸，有机化学实验室规则），杨靓（烷烃、烯烃），姜春梅（芳香烃，醛、酮和醌），谈丽（脂环烃，杂环化合物，类脂化合物、萜类化合物、甾族化合物、生物碱），程静（取代羧酸，糖类化合物，实验一、二、四、六）。

　　在本书编写过程中，盐城工学院化学化工学院韩忠飞老师和常州市刘国钧高等职业技术学校宗建成老师审阅了教材大纲及全书，并提出了修改意见，在此表示诚挚的感谢！本书编写时还得到了各编委学校领导、科室老师及相关单位的大力支持和帮助，在此一并表示感谢！

　　本书药学特色鲜明，供医药类专业使用，既可作为药品行业职工继续教育和岗位培训的教材，也适合于自学者阅读。

编者

2023 年 6 月

目 录

第一章

绪　论

 学习目标

1. 掌握有机化合物的概念和特点；
2. 掌握有机化合物的结构特点及分类；
3. 了解有机化合物在医药中的应用。

【案例导入】 --

　　煤炭、石油、天然气并称为三大重要能源，我国古代劳动人民很早就知道并利用它们。煤炭，中国古代称"石炭""乌薪""黑金""燃石"等。南北朝时，我国北方家庭已广泛使用煤炭取暖、烧饭；唐朝时，我国南方也已广泛使用煤炭；宋朝时，煤炭在京都汴梁已是家用燃料；明朝时，煤炭已是冶铁的主要燃料。明朝科学家宋应星在《天工开物》一书中就有关于"冶铁"的记载。石油，在古代又称"石漆""水肥""石脂""猛火油""雄黄油""石脑油"等。宋朝科学家沈括发明用石油作墨，他在《梦溪笔谈》中明确提出"石油"一名。天然气的开采和掘井技术与盐井开采紧密相连。四川开凿的许多盐井，同时也是天然气井，当时称"火井"。宋应星在《天工开物》一书中，对火井煮盐作了详细的记述。

　　问题：1. 查询资料，了解煤炭、石油、天然气的主要成分是什么？
　　　　　2. 除了作为燃料外，你还知道煤炭、石油、天然气的哪些应用？

一、有机化合物和有机化学

　　自然界物质的种类很多，根据它们的组成、结构和性质等方面的特点，人们将自然界中的化合物分为无机化合物（简称无机物）和有机化合物（简称有机物）两大类。通常把来源于地壳的矿物质（如金属与非金属单质，氧化物、酸、碱、盐等）称为无机化合物。把来源于有机体内（动物和植物体内）的物质（如淀粉、蛋白质、脂肪、核酸、维生素等）称为有机化合物。

　　目前已确定结构的有机化合物达数千万种，远远超过了无机化合物的数量。种类数目如此庞大的有机化合物，在组成上主要含有碳和氢两种元素，有的还含有氧、氮、硫、磷和卤素等。因此，可以认为有机化合物是碳氢化合物和它们的衍生物。例如：甲烷（CH_4）是碳氢化合物，而甲醇（CH_3OH）可以看成是甲烷的一个氢原子被原子团—OH取代所生成的化合物，两者都属于有机化合物。自然界中，绝大多数含碳化合物都是有机化合物。但有一些简单的含碳化合物除外，如一氧化碳、二氧化碳和碳酸盐等，它们的结构和性质均与无机化合物相似，因此这些化合物都属于无机化合物。

有机化学是研究有机化合物的组成、结构、性质、合成方法、应用以及它们相互转化规律的一门学科，也是许多工业发展的基础。众多的现代化工业，如石油化工和三大合成材料（塑料、合成橡胶、合成纤维）工业的建立和发展，都依赖于有机化学的相关研究，其他如化肥、日用化工、医药、染料、农药和食品、轻工等工业，同样也离不开有机化学。

有机化学是化学、化工和药学类专业的基础理论课程。学习和掌握有机化学的基本原理，对于后续课程的学习，以及将来从事化学、化工和药学等行业的工作，都是十分重要的。

【知识链接】 --

有机化学的产生与发展

人类对于有机化合物的认识，是在实践中逐渐加深的。最初接触的有机物，都是来自动植物有机体，因此人们认为，有机化合物只能从生物体中产生，而不能用人工的方法合成，"有机物"这个名称由此而来，意义为"有生机之物"。这种观点曾经严重地阻碍了有机化合物的研究。后来在1828年，德国化学家维勒在加热氰酸铵溶液时发现，无机物氰酸铵能转变为有机物尿素。

$$NH_4OCN \longrightarrow CO(NH_2)_2$$
$$\text{氰酸铵} \qquad\qquad \text{尿素}$$

继维勒之后，又有人分别在1845年和1854年合成了醋酸及脂肪。维勒等人的这些发现证明，无机物和有机物之间并无绝对的界限，它们在一定条件下是可以互相转化的。随着社会生产力的发展和科学技术的进步，在今天已经能够用人工的方法，实现由无机物或简单的有机化合物，合成塑料、橡胶、纤维、药物和染料等许许多多有机产品。因此，"有机物"一词也就失去了原有含义。

二、有机化合物的特性

典型的有机化合物和典型的无机化合物，在性质上有明显的差异。一般情况下，有机化合物具有以下特点。

1. 对热不稳定，容易燃烧

大多数有机化合物受热时不稳定，容易分解，也容易燃烧。例如：纤维、糖、淀粉、酒精、汽油等，遇火就发烟、炭化、燃烧。而无机化合物一般不易或不能燃烧。

2. 熔点和沸点低

许多有机化合物在常温下以气体、液体状态存在；固体的有机化合物熔点都比较低，一般在

300 ℃以下，很少有超过 400 ℃的。而无机化合物熔点则比较高，如氧化铝的熔点高达 2 054 ℃。

3. 难溶于水而易溶于有机溶剂

多数有机化合物难溶或不溶于水，易溶于酒精、乙醚、丙酮等有机溶剂中。而无机化合物大多易溶于水，难溶于有机溶剂。

4. 同分异构现象普遍

同分异构体是指具有相同化学式而结构不同的化合物。例如：乙醇和二甲醚的分子式都是 C_2H_6O，但常温下乙醇是液体，二甲醚是气体，显然，他们是不同的化合物。通常我们把乙醇和二甲醚称为同分异构体，这种现象称为同分异构现象。同分异构现象是有机化合物种类众多的主要原因之一。

5. 反应速度慢，常有副反应

多数有机反应进行缓慢，往往需要几小时、几天甚至更长的时间才能完成，并且常有副反应发生，反应产物也比较复杂。因此，有机反应方程式的两端通常用箭头来连接，而不用等号连接。而无机反应一般速度很快，如酸碱中和瞬间即可完成。

以上列举的只是有机化合物的一般特性，但不是绝对的。某些有机化合物非但不能燃烧，反而可以用作灭火剂，如四氯化碳。少数有机化合物易溶于水，如糖、酒精、醋酸等。还有些有机反应速度极快，如 TNT（炸药，主要成分为三硝基甲苯）的爆炸就是如此。因此，我们在了解有机化合物的共同特性时，还应当注意它们的个性。

三、有机化合物的结构

有机化合物和无机化合物在性质上所表现出来的差异，主要是由于它们的分子结构不同。那么，有机化合物在结构上有什么特点呢？

我们知道，有机化合物是含碳的化合物。碳元素位于元素周期表中ⅣA族，其最外电子层有 4 个电子，既不容易得电子也不容易失电子。因此，有机化合物中碳原子之间或碳原子与其他原子之间主要是通过共价键相结合的。

1. 有机化合物中的共价键

（1）σ 键和 π 键。

共价键的形成可以用共用电子对来说明，还可以用电子云的重叠来说明。形成 σ 键的电子云是"头碰头"重叠，重叠程度较大，化学键较稳定；形成 π 键的电子云是"肩并肩"重叠，重叠程度较小，化学键较不稳定，容易断裂。

（2）单键、双键和三键。

碳原子最外层有 4 个电子，可以与其他原子形成 4 对共用电子对，即有机化合物中碳原子之间或碳原子与其他原子之间总是形成 4 个共价键。碳原子和碳原子之间、碳原子和其他原子之间有时可以共用一对电子对，形成一个共价键，称为单键；也可以共用两对电子对，形成双键；还可以共用三对电子对，形成三键。

在有机化合物分子中，单键都是 σ 键；双键中一个是 σ 键，另一个是 π 键；而三键中则含有一个 σ 键和两个 π 键。有机化合物的性质与分子中化学键的类型有很大的关系。

练一练 1

1. 有机化合物中的碳碳共价键没有（　　　）。

A. 单键　　　　　　　B. 双键　　　　　　　C. 三键　　　　　　　D. 四键

2. 下列化合物中的化学键含有 π 键的有（　　　）。

A. CH_4　　　　　　　　　　　　　　　B. $CH_3CH\!=\!CH_2$

C. CH_3CH_2OH　　　　　　　　　　　D.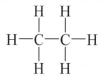

2. 有机化合物的结构

（1）碳骨架。

碳原子是有机化合物中最基本的元素，碳原子与碳原子之间相互连接，形成开放的链状或闭合的环状，构成了有机化合物的基本骨架。

$$C\!-\!C\!-\!C\!-\!C\!-\!C \qquad C\!-\!C\!=\!C\!-\!C\!-\!C \qquad \begin{matrix} C\!-\!C \\ | \quad\; | \\ C\!-\!C \end{matrix}$$

（2）结构式。

在有机化合物中，用一根短线表示一个共价键，将各原子按一定顺序和一定方式连接起来表示有机化合物的式子，称为结构式。

$$\begin{matrix} & H & H & \\ & | & | & \\ H\!-\!&C&\!-\!C&\!-\!H \\ & | & | & \\ & H & H & \end{matrix} \qquad\qquad \begin{matrix} & H & H & \\ & | & | & \\ H\!-\!&C&\!-\!C&\!-\!O\!-\!H \\ & | & | & \\ & H & H & \end{matrix}$$

为了便于书写，将结构式中的碳-碳键，碳-氢键等单键的短线略去，将连接在同一碳原子上的相同原子（或原子团）合并起来书写。这种简化了的结构式称为结构简式。

$$CH_3CH_2CH_2CH_3 \qquad\qquad CH_3CH(CH_3)CH_3 \qquad\qquad CH_3CH\!=\!CH_2$$

有时我们还会将分子中的碳原子和与碳原子相连的氢原子略去，用短线的折点或端点表示碳原子，这样的式子称为键线式。

练一练 2

将下列结构简式改写为结构式，或将结构式改写为结构简式。

1. $CH_3CH\!=\!CH_2$ 　　　　　　　　　　　　2. $CH_3CH(CH_3)C(CH_3)_2CH_3$

3. $$\begin{matrix} & H & H & H & \\ & | & | & | & \\ H\!-\!&C&\!-\!C&\!-\!C&\!-\!H \\ & | & | & | & \\ & H & O & H & \\ & & | & & \\ & & H & & \end{matrix}$$

4.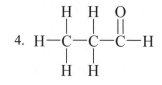

四、有机化合物的分类

有机化合物种类繁多，为了便于学习和研究，有必要将有机化合物进行分类。

1. 按碳骨架特点分类

（1）开链化合物。

碳原子和碳原子之间、碳原子和其他原子之间相互连接形成开放的链状化合物，称为开链化合物。由于它们最初在油脂中发现，所以又称为脂肪族化合物。

（2）环状化合物。

碳原子和碳原子之间、碳原子和其他原子之间相互连接形成闭合的环状化合物，称为环状化合物。环状化合物又可以分为碳环化合物和杂环化合物。

碳环化合物又可以分为脂环族化合物和芳香族化合物。脂环族化合物是指与脂肪族化合物性质相似的碳环化合物，如环丁烷等。芳香族化合物多数是指分子中含有苯环的化合物，苯是最简单的芳香族化合物。

2. 按官能团分类

有机化合物中有些特殊的原子或原子团，如碳碳双键（—C≡C—）、羟基（—OH）、羧基（—COOH）、卤原子（—X）等，通常它们决定了有机化合物的主要化学性质。像这种能决定一类有机化合物的主要性质的原子或原子团称为官能团。一般来说，含有相同官能团的化合物，它们的主要性质基本相似。表1-1是几类比较常见的有机化合物及其官能团。

表 1-1　　　　　　　　　常见有机化合物及其官能团

类别	官能团名称	官能团结构	实例
烯烃	碳碳双键	$\diagdown C=C \diagup$	$CH_2=CH_2$ 乙烯
炔烃	碳碳三键	—C≡C—	CH≡CH 乙炔
卤代烃	卤原子	—X	CH_3CH_2Cl 氯乙烷
醇和酚	羟基	—OH	CH_3CH_2OH 乙醇 苯酚
醚	醚键	—O—	CH_3CH_2—O—CH_2CH_3 乙醚
醛	醛基	$\overset{O}{\underset{}{\parallel}}$ —C—H	CH_3—C—H 乙醛
酮	羰基	$\overset{O}{\underset{}{\parallel}}$ —C—	CH_3—C—CH_3 丙酮

续表

类别	官能团名称	官能团结构	实例
羧酸	羧基	$\overset{O}{\overset{\|}{-C}}-OH$	$CH_3-\overset{O}{\overset{\|}{C}}-OH$ 乙酸
硝基化合物	硝基	$-NO_2$	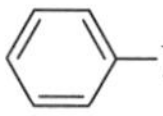 ⬡$-NO_2$ 硝基苯

官能团的分类方法，反映了各类有机化合物之间既有联系又有区别的特点。本书主要是按官能团分类体系编排的。

练一练 3

下列化合物中属于醇的是（　　　）。

A. $CH_3-\overset{O}{\overset{\|}{C}}-H$

B. CH_3CH_2OH

C. $CH_3-\overset{O}{\overset{\|}{C}}-OH$

D.  ⬡$-OH$

五、有机化学与药学的关系

有机化学是医药专业的一门重要的基础学科，它不仅与经济建设的许多重要部门相关，如工业、农业、交通运输业等，同时与人们日常生活中的衣、食、住、行都有着极为密切的关系，在与民生息息相关的医药行业中，有机化学也发挥了巨大的作用。

有机化学与药学的关系非常密切。用于治疗疾病的药物活性成分绝大多数为有机化合物。抗生素主要来自微生物，也有合成或半合成品；化学合成药物则完全是由有机化学的合成方法制备的。只有熟悉有机化学的反应特点，才能选择合适的合成路线。生化药物来自动物组织，中药主要来自植物和动物，如青蒿素就是从中药青蒿（黄花蒿）中分离得到的倍半萜内酯，它能有效降低疟疾患者的死亡率。这些来自植物和动物的有机物质作为药物时，一般都要先用化学方法加工炮制、提取或精制，才能符合药用要求。关于药物的所有研究内容，无一例外都离不开有机化学的基本理论和实验技能。

目标检测

一、选择题（每题只有一个正确答案）。

1. 下列关于有机化合物特性的叙述不正确的是（　　　）。

A. 多数可燃烧

B. 一般易溶于水

C. 多数稳定性差　　　　　　　　　　　　　D. 多数反应速率缓慢

2. 在有机化合物中，碳原子总是呈（　　　）。

A. 四价　　　　　　　B. 二价　　　　　　　C. 三价　　　　　　　D. 一价

3. 芳香族化合物属于（　　　）。

A. 开链化合物　　　　　　　　　　　　　　B. 杂环化合物

C. 碳环化合物　　　　　　　　　　　　　　D. 脂环族化合物

4. 下列说法正确的是（　　　）。

A. 含碳的化合物一定是有机化合物

B. 有机化合物中一定含有碳元素

C. 在有机化合物中，碳的化合价可以是二价，也可以是四价

D. H_2CO_3 可以归类为有机化合物

5. 下列物质中属于有机化合物的是（　　　）。

A. C_2H_4　　　　　　B. CO_2　　　　　　C. H_2CO_3　　　　　　D. $NaHCO_3$

6. 下列有机化合物中，含有羧基的是（　　　）。

A. CH_3CH_3　　　　　　　　　　　　　　B. CH_3COOH

C. CH_3OCH_3　　　　　　　　　　　　　D. CH_3CH_2OH

二、判断题。

（　　　）1. 决定一类有机化合物主要性质的原子或原子团称为官能团。

（　　　）2. 许多药物和食品属于有机化合物，不够稳定，容易变质，须注明其有效期。

（　　　）3. 石墨和二氧化碳因含有碳元素，都属于常见的有机化合物。

（　　　）4. 在表示某种有机化合物时，一般用其分子式表示。

三、试写出下列化合物的结构简式。

1.
$$H-\overset{\overset{\displaystyle H}{|}}{\underset{\underset{\displaystyle H}{|}}{C}}-\overset{\overset{\displaystyle H}{|}}{\underset{\underset{\displaystyle H}{|}}{C}}-H$$

2.
$$H-\overset{\overset{\displaystyle H}{|}}{\underset{\underset{\displaystyle H}{|}}{C}}-\overset{\overset{\displaystyle H}{|}}{C}=\overset{\overset{\displaystyle H}{|}}{C}-H$$

3.
$$H-\overset{\overset{\displaystyle H}{|}}{\underset{\underset{\displaystyle H}{|}}{C}}-\overset{\overset{\displaystyle H}{|}}{\underset{\underset{\displaystyle H}{|}}{C}}-\overset{\overset{\displaystyle O}{||}}{C}-H$$

4. ∧∧

第二章

烃类化合物

第一节　烷烃

 学习目标

1. 掌握烷烃的定义、同系列、通式、同分异构等；
2. 熟练掌握烷烃的命名方法；
3. 了解甲烷的正四面体结构；
4. 熟悉烷烃的主要物理性质和化学性质；
5. 了解烷烃的来源和重要的烷烃。

【案例导入】

2020 年 10 月 20 日，山西潞安集团左权阜生煤业有限公司发生一起瓦斯爆炸事故，此次事故造成 4 人死亡、1 人受伤，直接经济损失 1 133 万元。

问题：1. 瓦斯的主要成分是什么？

2. 瓦斯在什么样的条件下会发生爆炸？可以怎样预防瓦斯爆炸？

一、饱和链烃和烷烃

1. 烃和烷烃的定义

仅由碳和氢两种元素组成的化合物称为碳氢化合物，简称为烃。烃分子中的氢原子被其他原子或原子团取代后，可得到一系列的有机化合物。通常把烃看作是有机化合物的母体。根据烃的结构和性质的不同，可分为下列几类：

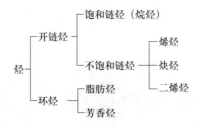

烃分子中，碳和碳都以碳碳单键（C—C）结合成链状，碳原子的其余价键都与氢原子（C—H）结合，即被氢原子所饱和，这种烃称为饱和链烃，又称烷烃。烷烃主要存在于自然界的石油和天然气中，主要用作燃料和有机化工、医药产品的基本原料。甲烷等低级的烷烃是常用的民用燃料，也用作化工原料。液体石蜡等是常用的有机溶剂，润滑油的主要成分也是烷烃，是常用的润滑剂和防腐剂。医药中常用作缓泻剂的液体石蜡及各种软膏基质的凡士林都是烷烃的混合物。

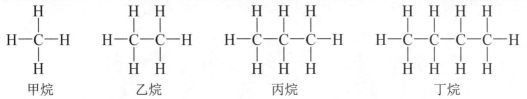

2. 烷烃的同系列和组成通式

表 2-1 为一些简单烷烃的结构简式和分子式。比较可知：从甲烷开始，每增加 1 个碳原子，就相应增加 2 个氢原子。像这种结构相似，在组成上相差 1 个或多个"CH_2"基团的一系列化合物，称为同系列。同系列中的各化合物之间互称为同系物，"CH_2"称为同系差。同系物的化学性质相近，物理性质也随着碳原子数目的增加而呈现出规律性变化。

表 2-1   一些简单烷烃的结构简式和分子式

名称	结构简式	分子式
甲烷	CH_4	CH_4
乙烷	CH_3CH_3	C_2H_6
丙烷	$CH_3CH_2CH_3$	C_3H_8
正丁烷	$CH_3CH_2CH_2CH_3$	C_4H_{10}
正戊烷	$CH_3CH_2CH_2CH_2CH_3$	C_5H_{12}

从甲烷、乙烷、丙烷等烷烃分子可以看出碳原子的数目和氢原子的数目呈现出规律性变化。因此烷烃的通式为 C_nH_{2n+2}（$n \geq 1$），即当碳原子个数为 n 时，则氢原子个数一定是 $2n+2$。

练一练 1

某烷烃分子中有 12 个碳原子，那么它有多少个氢原子？

3. 烷烃的结构

甲烷是最简单的烷烃，分子式为 CH_4。甲烷分子中的 1 个碳原子是如何与 4 个氢原子成键的呢？经过大量的科学实验证明，甲烷分子中的碳原子和氢原子并不在同一个平面上，而是形成了一个正四面体的空间结构，1 个碳原子位于正四面体的中心，4 个氢原子分别位于正四面体的 4 个顶点上，所形成的 4 个 C—H 共价单键（即 4 个 C—H σ 键）的键长完全相等，所有键角均为 109.5°。甲烷的分子结构可用分子模型表示，如图 2-1 所示。

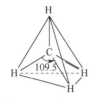

（a）正四面体结构

（b）凯库勒（球棍）模型

（c）斯陶特（比例）模型

图 2-1　甲烷的分子结构

其他烷烃分子中的碳原子与碳原子、碳原子与氢原子之间也都是以单键（C—C σ 键和 C—H σ 键）相结合，也不在同一个平面内。因此，烷烃分子中碳链的空间结构不是直线型，而是呈曲折的锯齿状。例如：几种烷烃分子的球棍模型如图 2-2 所示。

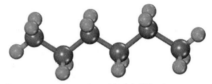

图 2-2　乙烷（左）、正己烷（右）的球棍模型

4. 烷烃的同分异构现象

有机化合物的同分异构现象非常普遍。其中，由于碳链骨架结构不同（碳原子的连接顺序不同）而产生的异构现象称为碳链异构。

如丁烷（C_4H_{10}）的 2 种同分异构体分别为：

$$CH_3CH_2CH_2CH_3 \qquad\qquad CH_3CHCH_3$$
$$|$$
$$CH_3$$

　　　　正丁烷　　　　　　　　　　　　异丁烷

戊烷（C_5H_{12}）的 3 种同分异构体为：

$$CH_3CH_2CH_2CH_2CH_3 \qquad CH_3CHCH_2CH_3 \qquad\qquad CH_3$$
$$| \qquad\qquad\qquad\qquad |$$
$$CH_3 \qquad\qquad CH_3CCH_3$$
$$|$$
$$CH_3$$

　　正戊烷　　　　　　　　　　异戊烷　　　　　　　　　新戊烷

在烷烃中，除了甲烷、乙烷和丙烷没有同分异构体外，其他烷烃都有同分异构体，并且随着碳原子数目的增加，同分异构体的数量迅速增多。常见烷烃同分异构体的数目见表 2-2。

表 2-2　　　　　　　　　　　　　　常见烷烃同分异构体的数目

化学式	数目	化学式	数目	化学式	数目
C_6H_{14}	5	C_9H_{20}	35	$C_{12}H_{26}$	355
C_7H_{16}	9	$C_{10}H_{22}$	75	$C_{15}H_{32}$	4 374
C_8H_{18}	18	$C_{11}H_{24}$	159	$C_{20}H_{42}$	366 319

练一练 2

试写出分子式为 C_6H_{14} 的五种同分异构体的结构简式。

5. 烷烃分子中碳原子和氢原子的类型

在有机物分子中，每一个碳原子可能与 1～4 个碳原子直接相连。例如：

$$\overset{1°}{CH_3}$$
$$\overset{1°}{CH_3}-\overset{3°}{CH}-\overset{4°}{C}-\overset{2°}{CH_2}-\overset{1°}{CH_3}$$
$$\underset{1°}{CH_3}\ \underset{1°}{CH_3}$$

根据烷烃分子中碳原子直接相连的碳原子数目不同，可将碳原子分为以下 4 类。

伯碳原子：只与 1 个碳原子直接相连的碳原子称为伯碳原子或一级碳原子，用 1°表示；仲碳原子：与 2 个碳原子直接相连的碳原子称为仲碳原子或二级碳原子，用 2°表示；叔碳原子：与 3 个碳原子直接相连的碳原子称为叔碳原子或三级碳原子，用 3°表示；季碳原子：与 4 个碳原子直接相连的碳原子称为季碳原子或四级碳原子，用 4°表示。

与此相对应，将连接在伯、仲、叔碳原子上的氢原子分别称为伯（1°）氢原子、仲（2°）氢原子、叔（3°）氢原子，没有季氢原子。

练一练 3

指出戊烷的三种碳链异构体中各碳原子的类型。

二、烷烃的命名

1. 烷基

烷基是烷烃分子去掉 1 个氢原子后所剩下的原子团，通常用"R—"来表示。烷基的组成通式是 $C_nH_{2n+1}-$。甲烷和乙烷分子中只有一种氢原子，相应的烷基只有一种，即甲基和乙基。从丙烷开始，相应的烷基就不止一种了。表 2-3 列出了一些常见的简单烷基。

表 2-3   常见的简单烷基

烷烃名称	烷烃结构简式	烷基	烷基名称
甲烷	CH_4	CH_3-	甲基
乙烷	CH_3CH_3	CH_3CH_2- 或 C_2H_5-	乙基
丙烷	$CH_3CH_2CH_3$	$CH_3CH_2CH_2-$	正丙基
		$\underset{CH_3}{CH_3CH}-$ 或 $(CH_3)_2CH-$	异丙基
正丁烷	$CH_3CH_2CH_2CH_3$	$CH_3CH_2CH_2CH_2-$	正丁基

有机化合物种类繁多，数目庞大，即使同一分子式也有不同的异构体，因此学习有机物的命名方法十分重要。烷烃的命名方法主要有两种：普通命名法和系统命名法。

2. 普通命名法

普通命名法也叫作习惯命名法。适用于命名结构较简单的烷烃，其基本原则如下。

（1）按分子中碳原子的数目称为"某烷"。

含 1～10 个碳原子的烷烃依次用天干（甲、乙、丙、丁、戊、己、庚、辛、壬、癸）表示；从含 11 个碳原子的烷烃起用中文数字十一、十二等表示。例如：

CH_4	C_5H_{12}	C_8H_{18}	$C_{12}H_{26}$	$C_{20}H_{42}$
甲烷	戊烷	辛烷	十二烷	二十烷

（2）在"某烷"前冠以"正、异、新"来区分烷烃的同分异构体。

"正"表示直链烷烃；"异"表示碳链端第 2 位碳原子上有且只有 1 个甲基支链，此外再无其他支链的烷烃；"新"表示碳链端第 2 位碳原子上连有 2 个甲基支链，此外再无其他支链的烷烃。例如，戊烷（C_5H_{12}）的 3 个异构体的普通命名分别为：

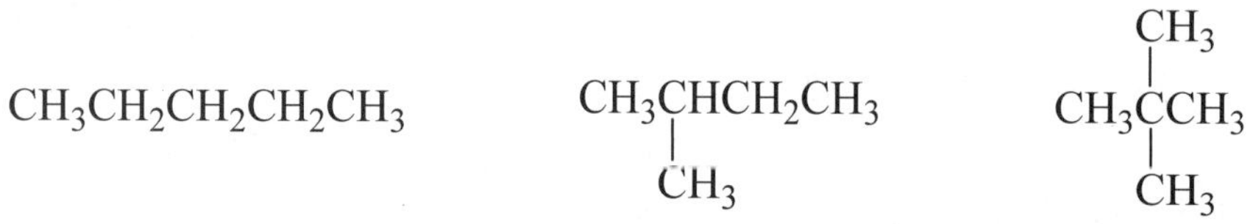

$$CH_3CH_2CH_2CH_2CH_3 \qquad CH_3CHCH_2CH_3 \qquad CH_3CCH_3$$

正戊烷　　　　　　　　异戊烷　　　　　　　新戊烷

3. 系统命名法

普通命名法应用范围有限，对于含 6 个碳原子以上的烷烃便不能完全适用。对于结构复杂的烷烃，国际纯粹与应用化学联合会（简称 IUPAC）制定了通用的系统命名法。

（1）选主链。

选取含碳原子最多的碳链为主链，按主链所含碳原子数目称为"某烷"，并以它作为母体，支链作为取代基。如有相等的几条最长碳链时，应选择含取代基最多的碳链作为主链。例如：

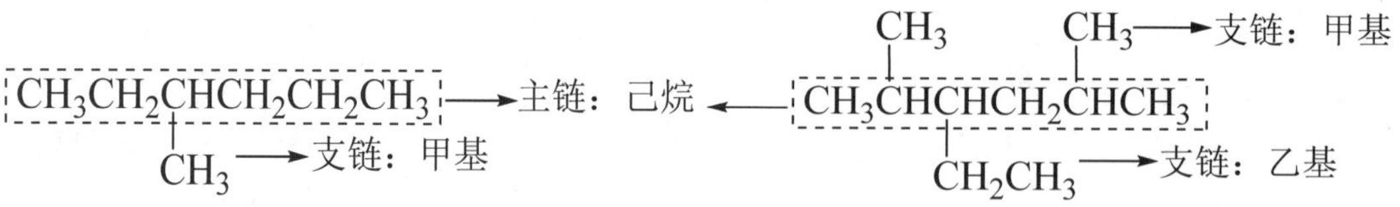

主链：己烷　支链：甲基　支链：乙基

（2）主链编号。

从靠近取代基的一端开始，用阿拉伯数字对主链碳原子依次编号，使取代基的位次最低。如果碳链两端等距离处有 2 个不同的取代基时，则应从靠近较小取代基的一端开始编号。常见烷基的顺序（即从小到大）为：甲基＜乙基＜丙基＜异丙基。例如：

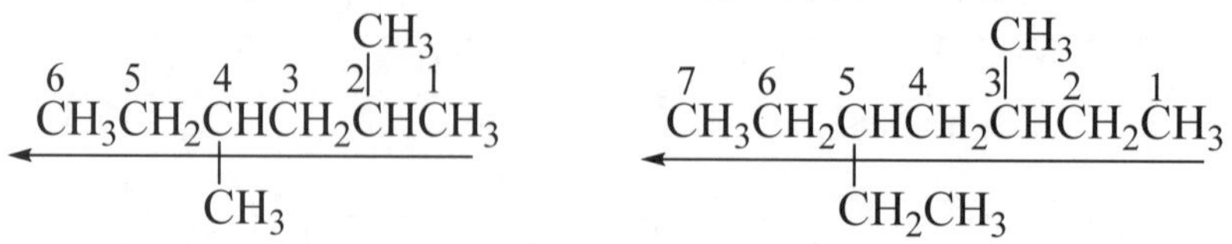

（3）命名。

取代基的名称写在前面，母体的名称写在后面。取代基的位次与名称之间用短线"–"隔开。相同的取代基要合并，用"二""三"等中文数字表示相同取代基的数目，位次之间用"，"隔开。不同的取代基，要将较小的取代基写在较大的取代基的前面。例如：

$$CH_3CH_2CHCH_2CH_2CH_3$$
　　　　　|
　　　　 CH_3

3-甲基己烷

$$CH_3CH_2CHCH_2CHCH_3$$
　　　　　|　　　　　|
　　　　 CH_3　　 CH_3

2,4-二甲基己烷

$$CH_3CH_2CHCH_2CHCH_2CH_3$$
　　　　　|　　　　　|
　　　　 CH_3　　 CH_2CH_3

3-甲基-5-乙基庚烷

练一练 4

判断下列烷烃的命名是否正确？若不正确，请指出错误的原因并加以改正。

1. $CH_3CH_2CH_2CH_2CHCH_2CH_3$
　　　　　　　　　　|
　　　　　　　　 CH_3

3-甲基庚烷

2. $CH_3CHCH_2CH_2CHCH_2CH_3$
　　　|　　　　　|
　 CH_2CH_3　 CH_3

3-甲基-6-乙基庚烷

三、烷烃的物理性质

有机化合物的物理性质通常是指存在状态、颜色、气味、沸点、熔点、相对密度、溶解度、旋光度等。不同系列有机化合物的物理性质有所差异；同系列因结构相似，则具有某些相同的物理性质，并随着碳原子数目的增多而呈现规律性变化。

在室温下，含有 1～4 个碳原子的烷烃是气体，含有 5～17 个碳原子的烷烃是液体，含有 18 个碳原子以上的烷烃是固体。直链烷烃的熔点、沸点随相对分子质量的增大而升高；同分异构体之间，一般直链烷烃沸点大于支链烷烃，支链越多，沸点越低。相对密度也随着相对分子质量的增加而增大，但增加的值很小，所有烷烃都比水轻，密度小于 1。烷烃是非极性或弱极性分子，不溶于水，根据相似相溶原理，能溶于四氯化碳、氯仿、苯、乙醚等非极性或弱极性的有机溶剂。表 2-4 列出了一些烷烃的物理常数。

表 2-4　　　　　　　　　一些烷烃的物理常数

名称	化学式	熔点（℃）	沸点（℃）	状态
甲烷	CH_4	−182.5	−164	气体
乙烷	C_2H_6	−183.2	−88.6	气体
丙烷	C_3H_8	−189.9	−42.5	气体
正丁烷	C_4H_{10}	−138.9	−0.5	气体
2-甲基丙烷（异丁烷）	C_4H_{10}	−159.6	−11.3	气体
正戊烷	C_5H_{12}	−129.7	36.1	液体
2-甲基丁烷（异戊烷）	C_5H_{12}	−159.9	27.9	液体
2,2-二甲基丙烷（新戊烷）	C_5H_{12}	−16.6	9.5	气体

【知识链接】 ---

凡士林与压疮的预防

凡士林也叫矿脂，是一种烷烃或饱和烃类半液态的混合物，由石油分馏后制得，是极具化学惰性的碳氢化合物。目前，凡士林主要包括普通凡士林、工业凡士林、化妆用凡士林和医药凡士林。普通凡士林适用于配制各种油膏润滑剂，也可做橡胶制品软化剂，以及家具的保养；工业凡士林常用于金属器件和一般机械零件的防锈和润滑，也常在塑料工业中用作脱模剂和增塑剂；医药凡士林主要是配制药膏和生产医用辅料的原料，也常用于医疗器械等精密仪器的防锈润滑。

压力性损伤又名压疮、褥疮，是局部组织长期受压发生持续性缺血、缺氧、营养不良而形成的。凡士林可以在皮肤上形成一层保护膜，防止皮肤内水分过度蒸发，从而保持皮肤的柔软性和较好的弹性。要减少压疮的发生主要以预防为主。凡士林价廉、无毒、无刺激，涂擦预防压疮操作简便，适合各类护士操作，也适用于社区、家庭、农村卫生院的预防压疮护理。

四、烷烃的化学性质

烷烃为饱和链烃，分子中所有的价键都是较牢固的 σ 键。因此，在常温下，烷烃化学性质是比较稳定的，一般不与强酸、强碱、强氧化剂和强还原剂发生反应。例如：将甲烷气体通入酸性高锰酸钾溶液，可以观察到高锰酸钾溶液没有褪色。

但烷烃的稳定性是相对的，在适当的条件下，如光照、加热、催化剂的作用下，烷烃也可以发生某些反应。

1. 氧化反应

烷烃在空气中很容易燃烧，燃烧时发出淡蓝色的火焰，在氧气充足的情况下，完全被氧化为二氧化碳和水，同时放出大量的热。人们利用烷烃的这个性质进行生产和生活，如取暖、烧菜、驱动发动机等。

$$CH_4 + O_2 \longrightarrow CO_2 + H_2O + 热量$$

甲烷是无色、无味、无毒且比空气轻的可燃气体，它是天然气、油田气、沼气和瓦斯的主要成分。空气中的甲烷含量在体积分数为 5%～15% 时，遇火立即发生爆炸。因此，煤矿里必须采取通风、严禁烟火等安全措施，以防发生瓦斯爆炸。

2. 卤代反应

在光照或高温条件下，烷烃可与卤素发生反应。例如：在日光（或紫外光）照射或加热到 250～400 ℃以上时，甲烷能和氯气剧烈反应，甲烷分子中的 4 个氢原子可以逐个被氯原子取代而生成一氯甲烷、二氯甲烷、三氯甲烷（氯仿）、四氯甲烷（四氯化碳）4 种物质的混合物：

$$CH_4 \xrightarrow[-HCl]{Cl_2,加热} CH_3Cl \xrightarrow[-HCl]{Cl_2,加热} CH_2Cl_2 \xrightarrow[-HCl]{Cl_2,加热} CHCl_3 \xrightarrow[-HCl]{Cl_2,加热} CCl_4$$

一氯甲烷　　　　　二氯甲烷　　　　　三氯甲烷　　　　四氯甲烷

在这几步反应中，甲烷分子里的氢原子逐个被氯原子所替代，像这种有机物分子中的某些原子或原子团被其他原子或原子团所替代的反应叫作取代反应。卤素原子取代烷烃分子中氢原子的反应叫作卤代反应。卤素的反应活性顺序为：$F_2 > Cl_2 > Br_2 > I_2$，因氟代反应特别剧烈难以控制，碘代反应非常缓慢且有副产物，所以卤代反应常指氯代和溴代反应。在光照的条件下，烷烃都能与氯气发生取代反应。

【知识链接】--

液体石蜡

液体石蜡是从原油分馏所得到的无色无味的混合物，它可以分成轻质矿物油及一般矿物油。液体石蜡主要用作软膏、搽剂和化妆品的基质。

由于矿物油具有低致敏性及良好的封闭性，有阻隔皮肤水分蒸发的作用，所以常在婴儿油、乳液中等护肤品中当作顺滑保湿剂来使用。

因为它在肠内不被消化，吸收极少，对肠壁和粪便起到润滑作用，且能阻止肠内水分吸收，软化大便使之易于排出，因而被用作泻药。可在睡前口服，每次约 30 mL。

液体石蜡按纯度可分为粗制石蜡油和精制石蜡油。粗制石蜡油在医学上被认为是致癌物质，曾轰动一时的"毒大米"就是掺入了粗制石蜡油，即工业石蜡油。

五、烷烃的来源及重要的烷烃

1. 烷烃的来源

碳氢化合物的主要来源是石油和天然气。我国各地产的石油，成分也不相同。可根据需要，按沸点不同，将石油分解成不同的馏分加以利用。汽油是石油分馏出的产品之一，在汽油燃烧范围内，将 2,2,4-三甲基戊烷（异辛烷）的辛烷值定为 100。辛烷值越高，防止发生爆震的能力越强。

2. 重要的烷烃

（1）固体石蜡。

固体石蜡简称石蜡，它的主要成分是 $C_{18} \sim C_{30}$ 烷烃的混合物，为白色蜡状固体。在医药上，石蜡可用于蜡疗、中成药的密封材料和药丸的包衣等。在工业上，用于制造蜡烛、蜡纸、防水剂和电绝缘材料等。

（2）凡士林。

凡士林是液体石蜡和固体石蜡的混合物，一般为黄色，经漂白脱色后为白色，呈软膏状的半固体，不溶于水，易溶于石油醚和乙醚。在医药上，凡士林同液体石蜡一样，用于各种软膏的基质。

（3）石油醚。

石油醚又称石油精，是一种轻质石油产品，主要为戊烷和己烷的混合物，无色透明液体，有煤油气味。不溶于水，溶于无水乙醇、苯、氯仿、油类等有机溶剂。易燃易爆，与氧化剂可强烈反应。主要用作有机溶剂及色谱分析溶剂，也可用作有机高效溶剂、医药萃取剂、精细化工合成助剂等。

目标检测

一、选择题（每题只有一个正确答案）。

1. 以下哪种物质的主要成分不是甲烷？（ 　　 ）

A. 天然气 　　　　　 B. 水煤气 　　　　　 C. 瓦斯 　　　　　 D. 可燃冰

2. 甲烷的空间几何形状为（ 　　 ）。

A. 直线型 　　　　　 B. 平面四边形 　　　 C. 六面体 　　　　　 D. 正四面体

3. 含有 6 个碳原子的烷烃的分子式是（ 　　 ）。

A. C_6H_{10} 　　　　 B. C_6H_{12} 　　　　 C. C_6H_6 　　　　 D. C_6H_{14}

4. 下列烷烃沸点最高的是（ 　　 ）。

A. 正丁烷 　　　　　 B. 正己烷 　　　　　 C. 异己烷 　　　　　 D. 乙烷

5. 烷烃分子 $CH_3CHCH_2CH_2CHCH_2CH_2CH_3$（带 CH_3、CH_2CH_3 支链）的命名正确的是（ 　　 ）。

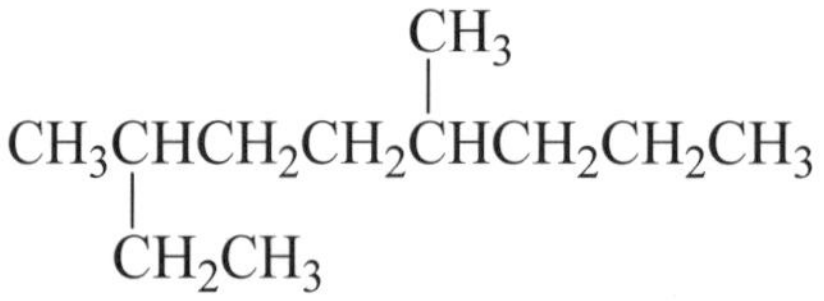

A. 4-甲基-7-乙基辛烷 　　　　　　　 B. 5-甲基-2-乙基辛烷

C. 3,6-二甲基壬烷 　　　　　　　　 D. 4,7-二甲基壬烷

6. 下列烷烃分子中只含有伯氢原子的是（ 　　 ）。

A. CH_3CH_3 　　　　　　　　　　 B. $CH_3CH_2CH_3$

C. $(CH_3)_2CHCH_3$ 　　　　　　　 D. CH_4

7. 以下不属于烃的是（ 　　 ）。

A. 正戊烷 　　　　　　　　　　　 B. 2-甲基丁烷

C. 一氯甲烷 　　　　　　　　　　 D. 十一烷

8. 下列物质中，在一定条件下能与甲烷发生取代反应的是（ 　　 ）。

A. 氢气 　　　　　 B. 氯气 　　　　　 C. 氮气 　　　　　 D. 氯化氢

二、命名并指出下列有机物中各碳原子的类型。

1. 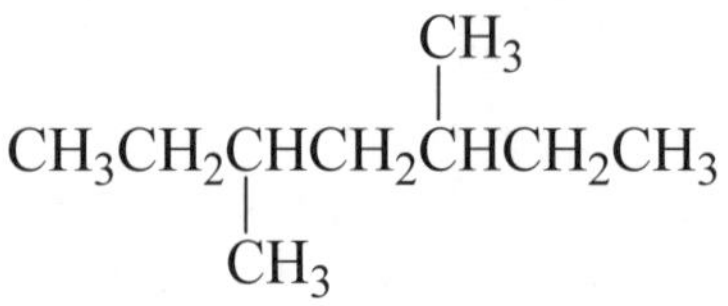 $CH_3CH_2CHCH_2CHCH_2CH_3$（含 CH_3、CH_3 支链）

2. 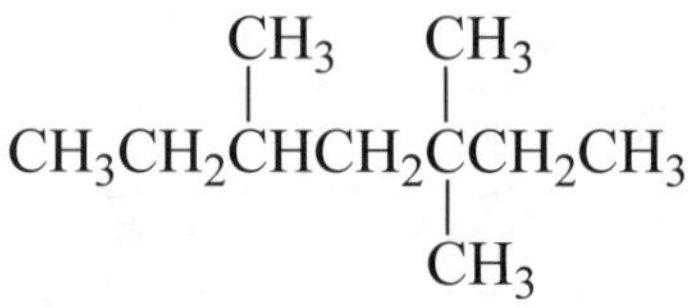 $CH_3CH_2CHCH_2CCH_2CH_3$（含 CH_3、CH_3、CH_3 支链）

三、用系统命名法命名或者根据名称写出结构式。

1. $CH_3CH_2CH_2CH_2CH_2CH_2CH_3$

2.
$CH_3CH_2CH_2CH_2\overset{\displaystyle CH_3}{\overset{|}{C}H}CH_2\overset{\displaystyle CH_3}{\overset{|}{C}H}CH_3$

3. $CH_3CH_2CH—CHCH_2CH_3$
$\quad\quad\; CH_3CH \quad CHCH_3$
$\quad\quad\quad\; CH_3 \quad\; CH_3$

4. $(CH_3)_3CCH_2CH_2\overset{\displaystyle CH_3}{\overset{|}{C}H}CHCH_3$
$\quad\quad\quad\quad\quad\quad\quad\quad CH_2CH_3$

5.

6.

7. 2,3,4-三甲基庚烷

8. 2,5-甲基-4-乙基辛烷

9. 2,2,4,4-四甲基戊烷

10. 新戊烷

四、写出 C_6H_{14} 的五种同分异构体并命名。

第二节 烯烃

📊 学习目标

1. 熟练掌握烯烃的命名法;

2. 掌握乙烯分子的结构;

3. 掌握烯烃的同分异构现象;

4. 了解烯烃的物理性质;

5. 会书写烯烃典型反应的化学反应方程式及熟练应用马氏规则;

6. 能利用烯烃的性质鉴别相关有机物。

【案例导入】---

　　有一种气体可作为水果的催熟剂。南方产的水果,一般在未成熟时采摘下来运到北方。向存放未成熟水果的库房中充入少量这种气体,催熟之后再销售。反之,为了延长果实或花朵的寿命,方便远距离运输,人们在装有果实或花朵的密闭容器中放入浸泡过高锰酸钾溶液的硅土,用来吸收水果或花朵中产生的这种气体。

　　问题:1. 这种气体是乙烯,它属于哪一类物质?

　　　　　2. 它的结构和性质与乙烷有什么区别? 怎么鉴别它们?

一、不饱和链烃和烯烃

1. 不饱和链烃和烯烃的定义

不饱和链烃是指分子中含有碳碳双键、碳碳三键等不饱和键，且碳原子相互连接成链状的烃。烯烃、炔烃和二烯烃是最常见的不饱和链烃。

单烯烃是指分子中只含有一个碳碳双键（C＝C）的链状烃。通常说的烯烃是指单烯烃，烯烃比相同碳原子数的烷烃少两个氢原子，通式是 C_nH_{2n}（$n \geqslant 2$），因此，也可形成同系列。碳碳双键是烯烃的官能团。

分子中含有两个或两个以上碳碳双键的不饱和烃称为多烯烃，最简单的多烯烃是指含有两个碳碳双键的二烯烃，通式是 C_nH_{2n-2}（$n \geqslant 3$）。

2. 乙烯的结构

乙烯是烯烃中最简单的化合物，它的分子式为 C_2H_4，结构式为

$$\underset{H}{\overset{H}{\diagdown}}C=C\underset{H}{\overset{H}{\diagup}}$$

，结构简式为 $CH_2＝CH_2$。现代科学研究表明，乙烯分子中的两个碳原子和四个氢原子都在同一个平面上，分子中的键角接近 120°。它的官能团碳碳双键不是由两个相同的单键组成，而是由一根 C—C σ 键和一根 C—C π 键共同组成的。乙烯分子的共价键除了一个碳碳双键外，还有四个 C—H σ 键。碳碳双键的平均键能为 610.9 kJ·mol⁻¹，而 C—C σ 键的平均键能为 347.3 kJ·mol⁻¹，碳碳双键的平均键能小于 C—C σ 键的平均键能的 2 倍，这说明 π 键键能小于 σ 键的键能。乙烯的分子结构如图 2-3 所示。

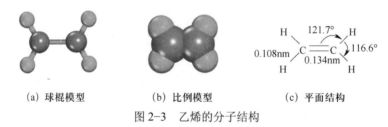

(a) 球棍模型　　　　(b) 比例模型　　　　(c) 平面结构

图 2-3　乙烯的分子结构

其他烯烃可以看作乙烯分子中的氢原子被烃基取代之后的产物，因此它们的基本结构是相似的，即除了有一个碳碳双键以外，其余的都是 C—C 单键以及 C—H 单键。

3. 烯烃的命名

（1）烯基。

烯烃分子去掉一个氢原子后剩余的基团称之为烯基。常用的几个烯基如下：

$CH_2＝CH—$　　　　　　$CH_3CH＝CH—$　　　　　　$CH_2＝CHCH_2—$

乙烯基　　　　　　　　　丙烯基　　　　　　　　　烯丙基

（2）系统命名法。

烯烃的系统命名法与烷烃类似，但由于烯烃的结构中含有碳碳双键（官能团），命名时要以双键为主。命名原则如下。

1）选主链。应选择含有碳碳双键在内的最长碳链为主链，根据主链上的碳原子数目称

为"某烯"。碳原子数在十个以下时，用天干表示，如丙烯。碳原子数在十个以上时，则用中文数字十一、十二等表示，并在数字后加"碳"字，如十二碳烯。

2）主链编号。从靠近碳碳双键的一端开始编号，使双键的碳原子编号较小。如果两端到碳碳双键的距离相同，则从靠近取代基的一端开始编号。

3）命名。将取代基的位次、数目和名称写在双键的位次之前，排列顺序与烷烃命名的原则相同。例如：

$$CH_2\!\!=\!\!CHCH_3 \qquad CH_2\!\!=\!\!CHCH_2CH_3 \qquad CH_3CH_2\underset{\underset{CH_3}{|}}{C}\!\!=\!\!CH_2$$

丙烯 1-丁烯 2-甲基-1-丁烯

$$CH_3\underset{\underset{CH_2CH_3}{|}}{\overset{\overset{CH_3}{|}}{C}}\!\!=\!\!CCH_3 \qquad CH_3CH_2CH_2CH\!\!=\!\!CHCH_2CH_3$$

2,3-二甲基-2-戊烯 3-庚烯

二烯烃的系统命名原则与烯烃类似，首先应选取含有两个双键的最长碳链作为主链，称为"某二烯"，并标注两个双键的位次。例如：

$$CH_3\!-\!CH\!\!=\!\!CH\!-\!CH\!\!=\!\!CH_2 \qquad CH_3\!-\!\underset{\underset{CH_3}{|}}{\overset{\overset{CH_3}{|}}{C}}\!-\!CH\!\!=\!\!CH\!-\!CH\!\!=\!\!CH_2$$

1,3-戊二烯 5,5-二甲基-1,3-己二烯

练一练 1

写出下列烯烃的名称或结构简式。

1. $CH_2\!\!=\!\!CHCH_2CH_2CH_2CH_3$

2. 2,3-二甲基-1-己烯

3. $CH_2\!\!=\!\!CHCH\underset{\underset{CH_3}{|}}{C}H_2\overset{\overset{CH_3}{|}}{C}HCH_3$

4. 3,4-二甲基-1,3-己二烯

二、烯烃的同分异构

1. 碳链异构

乙烯和丙烯分子没有异构体。从丁烯开始，由于碳原子可以按照不同方式进行排列，故存在碳链异构体，如烯烃 C_4H_8 有两种碳链异构体。

$$CH_2\!\!=\!\!CHCH_2CH_3 \qquad CH_2\!\!=\!\!\underset{\underset{CH_3}{|}}{C}\!-\!CH_3$$

1-丁烯 2-甲基-1-丙烯

2. 位置异构

由于碳碳双键在碳链中的位置不同而产生的同分异构体称为位置异构，如烯烃 C_4H_8 有两种位置异构体。

$$CH_2\!=\!CHCH_2CH_3 \qquad\qquad CH_3CH\!=\!CHCH_3$$
1-丁烯   2-丁烯

因此，烯烃 C_4H_8 共有三种同分异构体，即：

$$CH_2\!=\!CHCH_2CH_3 \qquad CH_3CH\!=\!CHCH_3 \qquad \begin{array}{c} CH_3 \\ | \\ CH_2\!=\!C\!-\!CH_3 \end{array}$$

练一练 2

请用结构简式表示出烯烃 C_5H_{10} 的五种同分异构体。

3. 顺反异构

（1）烯烃的顺反异构。

由于碳碳双键中的 π 键不能自由旋转，当形成双键的两个碳原子各连接两个不同的原子或原子团时，就会产生顺反异构现象，这样的结构互称顺反异构体。

一个化合物存在顺反异构体的必要条件是两个双键碳原子中的每一个碳原子都必须连接有两个不同的原子或基团，即任意一个双键碳原子都不能连接两个相同的原子或基团。

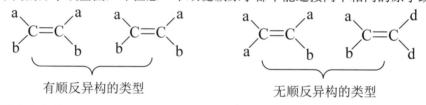

有顺反异构的类型   无顺反异构的类型

（2）顺反命名法。

命名时在有机物的名称前面加"顺"或"反"字。在顺反异构体中，两个相同原子或基团在双键同侧的为顺式异构体，用"顺"来表示。两个相同原子或基团在双键异侧的为反式异构体，用"反"来表示。例如：

$$\begin{array}{c} CH_3 \\ \diagdown \\ C\!=\!C \\ \diagup \quad\diagdown \\ H \qquad H \end{array} \begin{array}{c} CH_3 \end{array} \qquad\qquad \begin{array}{c} CH_3 \\ \diagdown \\ C\!=\!C \\ \diagup \quad\diagdown \\ H \qquad CH_3 \end{array} \begin{array}{c} H \end{array}$$

顺-2-丁烯   反-2-丁烯

$$\begin{array}{c} CH_3 \qquad\quad CH_2CH_2CH_3 \\ \diagdown \qquad\qquad \diagup \\ C\!=\!C \\ \diagup \qquad\qquad \diagdown \\ CH_3CH_2 \qquad\quad CH_3 \end{array}$$

反-3,4-二甲基庚烯

顺反命名法有局限性，即在两个双键碳原子上所连接的两个基团彼此应有一个是相同的，彼此无相同基团时，则无法确定其是顺式或反式。例如：

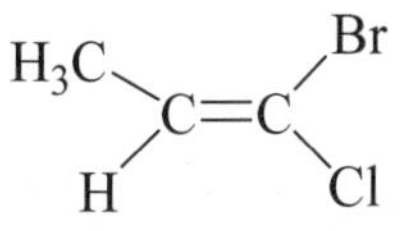　　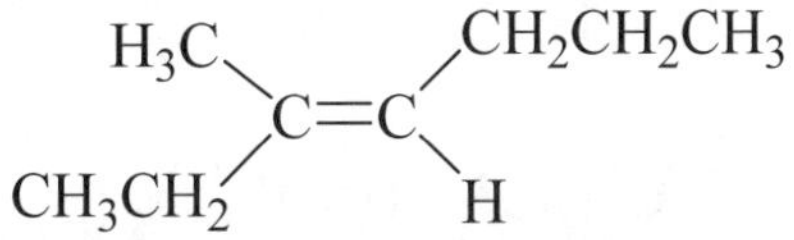

（3）Z、E 命名法。

为解决上述构型难以用顺反命名法命名的难题，IUPAC 规定用 Z、E 命名法来标记顺反异构体的构型。

Z、E 命名法的具体内容是：按“次序规则”分别比较两个双键碳原子上各自连接的两个原子或基团的次序大小，如果两个次序比较大的原子或基团位于双键的同侧，称为 Z 构型，反之称为 E 构型。

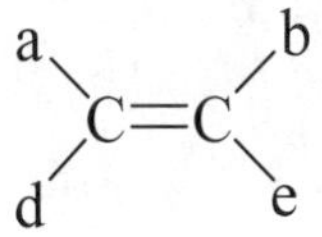

a>d，b>e 或 a<d，b<e　　　　a>d，b<e 或 a<d，b>e

Z 构型　　　　E 构型

次序规则的要点是：比较与双键碳原子直接连接的原子的原子序数，序数大的为“大”，序数小的为“小”。如 I>Br>Cl>O>C>H。

若与双键碳原子直接相连的第一个原子相同，要依次比较第二个甚至第三个原子，依此类推，直到比较出大小顺序为止。例如：

$$CH_3CH_2- > CH_3-;$$

$$(CH_3)_3C- > CH_3CH(CH_3)CH_2- > (CH_3)_2CHCH_2- > CH_3CH_2CH_2CH_2-$$

对于含有双键和三键的基团，把双键看成连有两个相同原子，把三键看成连有三个相同原子来进行次序大小比较。例如：

$CH_2=CH-$ 可看成 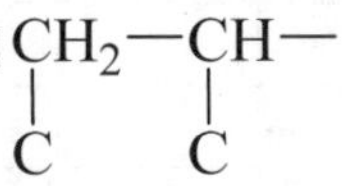　　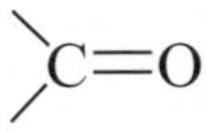 可看成 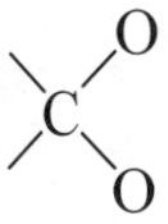

根据系统命名法及上述次序规则，将（Z）、（E）写在系统命名前。例如：

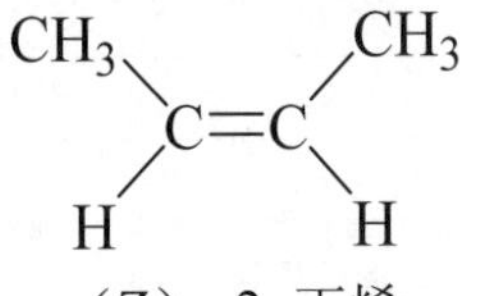

（Z）-2-丁烯

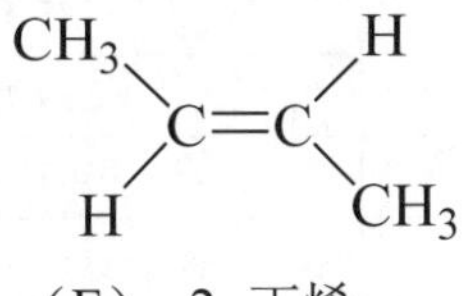

（E）-2-丁烯

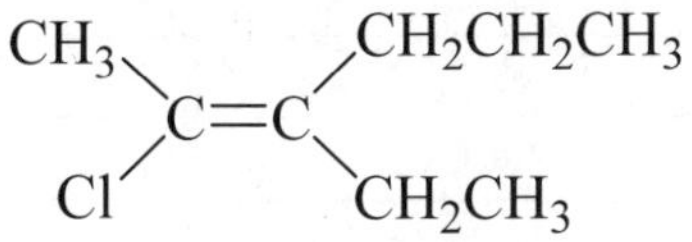

（E）-3-乙基-2 氯-2-己烯

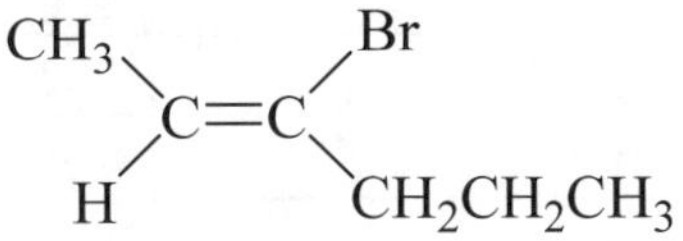

（Z）-3-溴-2-己烯

练一练 3

写出下列烯烃的名称或结构简式。

1.
$$\underset{H}{\overset{CH_3}{}}C=C\underset{CH_2CH_2CH_2CH_3}{\overset{H}{}}$$
2. (Z)-1,2-二氯-1-溴己烯

【知识链接】

顺反异构与人工激素

顺反异构的药物，若其构型不同，则在生理活性和药效上可能具有明显的差异。例如：人工合成的己烯雌酚是一种雌性激素，其反式构型的生物活性比顺式构型的高7～10倍。

具有降血脂作用的亚油酸及花生四烯酸分子的碳碳双键都是顺式构型。如改变上述化合物的构型，将导致其生理活性大大降低甚至丧失。

此外，非甾体抗雌激素类药物他莫昔芬的两种构型具有完全相反的药理作用，其中Z-异构体具有抗雌激素的作用，E-异构体则为雌激素兴奋剂。

药物研制成功后，对有顺反异构体的两种异构体由于其生理活性或药理作用往往会表现出较大差异，所以都要经过严格的药效和毒性试验，可以避免其中的一种异构体对人体产生毒害。

三、烯烃的物理性质

含2～4个碳原子的烯烃为气体，含5～18个碳原子的烯烃为液体，19个碳原子以上的高级烯烃为固体。端烯的沸点低于双键在碳链中间的异构体。直链烯烃的沸点略高于带有支链的异构体。顺式异构体的沸点一般高于反式异构体，但是熔点却低于反式异构体。

烯烃的密度比相应烷烃略高，但都小于1，比水轻。烯烃一般难溶于水，易溶于有机溶剂。一些烯烃的物理常数见表2-5。

表 2-5   一些烯烃的物理常数

名称	熔点（℃）	沸点（℃）	状态
乙烯	−169.4	−103.9	气体
丙烯	−185.2	−47.7	气体
1-丁烯	−185.0	−6.3	气体
顺-2-丁烯	−139.0	3.7	气体
反-2-丁烯	−105.5	0.9	气体
异丁烯	−139.0	−6.9	气体
1-戊烯	−165.0	30.0	液体
1-己烯	−139.8	63.5	液体
1-十八碳烯	17.5	180.0	固体

四、烯烃的化学性质

作为烯烃的官能团，碳碳双键使烯烃具有很大的化学活性，是烯烃这类化学物的反应中心。碳碳双键是由1个σ键和1个π键组成的，π键键能低，不稳定，易被极化，易断裂。

因此，烯烃易发生加成反应、氧化反应和聚合反应等反应。

1. 加成反应

烯烃和某些试剂作用时，双键中的 π 键断裂，试剂中的两个一价的原子或原子团，分别加到双键的两个碳原子上，形成两个新的 σ 键，这种反应称为加成反应。可用下式表示：

$$\underset{\text{烯烃}}{\diagup\hspace{-0.3em}C\hspace{-0.3em}=\hspace{-0.3em}C\hspace{-0.3em}\diagdown} + \underset{\text{试剂}}{X-Y} \longrightarrow \underset{\text{加成产物}}{\overset{|\quad|}{\underset{\overset{|}{X}\ \overset{|}{Y}}{-C-C-}}} \quad X=Y 或 X\neq Y$$

（1）催化加氢。

常温、常压时，烯烃与 H_2 加成能力较弱，但是加入适宜的金属催化剂可以大大提高反应速度。常用的催化剂有 Pt（铂）、Pd（钯）、Ni（镍）等金属，其中 Ni 活性较高，制备方便，是工业上常用的催化剂。

$$CH_2=CH_2 + H_2 \xrightarrow{\text{Pt}} CH_3-CH_3$$

（2）与卤素加成。

烯烃与卤素可以发生加成反应生成二卤代烷，最常用到的是与 Cl_2、Br_2 反应。常温、常压下，将烯烃加入溴的四氯化碳溶液中，溴的红棕色消失，此法可用于鉴定结构中的碳碳双键。例如：

$$CH_2=CH_2 + Br_2 \longrightarrow \underset{\overset{|}{Br}\ \overset{|}{Br}}{\overset{|\qquad|}{CH_2-CH_2}}$$

$$CH_2=CH-CH_3 + Br_2 \longrightarrow \underset{\overset{|}{Br}\ \overset{|}{Br}}{\overset{|\qquad|}{CH_2-CHCH_3}}$$

（3）与卤化氢加成。

烯烃在催化剂的作用下与卤化氢发生加成反应，生成相应的一卤代烷。烯烃相同，而卤化氢不同时，反应活性顺序为：HI＞HBr＞HCl。HF 由于性质特殊，不用于此加成反应。例如：

$$CH_2=CH_2 + HCl \longrightarrow \underset{\overset{|}{H}\ \overset{|}{Cl}}{\overset{|\qquad|}{CH_2-CH_2}}$$

像乙烯这样的对称分子，与卤化氢加成时，无论卤素原子加到双键的哪一端，都得到相同的产物。

双键两端结构不同的烯烃称为不对称烯烃。不对称烯烃与卤化氢加成时，则可能生成两种产物，但以其中一种产物为主。关于不对称烯烃的加成反应，俄国化学家马尔科夫尼科夫（Markovnikov）根据大量的实验资料，得出一条经验规律：不对称烯烃与不对称试剂（如卤化氢）加成时，不对称试剂中带正电的部分（如卤化氢中的氢原子）主要加到含氢较多的双键碳原子上，带负电的部分（如卤化氢中的卤原子）主要加到含氢较少的双键碳原子上，这一规律称为马尔科夫尼科夫规则（简称马氏规则）。例如：

$$CH_2=CH-CH_3 + HBr \longrightarrow \begin{matrix} CH_2-CHCH_3 \\ | \quad\quad | \\ H \quad\quad Br \end{matrix} （主要产物）$$

$$\begin{matrix} CH_2-CHCH_3 \\ | \quad\quad | \\ Br \quad\quad H \end{matrix} （次要产物）$$

不对称烯烃与溴化氢加成时，如果反应体系中有过氧化物存在，则主要得到反马氏规则的加成产物。例如：

$$CH_2=CH-CH_3 + HBr \longrightarrow \begin{matrix} CH_2-CHCH_3 \\ | \quad\quad | \\ Br \quad\quad H \end{matrix} （主要产物）$$

练一练4

请写出下列反应的产物。

1. $CH_2=CHCH_3 + Cl_2 \longrightarrow$

2. $CH_2=CHCH_3 + HCl \longrightarrow$

（4）与 H_2SO_4 加成。

将乙烯与浓硫酸在低温下混合，即可生成加成产物硫酸氢乙酯，硫酸氢乙酯在水中加热可以水解生成乙醇。例如：

$$CH_2=CH_2+H_2SO_4（98\%）\longrightarrow CH_3CH_2OSO_3H$$

$$CH_3CH_2OSO_3H+H_2O \longrightarrow CH_3CH_2OH+H_2SO_4$$

不对称烯烃与硫酸加成时，符合马氏规则。利用烯烃能与硫酸作用并溶于硫酸，实验室中可用此法除去烷烃中混有的少量烯烃杂质。

（5）与水加成。

在酸的催化作用下，烯烃与水加成生成醇。例如：

$$CH_2=CH_2 + H_2O \xrightarrow[280\sim300\ ℃，\ 7\sim8\ MPa]{H_3PO_4} CH_3CH_2OH$$

工业上称这种方法为烯烃直接水合法。常用的催化剂是磷酸或硫酸。

（6）与次卤酸加成。

烯烃与次卤酸加成生成 β-卤代醇。由于次卤酸不稳定，常用烯烃与卤素的水溶液反应。不对称烯烃与次卤酸加成时，主要得到卤素加在含氢较多的碳原子上的产物。例如：

$$CH_3CH=CH_2 + HOCl \longrightarrow \begin{matrix} CH_3CH-CH_2 \\ | \quad\quad | \\ OH \quad\quad Cl \end{matrix}$$

卤代醇是重要的化工原料，可制备多种化工产品，如环氧化物、甘油等。

2. 氧化反应

烯烃的双键很容易被氧化。在室温下，烯烃能被稀的酸性高锰酸钾溶液氧化，反应现象是酸性高锰酸钾溶液的紫红色消失。常用此反应来鉴别烯烃和其他不饱和化合物的存在。不同烯烃的氧化产物不同，可以根据氧化产物的结构，确定原烯烃的结构。

$$R-CH=CH_2 \xrightarrow[H_2SO_4]{KMnO_4} RCOOH + CO_2 + H_2O$$

羧酸

$$\begin{array}{c} R_1 \\ \diagup \\ R_2 \end{array} C=CHR_3 \xrightarrow[H_2SO_4]{KMnO_4} \begin{array}{c} R_1 \\ \diagup \\ R_2 \end{array} C=O + R_3COOH$$

酮   羧酸

练一练 5

现有两个没有标签的瓶子，分别装了甲烷和乙烯，怎么鉴别它们？

3. α-H 的卤代反应

双键是烯烃的官能团，与双键碳原子直接相连的碳原子上的氢称为 α-H，受双键的影响，表现出一定的活泼性。例如：丙烯与氯气混合，在常温下发生加成反应，生成 1,2-二氯丙烷；而在 500 ℃的高温下，主要是 α-H 被取代，生成 3-氯丙烯。

$$CH_3CH=CH_2 + Cl_2 \xrightarrow{常温} \underset{\underset{Cl}{|} \quad \underset{Cl}{|}}{CH_3CH-CH_2}$$

$$CH_3CH=CH_2 + Cl_2 \xrightarrow{500\,℃} \underset{\underset{Cl}{|}}{CH_2CH=CH_2} + HCl$$

烯烃用 NBS（N-溴代丁二酰亚胺）作卤化剂，可以在较低温度下得到 α-溴代烯烃。例如：

$$CH_2=CHCH_3 \xrightarrow{NBS} CH_2=CHCH_2Br$$

4. 聚合反应

烯烃分子中的碳碳双键在合适的条件下，可以自身分子间发生加成反应。由两分子烯烃聚合得到二聚体，由多分子烯烃聚合得到高聚体，这种由小分子合成大分子，由单体合成聚合物的反应过程称为聚合反应。例如：

$$CH_2=CH_2 \xrightarrow[加热]{催化剂} \left[CH_2-CH_2\right]_n$$

五、二烯烃的性质

两个双键被一个单键隔开，即含有 $\diagup C=C-C=C \diagdown$ 结构的二烯烃叫作共轭二烯烃。例如：1,3-丁二烯，$CH_2=CH-CH=CH_2$。共轭二烯烃具有特殊的结构和性质，共轭二烯烃除了具有一般单烯烃所有的化学性质（如发生加成、氧化、聚合等反应）之外，由于共轭体系的存在，共轭二烯烃还能发生一些特殊的反应。

1. 1,2-加成与 1,4-加成

共轭二烯烃含有大 π 键，由于分子中的极性交替现象，导致其与等物质的量卤素或卤化氢进行亲电加成反应时，通常得到两种加成产物。例如：1,3-丁二烯与溴加成，得到两种加成产物。

$$CH_2=CH-CH=CH_2 + Br_2 \begin{cases} \xrightarrow{1,2-加成} & CH_2-CH-CH=CH_2 \\ & \quad\ \, | \quad\ \ | \\ & \quad\ Br \quad\ Br \\ \xrightarrow{1,4-加成} & CH_2-CH=CH-CH_2 \\ & \quad\ \, | \qquad\qquad | \\ & \quad\ Br \qquad\qquad Br \end{cases}$$

1,4-加成又称共轭加成，是共轭二烯烃的特殊反应。共轭二烯烃的 1,2-加成和 1,4-加成是竞争反应，哪一种加成占优势，主要取决于反应条件。一般在低温及非极性溶剂中以 1,2-加成为主，高温及极性溶剂中以 1,4-加成为主。

2. 双烯合成反应

共轭二烯烃可与含碳碳双键或碳碳三键的不饱和化合物发生 1,4-加成，生成具有六元环状结构化合物的反应称为双烯合成反应，又称狄尔斯-阿尔德（Diels-Alder）反应。例如：

通过双烯合成可以将链状化合物转变为环状化合物，这是合成六元环状化合物的重要方法。

六、重要的烯烃

1. 乙烯

乙烯是合成高分子材料的重要单体，其产量的大小标志着一个国家化工产业的发展水平。乙烯由石油炼制热裂解气中分离得到。在农业领域，乙烯可作催熟剂；在工业领域，乙烯是制备乙醇、苯乙烯等的化工原料。其中，聚乙烯是一种用途广泛的塑料，无色无味无臭无毒，具有优良的耐低温性能，可用来制造食品包装袋、医用注射器、药瓶、输液器等，如图 2-4 所示。

图 2-4　聚乙烯医用产品

2. 丙烯

结构式为 $CH_3—CH=CH_2$，为无色无臭、稍带有甜味的气体，易燃，燃烧时会产生明亮的火焰，在空气中的爆炸极限是 2.4%～10.3%，不溶于水，易溶于乙醇、乙醚。丙烯是三大合成材料的基本原料之一，丙烯可聚合生成聚丙烯，与乙烯共聚生成乙丙橡胶，水合生成异丙醇，氧化生成环氧丙烷等。

3. 苯乙烯

结构为 苯环—$CH=CH_2$，可看作用苯取代乙烯的一个氢原子形成的有机化合物。乙烯基的电子与苯环共轭，不溶于水，溶于乙醇、乙醚等多数有机溶剂，是合成树脂、离子交换树脂及合成橡胶等的重要单体。

【知识链接】 --

塑料

聚乙烯（PE）是塑料的一种，我们平常用的方便袋就是由聚乙烯材料制作的。聚乙烯是结构最简单的高分子，也是应用最广泛的高分子材料，是通过乙烯分子聚合而成的。聚乙烯有优异的化学稳定性，常温下不溶于一般溶剂，吸水性小，电绝缘性优良。不同聚乙烯产品用途不同。高压聚乙烯：一半以上用于薄膜制品，其次是管材、注射成型制品、电线包裹层等。中、低压聚乙烯：以注射成型制品及中空制品为主。超高压聚乙烯：由于超高分子聚乙烯优异的综合性能，可作为工程塑料使用。

而由聚氯乙烯（PVC）制成的塑料袋是不能用来包装食品的。因为单体氯乙烯有毒，而且在制作这种塑料袋时经常加入大量对人体健康不利的增塑剂。目前，废弃塑料带来的"白色污染"越来越严重，如果我们能详细了解塑料的组成及分类，不仅能帮助我们科学地使用塑料制品，也有利于塑料的分类回收，并有效控制和减少"白色污染"。

聚四氟乙烯（PTFE）俗称"塑料王"，中文也称铁氟龙、特氟龙、特富隆等。聚四氟乙烯是一种以四氟乙烯作为单体聚合制得的高分子聚合物，白色蜡状，半透明，耐热、耐寒性优良。这种材料具有抗酸抗碱、抗各种有机溶剂的特点，几乎不溶于所有的溶剂。同时，聚四氟乙烯具有耐高温的特点，它的摩擦系数极低，所以可作润滑使用，成为易清洁水管内层的理想涂料。

目标检测

一、选择题（每题只有一个正确答案）。

1.（　　）的产量是一个国家化工产业水平的发展标志。

A. 甲烷　　　　　　B. 乙醇　　　　　　C. 乙烯　　　　　　D. 石油

2. 下列物质中，能使溴水褪色的是（　　　）。

A. 乙烷　　　　　　B. 乙醚　　　　　　C. 乙烯　　　　　　D. 乙醇

3. 下列化合物，没有顺反异构体的是（　　　）。

A. 2-丁烯　　　　　　　　　　　B. 1-丁烯

C. 2-戊烯　　　　　　　　　　　D. 3-甲基-3-己烯

4. 乙烯与卤素的反应，属于（　　　）。

A. 加成反应　　　B. 取代反应　　　C. 聚合反应　　　D. 氧化反应

5. 某液态烃和溴水发生加成反应生成 2,3-二溴-2-甲基丁烷，则该烃是（　　　）。

A. 3-甲基-1-丁烯　　　　　　　B. 2-甲基-2-丁烯

C. 2-甲基-1-丁烯　　　　　　　D. 1-甲基-2-丁烯

6. 下列物质不可能是烯烃发生加成反应的产物的是（　　　）。

A. 乙烷　　　　　B. 丙烷　　　　　C. 异丁烷　　　　　D. 新戊烷

7. 已知烯烃在一定条件下氧化时，C＝C 键断裂，RCH＝CHR′可氧化成 RCHO 和 R′CHO。下列烯烃中，经氧化只能得到丙醛的是（　　　）。

A. 1-己烯　　　　　　　　　　　B. 2-己烯

C. 2-甲基-2-戊烯　　　　　　　D. 3-己烯

8. 化学式为 C_7H_{14} 的化合物与酸性高锰酸钾溶液反应生成 4-甲基戊酸,溶液中还有气体逸出，则该化合物为（　　　）。

A. 5-甲基-1-己烯　　　　　　　B. 5-甲基-2-己烯

C. 4,4-二甲基-2-戊烯　　　　　D. 2,5-二甲基-2-己烯

9. 化合物 $CH_2\!\!=\!\!CCH\!\!=\!\!CH_2$（下有 CH_3）与溴发生加成反应，产物可能有（　　　）。

A. 1 种　　　　　B. 2 种　　　　　C. 3 种　　　　　D. 4 种

10. 除去己烷中的少量己烯，最好选择（　　　）。

A. Pt/H_2　　　　　　　　　　　B. 溴水

C. 酸性高锰酸钾溶液　　　　　　D. 稀硫酸

二、写出下列化合物的名称或结构简式。

1. $CH_2\!\!=\!\!CH\!\!-\!\!CH\!\!-\!\!CH\!\!=\!\!CHCH_3$（下有 $CH(CH_3)_2$）

2. $CH_3CH_2CCHCH_3$（上有 CH_2，下有 CH_3）

3. （CH_3/Br）$C\!\!=\!\!C$（CH_3/CH_2CH_3）

4. （CH_3CH_2/H）$C\!\!=\!\!C$（$CH_2CH_2CH_3$/CH_2CH_3）

5. 2,4-二甲基-2-戊烯

6. 3,3,4-三甲基-1-己烯

7. (E)-1-氯-2-溴-1-丁烯　　　　　　　　8. (Z)-1,2-二氯-1-溴乙烯

三、完成下列化学反应方程式。

1. $CH_3CH_2\overset{\displaystyle |}{\underset{\displaystyle CH_3}{C}}=CHCH_3 + H_2 \xrightarrow{\ Ni\ }$

2. $CH_2=CH_2 + HCl \longrightarrow$

3. $CH_2=CHCH_3 + HBr \longrightarrow$

4. $CH_2=CHCH_3 \xrightarrow[\ (2)H_2O\ ]{\ (1)H_2SO_4\ }$

5. $CH_3CH_2\overset{\displaystyle |}{\underset{\displaystyle CH_3}{C}}=CHCH_3 + HOCl \longrightarrow$

6. $CH_3CH_2\overset{\displaystyle |}{\underset{\displaystyle CH_3}{C}}=CH_2 \xrightarrow{\ KMnO_4/H^+\ }$

7. $CH_2=\overset{\displaystyle |}{\underset{\displaystyle CH_3}{C}}CH=CH_2 \xrightarrow[\ 1\ mol\ ]{\ Br_2/H_2O\ }$

8. 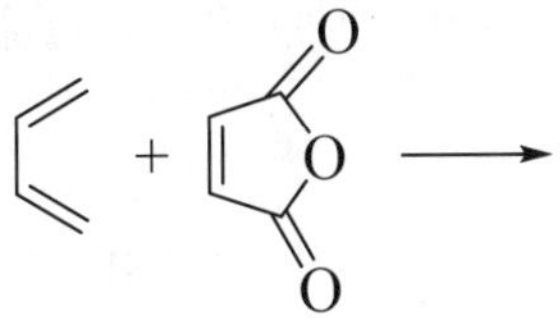 (结构式) + (结构式) $\longrightarrow$

四、你能用几种化学方法来鉴别丁烷和 1-丁烯？

五、某烯烃 C_5H_{10} 与酸性高锰酸钾反应，生成丙酮和乙酸，试推断该烯烃的结构，并写出反应方程式。

第三节　炔烃

学习目标

1. 掌握炔烃的结构和分类，会熟练地对炔烃进行命名；
2. 掌握炔烃的基本性质，能熟练书写相关的反应式；
3. 能够进行炔烃的鉴别；
4. 了解炔烃的制备方法；
5. 了解炔烃在药学中的应用。

乙炔在氧气中燃烧，可产生 3 000 ℃以上的高温，常称氧炔焰，广泛用于焊接和切割金属，称为气焊和气割。

问题：1. 乙炔具有哪些主要性质？

2. 工业上怎样制取乙炔？

一、炔烃概述

1. 炔烃的定义与结构

炔烃是指分子中含有碳碳三键(C≡C)的不饱和烃，碳碳三键(C≡C)是炔烃的官能团。炔烃比相应的烯烃少 2 个氢原子，通式为 C_nH_{2n-2}（$n \geqslant 2$）。

乙炔是炔烃同系列中最简单、最重要的炔烃，其结构式为 CH≡CH。现代科学研究表明，乙炔分子中的两个碳原子和两个氢原子在同一条直线上，分子中的键角为180°。它的官能团碳碳三键不是简单的 3 个单键的加合，而是由一个 σ 键和两个 π 键共同组成的，这两个 π 键与烯烃中的 π 键类似，键能较弱，容易发生化学反应，所以碳碳三键也是一个比较活泼的官能团。乙炔的分子结构如图 2-5 所示。

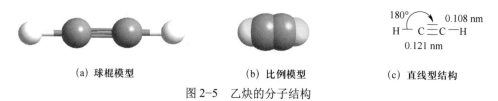

（a）球棍模型　　　　　　　　（b）比例模型　　　　　　　（c）直线型结构

图 2-5　乙炔的分子结构

2. 炔烃的同分异构现象

乙炔和丙炔没有同分异构现象。从丁炔开始，有三键位置异构，从戊炔开始还有碳链异构。炔烃的碳碳三键上只能有一个取代基，且为直线型结构，因此，炔烃无顺反异构现象。

（1）位置异构。

由于三键在碳链上位置不同而引起的异构现象。例如：

$$CH_3—CH_2—CH_2—C≡CH \qquad\qquad CH_3—CH_2—C≡C—CH_3$$

　　　　　1-戊炔　　　　　　　　　　　　　　　　2-戊炔

（2）碳链异构。

由于碳原子排列方式不同而引起的异构现象。例如：

$$CH_3—CH_2—\underset{\underset{CH_3}{|}}{CH}—C≡CH \qquad\qquad CH_3—\underset{\underset{CH_3}{|}}{CH}—CH_2—C≡CH$$

　　　　3-甲基-1-戊炔　　　　　　　　　　　4-甲基-1-戊炔

（3）官能团异构。

炔烃可以和碳原子上相同的二烯烃互为同分异构体。例如：

$$CH_3-CH_2-CH_2-C\equiv CH$$

1-戊炔

$$CH_2=CH-CH=CH-CH_3$$

1,3-戊二烯

3. 炔烃的命名

（1）炔烃的命名。

与烯烃类似，只需将"烯"改为"炔"即可。例如：

$$CH_3CH_2C\equiv CH \qquad CH_3C\equiv CC(CH_3)_2CH_3$$

1-丁炔 　　　　4,4-二甲基-2-戊炔

（2）烯炔的命名。

如果一个化合物分子中同时含有碳碳双键和碳碳三键，这一类烃称为烯炔。命名原则如下：

1）首先选择含有两者在内的最长碳链为主链，按其碳原子数称为某烯炔。

2）编号时遵循最低系列原则，即从靠近双键或三键一端开始编号。如果双键和三键离两端距离相等，则按先烯后炔的顺序编号。

3）书写全称的方法和其他烃的基本相同，但母体要用"a-某烯-b-炔"表示，其中 a 表示双键位次，b 表示三键位次。

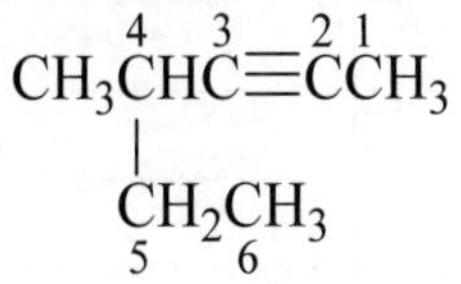

4-甲基-2-己炔

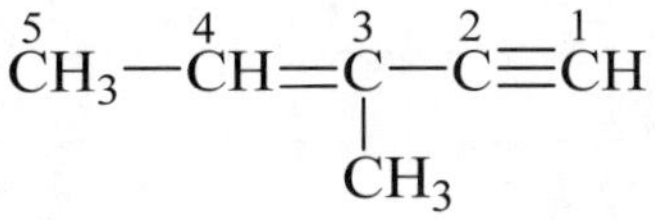

3-甲基-3-戊烯-1-炔

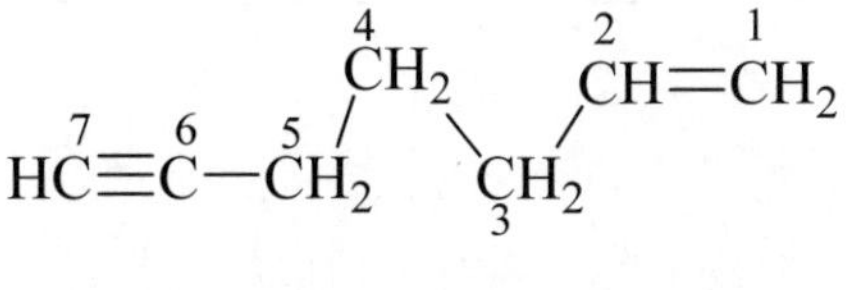

1-庚烯-6-炔

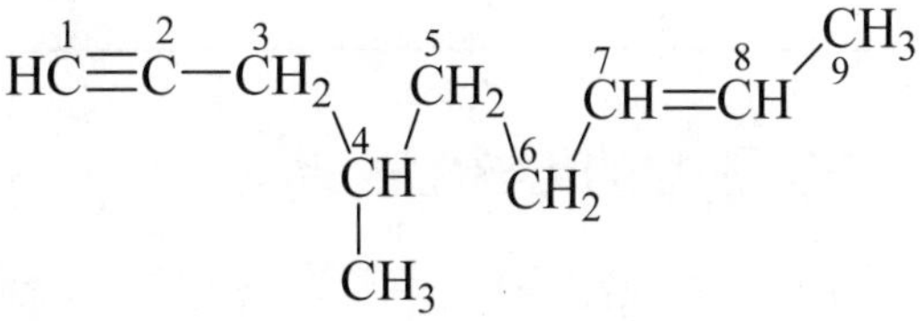

4-甲基-7-壬烯-1-炔

（3）衍生物命名法。

有时也用衍生物命名法，以乙炔为母体，其余均看作取代基。例如：

乙烯基乙炔

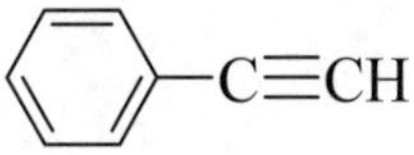

苯乙炔

练一练 1

写出下列化合物的结构简式。

1. 2,5-二甲基-3-己炔 　　　　2. 4-甲基-1-戊炔

3. 3-戊烯-1-炔 　　　　4. 1-戊烯-4-炔

5. 3-甲基-1-丁炔 　　　　6. 2-戊炔

二、炔烃的物理性质

除了沸点和偶极矩，大部分的炔烃在物理特性上与相应的烷烃和烯烃差别不大。它们和其他烃类一样都具有低密度和低溶解性的性质。与对应的烯烃相比，由于极性略强，所以沸点更高。同时，三键位于末端的炔烃比三键位于主链中间的炔烃沸点更高。在常温下，$C_2 \sim C_4$ 的炔烃为气体，$C_5 \sim C_{17}$ 的炔烃为液体，C_{18} 及其以上的高级炔烃为固体。像烯烃一样，炔烃易燃，密度更低且不溶于水，但易溶于一些微极性溶剂，如石油醚，苯等有机溶剂。表 2-6 列出了一些炔烃的物理常数。

表 2-6   一些炔烃的物理常数

名称	熔点（℃）	沸点（℃）
乙炔	-80.8	-83.8
丙炔	-101.5	-23.2
1-丁炔	-125.7	8.1
2-丁炔	-31.26	27.0
1-戊炔	-90.0	40.2
2-戊炔	-101.0	56.1
1-己炔	-131.9	71.3
1-庚炔	-81.0	99.7
1-辛炔	-79.48	126.6
1-壬炔	-50.0	150.8
1-癸炔	-44.0	173.4

三、炔烃的化学性质

炔烃和烯烃都是不饱和烃，分子结构中都含有 π 键，容易断裂，因而有相似的化学性质，如都能发生加成、氧化和聚合等反应。但与烯烃比，炔烃的 C≡C 键长较短，键能较大，所以活泼性不如烯烃。而且，炔烃还具有自己的特殊性质，如三键碳原子上的氢原子易被金属置换生成金属炔化物等。

1. 加成反应

炔烃有两个 π 键，能与两分子试剂加成。炔烃的加成反应一般分两步进行，首先三键中的一个 π 键断裂，与一分子试剂加成，然后第二个 π 键再断裂与另一分子试剂加成。

（1）催化加氢。

炔烃在 Pt 或 Ni 催化下加氢生成烷烃。

$$R-C \equiv C-H \xrightarrow[\text{催化剂Pt或Ni}]{H_2(\text{适量})} R-CH=CH_2 \xrightarrow{\dfrac{H_2}{Pt}} R-CH_2-CH_3$$

第二步加氢（即烯烃的加氢）反应非常快，以至于采用一般的催化剂时，反应无法停留在生成烯烃的阶段。但是采用一些活性减弱的特殊催化剂（如林德拉催化剂），则能使反应停止在烯烃阶段，且收率较高。

如果得到的烯烃有顺、反异构体，用林德拉催化剂催化加氢得到的主要是顺式异构体。

$$RC \equiv CR' \xrightarrow[\text{林德拉催化剂}]{H_2} \underset{R}{\overset{H}{>}} C=C \underset{R'}{\overset{H}{<}}$$

如果在液氨中以金属钠（或锂）作还原剂，炔烃与其反应，结果主要得到反式异构体。

$$RC \equiv CR' \xrightarrow[\text{液}NH_3]{Na} \underset{H}{\overset{R}{>}} C=C \underset{R'}{\overset{H}{<}}$$

（2）与卤素加成。

炔烃与烯烃一样，能与卤素发生加成反应。但因反应活性比烯烃弱，炔烃与氯、溴的加成反应要有催化剂才能进行。例如：

$$CH \equiv CH \xrightarrow{X_2} \underset{X}{\overset{}{C}}H=CH\underset{X}{\overset{}{}} \xrightarrow{X_2} \underset{X}{\overset{X}{H}}C-\underset{X}{\overset{X}{C}}H \quad (X=Cl,Br)$$

炔烃和溴水发生加成反应，可见溴水的红棕色退去，此反应可用于炔烃的鉴别。

（3）与卤化氢加成。

乙炔和氯化氢加成较为困难，因为氯化氢在卤化氢中活性最低，必须在催化剂存在下才能反应。炔烃与等物质的量卤化氢作用生成单卤代烯烃，进一步加成生成偕二卤代物（偕表示两个卤素连接在同一个碳原子上）。例如：乙炔在汞盐的催化下，与一分子氯化氢加成，生成氯乙烯，反应可以停留在一分子加成阶段。在较强烈的条件下，氯乙烯进一步与氯化氢加成生成1,1-二氯乙烷，加成取向是符合马氏规则的。

$$CH \equiv CH + HCl \xrightarrow[\text{催化剂}]{HgCl_2} CH_2=CHCl \xrightarrow{HCl} CH_3-CHCl_2$$

氯乙烯   1,1-二氯乙烷

不对称炔烃与卤化氢加成时，两步加成均遵循马氏规则，最终生成偕二卤代烃。

$$R-C \equiv CH \xrightarrow{HX} R-\underset{X}{\overset{}{C}}=CH_2 \xrightarrow{HX} R-\underset{X}{\overset{X}{C}}-CH_3$$

（4）与水加成。

炔烃与烯烃不同，在酸催化下与水加成是很困难的。在硫酸汞作催化剂的硫酸溶液中，炔烃与水发生加成反应。例如：乙炔在硫酸汞、硫酸的催化下与水发生加成反应，生成乙醛，

这也是工业上制备乙醛的方法之一。

$$CH{\equiv}CH + H_2O \xrightarrow[98\sim105\ ℃]{HgSO_4,稀H_2SO_4} \left[\begin{array}{c} H \quad OH \\ | \quad\ | \\ HC{=}CH \end{array} \right] \xrightarrow{重排} \overset{\overset{\displaystyle O}{\|}}{CH_3{-}C{-}H}$$

烯醇式   乙醛

在炔烃与水加成反应过程中，相当于水先与三键加成，加成产物中羟基与双键碳原子直接相连，称为烯醇式。烯醇式一般不稳定，很快发生异构化，形成酮式。异构化过程包括了氢质子和双键的转移。这种现象称为互变异构，这两种异构体称为互变异构体。烯醇式与酮式处于动态平衡，可相互转化。

$$R{-}C{\equiv}CH + H_2O \xrightarrow{HgSO_4,稀H_2SO_4} \left[\begin{array}{c} OH \quad H \\ |\quad\ | \\ RC{=}CH \end{array} \right] \xrightarrow{重排} \overset{\overset{\displaystyle O}{\|}}{R{-}C{-}CH_3}$$

烯醇式   酮式

除乙炔的水合产物为乙醛外，其他炔烃与水加成的最终产物都是酮。

（5）与醇加成。

在碱催化下，醇与乙炔进行加成反应，生成乙烯基醚。例如：乙醇与乙炔的反应。

$$CH{\equiv}CH + CH_3CH_2OH \xrightarrow[\triangle]{KOH} CH_2{=}CH{-}O{-}CH_2CH_3$$

乙醇   乙烯基乙醚

乙烯基乙醚是药物合成的原料。

2. 氧化反应

（1）燃烧。

炔烃都能燃烧，生成二氧化碳和水，并有浓烟。例如：乙炔与空气的混合物遇火会发生爆炸。

$$HC{\equiv}CH + O_2 \longrightarrow CO_2 + H_2O$$

（2）被氧化剂氧化。

像烯烃一样，炔烃会和强氧化剂（如高锰酸钾）反应而使键断裂开来，得到相应的羧酸或二氧化碳。一般来说，反应要比烯烃缓慢。炔烃中 C≡C 三键位置不同，氧化产物也不同。例如：

链中间炔烃

$$RC{\equiv}CR' \xrightarrow[H^+]{KMnO_4} \overset{\overset{\displaystyle O\ \ \ O}{\|\ \ \ \|}}{RC{-}CR'} \longrightarrow RCOOH + R'COOH$$

末端炔烃

$$RC{\equiv}CH \xrightarrow[H^+]{KMnO_4} RCOOH + CO_2$$

根据高锰酸钾颜色变化，可鉴别炔烃；根据所得产物的结构，可推知原炔烃的结构。

3. 聚合反应

（1）炔烃在少量引发剂或催化剂作用下，键断裂而互相加成，形成高分子化合物的反应称为聚合反应。与烯烃的聚合反应不同的是，炔烃一般不聚合成高分子化合物。例如：将乙炔通入氯化亚铜和氯化铵的强酸溶液中时，可发生二聚或三聚作用。这种聚合反应可以看作是乙炔自身的加成反应。

$$2\,HC\!\equiv\!CH \xrightarrow{Cu_2Cl_2-NH_4Cl}$$

$$CH_2\!=\!CH\!-\!C\!\equiv\!CH \xrightarrow[Cu_2Cl_2-NH_4Cl]{HC\equiv CH} CH_2\!=\!CH\!-\!C\!\equiv\!C\!-\!CH\!=\!CH_2$$

乙烯基乙炔   二乙烯基乙炔

（2）在高温下，三个乙炔分子聚合成一个苯分子。

$$3\,HC\!\equiv\!CH \xrightarrow{300\,℃}$$

这个反应的苯产量很低，没有工业生产价值。但从理论上说明了从开链化合物可以转变成芳香族化合物，为研究苯的结构提供了重要的依据。

（3）用三苯基膦羰基镍作催化剂，也可将乙炔聚合成苯，产率可达 80%。

$$3\,HC\!\equiv\!CH \xrightarrow[60\sim70\,℃，1.5\,MPa]{三苯基膦羰基镍}$$

练一练 2

若某一炔烃经酸性高锰酸钾氧化后的产物为二氧化碳和 2-甲基丙酸，你能推断出原来炔烃的结构吗？

4. 金属炔化物的生成

炔烃三键碳原子上的氢原子称为炔氢，炔氢较为活泼，具有一定的酸性，可以被金属取代而生成金属炔化物。例如：将乙炔通入银盐或亚铜盐的氨溶液中，则生成白色乙炔银或棕红色乙炔亚铜沉淀。

$$HC\!\equiv\!CH + 2Ag(NH_3)_2NO_3 \longrightarrow AgC\!\equiv\!CAg\!\downarrow + 2NH_4NO_3 + 2NH_3$$

乙炔银（白色）

$$HC\!\equiv\!CH + 2Cu(NH_3)_2Cl \longrightarrow CuC\!\equiv\!CCu\!\downarrow + 2NH_4Cl + 2NH_3$$

乙炔亚铜（棕红色）

乙炔银和乙炔亚铜在潮湿状态及低温时比较稳定，干燥时撞击或受热容易发生爆炸。为了避免危险，实验后应及时将这些金属炔化物用盐酸或硝酸等分解处理。

练一练 3

写出 1-丁炔与硝酸银氨溶液反应的方程式。

四、炔烃在医药中的应用

1. 乙炔

乙炔是最简单和最重要的炔烃。纯乙炔为无色无臭的气体，沸点-84 ℃，微溶于水，易溶于乙醇、苯、丙酮等有机溶剂。由电石制得的乙炔因混有硫化氢、磷化氢、砷化氢而产生难闻的气味。乙炔属易燃易爆气体，在空气中爆炸极限为 2.3%～72.3%，受热、震动、电火花等因素都可以引发爆炸。但在 15 ℃、1.5 MPa 时，乙炔在丙酮中的溶解度为 237 g/L，溶液是稳定的。因此，工业上是将乙炔压入装满吸附了丙酮的石棉等多孔性物质的钢瓶中，以便安全储存和运输。

乙炔的制法除用电石法制得外，工业上也常用甲烷裂解法。

（1）碳化钙水解（电石法）。

用焦炭和生石灰在电炉中加热，生成碳化钙（俗称电石），碳化钙遇水迅速生成乙炔。

$$CaO + 3C \xrightarrow[\text{电炉}]{2\,500\sim3\,000\ ℃} CaC_2 + CO \uparrow$$

$$CaC_2 + 2H_2O = Ca(OH)_2 + HC\equiv CH$$

（2）甲烷裂解法。

天然气（CH₄）在 1 500 ℃电弧中裂解可生产乙炔。

$$2CH_4 \xrightarrow{1\,500\ ℃\text{电弧}} HC\equiv CH + 2H_2$$

甲烷裂解法的优点是原料易得、成本低廉。天然气和石油裂化气中都含有大量的甲烷，天然气已成为制备乙炔的主要来源。

纯乙炔属微毒类，具有弱麻醉和阻止细胞氧化的作用。高浓度时排挤空气中的氧气，引起单纯性窒息作用。动物长期吸入非致死性浓度该品，出现血红蛋白、网织细胞、淋巴细胞增加和中性粒细胞减少。尸检有支气管炎、肺炎、肺水肿、肝充血和脂肪浸润。

【知识链接】--

乙炔

乙炔是制造乙醛、醋酸、苯、合成橡胶、合成纤维等的基本原料。乙炔燃烧时能放出大量的热，氧炔焰的温度可以达到 3 000 ℃左右，用于切割和焊接金属。乙炔化学性质活泼，能与许多试剂发生加成反应。乙炔是有机合成重要的基本原料之一，如与水、氯化氢、氨氰酸加成，制备得到的乙醛、氯乙烯、丙烯腈等均可成为高聚物的原料。

纯净的乙炔是无色无臭的气体，由于工业用的电石不纯，混杂有硫化钙、磷化钙等杂质，以致由此而生成的乙炔中含有硫化氢和磷化氢而具有难闻的臭味。乙炔微溶于水而易溶于丙酮，溶解度随压力增大而增加。为了运输乙炔，须把乙炔在高压下液化。液态乙炔受热或震动会发生爆炸，而乙炔的丙酮溶液比较稳定，为了避免危险，常在储存乙炔的钢瓶中填以浸有丙酮的多孔性物质（如碎软木、石棉等）吸收乙炔。

----

2. 丙炔

丙炔又称甲基乙炔。性质稳定，可用于制造丙酮等有机物。对人体健康有一定的危害性。急性吸入可刺激呼吸道，引起支气管炎及肺炎，也具有一定的麻醉作用。

3. 达内霉素

一种含蒽醌结构的烯二炔类高效抗肿瘤抗生素，对耐药肿瘤细胞株的杀伤作用较强，具有较高的治疗指数。达内霉素为紫色粉状物质，不溶于水，易溶于有机溶剂。具有极强的体内外抗菌活性，对许多革兰氏阳性细菌的最小抑菌浓度 MIC 在 pg/mL 水平，对革兰氏阴性细菌的最小抑菌浓度 MIC 在 ng/mL 水平。最突出的特点是对耐药肿瘤细胞株的杀伤作用基本同非耐药细胞株，半抑制浓度 IC_{50} 在 pg/mL 水平，毒性低，具有很高的治疗指数。

4. 炔雌醇

又称乙炔雌二醇，对下丘脑和垂体有正、负反馈作用，小剂量可刺激促性腺激素分泌；大剂量则抑制其分泌，从而抑制卵巢的排卵，达到抗生育作用。该品能刺激垂体合成和释放促性腺激素，促性腺激素则刺激性腺释放性激素。下丘脑分泌促性腺激素释放激素受多种因素的调控，其中包括循环中的性激素。单剂使用时能增加循环中的性激素；连续使用可致腺垂体中促性腺激素释放激素受体下调，从而减少性激素的分泌。

目标检测

一、选择题（每题只有一个正确答案）。

1. 不能使酸性 $KMnO_4$ 溶液褪色的是（　　）。

A. 乙烯　　　　　B. 乙烷　　　　　C. 丙烯　　　　　D. 乙炔

2. 既可以鉴别乙烷和乙炔，又可以除去乙烷中含有的乙炔的方法是（　　）。

A. 足量的溴的四氯化碳溶液　　　　　B. 与足量的液溴反应

C. 点燃　　　　　D. 在一定条件下与氢气加成

3. 关于炔烃的下列描述正确的是（　　）。

A. 分子中含有碳碳三键的不饱和链烃叫炔烃

B. 炔烃分子里的所有碳原子都在同一直线上

C. 炔烃易发生加成反应，也易发生取代反应

D. 炔烃不能使溴水褪色，但可以使酸性高锰酸钾溶液褪色

4. 在适当条件下 1 mol 丙炔与 2 mol 溴化氢加成的主要产物是（　　）。

A. $CH_3CH_2CHBr_2$　　　　　B. $CH_3CBr_2CH_3$

C. $CH_3CHBrCH_2Br$ D. $CH_2BrCHBrCH_3$

5. 下列物质中，与2-戊炔互为同分异构体的为（   ）。

A. 3-甲基-1-丁炔   B. 3,3-二甲基-1-丁炔

C. 2-丁炔   D. 1-丁炔

6. 下列化合物与水反应，可生成醛的是（   ）。

A. 乙烯   B. 乙炔   C. 丙炔   D. 丙烯

7. 用乙炔为原料制取 CH_2Br—$CHBrCl$，可行的反应途径是（   ）。

A. 先加 Cl_2，再加 Br_2 B. 先加 Cl_2，再加 HBr

C. 先加 HCl，再加 HBr D. 先加 HCl，再加 Br_2

8. 某烃 W 与溴的加成产物是 2,2,3,3-四溴丁烷，与 W 互为同系物的是（   ）。

A. 乙炔   B. 2-丁烯   C. 1,3-丁二烯   D. 异戊二烯

二、填空题。

1. 有机化学中的反应类型较多，将下列反应归类：

①由乙炔制氯乙烯②乙烷在空气中燃烧③乙烯使溴的四氯化碳溶液褪色④乙烯使酸性高锰酸钾溶液褪色⑤由乙烯制聚乙烯⑥甲烷与氯气在光照的条件下反应

其中属于取代反应的是_____；属于氧化反应的是_____；属于加成反应的是_____；属于聚合反应的是_____。

2. 1-丁炔的结构简式是_____，它与过量溴加成后产物的名称是_____；有机物 A 的分子式与 1-丁炔相同，而且属于同一类别，A 与过量溴加成后产物的名称是_____；与 1-丁炔属于同系物的且所含碳原子数最少的有机物是_____，它能发生_____反应（填反应类别）生成导电塑料 $-(CH{=}CH)_n-$，这是 21 世纪具有广阔前景的合成材料。

三、用系统命名法命名下列各化合物，或根据下列化合物的命名写出相应的结构式。

1. $(CH_3)_2CHC{\equiv}CC(CH_3)_3$ 2. $CH_2{=}CHCH{=}CHC{\equiv}CH$

3. $CH_3CH{=}CHC{\equiv}CC{\equiv}CH$ 4. 环己基乙炔

5. (E)-2-庚烯-4-炔   6. 3-仲丁基-4-己烯-1-炔

四、完成下列化学反应方程式。

1. $CH_2{=}CHCH_2C{\equiv}CH \xrightarrow{Cl_2}$

2. $CH_3CH_2C{\equiv}CH \xrightarrow[H_2O]{HgSO_4/H_2SO_4}$

3. 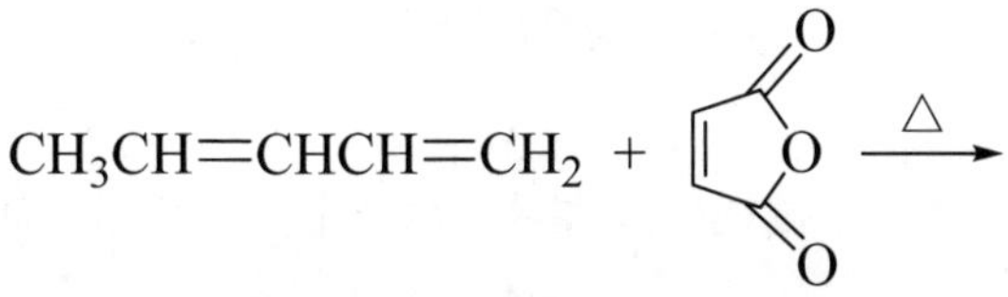 $CH_3CH{=}CHCH{=}CH_2$ + $\xrightarrow{\triangle}$

4. $CH_3CH{=}CHCH_2C{\equiv}CCH_3 \xrightarrow[\text{1 mol}]{Br_2,CCl_4}$

五、用化学方法鉴别下列各组化合物。

1. 己烷、1-己炔、2-己炔
2. 1-戊炔、1-戊烯、正戊烷

第四节　脂环烃

学习目标

1. 了解环烃的结构、分类；
2. 了解脂环烃的结构；
3. 掌握脂环烃的命名；
4. 了解脂环烃的性质，能熟练书写相关的反应式；
5. 了解脂环烃在药学中的应用。

【案例导入】--

环丙烷，在医药上可作麻醉剂，其分子式为 C_3H_6，与丙烯分子式相同，两者互为同分异构体。

问题：环丙烷的性质与丙烯是否一样活泼？能否发生加成反应和氧化反应？

分子中含有由碳原子组成的环状结构的烃，称为环烃。

根据结构和性质，环烃分为脂环烃和芳香烃两类，脂环烃是具有脂肪族性质的环烃，芳香烃是具有芳香性的环烃，一般是指分子中含有苯环的烃。例如：

脂环烃：

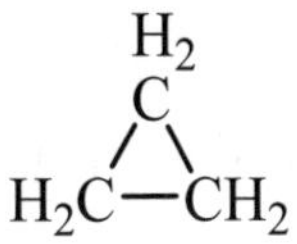

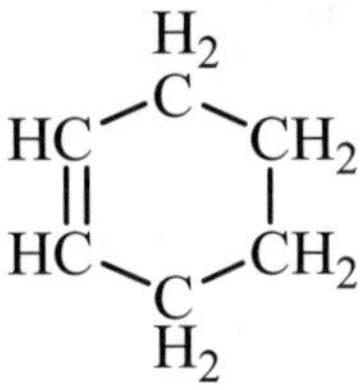

芳香烃：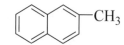

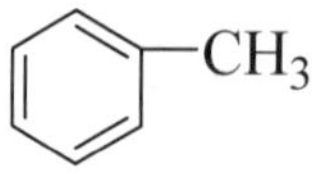

为了书写方便，环状化合物的结构简式常用键线式来表示，每一个折点和端点都代表一个碳原子和相应的氢原子。例如：

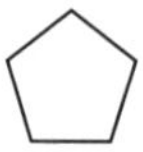

一、脂环烃的分类

1. 根据分子中碳环的数目，分为单环脂环烃和多环脂环烃。例如：

单环脂环烃：

多环脂环烃：

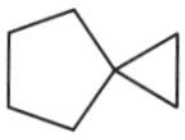

2. 根据分子中有无不饱和键，单环脂环烃分为饱和脂环烃和不饱和脂环烃。饱和脂环烃是指碳原子之间全是以单键结合的脂环烃，也叫环烷烃。例如：

饱和脂环烃：

单环环烷烃的通式为：$C_nH_{2n}(n \geqslant 3)$，与相同碳原子的单烯烃互为同分异构体。

不饱和脂环烃又分为环烯烃和环炔烃。分子中含有双键的不饱和脂环烃称为环烯烃，分子中含有三键的不饱和脂环烃称为环炔烃。例如：

环烯烃的通式为：$C_nH_{2n-2}(n \geqslant 3)$，与相同碳原子的炔烃互为同分异构体。

3. 多环脂环烃分为螺环烃和桥环烃。脂环烃分子中两个碳环共有一个碳原子称为螺环烃，可形成螺环化合物；环上两个碳原子之间可以用碳桥连接，形成双环或多环体系称为桥环烃。例如：

螺环烃 　　　　　　　　桥环烃

在脂环烃中，单环烷烃的结构简单且比较重要，本节着重介绍单环烷烃的结构和性质。

二、单环烷烃的命名

1. 无支链的单环烷烃

无支链的单环烷烃命名与烷烃命名相似，在相应的烷烃名称前加上"环"字，称为"环某烷"。例如：

环丁烷 环戊烷 环己烷

2. 有支链的单环烷烃

（1）有且只有一个支链时，把支链看作取代基，将其名称写在"环某烷"前。例如：

甲基环丁烷 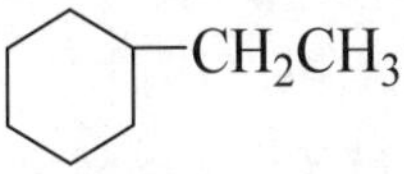 乙基环己烷

（2）有多个取代基时，把较小的取代基编为 1 号，按尽可能使取代基的位次最小的原则给碳环编号。例如：

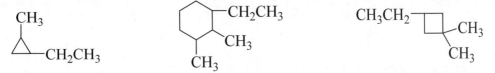

1-甲基-2-乙基环丙烷 1,2-二甲基-3-乙基环己烷 1,1-二甲基-3-乙基环丁烷

3. 环烯烃、环炔烃的命名

（1）无支链。

与烯烃、炔烃命名相似，在相应的名称前加上"环"字，称为"环某烯"或"环某炔"。例如：

环戊烯 环戊炔

（2）有支链。

把双键或三键作为 1、2 号位，再按尽可能使取代基位次最小的原则给碳环编号。例如：

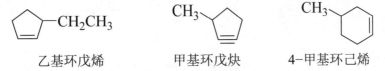

乙基环戊烯 甲基环戊炔 4-甲基环己烯

练一练 1

写出下列化合物的名称。

1.

2.

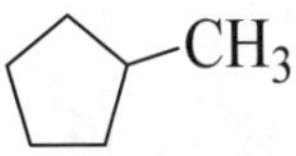

3.

4.

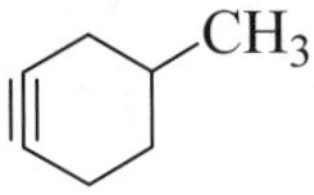

三、脂环烃的结构

正常的 C—C 单键的夹角应为 109.5°（与甲烷分子中的夹角一样），但由于环烷烃不同大

小的碳环几何形状各异，键的夹角也就从109.5°弯曲成不同的角度，这样形成的键就没有正常的σ键稳定，导致了不同环烷烃稳定性上的差异。例如：环丙烷按几何学的要求，碳原子之间的夹角应该是60°，键的夹角由109.5°变成了60°，使整个分子像拉紧的弓一样有张力，碳环容易破裂，所以环丙烷的稳定性要比链状烷烃差得多。

这种张力是由于键角的偏差引起的，所以称为角张力。

环丁烷的情况与环丙烷相似，分子中也存在着张力，但这种张力较环丙烷小，故环丁烷比环丙烷稳定。环戊烷的碳碳键之间的夹角为108°，接近碳碳单键正常键角，所以环戊烷的碳环比较稳定。实际上，三元以上的环，成环的原子可以不在一个平面内。

环己烷的6个碳原子也不是排列在同一平面上，它在保持109.5°的C—C—C的键角条件下采用如下两种空间的排布方式：

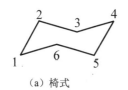 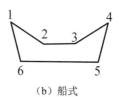

（a）椅式　　　　　　　　　　　（b）船式

无论上图中的（a）还是（b），其环中C_2、C_3、C_5、C_6都是在一个平面上。但在图（a）中，C_1和C_4分别处于C_2、C_3、C_5、C_6形成的平面上下两侧，称为椅式构象；图（b）中，C_1和C_4在该平面的同侧，称为船式构象。船式构象的能量比椅式构象的能量高，故椅式构象比船式构象稳定。一般情况下，环己烷及其取代衍生物主要以椅式构象存在。

四、环烷烃的物理性质

在室温和常压下，环丙烷和环丁烷为气体，环戊烷至环十一烷为液体，环十二烷及以上为固体。环烷的熔点、沸点和相对密度都比含同数碳原子的支链烷烃高。常见环烷烃的物理常数见表2-7。

表2-7　　　　　　　　　　　　常见环烷烃的物理常数

名称	熔点（℃）	沸点（℃）
环丙烷	−127.4	−32.9
环丁烷	−80.0	11.0
环戊烷	−93.8	49.3
环己烷	6.5	80.8
环庚烷	−12.0	118.5
环辛烷	14.8	148.0

五、环烷烃的化学性质

环烷烃和烷烃一样都是饱和烃，它们的性质有相似之处。如在常温下与氧化剂、高锰酸钾不发生反应，而在光照或在较高的温度下可与卤素发生取代反应。

由于碳环结构的特点，三元环和四元环的环烷烃具有类似烯烃的不饱和性，碳环容易开环，形成相应的链状化合物。

1. 与氢气加成

环丙烷和环丁烷都可以在催化剂存在下与 H_2 发生加成反应，得到丙烷和丁烷。

$$\triangle \ + \ H_2 \ \xrightarrow[80\ ℃]{Ni} \ CH_3CH_2CH_3$$

$$\square \ + \ H_2 \ \xrightarrow[120\ ℃]{Ni} \ CH_3CH_2CH_2CH_3$$

反应稳定的差异反映出环丙烷和环丁烷活泼性的差异。在同样条件下，环戊烷、环己烷发生加氢开环反应比较困难。

2. 与卤素反应

环丙烷在室温下，环丁烷在加热条件下，可与 X_2 作用生成二卤化物。环戊烷、环己烷在同样温度下不反应，它们在光照或高温下与卤素发生取代反应。

$$\triangle \ + \ Cl_2 \ \xrightarrow{室温} \ ClCH_2CH_2CH_2Cl \quad （加成）$$

$$\text{环己基} \ + \ Br_2 \ \xrightarrow[或加热]{紫外光} \ \text{环己基—Br} \ + \ HBr \quad （取代）$$

环烷烃结构中的碳原子均为饱和碳原子，其共价键都是 σ 键。环丙烷和环丁烷由于碳原子间成键夹角较小，易形成"弯曲键"，所以不稳定，容易发生加成反应。环戊烷和环己烷碳原子间成键接近四面体结构，性质与烷烃相似，较稳定，不易发生开环反应，而容易发生取代反应，所以自然界存在较多具有五、六元环结构的有机化合物。

3. 与卤化氢反应

环丙烷、环丁烷与卤化氢反应，碳环破裂生成卤烃，环己烷、环戊烷等在同样条件下与卤化氢不发生反应。

$$\triangle \ + \ HCl \ \longrightarrow \ \underset{\overset{|}{H}}{CH_2}CH_2\underset{\overset{|}{Cl}}{CH_2}$$

$$\square\!\!\!\begin{matrix}CH_3\\CH_3\\CH_3\end{matrix} \ + \ HCl \ \longrightarrow \ CH_3\underset{\overset{|}{Cl}}{\overset{\overset{|}{CH_3}}{C}}\!-\!\underset{\overset{|}{CH_3}}{CH}CH_2CH_3$$

烷基取代的环丙烷与卤化氢反应时，卤化氢中的氢加在含氢较多的环碳原子上，卤原子与含氢较少的环碳原子相连。

从上可知，环烷烃的化学活泼性与环的大小有关。小环化合物与常见环（环己烷和环戊烷）比较，化学性质活泼，碳环不稳定，较易发生开环反应，环丙烷、环丁烷、环戊烷和环己烷的稳定性次序为：

$$\triangle \quad < \quad \square \quad < \quad \pentagon \quad < \quad \hexagon$$

练一练 2

完成下列反应式。

1. $\triangle$ + HBr $\longrightarrow$

2. $\hexagon$ + Br$_2$ $\xrightarrow[\text{或加热}]{\text{紫外光}}$

4. 氧化反应

在常温下，环烷烃与一般氧化剂（如高锰酸钾水溶液、臭氧等）不起反应。即使环丙烷，常温下也不能使高锰酸钾溶液褪色。但是在加热时与强氧化剂作用，或在催化剂存在下用空气氧化，环烷烃可以氧化成各种氧化产物。例如：用热硝酸氧化环己烷，则环破坏生成二元酸。

$$\hexagon \xrightarrow{\text{热HNO}_3} \begin{array}{c} \text{CH}_2\text{CH}_2\text{COOH} \\ | \\ \text{CH}_2\text{CH}_2\text{COOH} \end{array}$$

六、重要的脂环烃

1. 环己烷

无色有刺激性气味的液体，沸点 80.7 ℃，易挥发，不溶于水，溶于多数有机溶剂，极易燃烧。主要用于合成尼龙纤维，一般用作溶剂、色谱分析标准物质及用于有机合成。

2. 环戊二烯

无色液体，沸点 41.5 ℃，易燃，易挥发，不溶于水，易溶于有机溶剂。主要用作有机合成中间体。

【知识链接】 ---

涂改液及其危害

涂改液，又称改正液、修正液、改写液，是一种普通文具，白色不透明颜料，涂在纸上以遮盖错字，干后可于其上重新书写。于 1951 年由美国人贝蒂·奈史密斯·格莱姆发明。

涂改液的配方中含有甲基环己烷、环己烷、三氯乙烷、钛白粉、树脂等物质，不同品牌的配方有所不同，但均以甲基环己烷、环己烷、三氯乙烷、钛白粉为主。

甲基环己烷是一种有机可燃气体，有毒，它在空气中的浓度达到 5%～15% 时，遇到明火就会爆炸。涂改液使用完后的空塑料瓶又是难以处理的垃圾，污染环境。

涂改液中还含有铅、苯、钡等对人体有害的化学物质，应谨慎使用。人的呼吸道长期吸入，以及皮肤长期吸收一定量的涂改液，会影响人体正常的免疫功能，引起慢性中毒，从而危害人体健康。

2014 年 3 月 15 日晚，在央视的 3·15 晚会上，对学生常用的涂改液发出了消费预警，称涂改液中含有有毒物质，容易影响孩子们的健康，央视建议家长，选择正规企业生产的橡皮擦和涂改液，并提醒孩子们，少用涂改液。

七、重要的脂环烃类药物

1. 类固醇激素

类固醇激素又称甾体激素，是一类四环脂肪烃化合物，具有环戊烷多氢菲母核，有极重要的医药价值。在维持生命、调节性功能、对机体发展、免疫调节、皮肤疾病治疗及生育控制方面有明确的作用。同时类固醇激素作为一类典型的环境内分泌干扰物，具有很强的内分泌干扰作用，对生态和环境危害极大，其主要来源包括人类在内的脊椎动物的排放，已在环境中被不断检出。

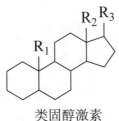

类固醇激素

2. 樟脑

樟脑的化学成分为 1,7,7-三甲基二环[2.2.1]庚烷-2-酮，结构中含有桥环。室温下为白色或透明的蜡状固体，可用于驱虫。

樟脑　　　　　　　　　　　冰片

3. 冰片

冰片的化学成分为 2-茨醇，又名片脑、艾片、龙脑香、梅花冰片、羯布罗香、梅花脑、冰片脑、梅冰等，是由菊科艾纳香茎叶或樟科植物龙脑樟枝叶经水蒸气蒸馏并重结晶而得，为无色透明或白色半透明的片状松脆结晶，气清香，味辛凉，具挥发性，易升华，点燃发生浓烟，并有发光的火焰。其可用于闭证神昏、目赤肿痛、喉痹口疮、疮疡肿痛、溃后不敛等。此外，本品用于治疗冠心病、心绞痛及齿痛，有一定疗效。

4. 醋酸地塞米松

醋酸地塞米松片具有抗炎和免抑制作用，醋酸地塞米松乳膏具有抗炎和抗过敏作用，能抑制结缔组织的增生，降低毛细血管壁和细胞膜的通透性，减少炎性渗出量，抑制组胺及其他毒性物质的形成和释放。

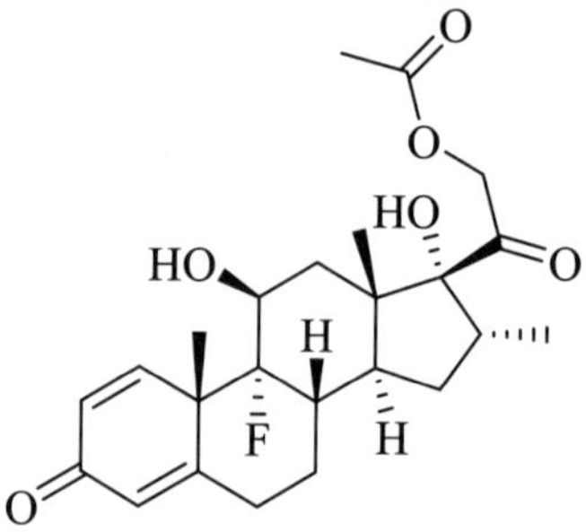

醋酸地塞米松

目标检测

一、选择题（每题只有一个正确答案）。

1. 下列化合物在常温下能使溴水褪色的是（   ）。

A.    B.

C. 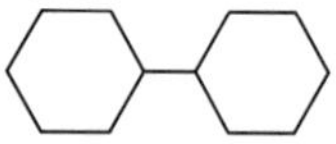   D.

2. 下列化合物能使溴水褪色，但不能使 $KMnO_4$ 褪色的是（   ）。

A.    B.    C.    D.

3. 下列化合物中最容易发生加氢开环反应的是（   ）。

A.    B.    C. 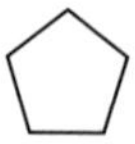   D.

4. 下列化合物与溴化氢加成能生成 2-溴丁烷的是（   ）。

A. 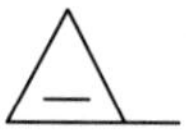   B. 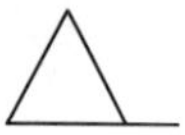   C. 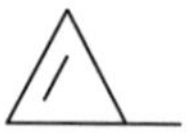   D.

二、写出下列化合物的名称或结构简式。

1. 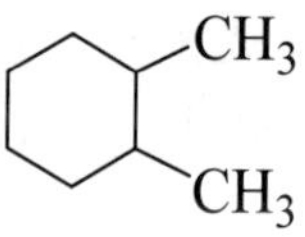   2.

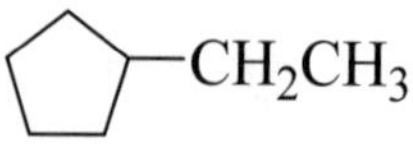

3. 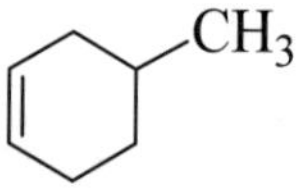   4. 环丙烷

5. 环己炔   6. 1,4-二甲基环己烷

三、填空题。

1. 环烷烃和_____烃的分子组成相同，环烯烃和_____烃的分子组成相同。

2. 自然界中存在的环状有机物中以_____元环和_____元环居多。

3. 三元环和四元环容易发生_____反应。

4. 环烷烃中的共价键都是_____键。

四、完成下列化学反应方程式。

1. 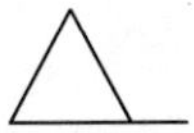 △ + HBr ⟶

2. 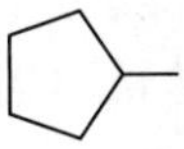 ⬠ + Br₂ —紫外光→

五、用化学方法鉴别下列化合物。

1. 环戊烷和 1-戊烯

2. 甲基环丙烷、环己烷、环己烯

第五节 芳香烃

📄 学习目标

1. 掌握苯的同系物的命名；

2. 掌握苯及苯的同系物的化学性质；

3. 熟悉苯的结构；

4. 了解苯的物理性质；

5. 了解重要的稠环芳香烃。

【案例导入】---

　　1912—1913 年，德国在国际市场上大量收购石油。由于有利可图，许多国家的石油商都不惜压低价格争着与德国人做生意，但令人不可理解的是，德国人只要婆罗洲的石油，其他的一概不要。这一奇怪现象引起了一位化学家的注意。他经过化验，发现婆罗洲的石油成分与其他地区的不同，该地区的石油含有很少的直链烃，但含有大量的苯和甲苯等芳香烃，正是制造"TNT"烈性炸药中三硝基甲苯的基础成分。这位化学家在对婆罗洲石油的化学成分进行分析之后，提醒世人说："德国人在准备发动战争了！"果然不出化学家所料，德国于1914 年发动了第一次世界大战。

问题：1. 你知道苯的结构吗？它有哪些性质？

2. 三硝基甲苯是通过哪种化学反应制造的？

一、芳香烃概述

1. 芳香烃的定义、结构

多数芳香族化合物都含有苯环结构，因此，通常把分子中含有一个或多个苯环结构的烃称为芳香烃。

最简单的芳香烃是苯，苯的分子式为 C_6H_6。苯环中的 6 个碳原子的最外层有 4 个电子，其中 2 个分别与相邻的碳原子形成 C—C σ 键，另一个与氢原子形成 C—H σ 键，6 个碳原子和 6 个氢原子在同一平面上，且 6 个碳原子构成正六边形。其 C—C 键的键长均相同，为 0.139 nm，介于 C—C 单键和 C=C 双键之间；键角都是 120°。每个碳原子上还有一个电子，6 个碳原子的电子形成一个闭合的环状大 π 键。苯的分子结构如图 2-6 所示。

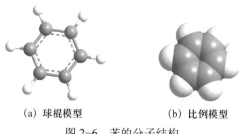

(a) 球棍模型　　　　　(b) 比例模型

图 2-6　苯的分子结构

苯的结构式和结构简式如下：

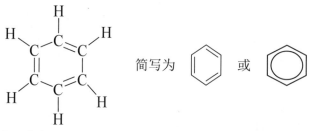

2. 芳香烃的分类、命名

（1）芳香烃的分类。

芳香烃分为单环芳香烃、多环芳香烃和稠环芳香烃。

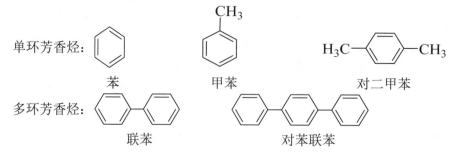

稠环芳香烃：

萘　　蒽　　菲

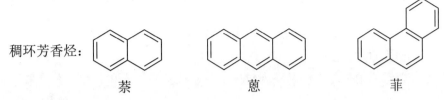

（2）芳香烃的命名。

苯环上的氢原子被烷基取代后得到的化合物称为苯的同系物，通式为 C_nH_{2n-6}（$n \geqslant 6$）。例如：

甲苯

乙苯

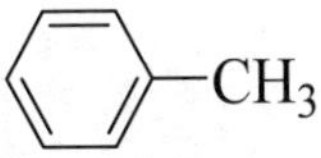

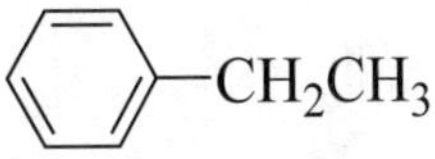

苯的同系物通常以苯环为母体进行命名。

1）苯环上有一个取代基时，以苯环为母体，烷基作取代基，称“某基苯”，简称“某苯”。例如：

甲苯

乙苯

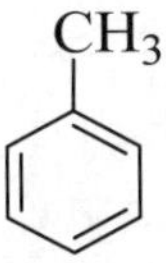

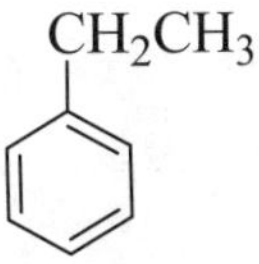

2）苯环上有多个相同取代基时，以苯环为母体，烷基作取代基，用阿拉伯数字表示取代基位置。连有两个相同取代基时，也可以用邻、间、对表示取代基位置；连有三个相同取代基时，也可以用连、偏、均表示取代基位置。例如：

1,2–二甲苯
（邻二甲苯）

1,3–二甲苯
（间二甲苯）

1,4–二甲苯
（对二甲苯）

1,2,3–三甲苯
（连三甲苯）

1,2,4–三甲苯
（偏三甲苯）

1,3,5–三甲苯
（均三甲苯）

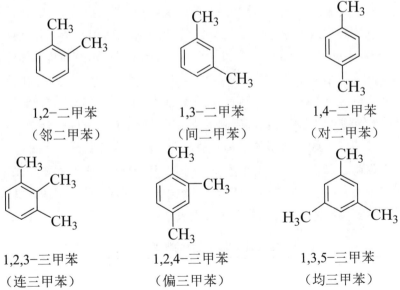

3）当苯环上连有多个不同取代基时，取代基名称的排列应从简单到复杂，环上的编号亦从简单取代基开始，沿其他取代基位次尽可能小的方向编号。例如：

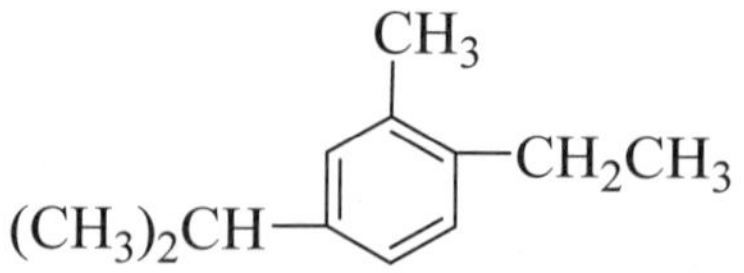

1-甲基-2-乙基-5-异丙基苯

4）苯环上连有卤素或硝基时，以苯环为母体，将取代基的位次和名称写在"苯"前面即可。例如：

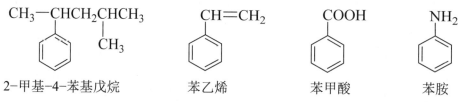

溴苯　　　　硝基苯　　　对氯甲苯　　　2,4,6-三硝基甲苯

5）苯环上连有复杂结构或不饱和碳链时，常把苯环作取代基进行命名。例如：

2-甲基-4-苯基戊烷　　　苯乙烯　　　　苯甲酸　　　　苯胺

二、芳香烃的物理性质

苯的同系物多数为液体，有芳香的气味，不溶于水，易溶于石油醚、四氯化碳、乙醚等有机溶剂。许多芳香烃常作为良好的溶剂。苯及其同系物的蒸气均有毒，苯的蒸气影响中枢神经，损坏造血器官，现在工业上已不用或尽量避免使用，常用甲苯来代替它。因为甲苯的甲基能在体内被代谢转化为无毒的产物苄醇类代谢物（ArCH$_2$OH），它们可通过与葡糖醛酸（葡萄糖氧化的产物）反应，转变为极性和水溶性很大的葡糖醛酸苷而排出体外。

在苯的同系物中每增加 1 个 CH$_2$，沸点增加 20～30 ℃。碳原子数相同的异构体，其沸点相差不大。如二甲苯的 3 种异构体，它们沸点分别为 144 ℃、139 ℃、138 ℃，仅相差 1～6 ℃，很难通过蒸馏的方法进行分离，所以工业二甲苯通常是它们的混合物。分子的熔点不但与相对分子质量有关，还与分子的结构有关，分子越对称熔点越高。如对二甲苯的熔点（13 ℃）比邻二甲苯（-25 ℃）和间二甲苯（-48 ℃）高出许多；苯与甲苯相比，尽管甲苯的相对分子质量比苯的大，但它的熔点却比苯的低约 100 ℃，这是因为甲基的引入，破坏了苯的高度对称性。苯及其常见同系物的物理常数见表 2-8。

表 2-8　　　　　　　　　　　苯及其常见同系物的物理常数

名称	熔点（℃）	沸点（℃）
苯	5.5	80.1
甲苯	-94.9	110.6
邻二甲苯	-25.2	144.4

续表

名称	熔点（℃）	沸点（℃）
间二甲苯	−47.4	139.3
对二甲苯	13.2	138.5
乙苯	−95.0	136.2
丙苯	−99.5	159.2
异丙苯	−96.0	152.4
连三甲苯	−25.4	176.1
偏三甲苯	−43.9	169.4
均三甲苯	−44.7	164.7

三、芳香烃的化学性质

1. 苯的性质

苯环分子中的大 π 键，使苯环具有特殊的稳定性，反应中总是保持苯环大 π 键的整体结构。只有在特殊的条件下才能发生加成反应和氧化反应。

（1）取代反应。

1）卤代反应。在铁或卤化铁的催化下，苯与纯卤素单质发生取代反应，苯环上的一个氢原子被一个卤素原子取代，生成卤苯，此反应称为卤代反应。例如：

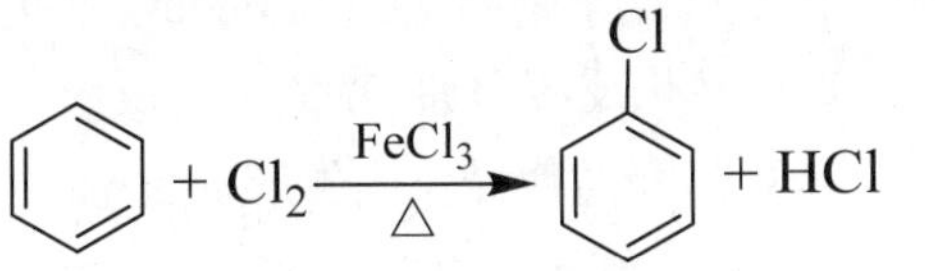

氯苯

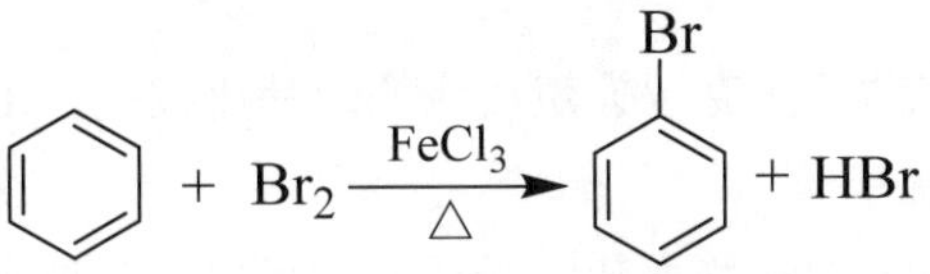

溴苯

卤素的反应活性顺序是：$F_2 > Cl_2 > Br_2 > I_2$。由于氟代反应过于激烈，难以控制，而碘代反应过于缓慢，因此苯的卤代反应主要是指氯代和溴代反应。

2）硝化反应。在浓硫酸催化下，苯与浓硝酸发生取代反应，苯环上的一个氢原子被硝基（—NO₂）取代，生成硝基苯，此反应称为硝化反应。

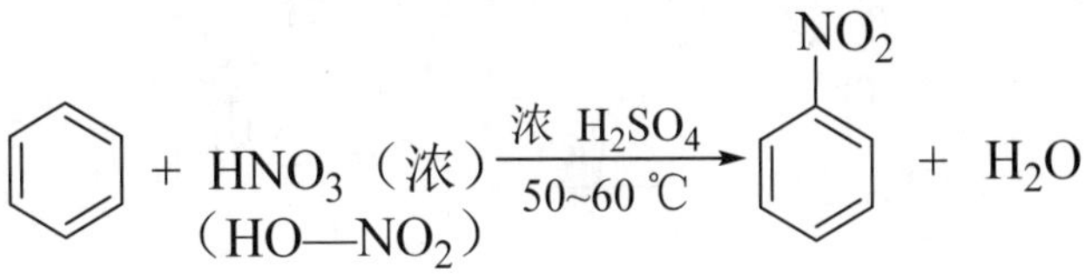

硝基苯

温度较高时，硝基苯可继续与过量的混酸（浓硝酸和浓硫酸的混合物）作用，生成二硝基苯，且主要生成间二硝基苯。

$$\text{NO}_2\text{-}C_6H_5 + \text{HNO}_3（浓）（\text{HO}-\text{NO}_2）\xrightarrow[100\sim110\ ℃]{浓 \text{H}_2\text{SO}_4} \text{间二硝基苯} + \text{H}_2\text{O}$$

1,3-二硝基苯

（间二硝基苯）

3）磺化反应。在加热条件下，苯与浓硫酸发生取代反应，苯环上的一个氢原子被磺酸基（—SO₃H）取代，生成苯磺酸，此反应称为磺化反应。

$$C_6H_6 + \text{H}_2\text{SO}_4（浓）（\text{HO}-\text{SO}_3\text{H}）\xrightleftharpoons[]{75\sim80\ ℃} C_6H_5\text{SO}_3\text{H} + \text{H}_2\text{O}$$

苯磺酸

磺化反应是可逆反应，随着反应的进行，水量逐渐增多，不利于苯磺酸的生成。若用发烟硫酸与苯作用，则反应可在常温下进行。

4）烷基化和酰基化反应。在无水 AlCl₃ 等路易斯酸的催化下，苯环上的氢原子可以被烷基或酰基所取代，这个反应是由法国化学家弗里德（Friedel）和美国化学家克拉夫茨（Crafts）两人发现的，所以又称为弗-克烷基化反应和弗-克酰基化反应。

在无水 AlCl₃ 的催化下，苯可以和卤代烃反应生成烷基苯。例如：

$$C_6H_6 + \text{CH}_3\text{CH}_2\text{Cl} \xrightarrow{无水 \text{AlCl}_3} C_6H_5\text{-CH}_2\text{CH}_3 + \text{HCl}$$

醇和烯烃也可以作为弗里德-克拉夫茨反应的烷基化试剂。工业上常用易得的醇或烯烃代替较昂贵的卤代烃制备烷基苯。

在无水 AlCl₃ 的催化下，苯和酰卤或酸酐反应，可以向苯环上引入酰基，生成芳香酮。例如：

$$C_6H_6 + \text{CH}_3\overset{O}{\overset{\|}{C}}\text{Cl} \xrightarrow{无水 \text{AlCl}_3} C_6H_5\overset{O}{\overset{\|}{C}}\text{CH}_3 + \text{HCl}$$

苯乙酮

$$C_6H_6 + \text{CH}_3\overset{O}{\overset{\|}{C}}O\overset{O}{\overset{\|}{C}}\text{CH}_3 \xrightarrow{无水 \text{AlCl}_3} C_6H_5\overset{O}{\overset{\|}{C}}\text{CH}_3 + \text{CH}_3\text{COOH}$$

（2）加成反应。

苯较稳定，不易发生加成反应。但在一定条件下，可与氢气或氯气等进行加成。例如：

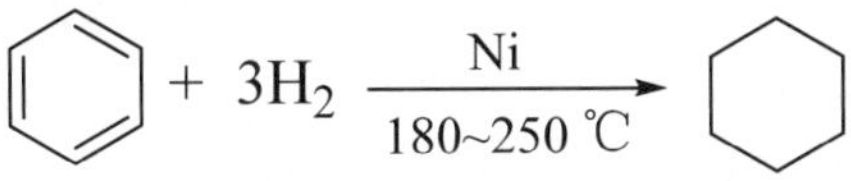

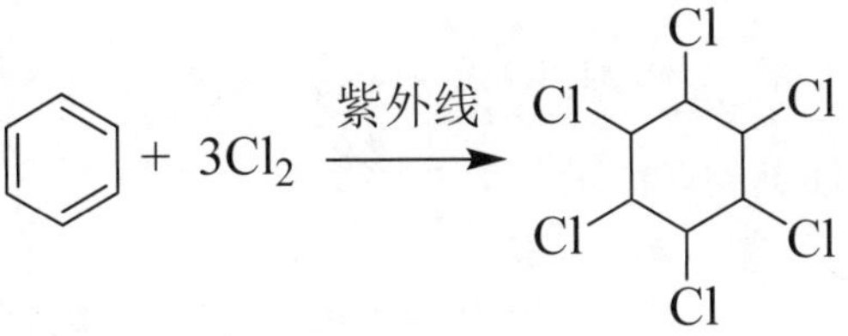

$$\text{（苯）} + 3H_2 \xrightarrow[180\sim250\,℃]{Ni} \text{（环己烷）}$$

$$\text{（苯）} + 3Cl_2 \xrightarrow{\text{紫外线}} \text{六氯环己烷}$$

六氯环乙烷（六六六）是一种强毒性，高残留，对环境有污染的杀虫剂，我国已禁止生产和使用。

（3）氧化反应。

苯环一般不易被氧化，但在高温和催化剂作用下，苯环也能被氧化破裂。例如：

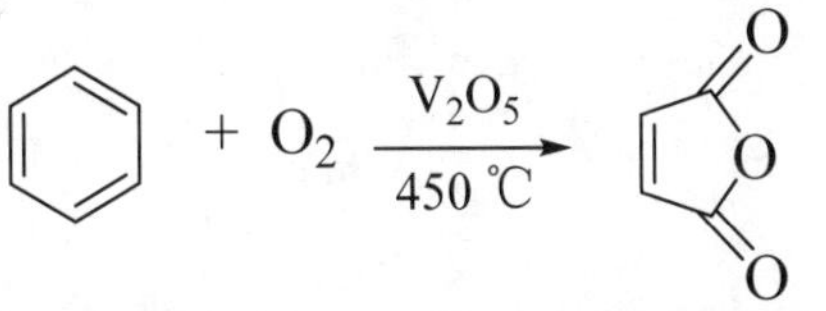

$$\text{（苯）} + O_2 \xrightarrow[450\,℃]{V_2O_5} \text{顺丁烯二酸酐}$$

2. 苯的同系物的性质

苯的同系物的化学性质主要发生在苯环上，表现为难加成、难氧化、易取代。

（1）氧化反应。

苯的同系物，若取代基上与苯环相连的碳上有氢原子（α—H），则能被酸性高锰酸钾氧化成苯甲酸，且无论取代基侧链长短，产物都是苯甲酸，且有几个取代基，就生成几个羧基（—COOH）。例如：

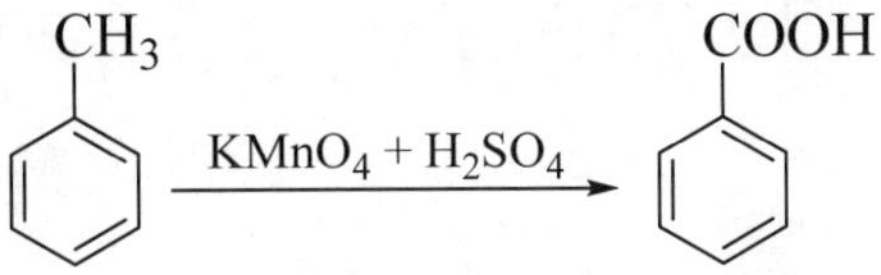

$$\text{（甲苯）} \xrightarrow{KMnO_4 + H_2SO_4} \text{苯甲酸（COOH）}$$

$$\text{（异丙苯）CH(CH_3)_2} \xrightarrow{KMnO_4 + H_2SO_4} \text{苯甲酸（COOH）}$$

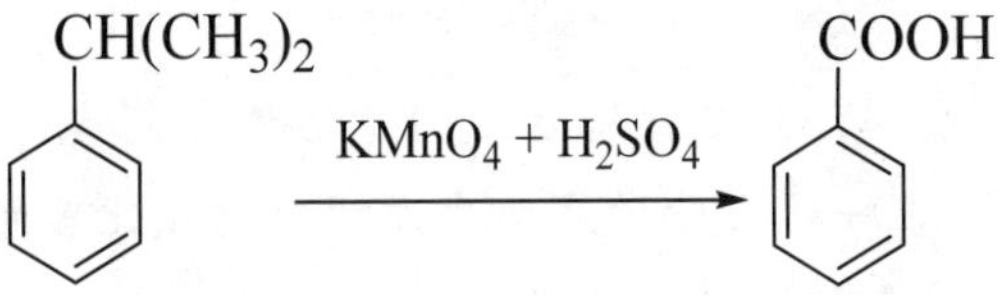

$$\text{（邻二甲苯）CH_3, CH_3} \xrightarrow{KMnO_4 + H_2SO_4} \text{邻苯二甲酸（COOH, COOH）}$$

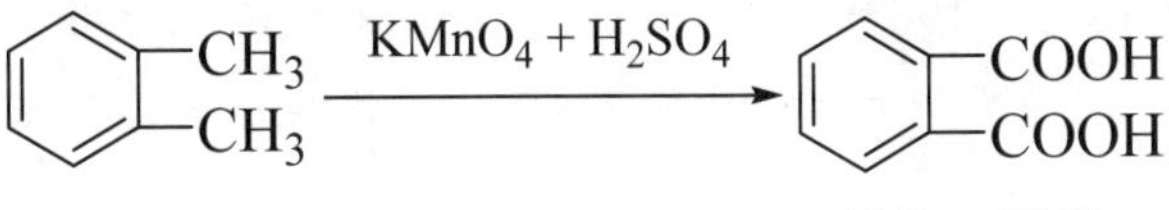

（2）取代反应。

由于烃基对苯环的影响，苯的同系物的取代反应主要发生在取代基的邻位和对位的碳原子上。例如：

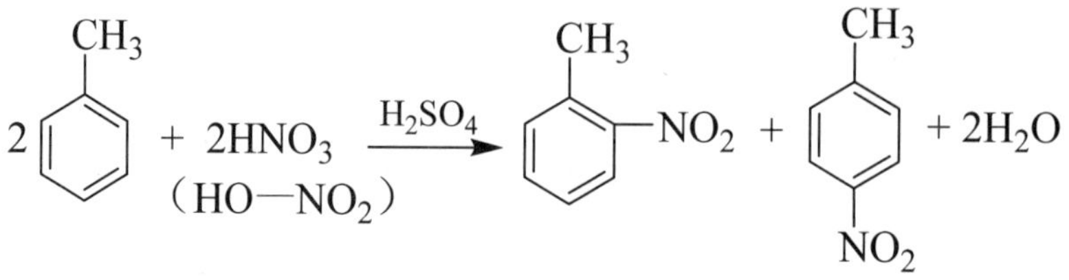

邻硝基甲苯　　对硝基甲苯

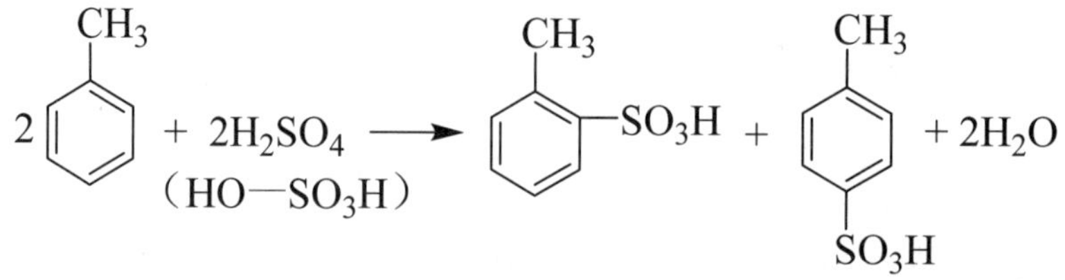

邻甲苯磺酸　　对甲苯磺酸

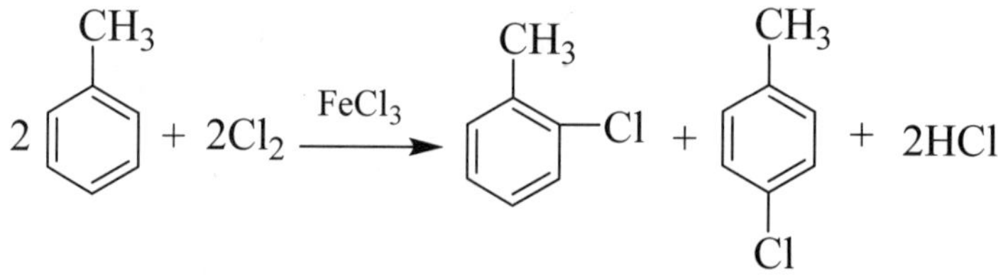

邻氯甲苯　　对氯甲苯

但在光照或加热条件下，与卤素的取代反应则发生在取代基上，取代基上与苯环相连的氢原子被卤素取代。

苯氯甲烷（氯化苄）

【知识链接】 ---

三硝基甲苯

三硝基甲苯，又名梯恩梯，英文缩写为 TNT，俗称黄色炸药，属芳香族硝基化合物。1863 年由 T J. 威尔伯兰德在一次失败的实验中发明，但在此后的很多年里一直被认为是由诺贝尔所发明，造成了很大的误解。从最初合成制得 TNT 到它正式扮演炸药角色，经历了整整 40 年时间（1863—1902 年）。它在 20 世纪初开始广泛用于装填各种弹药，逐渐取代了苦味酸。在第二次世界大战结束前，TNT 一直是综合性能最好的炸药，被称为"炸药之王"。

TNT 进入兵器领域百年不衰，这归功于其性能好，特别是 TNT 的主要原料甲苯价廉易得，生产过程不复杂，制造成本低，至今没有任何炸药能完全代替它。

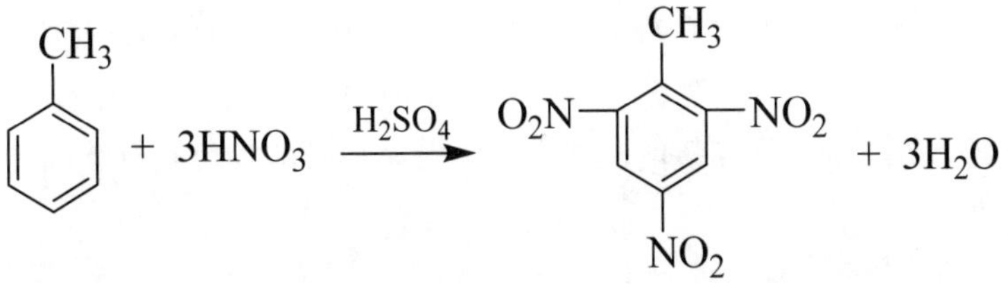

练一练

完成下列反应式。

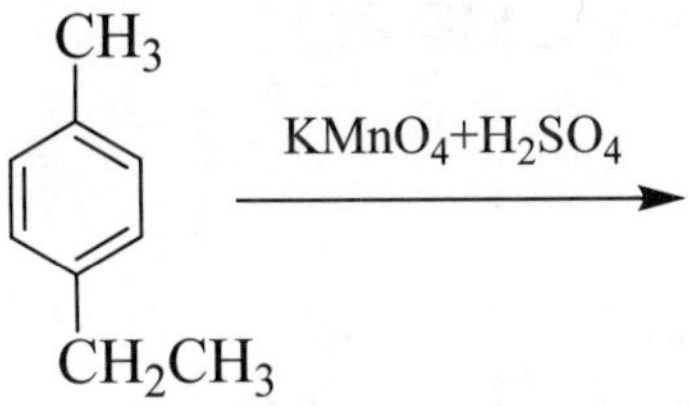

四、稠环芳香烃

由两个以上苯环通过两个碳原子相互稠合而成的多环芳香烃称为稠环芳香烃。重要的稠环芳香烃有萘、蒽、菲等。

1. 萘

萘的分子式为 $C_{10}H_8$，由两个苯环稠合而成。结构简式如下：

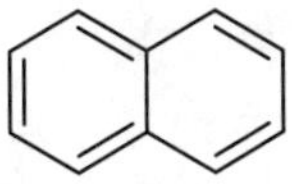

或

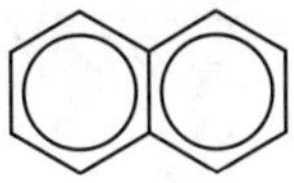

萘存在于煤焦油中，是无色片状结晶，熔点 80～82 ℃，沸点 218 ℃，易升华，有特殊气味，不溶于水，易溶于有机溶剂。有一定毒性。萘是重要的有机化工原料，也可用作防蛀剂。过去市售的卫生球就是用萘压成的，由于有一定的毒性，目前国家已禁止生产销售。现在卫生球的成分是樟脑，所以又称樟脑丸。

2. 蒽和菲

蒽和菲的分子式相同，均为 $C_{14}H_{10}$，但结构不相同，互为同分异构体。结构简式如下：

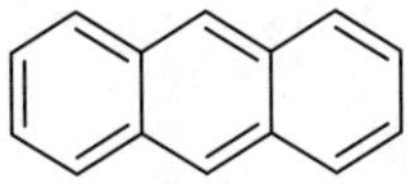

蒽 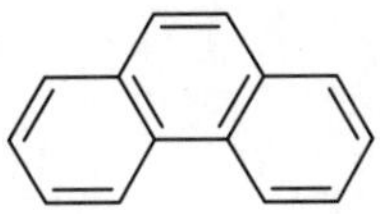　　　　　　　　　　菲

蒽和菲都存在于煤焦油中。蒽为无色片状结晶，熔点 215 ℃，沸点 340 ℃，能升华，不溶于水。菲为带光泽的无色晶体，熔点 98～100 ℃，沸点 337.4 ℃，不溶于水。

五、芳香烃在药学中的应用

含有苯环的药物有很多，在药学中应用广泛。如苯乙胺类药物为拟肾上腺素药，临床用于升压、平喘和充血治疗；苯巴比妥为镇静催眠药；苯丙胺类药物是兴奋剂，具有强烈的中枢兴奋作用。此外还有酰胺类药物、对氨基苯甲酸酯类药物、用于治疗心血管疾病的芳氧丙醇胺类药物、芳酸类药物等。与苯环连接的基团不同，芳香烃类药物可具有不同的药理作用。

目标检测

一、选择题（每题只有一个正确答案）。

1. 芳香烃是指（　　　）。

A. 分子中含有苯环的化合物

B. 分子组成符合 C_nH_{2n-6}（$n \geqslant 6$）的化合物

C. 分子中含有一个或多个苯环的碳氢化合物

D. 苯及其衍生物

2. 下列物质中属于苯的同系物的是（　　　）。

A. 环己烷　　　　　　B. 甲苯　　　　　　　C. 溴苯　　　　　　D. 萘

3. 下列各组物质中，不能发生取代反应的是（　　　）。

A. 苯与氢气　　　　B. 苯与溴　　　　　C. 苯与浓硫酸　　　　D. 苯与浓硝酸

4. 芳烃具有特殊的化学性质称为芳香性，芳香性是指（　　　）。

A. 易加成和氧化、难取代　　　　　　　B. 难加成、易氧化和取代

C. 难氧化、易取代和加成　　　　　　　D. 易取代、难加成和氧化

5. 能用酸性高锰酸钾溶液鉴别的一组物质是（　　　）。

A. 乙烯和乙炔　　　B. 苯和己烷　　　　C. 己烷和环己烷　　　D. 苯和甲苯

6. 苯的结构为（　　　）。

A. 平面正六边形　　B. 正四面体型　　　C. 平面正四边形　　　D. 平面形分子

二、写出下列化合物的名称。

1.

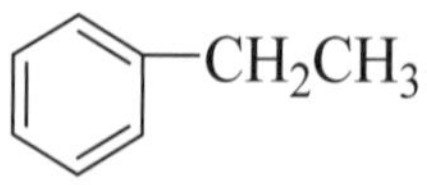

2.

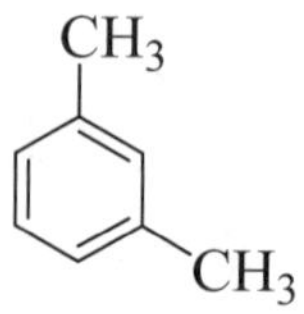

3.

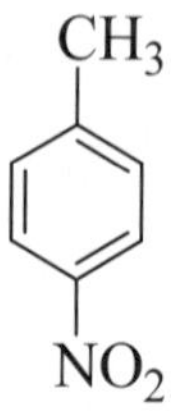

4.

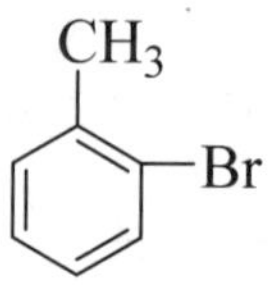

5. 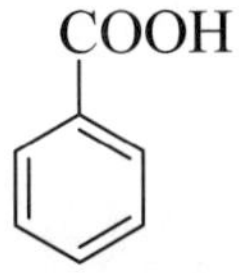
COOH
（苯甲酸结构式）

6. 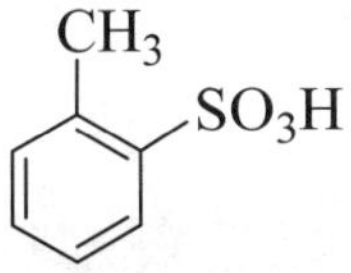
CH₃
SO₃H
（邻甲基苯磺酸结构式）

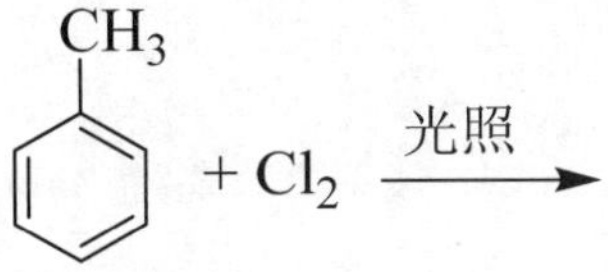

三、完成下列化学反应方程式。

1. 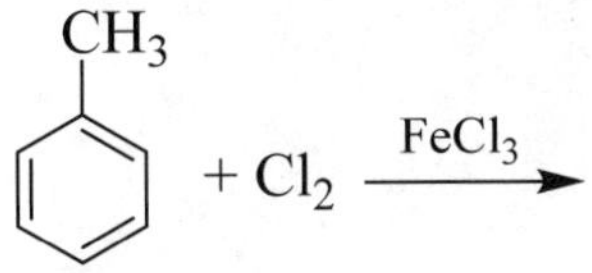 CH_3—苯 $+ Cl_2 \xrightarrow{FeCl_3}$

2. CH_3—苯 $+ Cl_2 \xrightarrow{光照}$

3. CH_2CH_3—苯 $\xrightarrow{KMnO_4+H_2SO_4}$

4. CH_2CH_3—苯 $+ H_2SO_4 \longrightarrow$

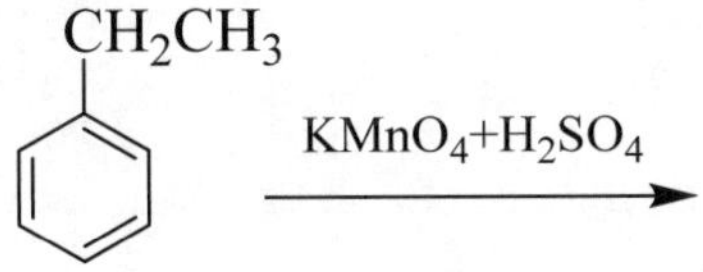

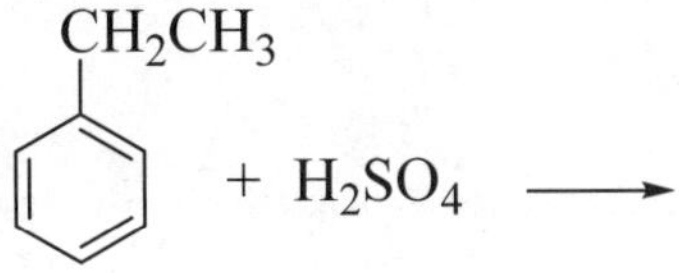

四、用化学方法鉴别下列物质。

苯、异丙苯、苯乙烯

五、推断题。

甲、乙、丙三种芳香烃，化学式同为 C_9H_{12}，氧化时甲得一元羧酸，乙得二元羧酸，丙得三元羧酸；但硝化时，甲和乙分别得到两种一硝基化合物，而丙只得到一种一硝基化合物。试推断甲、乙、丙的结构式。

第三章

烃的衍生物

第一节 卤代烃

学习目标

1. 掌握卤代烃的结构、分类、命名；
2. 了解卤代烃的物理性质；
3. 掌握卤代烃的化学性质，能熟练书写相关的反应式；
4. 熟悉重要卤代烃的性质及应用；
5. 了解卤代烃的制备方法；
6. 了解卤代烃在药学中的应用。

【案例导入】--

氟利昂是一种很好的制冷剂，曾用于冰箱、空调等冷冻设备。它的优点是无臭、无毒、无腐蚀性，不燃烧，化学性质稳定。但氟利昂对大气臭氧层有破坏作用，而臭氧层能滤除阳光中致皮肤癌的紫外线，对人类健康非常重要，因此人们正在寻找新的无氟制冷剂。

问题：你知道氟利昂的化学名称和结构式吗？

一、卤代烃概述

烃分子中的一个或多个氢原子被卤素原子取代后生成的化合物称为卤代烃，简称卤烃，可用通式(Ar)R—X表示，X＝Cl、Br、I、F，其中卤素原子为官能团。卤代烃是有机合成的重要中间体，在工业、农业、医药和日常生活中都有广泛的应用。

卤代烃在自然界中存在极少，绝大多数是人工合成的。常见的卤代烃有氯代烃、溴代烃和碘代烃。

1. 卤代烃的分类

根据卤代烃分子的组成和结构特点，可有不同的分类法。

（1）根据卤代烃分子中所含卤原子所连接烃基的种类不同可分为：饱和卤代烃、不饱和卤代烃和芳香族卤代烃。例如：

$$CH_3CH_2CH_2Cl \qquad\qquad CH_2{=}CHCl$$

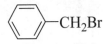

饱和卤代烃 　　　　　　不饱和卤代烃 　　　　　　芳香族卤代烃

（2）根据卤代烃分子中所含卤原子数目的不同可分为：一卤代烃、二卤代烃和多卤代烃。例如：

$$CH_3CH_2Br \qquad\qquad ClCH_2CH_2Cl \qquad\qquad CHCl_3$$

一卤代烃 　　　　　　二卤代烃 　　　　　　多卤代烃

（3）根据卤素所连饱和碳原子的类型可分为：伯卤代烃、仲卤代烃和叔卤代烃。卤原子连接在伯碳上时称为伯卤代烃，连接在仲碳上时称为仲卤代烃，连接在叔碳上时称为叔卤代烃。例如：

$$CH_3CH_2CH_2Cl \qquad \underset{\underset{Cl}{|}}{CH_3CHCH_3} \qquad CH_3{-}\underset{\underset{Br}{|}}{\overset{\overset{CH_3}{|}}{C}}{-}CH_3$$

伯卤代烃 　　　　　　仲卤代烃 　　　　　　叔卤代烃

（4）根据卤代烃分子中卤原子的种类不同，分为氟代烃、溴代烃、氯代烃和碘代烃。

2. 卤代烃的命名

（1）普通命名法。

按与卤原子相连的烃基名称来命名，称某基卤或卤（代）某烷，"代"字常省略。例如：

$$CH_3CH_2CH_2CH_2Cl \qquad\qquad CH_2{=}CHCH_2{-}Br$$

正丁基氯 　　　　　　烯丙基溴 　　　　　　苄（基）溴

$$CH_3{-}\underset{\underset{H}{|}}{\overset{\overset{CH_3}{|}}{C}}{-}CH_2Br$$

溴代异丁烷 　　　　　　　　　　　　溴苯

（2）系统命名法。

把卤素看作取代基，其他命名原则与烷烃的命名法相同，按"次序规则"，小取代基在前。如果有立体构型需在其名称前标明。例如：

$$\underset{\underset{CH_3}{|}\quad\underset{Cl}{|}}{CH_3CHCH_2CHCH_3}$$

2-甲基-4-氯戊烷 　　　　　　　　　1-甲基-2-氯环己烷

当不饱和（双、三）键和卤素并存时优先考虑不饱和键，并尽可能给不饱和键以最低编号。例如：

$$CH_2=CHCH_2Cl$$

3-氯-1-丙烯

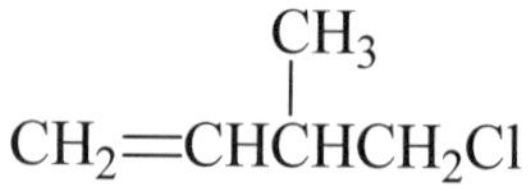

$$CH_2=CHCHCH_2Cl$$

（上方带 CH_3 支链）

3-甲基-4-氯-1-丁烯

另外，有些卤代烷常使用俗称，如氯仿（$CHCl_3$）、碘仿（CHI_3）等。

练一练 1

用系统命名法命名下列各化合物

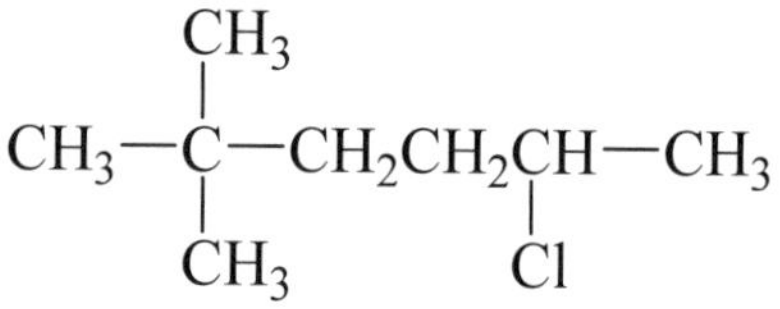

1. 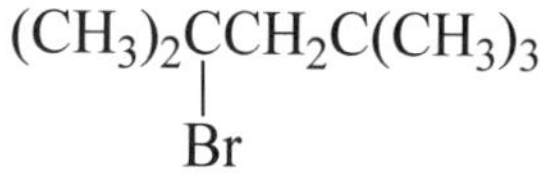 $(CH_3)_2CCH_2C(CH_3)_3$
   （下方带 Br）

2. $CH_3-\overset{\displaystyle CH_3}{\underset{\displaystyle CH_3}{C}}-CH_2CH_2\overset{}{\underset{\displaystyle Cl}{CH}}-CH_3$

3. $CH_3-\overset{\displaystyle H}{C}=\overset{\displaystyle H}{C}-Br$

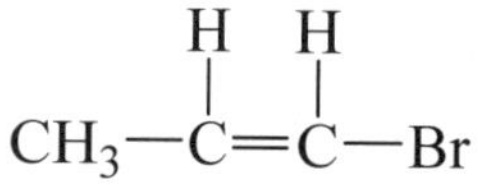

二、卤代烃的物理性质

在室温下，除氟甲烷、氟乙烷、氟丙烷、氯甲烷、氯乙烷、溴甲烷是气体外，常见的卤代烃多为液体，C_{15} 以上的高级卤代烷为固体。卤代烃都有毒，许多卤代烃有强烈的气味。卤代烃均难溶于水，也不溶于冷的浓硫酸，不与浓硫酸起反应，因此可用浓硫酸除去混在卤烃中的烯、醇和醚等杂质，易溶于醇、醚等有机溶剂。许多有机物可溶于卤代烃，故二氯甲烷、三氯甲烷、四氯化碳等是常用的有机溶剂。有些一氯代烃的密度比水小，而溴代烃、碘代烃的密度均大于水；分子中卤原子增多，密度增大。一些卤代烃的物理常数见表 3-1。

表 3-1　　　　　　　　　　　　一些卤代烃的物理常数

卤代烃	熔点（℃）	沸点（℃）
CH_3Cl	−97.6	−23.7
CH_3Br	−93.7	3.5
CH_3I	−66.1	42.3
CH_3CH_2Cl	−140.9	12.5
CH_3CH_2Br	−119.3	38.4
CH_3CH_2I	−108.0	72.3
$CH_3CH_2CH_2Cl$	−122.8	46.6
$CH_3CH_2CH_2Br$	−110.3	70.9
$CH_3CH_2CH_2I$	−101.3	102.5
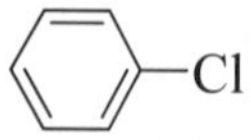 ⟨苯基⟩—Cl	−45.6	131.6

续表

卤代烃	熔点（℃）	沸点（℃）
⟨⟩—Br	−30.5	155.6
⟨⟩—I	−31.3	188.3

【知识链接】--

氯仿

三氯甲烷，俗称氯仿，是一种有机化合物，化学式为 $CHCl_3$，为无色透明液体，有特殊气味，味甜，高折光，不燃，质重，易挥发。对光敏感，遇光会与空气中的氧气作用，逐渐分解而生成剧毒的光气（碳酰氯）和氯化氢。可加入质量分数为 0.6%～1% 的乙醇作稳定剂。能与乙醇、苯、乙醚、石油醚、四氯化碳、二硫化碳和油类等混溶，25 ℃时 1 mL 溶于 200 mL 水。

三氯甲烷在光照条件下遇空气逐渐被氧化生成剧毒的光气，故需保存在密封的棕色瓶中。常加入少量乙醇以破坏可能生成的光气。不易燃烧，在光的作用下，能被空气中的氧气氧化成氯化氢和有剧毒的光气。在氯甲烷中最易水解成甲酸和 HCl，稳定性差，在较高温度下发生热分解，能进一步氯化为 CCl_4。

在医学上，三氯甲烷常用作麻醉剂。也可用作抗生素、香料、油脂、树脂、橡胶的溶剂和萃取剂。与四氯化碳混合可制成不冻的防火液体。还用于烟雾剂的发射药、谷物的熏蒸剂和校准温度的标准液。工业产品通常加有少量乙醇，使生成的光气与乙醇作用生成无毒的碳酸二乙酯。使用工业产品前可加入少量浓硫酸振摇后水洗，经氯化钙或碳酸钾干燥，即可得不含乙醇的氯仿。

三、卤代烃的化学性质

卤代烃的许多化学性质都是由于官能团卤原子的存在而引起的。由于卤原子的电负性比碳原子大，所形成的 C—X 键为极性共价键，共用电子对偏向卤原子，从而使碳原子带部分正电荷，卤原子带部分负电荷。碳卤键容易断裂，因此，卤代烃的化学性质比较活泼，易发生取代反应、消除反应等。

1. 取代反应

卤代烷能与许多试剂发生反应，卤原子被其他原子或基团取代生成各种产物。反应通式如下：

$$R-X + Nu^- \longrightarrow R-Nu + X^-$$

（1）水解。

卤代烷不溶于水，水解反应很慢。为了加速反应，通常用强碱（KOH 或 NaOH）的水溶液与卤代烷共热，使反应产生的卤化氢被碱中和，卤原子被羟基（—OH）取代而生成醇。

$$R-X + H_2O/OH^- \longrightarrow R-OH + X^-$$

$$R \underset{\cdot}{\overset{\cdot}{-}} X + H \underset{\cdot}{\overset{\cdot}{-}} OH \xrightarrow[\triangle]{NaOH} R-OH + NaX + H_2O$$

卤代烃水解是可逆反应，而且反应速度很慢。为了提高产率和加快反应速度，通常将卤代烃与氢氧化钠或氢氧化钾的水溶液共热，使水解顺利进行。

（2）氰解。

卤代烷与氰化钠（或氰化钾）的醇溶液共热，卤原子被氰基（—CN）取代而生成腈，产物腈比原料卤代烃增加了一个碳原子，这是增长碳链的一种重要方法。

$$R-X + Na-CN \xrightarrow[\triangle]{ROH} R-CN + NaX$$

（3）氨解。

卤代烷与氨在醇溶液中共热，卤原子被氨基（—NH₂）取代而生成胺，常用于制备胺类化合物。例如：

$$CH_3CH_2CH_2CH_2-X + H-NH_2 \xrightarrow[\triangle]{ROH} CH_3CH_2CH_2CH_2NH_2 + HX$$

$$正丁胺$$

（4）醇解。

卤代烷与醇钠的相应醇溶液作用，卤原子被烷氧基（RO—）取代而生成醚。此反应称为威廉逊制醚法。这是制备醚，特别是制备混醚最好的方法。使用时最好选用伯卤代烷，否则主要得到消除产物烯烃。例如：

$$CH_3-X + Na-O-\overset{\overset{\displaystyle CH_3}{|}}{\underset{\underset{\displaystyle CH_3}{|}}{C}}-CH_3 \xrightarrow{叔丁醇} CH_3-O-\overset{\overset{\displaystyle CH_3}{|}}{\underset{\underset{\displaystyle CH_3}{|}}{C}}-CH_3 + NaX$$

（5）与硝酸银反应。

卤代烷与硝酸银的乙醇溶液作用，卤原子被—ONO₂取代生成硝酸酯和卤化银沉淀。叔卤代烃反应最快，立即生成沉淀；仲卤代烃 3～5 min 生成沉淀；伯卤代烃反应最慢，加热后生成沉淀。此反应可用于卤代烷的鉴别。

$$R-X + AgONO_2 \xrightarrow{乙醇} RONO_2 + AgX \downarrow$$

从上述反应可以看出，卤素原子相同，烷基结构不同的卤代烷，活性顺序为：叔卤代烷>仲卤代烷>伯卤代烷。

另外，烯丙基型卤代烃和苄基型卤代烃比叔卤代烃更活泼，与硝酸盐的醇溶液反应时，同叔卤代烃一样，加入试剂后立即产生卤化银沉淀。而乙烯型卤代烃则不活泼，加入硝酸银后，即使加热也没有沉淀产生。三种类型卤代烃反应活性顺序为：烯丙基型卤代烃>卤代烷型卤代烃>乙烯型卤代烃。

若烷基相同，卤原子不同的卤代烷的活性顺序为：碘代烷>溴代烷>氯代烷。

2. 消除反应

从有机物分子中相邻的两个碳上脱去 HX（或 X_2、H_2、NH_3、H_2O）等小分子，形成不饱和化合物的反应，称为消除反应。卤代烃与强碱的醇溶液共热，分子内脱去一分子卤化氢生成烯烃。例如：

$$CH_3CH_2\underset{\underset{\boxed{H\ X}}{}}{\overset{\overset{\beta\quad\alpha}{}}{CHCH_2}} \xrightarrow[\triangle]{KOH/\,C_2H_5OH} CH_3CH_2CH{=}CH_2 + KX + H_2O$$

仲卤代烷和叔卤代烷在消除卤化氢时，反应可在不同的 β-碳原子上进行，生成多种不同产物。例如：

$$CH_3\underset{\boxed{H}}{\overset{\overset{\beta'}{}}{-}CH}-\underset{\boxed{Br}}{\overset{\overset{\alpha}{}}{CH}}-\underset{\boxed{H}}{\overset{\overset{\beta}{}}{CH_2}} \xrightarrow[\triangle]{KOH/C_2H_5OH} \begin{cases} CH_3CH_2CH{=}CH_2 \quad \text{1-丁烯} \quad 19\% \\ \\ CH_3CH{=}CHCH_3 \quad \text{2-丁烯} \quad 81\% \end{cases}$$

实验证明，卤原子主要是与含氢较少的 β-碳原子上的氢脱去卤化氢。或者说，主要产物是双键碳原子上连结烃基最多的烯烃。这一经验规律称为札依采夫规律。

卤代烃发生消除反应的活性顺序为：叔卤代烃>仲卤代烃>伯卤代烃。

卤代烷的水解反应和消除反应是同时发生的，哪一种占优势，则与卤代烷的分子结构及反应条件（如试剂的碱性、溶剂的极性、反应温度等）有关。一般规律是：伯卤烷、稀碱、强极性溶剂及较低温度有利于取代反应；叔卤烷、浓的强碱、弱极性溶剂及高温有利于消除反应。

练一练 2

2-溴丁烷与 NaOH 的水溶液共热，2-溴丁烷与 NaOH 的醇溶液共热，它们反应的主要产物相同吗？为什么？

四、卤代烃的制备方法

卤代烃是有机合成中重要的原料，但卤代烃在自然界存在的极少。

1. 烷烃卤代

烷烃在加热或光的作用下可直接氯代。例如：甲烷的氯化反应分多步进行。

$$CH_4 + Cl_2 \xrightarrow{\text{光}} CH_3Cl + HCl$$

$$CH_3Cl + Cl_2 \xrightarrow{\text{光}} CH_2Cl_2 + HCl$$

$$CH_2Cl_2 + Cl_2 \xrightarrow{\text{光}} CHCl_3 + HCl$$

$$CHCl_3 + Cl_2 \xrightarrow{\text{光}} CCl_4 + HCl$$

烷烃卤代通常生成各种异构体的混合物，在工业上没有应用价值。

2. 由不饱和烃制备

不饱和烃与 HX 或 X_2 加成，可以得到一卤代烃或二卤代烃。

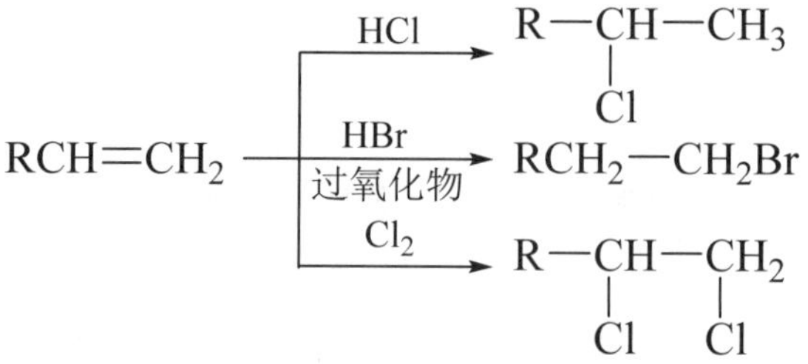

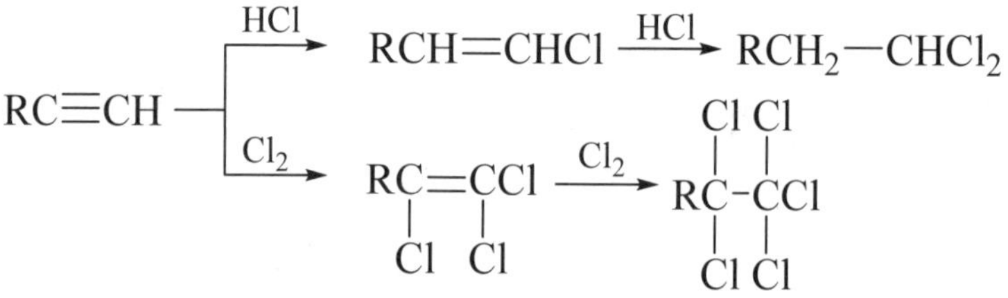

$$RCH=CH_2 \begin{cases} \xrightarrow{HCl} R-\underset{\underset{Cl}{|}}{CH}-CH_3 \\ \xrightarrow[\text{过氧化物}]{HBr} RCH_2-CH_2Br \\ \xrightarrow{Cl_2} R-\underset{\underset{Cl}{|}}{CH}-\underset{\underset{Cl}{|}}{CH_2} \end{cases}$$

$$RC\equiv CH \begin{cases} \xrightarrow{HCl} RCH=CHCl \xrightarrow{HCl} RCH_2-CHCl_2 \\ \xrightarrow{Cl_2} R\underset{\underset{Cl}{|}}{C}=\underset{\underset{Cl}{|}}{CCl} \xrightarrow{Cl_2} R\underset{\underset{Cl}{|}}{\overset{\overset{Cl}{|}}{C}}-\underset{\underset{Cl}{|}}{\overset{\overset{Cl}{|}}{CCl}} \end{cases}$$

烯烃在高温或光照条件下，可以发生 α-H 的卤代。例如：

$$CH_2=CHCH_3 + Cl_2 \xrightarrow{500\,℃} CH_2=CHCH_2Cl + HCl$$

烯烃用 NBS（N-溴代丁二酰亚胺）作卤化剂，可以在较低温度下得到 α-溴代烯烃。这是制备烯丙基型、苄基型卤代物的较好方法。例如：

$$CH_2=CHCH_3 \xrightarrow{NBS} CH_2=CHCH_2Br$$

3. 芳烃卤代

（1）苯环上的卤代。

芳香烃与卤素在 Fe（FeX_3）催化下，可以发生苯环上的卤代反应。例如：

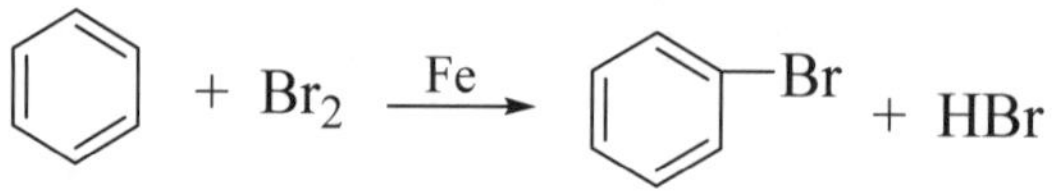

（2）α-H 卤代。

苯环侧链上的 α-H 原子，在光照或高温条件下可以被卤素取代，或者在 NBS 存在条件下发生溴代反应。例如：

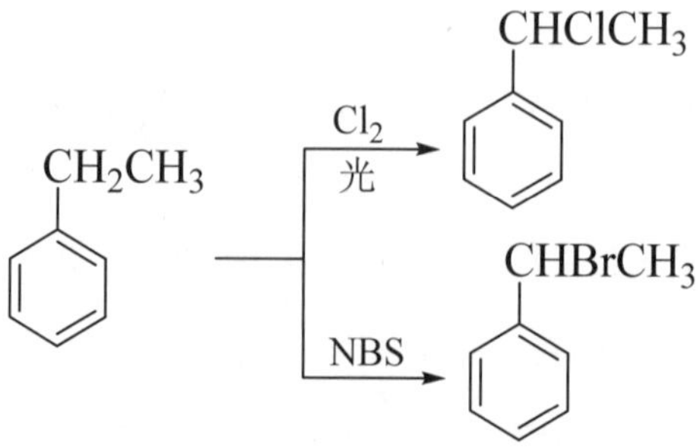

4. 由醇制备

醇与 HX 反应可以生成卤代烃。

$$ROH + HX \rightleftharpoons R-X + H_2O$$

这是实验室或工业上普遍制卤代烷的方法。详见本章第二节。

5. 卤素间的置换

$$RCl + NaI \xrightarrow{\text{丙酮}} RI + NaCl$$

$$RBr + NaI \xrightarrow{\text{丙酮}} RI + NaBr$$

这是一个可逆反应，通常将氯代烷或溴代烷的丙酮溶液与碘化钠共热，由于碘化钠（碘化钾）溶于丙酮后反应生成的 NaCl，NaBr（KCl，KBr）的溶解度很小，这样可使平衡向右移动促使反应继续进行。这是制备碘代烷比较方便而且产率较高的方法。

五、重要的卤代烃

1. 四氯化碳（CCl_4）

四氯化碳，为无色液体，沸点 76.5 ℃，不溶于水，能溶于多种有机物，它本身也是良好的溶剂。而且不燃烧，所以是常用的灭火剂，但金属钠着火时不能用它灭火。用其灭火时要注意通风，因高温下它可与水反应生成剧毒的光气。

四氯化碳易挥发，能损伤肝脏，并被怀疑有致癌作用，使用时应注意安全。

2. 四氟乙烯（$CF_2{=}CF_2$）

四氟乙烯为无色气体，沸点 76.3 ℃，不溶于水，可溶于多种有机物。主要用途是合成聚四氟乙烯，是一种应用广泛、性能非常稳定的塑料。耐热、耐寒性优良，可在 -180～260 ℃ 长期使用。机械强度高，耐强酸强碱，无毒。其生物相溶性也很好，是一种非常有用的工程和医用塑料，有"塑料王"之称。

3. 氯乙烯（$CH_2{=}CHCl$）

氯乙烯常温下是无色气体，沸点 -13.8 ℃，不溶于水，易溶于多种有机物，易燃，长期高浓度接触可引起许多疾病，并可致癌。氯乙烯主要用途是制备聚氯乙烯，也可用作冷冻剂。

聚氯乙烯是目前我国产量最大的塑料，广泛用于农业、工业及日常生活中。但聚氯乙烯制品不耐热，不耐有机溶剂，而且在使用过程中由于其缓慢释放有毒物质而不可盛放食品。

4. 氟利昂

氟利昂是氟氯代甲烷和氟氯代乙烷的总称，因此又称"氟氯烷"或"氟氯烃"，可用符号"CFC"表示。氟利昂包括 20 多种化合物，其中最常用的是氟利昂-12（CCl_2F_2），其次是氟利昂-11（CCl_3F）。

氟利昂稳定，不易分解，残留在大气中并不断上升，继而对大气平流层中的臭氧层起到破坏作用。臭氧层可以吸收 200～300 nm 波长的紫外光，臭氧层一旦出现空洞，每受到 1% 的破坏，抵达地球表面的有害紫外线将增加 2% 左右，其严重后果是使人类患皮肤癌和眼病增加，人体的免疫系统功能下降，海洋生物的食物链被破坏，一些植物生长受影响，农作物会减产。

【知识链接】 ---

臭氧空洞

臭氧空洞指的是因空气污染物质，特别是氧化氮和卤代烃等气溶胶污染物的扩散、侵蚀而造成大气臭氧层被破坏和减少的现象。

1984年，英国科学家首次发现南极上空出现臭氧空洞。大气臭氧层的损耗是当前世界上又一个普遍关注的全球性大气环境问题，它同样直接关系到生物圈的安危和人类的生存。由于臭氧层中臭氧的减少，照射到地面的太阳光紫外线增强，其中波长为 240～329 nm 的紫外线对生物细胞具有很强的杀伤作用，对生物圈中的生态系统和各种生物（包括人类），都会产生不利的影响。

臭氧有吸收太阳紫外辐射的特性，臭氧层会保护我们免受紫外线的伤害，所以对地球生物来说是很重要的保护层。不过，随着人类活动，特别是氟氯碳化物（CFCs）和哈龙（Halons）等人造化学物质被大量使用，很容易就会破坏臭氧层，使大气中的臭氧总量明显减少，在南北两极上空下降幅度最大。在南极上空，约有 2 000 多万平方千米的区域为臭氧稀薄区，其中 14～19 千米上空的臭氧减少达 50% 以上，科学家们形象地将其称为"臭氧空洞"。臭氧水平的持续降低，将会使人类受到过量的太阳紫外辐射，导致皮肤癌等疾病的发病率显著增加。

人们已经认识到氟利昂等人造物质对臭氧层造成的破坏，所以，国际组织通力合作来降低这些破坏性化合物的使用量，24 个国家于 1987 年签订了限制使用氟利昂等化学品的条约。荷兰、墨西哥和美国的三位科学家研究的结果，确认了人造物质对臭氧层的破坏，因而获得了 1995 年的诺贝尔化学奖。

六、卤代烃在药学中的应用

1. 氟烷

氟烷又名三氟氯溴乙烷（$F_3C—CHClBr$），为无色透明液体，无刺激性，气味类似于氯仿，可与醇、氯仿、乙醚任意混合，不燃不爆。氟烷是吸入性全身麻醉药之一，其麻醉强度比乙醚、氯仿强。临床常用的氟化物麻醉药为恩氟烷及其同分异构体异氟烷，它们的镇痛作用都优于氟烷。

2. 六氯环己烷

六氯环己烷又名六六粉，化学式为 $C_6H_6Cl_6$，属有机氯广谱杀虫剂，对昆虫有触杀、熏杀和胃毒作用。作用于神经膜上，可以使昆虫动作失调、痉挛、麻痹至死亡，其对昆虫呼吸酶亦有一定作用。

人类过量接触后会产生慢性中毒症状，表现为神经衰弱症，头晕、头痛、头重，食欲不振，恶心、噩梦、失眠，肢体酸痛；多发性神经炎症状，四肢感觉障碍，松弛性麻痹，吞咽困难，视力调节麻痹；对肝、肾功能损害，心脏营养障碍，贫血，白细胞增多，淋巴细胞减少等血液病变；皮肤出现接触性皮炎、红斑、丘疹并有刺激、疼痛，出现水泡。其进入机体后主要蓄积于中枢神经和脂肪组织中，刺激大脑运动及小脑，还能通过皮层影响自主神经系统及周围神经，在脏器中影响细胞氧化磷酸化作用，使脏器营养失调，发生变性坏死。能诱导肝细胞微粒体氧化酶，影响内分泌活动，抑制三磷酸腺苷酶（ATP 酶）。

2017 年 10 月 27 日，世界卫生组织国际癌症研究机构公布的致癌物清单初步整理参考，六氯环己烷在 2B 类致癌物清单中。

目标检测

一、选择题（每题只有一个正确答案）。

1. 下列物质中，密度比水小的是（　　）。

A. 氯乙烷　　　　　　B. 溴乙烷　　　　　　C. 溴苯　　　　　　D. 甲苯

2. 乙烷在光照的条件下跟氯气混合，最多可能产生几种氯乙烷（　　）。

A. 6　　　　　　　　B. 7　　　　　　　　C. 8　　　　　　　　D. 9

3. 下列与 $AgNO_3$ 醇溶液立刻产生沉淀的是（　　）。

A. $CH_3CH＝CHCl$　　　　　　　　　　B. $CH_2＝CHCH_2Cl$

C. $CH_3CHClCH_3$　　　　　　　　　　D. $CH_3CH_2CH_2Cl$

4. 反应 $CH_3CH_2CH_2Cl + NaOH$（水溶液）$\longrightarrow CH_3CH_2CH_2OH + NaCl$ 属于（　　）。

A. 取代反应　　　　B. 消除反应　　　　C. 氧化反应　　　　D. 加成反应

5. 反应 $CH_3CH_2CH_2Cl + NaOH$（醇溶液）$\longrightarrow CH_3CH＝CH_2 + NaCl + H_2O$ 属于（　　）。

A. 取代反应　　　　　B. 消除反应　　　　C. 氧化反应　　　　D. 加成反应

6. 下列有机物中，既能发生消去反应生成 2 种烯烃，又能发生水解反应的是（　　）。

A. 1-溴丁烷　　　　　　　　　　　　　B. 2-甲基-3-氯戊烷

C. 2,2-二甲基-1-氯丁烷　　　　　　　　D. 1,3-二氯苯

7. 下列卤代烃，能发生消除反应的是（　　）。

A. CH_3Br

B.
$$CH_3-\overset{\overset{\displaystyle CH_3}{|}}{\underset{\underset{\displaystyle CH_3}{|}}{C}}-Br$$

C.
$$CH_3-\overset{\overset{\displaystyle CH_3Br}{|}}{\underset{\underset{\displaystyle CH_3}{|}}{C}}-\overset{\overset{\displaystyle CH_3}{|}}{\underset{\underset{\displaystyle CH_3}{|}}{CH}}-C-CH_3$$

D.
$$CH_3-\overset{\overset{\displaystyle CH_3}{|}}{\underset{\underset{\displaystyle CH_3}{|}}{C}}-CH_2Br$$

8. $(CH_3)_3CBr$ 与乙醇钠在乙醇溶液中反应，主要产物是（　　）。

A. $(CH_3)_3COCH_2CH_3$　　　　　　　　B. $(CH_3)_2C＝CH_2$

C. $CH_3CH＝CHCH_3$　　　　　　　　　D. $CH_3CH_2OCH_2CH_3$

9. 为了保证制取的氯乙烷纯度较高，最好的反应为（　　）。

A. 乙烷与氯气　　　B. 乙烯与氯气　　　C. 乙炔与氯气　　　D. 乙烯跟氯化氢

10. 以 1-氯丙烷为主要原料，制取 1,2-丙二醇时，需要经过的各反应分别为（　　）。

A. 加成—消除—取代   B. 消除—加成—取代

C. 取代—消除—加成   D. 取代—加成—消除

二、命名下列化合物或写出符合下列名称的结构式。

1. 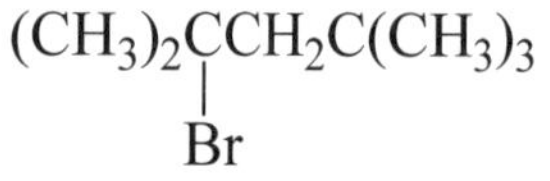 $(CH_3)_2CCH_2C(CH_3)_3$
   $\underset{Br}{|}$

2. 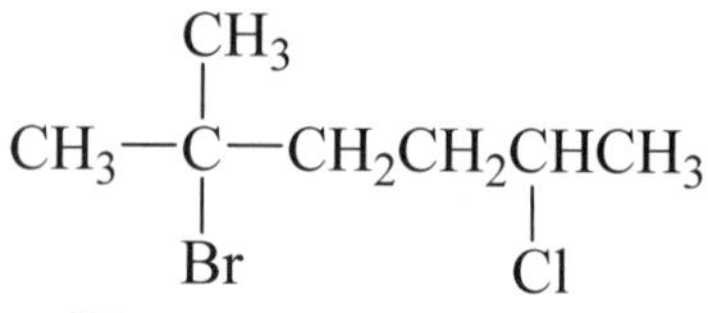 $CH_3-\underset{\underset{Br}{|}}{\overset{\overset{CH_3}{|}}{C}}-CH_2CH_2\underset{\underset{Cl}{|}}{CHCH_3}$

3. $Br-\underset{Br}{\bigcirc}-CH_2CH_3$

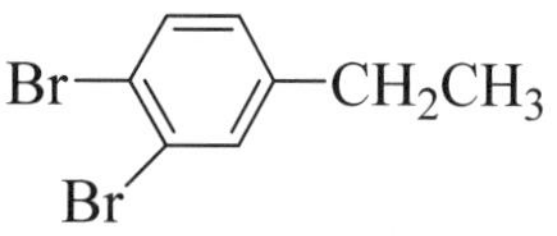

4. 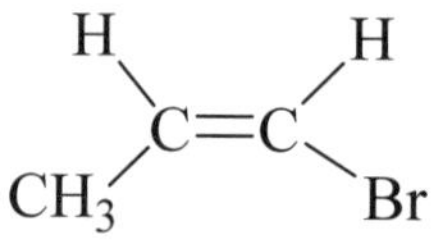 $\underset{CH_3}{\overset{H}{\diagdown}}C=C\underset{Br}{\overset{H}{\diagup}}$

5. 叔丁基氯

6. 烯丙基溴

7. 苄基氯

8. 对氯苄基氯

三、完成下列化学反应方程式。

1. $CH_3CH_2CH_2I + AgNO_3 \xrightarrow{\text{醇}}$

2. 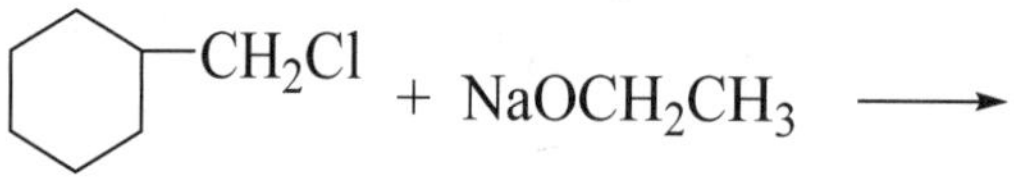 $\bigcirc-CH_2Cl + NaOCH_2CH_3 \longrightarrow$

3. $\bigcirc-CH_2Br + NaCN \longrightarrow$

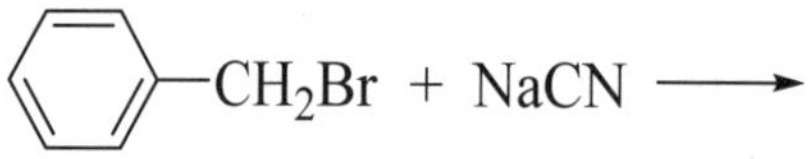

4. 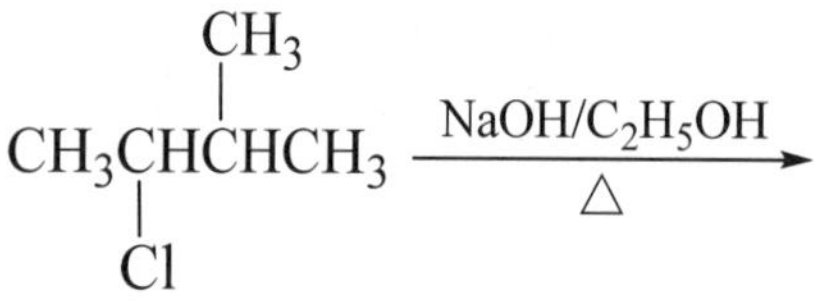 $CH_3\underset{\underset{Cl}{|}}{CH}\overset{\overset{CH_3}{|}}{CH}CH_3 \xrightarrow[\triangle]{NaOH/C_2H_5OH}$

四、用化学方法区分下列各组化合物。

1. 1-氯代烷、1-溴丁烷、1-碘丙烷
2. 氯苄、对氯甲苯、氯苯

第二节　醇

📊 学习目标

1. 熟悉醇的结构、分类、命名；
2. 掌握醇的主要性质，会书写有关典型反应方程式；

3. 会利用醇的性质鉴别相关物质；

4. 了解醇的制备方法；

5. 了解重要的醇及醇在医药中的应用。

【案例导入】--

医疗中常用 75% 的酒精进行杀菌消毒。在新冠肺炎疫情期间，人们也常用医用酒精擦拭桌椅、门把手等区域，进行日常防疫。

问题：1. 医用酒精的主要成分是什么？它具有哪些主要性质？

2. 为什么可以用医用酒精杀灭病菌？

一、醇类概述

1. 醇的定义、结构

水分子中去掉一个氢原子后剩下的原子团（—OH），称为羟基。

醇可以看作是烃分子中的饱和碳原子上的氢原子被羟基取代后生成的化合物。醇分子中都含有羟基，羟基是醇的官能团，称为醇羟基。例如：

$$CH_3CH_2{-}OH \qquad \text{（环己醇—OH）} \qquad \text{（苯甲醇—CH}_2\text{OH）}$$

乙醇   环己醇   苯甲醇

醇是由烃基（—R）和羟基（—OH）两部分组成，可以用 R—OH 来表示。

2. 醇的分类

根据醇分子中的烃基的类型、与羟基直接相连的碳原子类型以及羟基的数目不同，醇有三种不同的分类方法。

（1）根据醇分子中的烃基不同，醇可以分为脂肪醇、脂环醇和芳香醇。

脂肪醇是指羟基所连的烃基是脂肪烃基的醇。例如：CH_3CH_2OH

脂环醇是指羟基所连的烃基是脂环烃基的醇。例如：（环己基—OH）

芳香醇是指羟基所连的烃基是芳香烃侧链的醇。例如：（苯基—CH₂OH）

（2）根据与羟基相连的碳原子类型不同，醇可以分为伯醇、仲醇和叔醇。羟基连在伯碳原子上的醇称为伯醇，连在仲碳原子上的醇称为仲醇，连在叔碳原子上的醇称为叔醇，可分别用 1°醇、2°醇和 3°醇表示。例如：

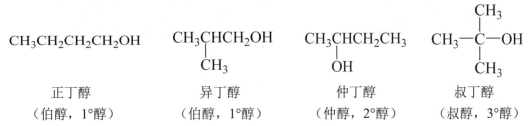

CH₃CH₂CH₂CH₂OH	CH₃CHCH₂OH
	    CH₃
		CH₃CHCH₂CH₃
		    OH
			CH₃—C—OH (CH₃、CH₃)

正丁醇 （伯醇，1°醇）	异丁醇 （伯醇，1°醇）	仲丁醇 （仲醇，2°醇）	叔丁醇 （叔醇，3°醇）

（3）根据醇分子中的羟基数目不同，醇可以分为一元醇、二元醇及多元醇。

一元醇是指分子中只含有一个羟基的醇。例如：$CH_3—OH$

二元醇是指分子中含有两个羟基的醇。例如：
$$\begin{array}{c} CH_2OH \\ | \\ CH_2OH \end{array}$$

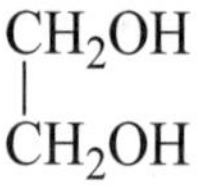

多元醇是指分子中含有两个以上羟基的醇。例如：
$$\begin{array}{c} CH_2OH \\ | \\ CH—OH \\ | \\ CH_2OH \end{array}$$

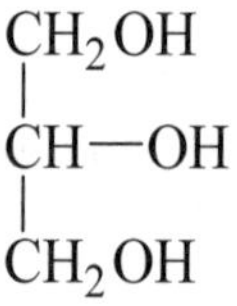

注意：多元醇分子中的多个羟基一般是与不同的碳原子结合的，因为在同一碳原子上连有两个或三个羟基的结构是不稳定的，会失水生成结构稳定的醛、酮或酸。

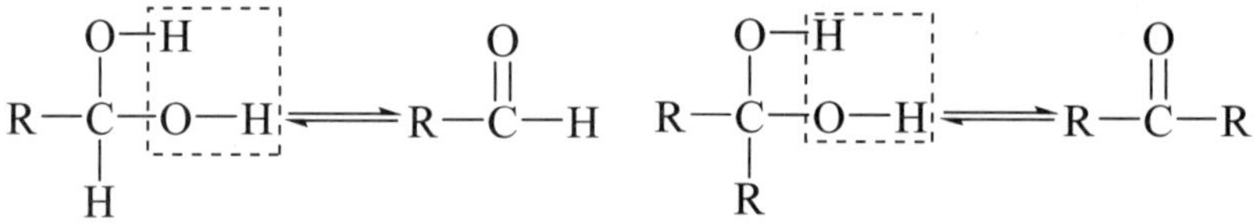

醛　　　　　　　　　酮

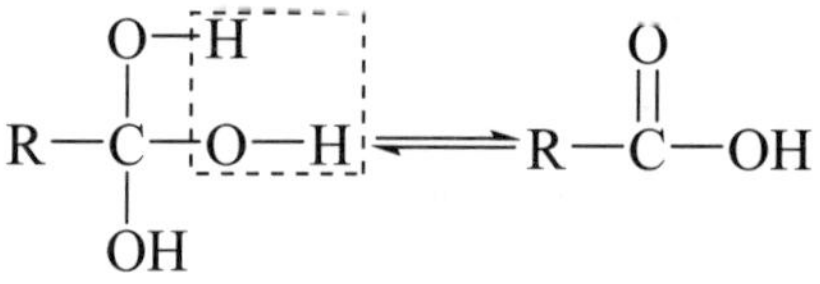

酸

练一练 1

判断下列醇分别属于什么类型？

1. 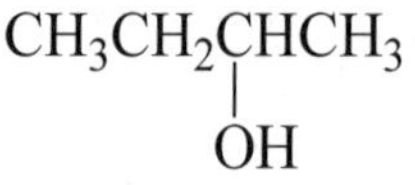 $CH_3CH_2\underset{\underset{OH}{|}}{C}HCH_3$

2. $CH_3—\underset{\underset{OH}{|}}{C}H—\underset{\underset{OH}{|}}{C}H—CH_3$

3. $CH_3—\overset{\overset{CH_3}{|}}{\underset{\underset{OH}{|}}{C}}—CH_2CH_3$

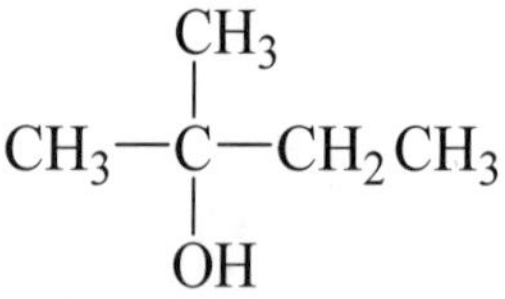

4. 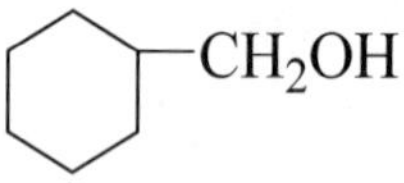 （环己基）$—CH_2OH$

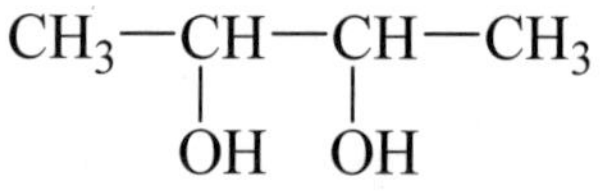

5. 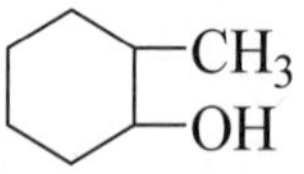 （环己基）$\overset{CH_3}{\underset{OH}{}}$

6. 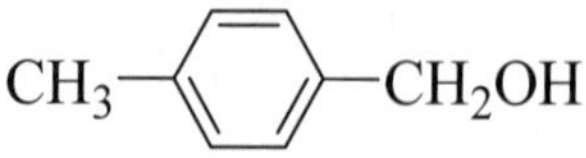 $CH_3—$（苯环）$—CH_2OH$

3. 醇的命名

醇的命名主要有两种方法：普通命名法和系统命名法。

（1）普通命名法。

结构简单的醇采用普通命名法，即在烃基后加"醇"字，如甲醇（CH_3OH）、异丙醇

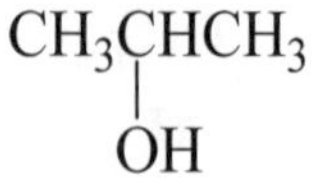

（$CH_3\underset{\underset{OH}{|}}{C}HCH_3$）、叔丁醇（$CH_3—\overset{\overset{CH_3}{|}}{\underset{\underset{CH_3}{|}}{C}}—OH$）等。

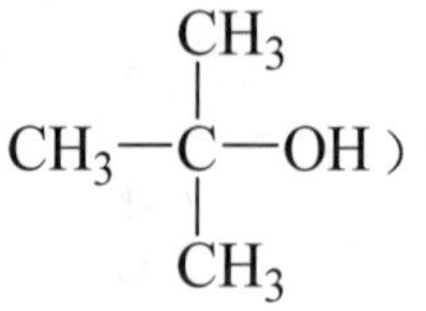

（2）系统命名法。

对于结构比较复杂的醇，则采用系统命名法，系统命名法命名原则如下：

1）选主链。选择连有羟基的碳原子在内的最长碳链为主链，依据主链碳原子数目称为“某醇”。

2）主链编号。从靠近羟基的一端给主链碳原子编号，使羟基所连的碳原子的位次尽可能小。命名时用位号表示羟基的位次，把编号写在“某醇”前面，并用短线隔开。

3）确定取代基。把支链作为取代基，并将取代基按从小到大的顺序，将取代基的位次、数目、名称依次写在醇字的前面，并用短线连接，阿拉伯数字和汉字之间用短线隔开。

醇的系统命名一般写成：取代基位次–取代基名称–羟基位次–某醇。例如：

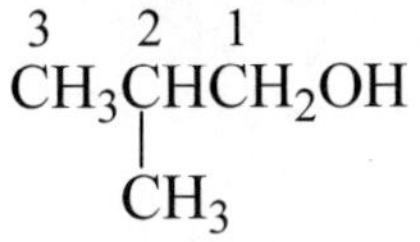

2–甲基–1–丙醇

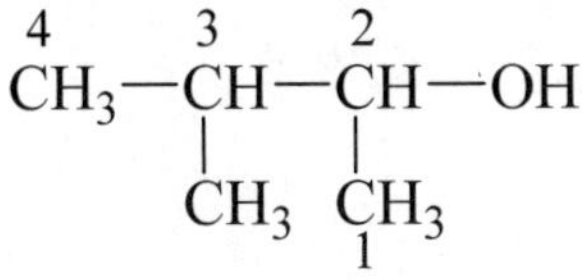

3–甲基–2–丁醇

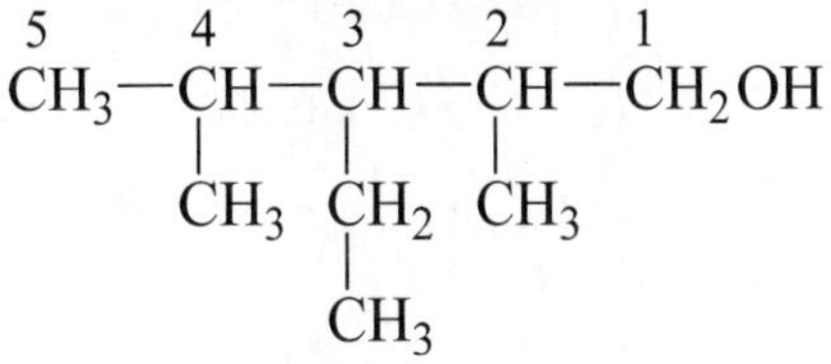

2,4–二甲基–3–乙基–1–戊醇

脂环醇命名时，以醇为母体，从羟基碳原子开始编号，编号时尽可能使环上其他取代基位次最小。例如：

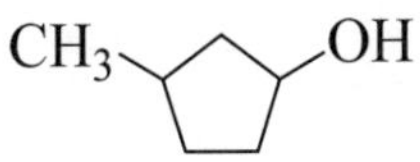

3–甲基环戊醇

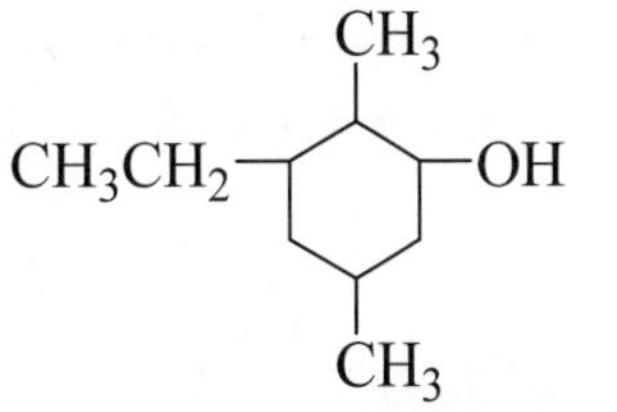

2,5–二甲基–3–乙基环己醇

不饱和醇命名时，应选择包含羟基和不饱和键在内的最长碳链为主链，从靠近羟基的一端开始编号。例如：

$CH_3CH=CHCH_2OH$

2–丁烯–1–醇

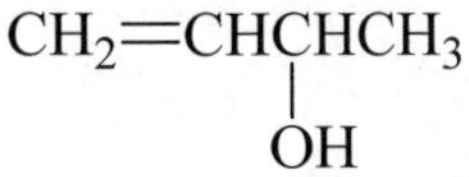

3–丁烯–2–醇

芳香醇命名时，可将芳基作为取代基加以命名。例如：

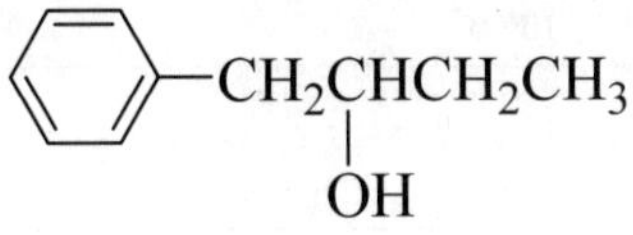

1–苯基–2–丁醇

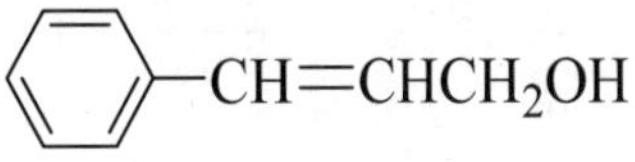

3–苯基–2–丙烯–1–醇

多元醇命名时，应选择包括连有尽可能多的羟基的碳链为主链，依照羟基的数目称为二醇、三醇等，并在名称前标上羟基位次。例如：

$$
\begin{array}{c}
CH_3 \\
| \\
CH{-}OH \\
| \\
CH_2OH
\end{array}
$$

$$
\begin{array}{c}
CH_2OH \\
| \\
CH{-}OH \\
| \\
CH_2OH
\end{array}
$$

$$
CH_3{-}\underset{\underset{OH}{|}}{CH}{-}\underset{\underset{CH_3}{|}}{CH}{-}\underset{\underset{OH}{|}}{CH}{-}CH_2{-}\underset{\underset{OH}{|}}{CH_2}
$$

1,2-丙二醇　　　　　1,2,3-丙三醇（丙三醇）　　　　4-甲基-1,3,5-己三醇

练一练 2

写出下列化合物的名称或结构简式。

1. $CH_3CH_2\underset{\underset{CH_3}{|}}{CH}OH$

2. $CH_3{-}\underset{\underset{OH}{|}}{CH}{-}\underset{\underset{OH}{|}}{CH}{-}CH_3$

3. $CH_3{-}\underset{\underset{OH}{|}}{\overset{\overset{CH_3}{|}}{C}}{-}CH_2CH_3$

4. 甘油

5. 木醇

6. 叔丁醇

二、醇的物理性质

低级醇是易挥发的带有酒味的液体，甲醇、乙醇和丙醇可与水任意互溶。$C_5 \sim C_{11}$ 的醇是黏稠的带有不愉快气味的油状液体，仅部分溶于水。C_{12} 以上的醇在室温下为蜡状固体，不溶于水。表 3-2 列出了一些常见醇类的物理常数。

表 3-2　　　　　　　　　　　　常见醇类的物理常数

名称	熔点（℃）	沸点（℃）	溶解度（g/100 mL H₂O）
甲醇	−97.8	64.5	—
乙醇	−117.3	78.5	—
丙醇	−126.5	97.2	—
异丙醇	−86.0	82.4	—
正丁醇	−89.6	117.7	8.3
异丁醇	−108.0	107.9	10.0
仲丁醇	−114.7	99.5	12.5
叔丁醇	−25.5	82.9	—
正戊醇	−78.9	137.8	2.4
正己醇	−51.6	157.2	0.6
乙二醇	−13.2	197.8	—
丙三醇	17.8	290.9	—

由表 3-2 可以看出，与烷烃类似，饱和一元醇的熔沸点也是随着碳原子数目的增加而升高，碳原子数目相同的醇，支链越多，沸点越低。醇的熔、沸点比相对分子质量相近的烃高，

原因是醇分子中的羟基能和另一醇分子中的羟基形成氢键，醇也能与水形成氢键。多元醇分子中的羟基更多，所以多元醇的熔、沸点更高，溶解度更大。

低级醇和水类似，能与氯化钙、氯化镁、硫酸铜等无机盐形成结晶状化合物，称为结晶醇配合物，它们溶于水而不溶于有机溶剂。例如：

$CaCl_2 \cdot 4CH_3OH$　　　$MgCl_2 \cdot 6CH_3OH$　　　$CaCl_2 \cdot 4C_2H_5OH$　　　$MgCl_2 \cdot 6C_2H_5OH$

因此，醇类化合物不能用无水氯化镁、氯化钙作为干燥剂除去其中的水。

三、醇的化学性质

羟基是醇的主要官能团，醇的性质大多与羟基有关。由于氧的电负性比碳和氢都大，使得碳-氧键（C—O）和氢-氧键（O—H）都具有较大的极性，在反应中容易发生异裂。

1. 与活泼金属反应

醇可以看作是水分子中的一个氢原子被烃基（—R）取代的产物，醇与水类似，可与活泼的金属钾、钠等作用，生成醇钾或醇钠，同时放出氢气。例如：

$$2CH_3CH_2OH + 2Na \longrightarrow 2CH_3CH_2ONa + H_2\uparrow$$

2. 与无机酸的反应

（1）与氢卤酸反应。

醇与氢卤酸反应，羟基被卤素取代，生成卤代烃和水。这是制备卤代烃的重要方法。

$$R—OH + HX \longrightarrow R—X + H_2O \qquad X＝Cl、Br、I$$

不同结构的醇活性顺序为：

$$烯丙基醇＞叔醇＞仲醇＞伯醇$$

因此，不同结构的醇与氢卤酸反应速度不同，利用这个性质可区分伯、仲、叔醇。所用的试剂为无水 $ZnCl_2$ 和浓盐酸配成的溶液，称为卢卡斯试剂。卢卡斯试剂与叔醇反应速度很快，立即生成卤代烷，由于卤代烷不溶于卢卡斯试剂，溶液立即出现浑浊；仲醇与卢卡斯试剂反应较慢，需放置片刻才出现浑浊；伯醇与卢卡斯试剂在常温下不反应，加热后才出现浑浊。例如：

$$CH_3-\overset{\overset{\displaystyle CH_3}{|}}{\underset{\underset{\displaystyle CH_3}{|}}{C}}-OH + HCl \xrightarrow{\underset{20\,℃}{ZnCl_2}} CH_3-\overset{\overset{\displaystyle CH_3}{|}}{\underset{\underset{\displaystyle CH_3}{|}}{C}}-Cl + H_2O$$

$$CH_3\underset{\underset{\displaystyle OH}{|}}{CH}CH_2CH_3 + HCl \xrightarrow{\underset{20\,℃}{ZnCl_2}} CH_3\underset{\underset{\displaystyle Cl}{|}}{CH}CH_2CH_3 + H_2O$$

$$CH_3CH_2CH_2CH_2OH + HCl \xrightarrow[\triangle]{ZnCl_2} CH_3CH_2CH_2CH_2Cl + H_2O$$

注意：此试验只适用于区分含 6 个碳原子以下的伯、仲、叔醇异构体，高级一元醇不溶于卢卡斯试剂。

练一练 3

用化学方法鉴别下列物质。

$$\begin{array}{ccc} CH_3-CH-CH_2CH_2OH & CH_3-CH-CH-CH_3 & CH_3-\overset{\displaystyle OH}{\underset{\displaystyle CH_3}{C}}-CH_2CH_3 \\ \quad\quad | & \quad | \quad | & \\ \quad\quad CH_3 & \quad CH_3 \quad OH & \end{array}$$

（2）与无机含氧酸反应。

醇与无机含氧酸（如硫酸、硝酸、磷酸等）反应，分子间脱水生成无机酸酯。例如：

$$CH_3CH_2-OH + HO-NO_2 \longrightarrow CH_3CH_2-O-NO_2 + H_2O$$
$$\text{硝酸乙酯}$$

甘油与硝酸作用可得到三硝酸甘油酯，临床上用作扩张血管与缓解心绞痛的药物。因为三硝酸甘油酯具有多硝基结构，受热或剧烈冲击时易爆炸，还可作为炸药。

$$\begin{array}{l} CH_2-OH \\ | \\ CH-OH + 3HO-NO_2 \longrightarrow \\ | \\ CH_2-OH \end{array} \quad \begin{array}{l} CH_2-O-NO_2 \\ | \\ CH-O-NO_2 + 3H_2O \\ | \\ CH_2-O-NO_2 \end{array}$$

$$\quad\text{甘油}\quad\quad\text{硝酸}\quad\quad\text{三硝酸甘油酯（硝酸甘油）}$$

因硫酸是二元酸，醇与硫酸反应时，随反应温度、反应物比例和反应条件不同，可生成酸性硫酸酯和中性硫酸酯。例如：

$$CH_3CH_2-OH + HO-SO_2OH \longrightarrow CH_3CH_2-O-SO_2OH + H_2O$$
$$\text{硫酸氢乙酯（酸性硫酸酯）}$$

$$CH_3CH_2-OH + HO-SO_2-OH + HO-CH_2CH_3 \longrightarrow$$
$$CH_3CH_2-O-SO_2-O-CH_2CH_3 + 2H_2O$$
$$\text{硫酸乙酯（中性硫酸酯）}$$

醇也能与有机羧酸发生反应，具体见本章第六节。

3. 脱水反应

醇在浓硫酸作用下加热可发生脱水反应，分子内脱水生成烯烃，分子间脱水生成醚。醇以哪种形式脱水，与醇的结构和反应条件有关。一般来说，温度相对较低时，主要发生分子间脱水，有利于醚的生成；温度较高时，主要发生分子内脱水，有利于烯烃的生成。

（1）分子内脱水（消除反应）。

以乙醇为例，乙醇与浓硫酸共热到 170 ℃左右，发生分子内脱水生成乙烯。

$$\begin{array}{c} CH_2-CH_2 \\ \overline{|\quad\quad|} \\ \underline{H\quad\quad OH} \end{array} \xrightarrow[170\,℃]{\text{浓}H_2SO_4} CH_2=CH_2 + H_2O$$

醇脱水生成烯烃的难易程度与醇的结构有关，其脱水难易顺序为：

$$\text{叔醇＞仲醇＞伯醇}$$

对于仲醇、叔醇，分子内脱水有不止一个方向，但服从札依采夫规则，主要生成双键碳原子上连有最多烃基的烯烃。例如：

$$CH_3CH_2-\underset{\underset{OH}{|}}{\overset{\overset{CH_3}{|}}{C}}-CH_3 \xrightarrow[87\ ℃]{46\%\ H_2SO_4} CH_3CH=\overset{\overset{CH_3}{|}}{C}-CH_3 + H_2O$$

练一练 4

写出下列醇进行分子内脱水的反应方程式。

1. $CH_3-\overset{\overset{CH_3}{|}}{CH}-\overset{\overset{OH}{|}}{CH}-CH_2CH_3 \xrightarrow{浓H_2SO_4}$

2. $CH_3-\overset{\overset{OH}{|}}{CH}-CH_2CH_3 \xrightarrow{浓H_2SO_4}$

（2）分子间脱水。

以乙醇为例，乙醇与浓硫酸共热到 140 ℃左右，发生分子内脱水生成乙醚。

$$CH_3CH_2-O-H + H-O-CH_2CH_3 \xrightarrow[140\ ℃]{浓H_2SO_4} CH_3CH_2-O-CH_2CH_3 + H_2O$$

4. 氧化反应

在有机反应中，物质得到氧或失去氢的反应都称为氧化反应；物质失去氧或得到氢的反应都称为还原反应。

醇分子中与羟基相连的碳原子上的氢原子(α-氢原子)，由于受醇羟基的影响而比较活泼，容易发生氧化反应，不同类型的醇氧化后得到不同的氧化产物。伯醇和仲醇由于有 α-氢原子存在容易被氧化，伯醇氧化生成醛，醛很容易继续氧化生成羧酸；仲醇氧化生成酮；叔醇由于没有 α-氢原子，所以在同样的条件下不易被氧化。常用的氧化剂为重铬酸钾和硫酸或高锰酸钾等。例如：

$$CH_3CH_2OH \xrightarrow[或KMnO_4]{K_2Cr_2O_7+H_2SO_4} CH_3CHO \xrightarrow[或KMnO_4]{K_2Cr_2O_7+H_2SO_4} CH_3COOH$$

$$H_3C-\overset{\overset{OH}{|}}{CH}-CH_3 \xrightarrow[H_2SO_4]{K_2Cr_2O_7} H_3C-\overset{\overset{O}{\|}}{C}-CH_3$$

伯醇和仲醇的蒸气在高温下通过活性铜或银、镍等催化剂则发生脱氢反应。例如：

$$CH_3CH_2OH \xrightarrow[250\sim350\ ℃]{Cu} CH_3CHO$$

$$H_3C-\overset{\overset{OH}{|}}{CH}-CH_3 \xrightarrow[500\ ℃，0.3\ MPa]{Cu} H_3C-\overset{\overset{O}{\|}}{C}-CH_3$$

练一练 5

判断下列醇能否被氧化。若能被氧化，写出反应方程式。

1. $CH_3-CH-CH_2-CH_2OH$
$\quad\quad\quad\ \ |$
$\quad\quad\quad CH_3$

2. $CH_3-CH-CH-CH_3$
$\quad\quad\quad\ \ |\quad\ \ |$
$\quad\quad\quad CH_3\ OH$

3. $CH_3-\overset{\displaystyle OH}{\underset{\displaystyle CH_3}{\overset{|}{\underset{|}{C}}}}-CH_2CH_3$

5. 邻二醇的特性

两个羟基连在相邻碳原子上的多元醇能与新制的氢氧化铜作用，生成深蓝色的溶液。乙二醇、丙三醇都能发生此反应。例如：

$$CH_2-OH \atop CH-OH \atop CH_2-OH + Cu(OH)_2 \longrightarrow CH_2-O \atop CH-O \atop CH_2-OH \Big\rangle Cu + H_2O$$

利用此性质可检验具有邻二醇结构的化合物。

四、醇的制备方法

一些简单的醇，如乙醇早期用粮食发酵的方法生产，甲醇用木材干馏法生产。随着石油化工工业的发展，目前工业上大多数醇是以烯烃作原料制得。

1. 由烯烃制备

烯烃在酸催化下与水发生加成反应得到醇。除乙烯与水反应生成伯醇外，其他烯烃与水反应的主要产物是仲醇和叔醇。

$$CH_2{=}CH_2 + H_2O \xrightarrow{\ H^+\ } CH_3CH_2OH$$

$$R-CH{=}CH_2 + H_2O \xrightarrow{\ H^+\ } R-CH-CH_3 \atop \quad\quad\quad\ OH$$

烯烃发生硼氢化-氧化反应生成醇。通过该法可制得上述方法无法得到的伯醇。

$$R-CH_2{=}CH_2 \xrightarrow{BH_3} \underset{OH^-}{\overset{H_2O_2}{\longrightarrow}} R-CH_2CH_2OH$$

2. 由卤代烃制备

卤代烃碱性条件下水解可得到醇，但一般意义不大，只有一些较难得到的醇才用此法制备。制备时，通常选用1°卤代烃，2°卤代烃收率不高，3°卤代烃在碱性条件下易发生消除反应。

$$R-CH_2-X + H_2O \xrightarrow{OH^-} R-CH_2-OH + HX$$

此外，淀粉在酶的作用下，经发酵法制备乙醇。发酵法制备乙醇是在酿酒的基础上发展起来的，在相当长的历史时期内，曾是生产乙醇的唯一工业方法。发酵法的原料可以是含淀粉的农产品，如谷类、薯类或野生植物果实等，或者用含纤维素的木屑、植物茎秆等。这些物质在一定的预处理后，经水解、发酵，即可制得乙醇。

五、醇在医药中的应用

醇在医药中应用广泛，有的可以用来提取中药的有效成分，有的可以作为药物的溶剂或添加剂，还有的醇本身就具有一定的药理作用等。

1. 甲醇

甲醇为无色透明的液体，沸点 64.5 ℃。甲醇最初是由木材干馏得到的，因此又叫木醇。现代工业上可用 CO 和 H_2 在高压下经催化反应制得。甲醇能与水及许多有机溶剂混溶。甲醇有毒，内服少量可致人失明，稍多可致死。

甲醇在工业上用作合成甲醛及其他化合物的原料，也可用作抗冻剂、溶剂及甲基化试剂等。医药上还可以用甲醇作为溶媒（或用甲醇与其他有机溶剂的混合溶媒）提取中药的有效成分。

【知识链接】--

甲醇中毒

工业酒精中往往含有甲醇。甲醇具有酒味，并且能与水和酒精互溶。甲醇主要经呼吸道及消化道吸收，皮肤也可部分吸收，吸收后迅速分布于各组织器官，含量与该组织器官的含水量成正比。甲醇在体内氧化及排出均缓慢，故有明显的蓄积作用。未被氧化的甲醇，主要经肺呼吸排出，尚有小部分可由胃肠道缓慢排出。人体最低口服纯甲醇的中毒剂量约为 100 mg/kg，经口摄入 0.3～1 g/kg 可致死。在通风不良的环境或发生意外事故中短期内吸入高浓度甲醇蒸气或容器破裂泄漏经皮肤吸收大量甲醇溶液，亦可引起急性或亚急性中毒。

甲醇的主要毒性机制为：①对神经系统有麻醉作用；②甲醇经脱氢酶作用，代谢转化为甲醛、甲酸，抑制某些氧化酶系统，致需氧代谢障碍，体内乳酸及其他有机酸积聚，引起酸中毒；③由于甲醇及其代谢物甲醛、甲酸在眼房水和眼组织内含量较高，致视网膜代谢障碍，易引起视网膜细胞、视神经损害及视神经脱髓鞘。

在实际工作中应尽量避免使用甲醇，尤其是有神经系统疾患及眼病者。必须使用时，所用仪器设备应充分密闭，皮肤污染后应及时冲洗，以免受到甲醇的毒害。

----

2. 乙醇

乙醇是无色透明的液体，俗称酒精，是饮用酒的主要成分。纯净的乙醇是无色透明液体，易挥发，沸点 78.5 ℃，易燃，具有特殊的气味和辛辣味道，能与水及许多有机溶剂混溶。

乙醇是人类利用最早的有机物之一，我国是世界上酿酒最早的国家。在工业上可利用淀粉或糖类物质经发酵而制得。目前主要是利用石油裂解气中的乙烯进行催化加水制得，可节省大量粮食。工业或试剂用乙醇按规定添加少量甲醇，成为变性酒精，这种酒精不可饮用。

乙醇与水能组成恒沸混合物，直接蒸馏不能把水完全去掉。实验室中制备无水乙醇常加生石灰回流，使水分与石灰结合再蒸馏，所得产物仍含 0.2% 水，再加金属镁除去余下水分。

乙醇是一种重要的化工原料，在医药上可作外用消毒剂、制备酊剂及用于提取中草药有效成分。

【知识链接】 --

应用酒精进行消毒时不同浓度的适用范围

乙醇又称酒精，广泛应用于消毒，但不同浓度的酒精消毒时的适用范围不同：

1. 95%的酒精适用于器械消毒，比如擦拭紫外线灯，这种酒精在医院常用，在家庭中可用于照相机镜头等的清洁消毒；

2. 75%的酒精主要用于临床常规消毒，如皮肤、黏膜消毒；由于高浓度酒精能使蛋白凝固，作用迅速，使细菌表面的蛋白质立刻凝固形成一层硬膜，阻止酒精进一步深入细菌的内部，反而保护了细菌，因此高浓度酒精不能用于消毒；

3. 40%~50%的酒精可以用于预防褥疮，长期卧床的患者背部、臀部长期受压，可诱发褥疮；按摩的时候可以用少许40%~50%的酒精倒入手中，用来给患者受压部位按摩，促进血液循环。

----

3. 苯甲醇

苯甲醇又称苄醇，为无色液体，沸点205 ℃，是最简单的芳香醇，存在于植物精油中，具有芳香气味，微溶于水。苯甲醇具有微弱的麻醉作用和防腐性能，用于配制注射剂可减轻疼痛。10%的苯甲醇软膏或洗剂可用作局部止痒剂。

4. 丙三醇

丙三醇俗称甘油，为无色黏稠状液体，味甜，沸点290 ℃，能与水混溶。甘油具有很强的吸湿性，对皮肤有刺激性，用作皮肤润滑剂时，应用水稀释。在医药上甘油可作为溶剂，制作碘甘油、酚甘油等。对便秘患者，临床上常用甘油栓剂或50%的甘油溶液灌肠，它既有润滑作用，又能产生高渗压，可引起排便发射。三硝酸甘油酯俗称硝酸甘油，具有扩张冠状动脉的作用，临床上用于缓解心绞痛，又称为速效救心丸。

5. 山梨醇和甘露醇

山梨醇和甘露醇都是六元醇，两者互为同分异构体（$C_6H_{14}O_6$），都是具有甜味的白色结晶性粉末，广泛存在于水果和蔬菜中，都易溶于水，它们的20%或25%的高渗溶液在临床上用作渗透性利尿药，能降低颅内压，对治疗脑水肿与循环衰竭有效。

6. 冰片

冰片又名龙脑或2-莰醇。它是透明或半透明片状结晶，熔点204 ℃，通过蒸馏艾纳香的新鲜叶子而得，药用的冰片是用化学方法合成的，有特异香气，具有止痛消肿的作用，是人丹、冰硼散等中成药的成分之一。

另外，十六醇、十八醇可应用于化妆品和局部用制剂中。在局部用制剂中，十六醇、十八醇可增加油包水型（W/O 型）和水包油型（O/W 型）乳剂的黏度。它可使乳剂稳定并有共同乳化的作用，因此可减少形成稳定乳剂所需的表面活性剂的用量。十六醇、十八醇也用于制备非水性的乳膏和唇膏。十六醇、十八醇还可用来降低水溶性药物的释放。

目标检测

一、选择题（每题只有一个正确答案）。

1. 乙醇的俗称为（　　）。

A. 木醇　　　　　　B. 酒精　　　　　　C. 木精　　　　　　D. 甘油

2. 丙三醇的俗称为（　　）。

A. 甘油　　　　　　B. 乙醇　　　　　　C. 肌醇　　　　　　D. 木醇

3. 可用来区别简单伯醇、仲醇与叔醇的试剂是（　　）。

A. 溴水　　　　　　　　　　　　B. 三氯化铁

C. 卢卡斯试剂　　　　　　　　　D. 新配制的氢氧化铜

4. 下列物质不属于醇类的是（　　）。

A. CH$_3$CH$_2$—OH

B. 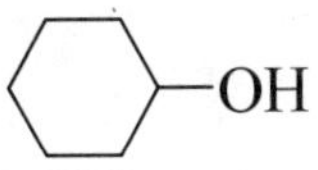 （环己烷）—OH

C. 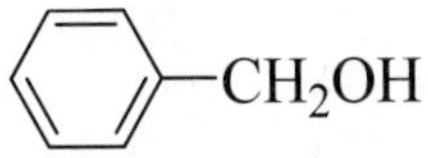 （苯环）—CH$_2$OH

D. 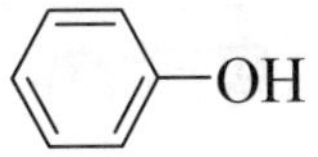 （苯环）—OH

5. 能与新制氢氧化铜作用的物质是（　　）。

A. 丁醇　　　　　B. 2-甲基丁醇　　　　　C. 丙醇　　　　　D. 甘油

6. 下列纯净物不能和金属钠反应的是（　　）。

A. 乙二醇　　　　　B. 甘油　　　　　C. 酒精　　　　　D. 苯

7. 下列物质能发生消除反应的是（　　）。

A. CH$_3$I

B. CH$_3$OH

C. (CH$_3$)$_3$COH

D. (CH$_3$)$_3$C—CH$_2$Cl

8. 乙醇的熔沸点比含相同碳原子的烷烃的熔沸点高的主要原因是（　　）。

A. 乙醇的相对分子质量比含相同碳原子的烷烃的相对分子质量大

B. 乙醇分子之间易形成氢键

C. 碳原子与氢原子的结合没碳原子与氧原子的结合的程度大

D. 乙醇是液体，而乙烷是气体

9. 既可以发生消除反应，又能被氧化成醛的物质是（　　）。

A. 2-甲基-1-丁醇　　　　　　　B. 2,2-二甲基-1-丁醇

C. 2-甲基-2-丁醇　　　　　　　D. 2,3-二甲基-2-丁醇

10. 实验室制取无水酒精时，通常需向酒精中加入（　　），并加热蒸馏。

A. 生石灰   B. 金属钠

C. 浓硫酸   D. 无水硫酸铜

二、判断题。

（　　）1. 浓硫酸在酯化反应中起催化作用。

（　　）2. 乙醇是一种很好的溶剂，利用白酒浸泡中药材制药酒就是利用这性质。

（　　）3. 由于醇分子中都含有—OH，因此显碱性。

（　　）4. 用于消毒的酒精，乙醇含量越高消毒效果越好。

（　　）5. 可以利用氢氧化铜检验具有邻二醇结构的化合物，如丙三醇。

（　　）6. 乙醇具有还原性，可以被还原成乙醛。

（　　）7. 丙三醇吸湿性很强，对皮肤有刺激性，因此不能与皮肤直接接触。

三、用系统命名法命名下列各化合物，或根据化合物名称写出相应的结构式。

1. 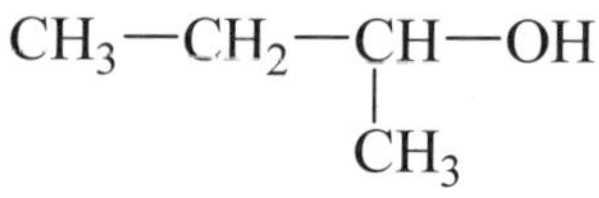 $CH_3-CH_2-CH-OH$
   $\quad\quad\quad\quad\quad\ \ |$
   $\quad\quad\quad\quad\quad CH_3$

2. $CH_3-CH-CH-CH_3$
   $\quad\quad\quad\ |\quad\ \ |$
   $\quad\quad\quad OH\quad OH$

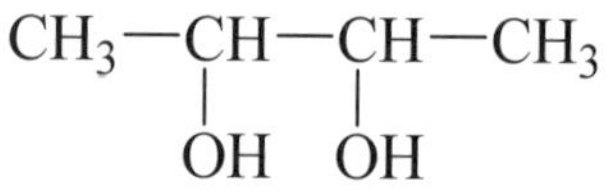

3. 乙醇

4. 木醇

5. 甘油

6. 异丁醇

四、完成下列化学反应方程式。

1. 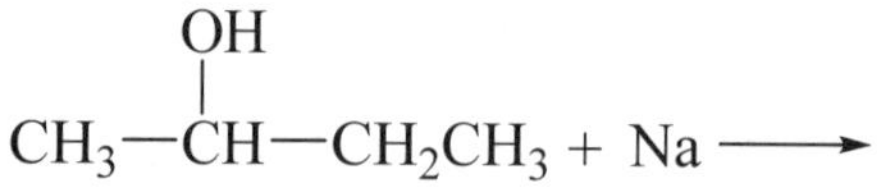 $\overset{\quad\quad\quad OH}{CH_3-CH-CH_2CH_3} + Na \longrightarrow$

2. $\overset{\quad\quad\quad OH}{CH_3-CH-CH_3} + HCl \xrightarrow{ZnCl_2}$

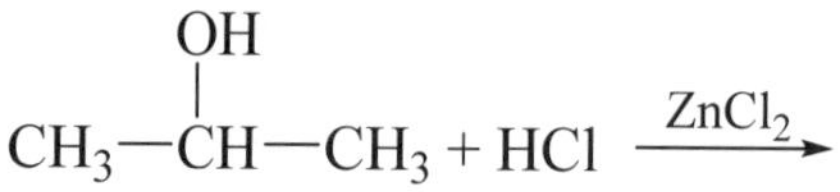

3.  $\overset{\quad\quad\quad CH_3}{CH_3-CH-OH} + HNO_3 \longrightarrow$

4. $\overset{\quad\quad\quad OH}{CH_3-CH-CH_2CH_3} \xrightarrow[\triangle]{浓H_2SO_4}$

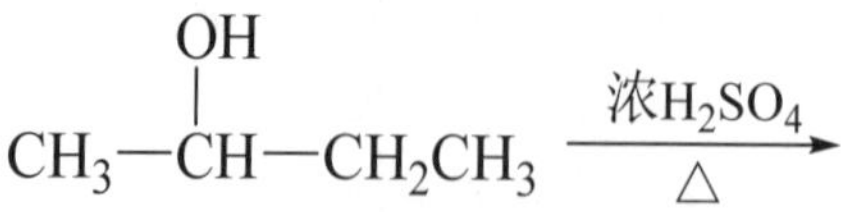

5. 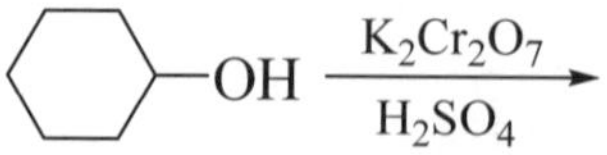 ⬡—OH $\xrightarrow[H_2SO_4]{K_2Cr_2O_7}$

五、用化学方法鉴别下列化合物。

1. 正丁醇、仲丁醇和叔丁醇

2. 1,4-丁二醇和 2,3-丁二醇

六、推断题。

某醇依次与下列试剂相继反应：（1）HBr，（2）KOH（醇溶液），（3）H_2O（H_2SO_4 催化），（4）$K_2Cr_2O_7+H_2SO_4$，最后产物为 2-戊酮。试推测原来醇的结构，并写出各步反应方程式。

第三节 酚

 学习目标

1. 掌握酚的结构；
2. 掌握酚的分类和命名；
3. 了解酚的物理性质；
4. 掌握酚的化学性质，能熟练书写相关的反应式；
5. 了解酚的制备方法；
6. 了解重要的酚；
7. 了解酚在药学中的应用。

【案例导入】--

19 世纪以前，没有杀菌剂，那时一说到伤口感染，人们马上就想到"死神"的降临。利斯特是爱丁堡医院的一名医生，有一天，他去查看病房，看到一缕阳光从窗户的缝隙里照射了进来，成千上万个小灰尘在飞舞、飘荡……他想，患者的伤口是裸露在空气中的，会受到灰尘中大量细菌的污染，还有手术器械、手术服、医生的双手等，也带有很多细菌。由于患者大多死于伤口感染，于是他千方百计地寻找杀菌的方法。经过大量实验，他找到了石炭酸（苯酚）这种有效的杀菌剂。手术前，用它的稀溶液来喷洒手术器械、手术服以及医生的双手等。采用这种消毒法后，患者伤口感染明显减少，手术死亡率也大幅度下降。

讨论：苯酚是较早用于杀菌消毒的物质，它是一类什么样的物质呢？为什么能杀死细菌呢？

一、酚类概述

1. 酚的定义、结构

酚是羟基与芳环直接相连的化合物，其官能团—OH 称为酚羟基。

从结构上看，酚是芳香烃芳环上的氢被羟基（—OH）取代后所生成的一类化合物，可以用结构通式 Ar—OH 来表示。由此可见，酚是由芳烃基和酚羟基两部分组成。羟基是酚的官能团，也称酚羟基。例如：

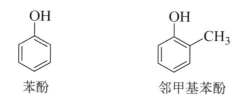

苯酚　　　　　　　　　邻甲基苯酚

2. 酚的分类、命名

（1）酚的分类。

根据分子中所含酚羟基的数目，酚可以分为一元酚（含一个酚羟基）、二元酚（含两个酚羟基）和多元酚（含两个以上酚羟基）。

根据芳烃基的不同，酚可以分为苯酚、萘酚和蒽酚等。

（2）酚的命名。

1）简单一元酚的命名。在芳环的名字后面加上"酚"字，当芳环上有—R、—X、—NO_2等取代基时，在芳环名字前加上取代基的位次、名称以及数目。例如：

邻甲基苯酚　　　　　　对氯苯酚　　　　　2-甲基-4-硝基-1-萘酚

2）多元酚的命名。要在"酚"字前标明酚羟基的数目，并在芳环名字前面注明酚羟基的位次。例如：

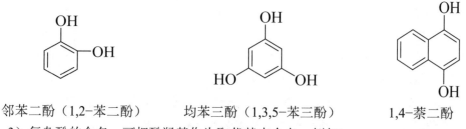

邻苯二酚（1,2-苯二酚）　　均苯三酚（1,3,5-苯三酚）　　　1,4-萘二酚

3）复杂酚的命名。可把酚羟基作为取代基来命名。例如：

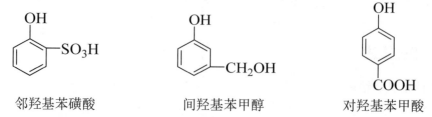

邻羟基苯磺酸　　　　　间羟基苯甲醇　　　　　对羟基苯甲酸

练一练 1

写出下列化合物的结构简式或名称：

1. 对甲基苯酚　　　　　　　　　2. 间苯二酚

3. 邻苯三酚

4. 2-甲基-1-萘酚

5.

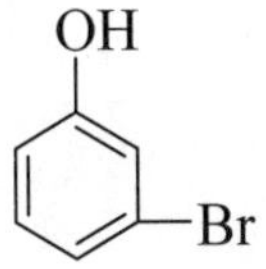

6.

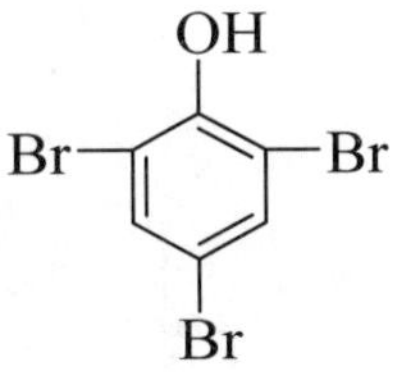

7.

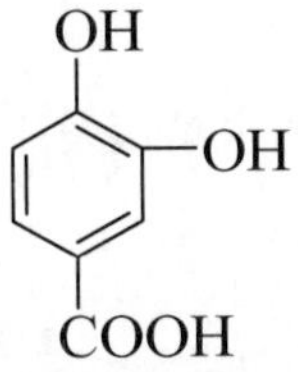

二、酚的物理性质

大多数的酚为无色结晶固体，有特殊气味。因酚在空气中易氧化，故一般呈不同程度的黄色或红色。其相对密度比水大。由于酚分子间能形成氢键，因此熔点、沸点比相对分子质量相近的芳烃要高。酚羟基与水分子间也能形成氢键，酚有一定的水溶性，其水溶性随温度的升高而增大，酚羟基的数目越多，其水溶性越大。酚能溶于乙醇、乙醚、苯等有机溶剂。表 3-3 列出了常见酚的物理常数。

表 3-3　　　　　　　　　　　　　　常见酚的物理常数

名称	熔点（℃）	沸点（℃）	溶解度（g/100 g H$_2$O）	pKa（25 ℃）
苯酚	43	181.8	∞（65 ℃以上）	9.89
邻甲苯酚	30.9	191.0	2.5	10.20
间甲苯酚	11.9	202.2	2.6	10.01
对甲苯酚	35.3	201.8	2.3	10.17
邻氯苯酚	7.0	174.9	2.8	8.49
间氯苯酚	33.5	214.0	2.6	8.85
对氯苯酚	37.0	217.0	2.7	9.38
邻苯二酚	104.0	245.5	45.1	9.85
间苯二酚	110.7	281.0	123	9.81
对苯二酚	170.0	285.7	8	9.96

三、酚的化学性质

酚类分子中含有羟基和芳环，所以酚类化合物具有羟基和芳环所特有的性质。醇和酚的分子中都含有羟基，因此具有一些相近的化学性质，但酚羟基和醇羟基所连接的烃基不同，导致两种含有羟基的化合物形成各自独特的性质。例如：酚的酸性比醇强，酚羟基难以被卤原子取代，酚容易被氧化，酚羟基使芳环活化易进行亲电取代反应等。

1. 弱酸性

由于苯环对酚羟基的影响，酚羟基在水溶液中能电离出极少量的氢离子，具有极弱的酸性，但不能使酸碱指示剂变色。例如：

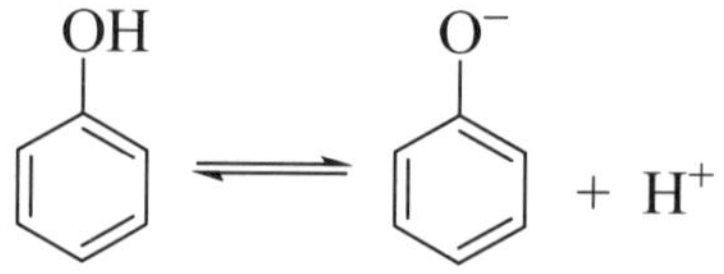

酚不仅可以像醇那样与活泼金属作用，还能与强碱（如氢氧化钠）的水溶液发生中和反应，生成可溶于水的盐（酚钠）。而醇和强碱几乎不发生反应。例如：

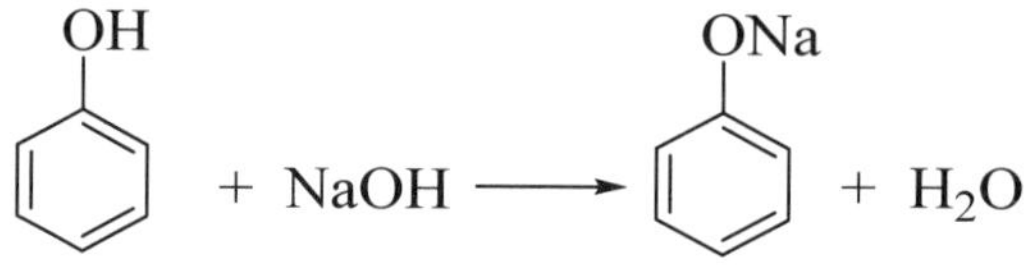

苯酚　　　　　　　　　　　　　苯酚钠

苯酚（$pKa=9.89$）的酸性很弱，比碳酸（$pKa=6.35$）的酸性弱。所以在无色透明的苯酚钠水溶液中加入无机强酸，甚至通入二氧化碳，就可以将苯酚从其钠盐中置换出来，溶液出现浑浊。

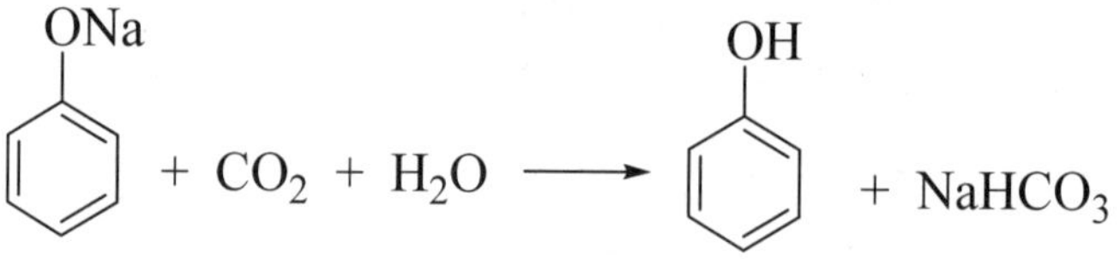

这样难溶于水，能溶于 NaOH 溶液，但又不溶于 $NaHCO_3$ 溶液的有机物，多半是酚。利用以上反应，可以将酚从其他物质中分离提纯出来。

酚类的酸性强弱与芳环上取代基的种类和数目有关。如果芳环上连有吸电子基（如—X、—NO_2 等）时，可使酚的酸性增强，且吸电子基数目越多，酸性越强。例如：2,4,6-三硝基苯酚，由于在苯酚的邻、对位连有三个强吸电子的硝基，其酸性大大增强，几乎和无机强酸相当，俗称"苦味酸"。如果芳环上连有供电子基（如—R 等）时，可使酚的酸性减弱，且供电子基数目越多，酸性越弱。例如：对甲酚比苯酚的酸性还弱。

练一练 2

将下列化合物用酸性强弱顺序排列。

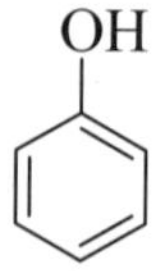

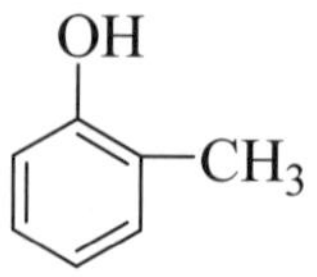

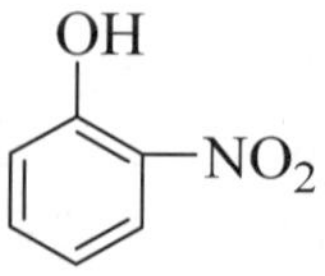

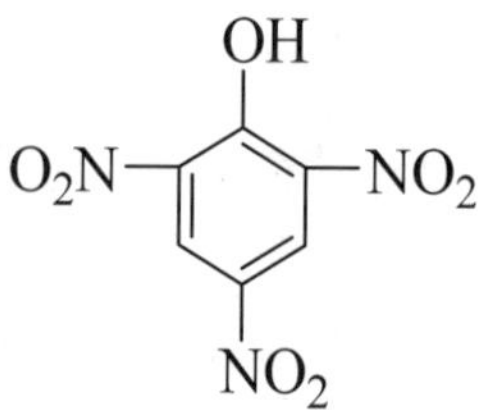

2. 酚醚的形成

由于酚羟基氧与苯环形成 p—π 共轭，C—O 键增强，酚羟基之间就很难发生脱水反应，因此酚醚不能由酚羟基间直接脱水得到。通常采用酚钠与卤代烷或硫酸烷基酯等烷基化试剂制备酚醚。例如：

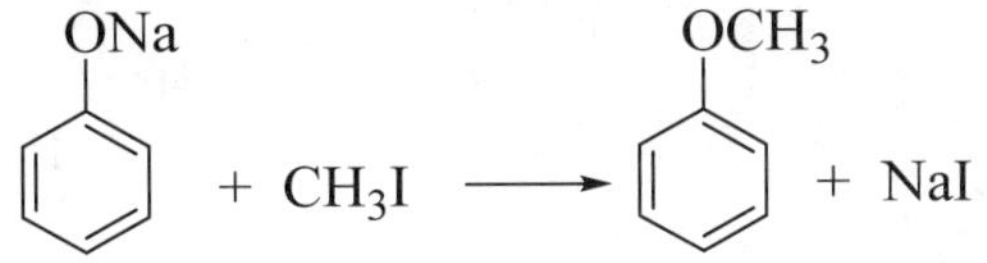

3. 酯的生成

酚也可以生成酯，但它不能与酸直接脱水成酯，而是采用酸酐或酰氯与酚或酚钠作用而制得。例如：

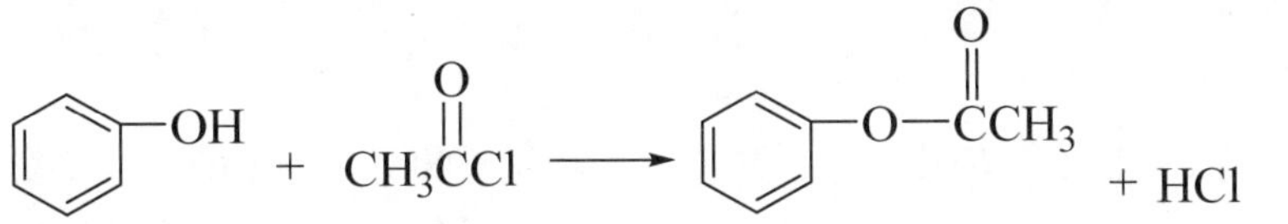

4. 与三氯化铁(FeCl₃)的显色反应

含有酚羟基的化合物大多可以和三氯化铁溶液作用发生显色反应，主要是酚和三氯化铁溶液作用生成有颜色的配离子。例如：

$$6C_6H_5OH + Fe^{3+} \longrightarrow [Fe(OC_6H_5)_6]^{3-} + 6H^+$$

不同的酚与三氯化铁反应显示出不同的颜色，表 3-4 列出了部分常见酚与 FeCl₃ 溶液反应的颜色。

表 3-4　　　　　　　常见酚与 FeCl₃ 溶液反应的颜色

化合物	生成物的颜色	化合物	生成物的颜色
苯酚	紫色	间苯二酚	紫色
邻甲苯酚	蓝色	对苯二酚	暗绿色结晶
间甲苯酚	蓝色	1,2,3-苯三酚	淡棕红色
对甲苯酚	蓝色	1,3,5-苯三酚	紫色沉淀
邻苯二酚	绿色	α-萘酚	紫色沉淀

能与三氯化铁溶液发生显色反应的不只是酚类，凡是具有烯醇结构或通过互变异构后产生烯醇结构的化合物都可以和三氯化铁溶液发生显色反应，所以常用三氯化铁溶液鉴别酚类及烯醇式结构的化合物。

练一练 3

用化学方法鉴别苯酚、环己醇、对甲苯酚。

5. 苯环上的取代反应

酚羟基是强的邻对位定位基，能使苯环活化，容易发生卤代、硝化和磺化等亲电取代反应。

（1）卤代反应。

苯酚与溴水在常温下即可作用，立即生成 2,4,6-三溴苯酚的白色沉淀。这个反应灵敏、迅速、简便，可用于苯酚的定性和定量分析。

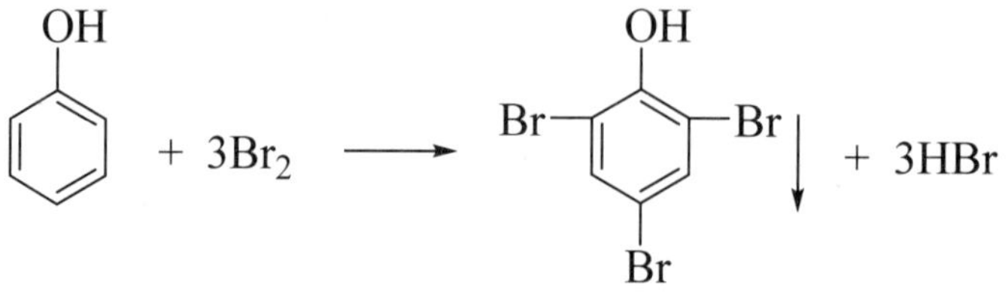

苯酚   2,4,6-三溴苯酚（白色沉淀）

在非极性溶剂（如四氯化碳或二硫化碳）中，控制溴的用量和较低温度下进行反应，可以得到一溴代酚。

（2）硝化反应。

苯酚在室温下就能发生硝化反应，生成邻硝基苯酚和对硝基苯酚的混合物。

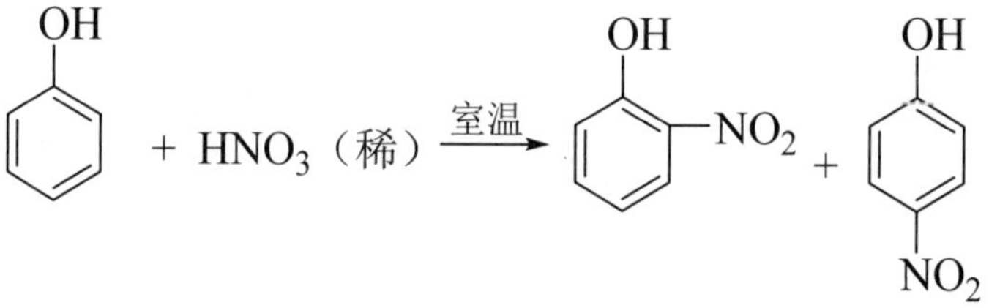

这两种异构体可用水蒸气法分离开。因为在邻硝基苯酚中，酚羟基与硝基处在相邻的位置，可通过分子内氢键形成螯合物，不再与水缔合，故水溶性小、挥发性大，可随水蒸气蒸馏出去。而对硝基苯酚是以分子间氢键缔合的，挥发性小，不能随水蒸气蒸出。

（3）磺化反应。

苯酚容易被硫酸磺化。反应在室温下进行时，主要生成邻羟基苯磺酸；由于磺酸基的位阻大，在较高温度（100 ℃）时，产物主要是对羟基苯磺酸。邻位或对位异构体进一步磺化，均得 4-羟基-1,3-苯二磺酸。

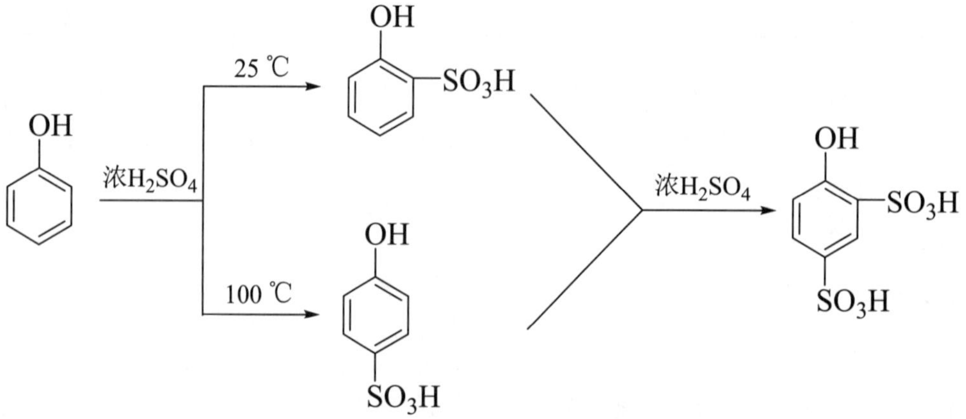

磺酸基的引入降低了苯环上的电子云密度，使酚不易被氧化。生成的羟基苯磺酸与稀酸共热时，磺酸基可除去。因此，在有机合成上磺酸基可作为苯的位置保护基，将取代基引入到指定位置。

练一练 4

用两种化学方法鉴别苯酚和苯甲醇。

6. 氧化反应

酚能被空气中的氧气氧化。随着氧化反应的进行，无色的苯酚会变成粉红色、红色或暗红色。苯酚与 $K_2Cr_2O_7$ 的酸性溶液作用，生成对苯醌。

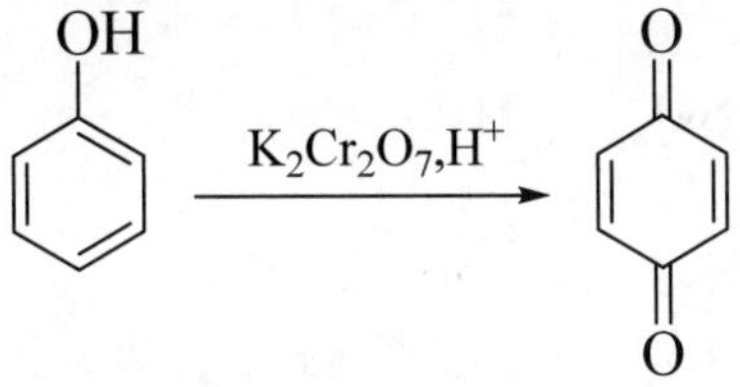

多元酚更容易被氧化，能被弱氧化剂（如氧化银）氧化，产物也是醌类。例如：对苯二酚可将照相机底片上曝光活化的溴化银还原成银，因此冲洗照相底片时多用多元酚作显影剂。

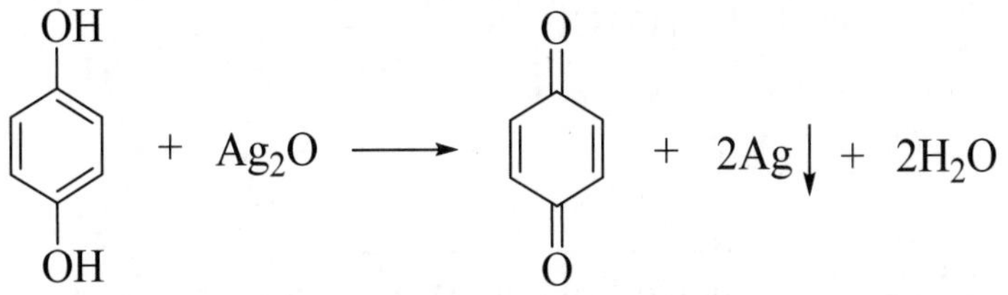

由于酚易被氧化，可作为抗氧剂被添加到化学试剂中，空气中的氧首先氧化酚，即可防止化学试剂被氧化而变质，如常用的抗氧剂——"抗氧 246"，其结构简式为：

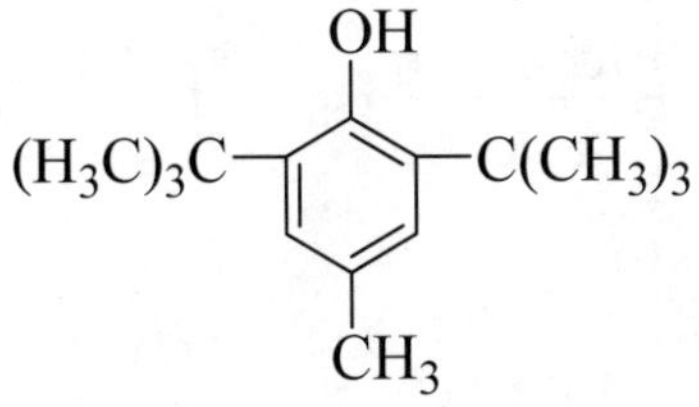

4-甲基-2,6-二叔丁基苯酚

因为酚易被氧化，所以保存含有酚羟基的药物时要注意避免与空气接触，必要时需添加抗氧剂。

四、酚的制备方法

苯酚的工业来源除一部分从煤焦油提取外，主要由合成法制备。苯酚的制备方法有苯磺酸钠碱熔法、氯苯碱性水解法、异丙苯氧化法等。本书重点介绍苯磺酸钠碱熔法和异丙苯氧化法。

1. 苯磺酸钠碱熔法

以苯为原料，用硫酸进行磺化生成苯磺酸，用亚硫酸中和，再用烧碱进行碱熔，经磺化和减压蒸馏等步骤而制得。

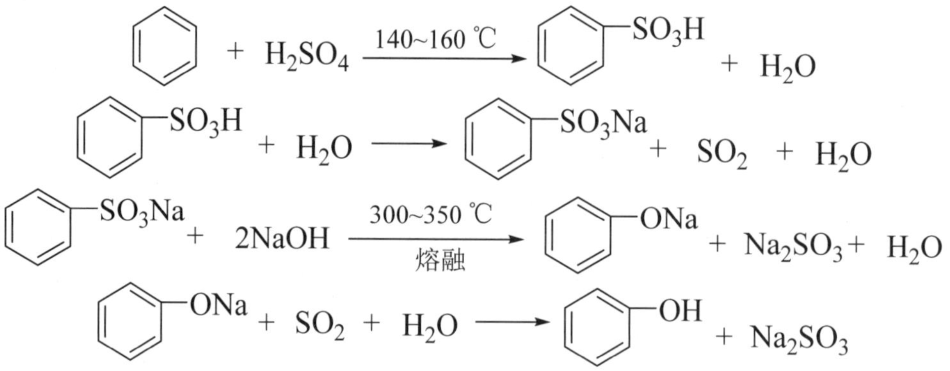

2. 异丙苯氧化法

丙烯与苯在三氯化铝催化剂作用下生成异丙苯，异丙苯经氧化生成过氧化异丙苯，再用硫酸或树脂分解。同时得到苯酚和丙酮。

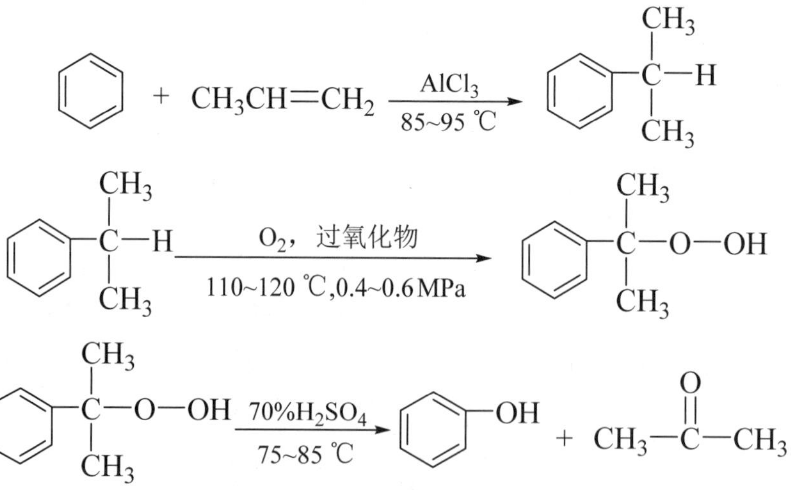

五、酚类在药学中的应用

酚在医药上应用广泛，有的可以用作消毒剂，有的可以作为医药工业重要的中间体，有的可以作为防腐剂和驱虫剂等。

1. 苯酚

苯酚（）俗称石炭酸，常温下为无色针状结晶，熔点 43 ℃，沸点 182 ℃，有特殊气味，具有弱酸性，是最简单的酚类化合物。苯酚有毒，具有腐蚀性，常温下微溶于水，易溶于有机溶剂。当温度高于 65 ℃时，能跟水以任意比例互溶，其溶液沾到皮肤上可

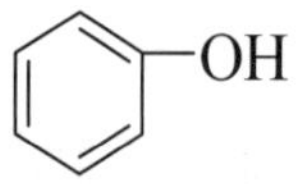

用乙醇洗涤。

苯酚能凝固蛋白质，对皮肤有腐蚀性，并有杀菌作用，因此回答了本节案例导入中所说的能杀死细菌的原因。苯酚在医药上可用作消毒剂，1%的苯酚水溶液可用于皮肤止痒，3%～5%的苯酚水溶液可用于外科器械的消毒，5%的苯酚水溶液可以用作生物制剂的防腐剂。但因为苯酚有毒，对皮肤又有腐蚀性，使用时要小心。

苯酚暴露在空气中，容易被空气氧化成粉红色。由于易被氧化，应装于棕色瓶中避光保存。苯酚是重要的化工原料，苯酚也是很多医药（如水杨酸、阿司匹林及磺胺类药等）、香料、染料的合成原料。

2. 甲苯酚

甲苯酚有邻、间、对三种异构体，简称甲酚。甲苯酚三种异构体的沸点相近，不易分离，在实际中常使用它们的混合物，由于它们来源于煤焦油，也称为煤酚。煤酚杀菌能力比苯酚强，因难溶于水，医药上常配成47%～53%的肥皂水溶液，称为煤酚皂溶液，俗称"来苏尔"，使用前要稀释为2%～5%的溶液，常用于器械和环境的消毒。

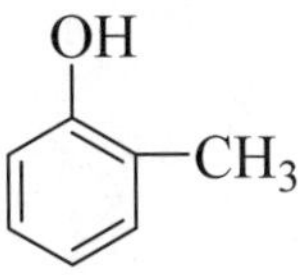

邻甲酚（沸点 191 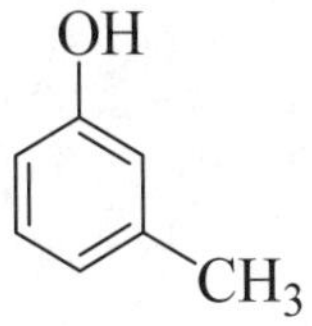 ℃）　　　间甲酚（沸点 203 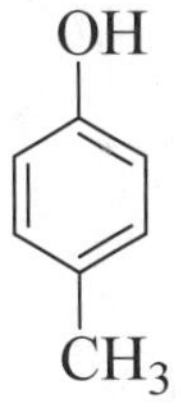 ℃）　　　对甲酚（沸点 202 ℃）

3. 苯二酚

苯二酚有邻、间、对三种异构体。

邻苯二酚俗称儿茶酚，为无色结晶体，熔点 104 ℃，沸点 245 ℃，是医药工业重要的中间体，用于制备小檗碱、异丙肾上腺素等药品；也是重要的基本有机化工原料，广泛用于生产染料、光稳定剂、感光材料、香料、防腐剂、促进剂、特种墨水、电镀材料、生漆阻燃剂等；还是一种使用很广泛的收敛剂和抗氧化剂。

间苯二酚俗称雷琐辛，为白色针状结晶，熔点 110.7 ℃，沸点 281 ℃。具有抗细菌和真菌的作用，强度仅为苯酚的三分之一，刺激性小，其 2%～10%的油膏及洗剂用于治疗皮肤病，如湿疹和癣症等。

对苯二酚俗称氢醌，为白色结晶，熔点 170.5 ℃，沸点 285 ℃，是一种强还原剂，很容易被氧化成黄色的对苯醌，在药剂中常作抗氧剂，还可用作摄影胶片的黑白显影剂，也用作生产蒽醌染料、偶氮染料的原料。

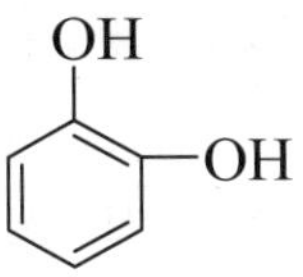

邻苯二酚 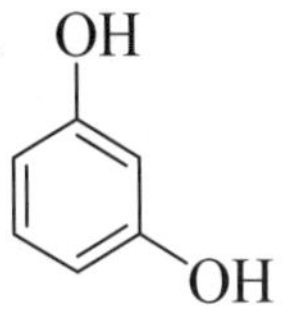　　　　　　　　间苯二酚 　　　　　　　　对苯二酚

4. 萘酚

萘酚有 α-萘酚、β-萘酚两种异构体。

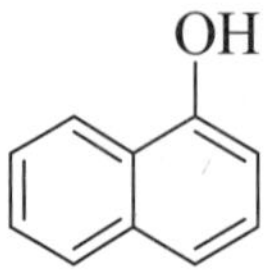

α-萘酚 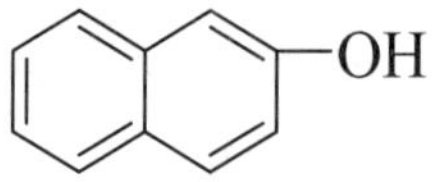　　　　　　　　β-萘酚

α-萘酚为无色菱形结晶,熔点 96 ℃,沸点 288 ℃。β-萘酚为白色结晶,熔点 121～123 ℃。萘酚是制取医药、染料、香料、合成橡胶抗氧剂等的原料,也可用作驱虫和杀菌剂。萘酚与局部皮肤接触可引起脱皮,甚至产生永久性的色素沉着。

5. 麝香草酚

麝香草酚为无色结晶,熔点 51 ℃,沸点 323 ℃。医药上用作消毒剂、防腐剂和驱虫剂。

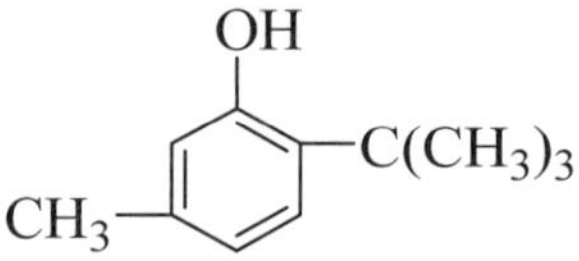

麝香草酚

另外,阿司匹林(乙酰水杨酸)具有解热、镇痛、抗炎、抗风湿和抗血小板聚集等多方面的药理作用,发挥药效迅速且稳定,超剂量易于诊断和处理,很少发生过敏反应。其中水杨酸(邻羟基苯甲酸)在其中扮演的角色是中间体。水杨酸不仅是阿司匹林的中间体,还可以用于止痛灵、利尿素、水杨酸钠、水杨酰胺等药物的生产。除了水杨酸外,2,6-二溴苯酚也是一种比较常用的中间体,主要用于医药合成,也可用于染料和农药中间体的合成,以及制备 3,4,5-三甲氧基苯甲醛。而 3,4,5-三甲氧基苯甲醛又是合成磺胺增效剂、抗菌增效剂 TMP 的重要中间体。

除了用作中间体,有些酚类化合物本身就是解热镇痛药。例如:对乙酰氨基酚(分子式 $C_8H_9NO_2$),它是最常用的非甾体抗炎解热镇痛药,解热作用与阿司匹林相似,镇痛作用较弱,无抗炎抗风湿作用,是乙酰苯胺类药物中最常用的品种。特别适合于不能应用羧酸类药物的患者。可用于感冒、牙痛等症。对阿司匹林过敏或不能耐受的患者是很好的替代品。对乙酰氨基酚也是有机合成中间体,过氧化氢的稳定剂。

酚类消毒剂还有六氯酚、黑色消毒液及白色消毒液等。在高浓度下,酚类可裂解并穿透细胞壁,使菌体蛋白凝集沉淀,快速杀灭细胞;在低浓度下,可使细菌的酶系统失去活性,导致细胞死亡。六氯酚是双酚类化合物,它是酚类消毒被卤化后增强了杀菌作用的产品。六氯酚主要用于皮肤消毒,不溶于水,但能溶解于皮肤的脂肪酸内,沉积于皮肤上,不易被水洗去,所以六氯酚肥皂的杀菌作用持久,尤其是连续使用可以使手部的皮肤细菌减少 85%～95%,但停止使用后,细菌数会逐渐增多。以 2.5%～3%六氯酚肥皂和凝胶洗手,能减少细菌数,连续使用可使皮肤细菌数保持极低水平。

对氯间二甲苯酚化学稳定性好，通常储存条件下不会失活。用含对氯间二甲苯酚 650 mg/L 水溶液作用 10 min，可杀灭金黄色葡萄球菌和大肠杆菌；不同浓度的对氯间二甲苯酚溶液对绿脓杆菌、白念珠菌、铜绿假单胞菌等革兰氏阳性、阴性菌，以及真菌都有杀灭功效。无刺激，是一种低毒性抗菌剂。

【知识链接】--

维生素 E

维生素 E 又名生育酚，是一种天然存在的酚，是最主要的抗氧剂之一。维生素 E 是脂溶性的物质，溶于脂肪和乙醇等有机溶剂中，不溶于水，对热、酸稳定，对碱不稳定，对氧敏感，对热不敏感，但油炸时维生素 E 活性明显降低。自然界有多种异构体（α、β、γ、δ 等），其中 α-生育酚的生理活性最高，其结构为：

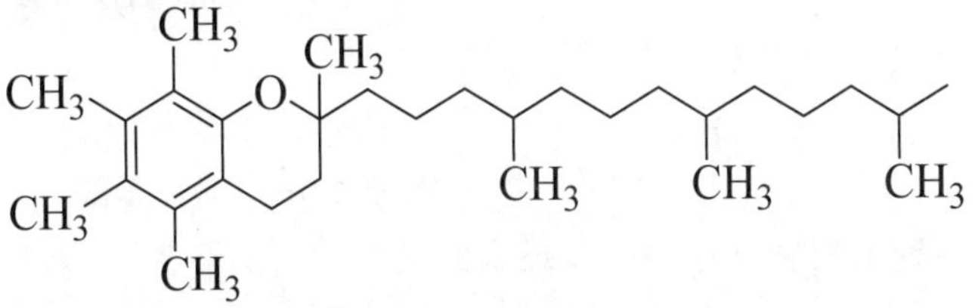

維生素 E 是一种自由基的清除剂或抗氧化剂，以减少自由基对机体的损害；能促进性激素分泌，使男子精子活力和数量增加；使女子雌性激素浓度增高，提高生育能力，预防流产，临床上用以治疗先兆流产和习惯性流产。可用于防治男性不育症、烧伤、冻伤、毛细血管出血、更年期综合征等，还可用于美容。近来还发现维生素 E 可抑制眼睛晶状体内的过氧化脂反应，使末梢血管扩张，改善血液循环，预防近视发生和发展。

目标检测

一、选择题（每题只有一个正确答案）。

1. 能与溴水反应产生白色沉淀的是（　　　）。

A. 乙烷　　　　　　　B. 苯酚　　　　　　　C. 苯　　　　　　　D. 乙烯

2. 下列溶液中，通入二氧化碳后，能使溶液变浑浊的是（　　　）。

A. 苯酚钠溶液　　　　　　　　　　B. 氢氧化钠溶液

C. 碳酸钠溶液　　　　　　　　　　D. 苯酚溶液

3. 下列物质中能与三氯化铁发生显色反应的是（　　　）。

A. 乙醇　　　　　　　B. 甘油　　　　　　　C. 苯酚　　　　　　　D. 甲醇

4. 下列物质属于酚类的是（　　　）。

A. $CH_3CH_2—OH$

B.

C.

CH_2OH

D.

5. "来苏儿"常用于医疗器械和环境消毒，其主要成分是（　　　）。

A. 甲酚　　　　　　　B. 乙烷　　　　　　　C. 苯酚　　　　　　　D. 乙烯

6. 下列可以用来鉴别苯酚和苄醇的试剂是（　　　）。

A. 浓 H_2SO_4 溶液　　　　　　　　　B. Br_2 水溶液

C. $NaHCO_3$ 溶液　　　　　　　　　D. 新制的 $Cu(OH)_2$ 溶液

7. 下列化合物酸性最强的是（　　　）。

A. 苯酚　　　　　　　　　　　　　B. 2,4-二硝基苯酚

C. 对硝基苯酚　　　　　　　　　　D. 2,4,6-三硝基苯酚

8. 常温下，下列化合物在水中溶解度最大的是（　　　）。

A. 丙醇　　　　　　　B. 丙烯　　　　　　　C. 苯酚　　　　　　　D. 丙烷

9. 保存含有酚羟基的药物时要注意避免与空气接触，主要是为了防止其发生（　　　）。

A. 氧化反应　　　　　　　　　　　B. 取代反应

C. 吸水反应　　　　　　　　　　　D. 加成反应

10. 邻苯二酚俗称为（　　　）。

A. 石炭酸　　　　　　　　　　　　B. 雷锁辛

C. 儿茶酚　　　　　　　　　　　　D. 氢醌

二、判断题。

（　　）1. 含有羟基的化合物都是酚。

（　　）2. 酚的苯环上供电子基越多，亲电取代活性越高，酸性越强。

（　　）3. 酚的酸性大于碳酸的酸性。

（　　）4. 苯酚遇到三氯化铁溶液显蓝紫色。

（　　）5. 苯酚与溴水作用必须在高温条件下才能进行。

（　　）6. 间苯二酚俗称雷锁辛，为黄色针状结晶。

（　　）7. 对苯二酚俗称醌，为白色结晶。

（　　）8. 萘酚是制取医药、染料、香料、合成橡胶抗氧剂等的原料。

（　　）9. 苯酚的制备方法有异丙苯氧化法、氯苯碱性水解法、苯磺酸钠碱熔法等多种方法。

（　　）10. 在高浓度下，酚类可裂解并穿透细胞壁，使菌体蛋白凝集沉淀，快速杀灭细

胞；在低浓度下，可使细菌的酶系统失去活性，导致细胞死亡。

三、写出下列化合物的名称或结构简式。

1.

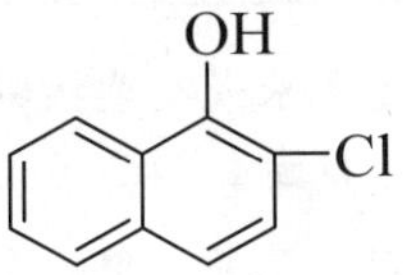

2.

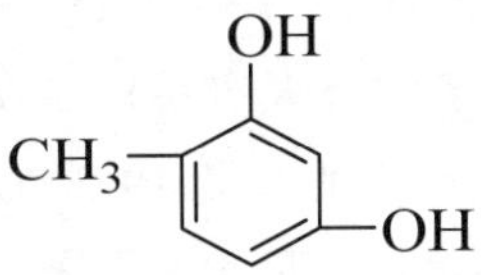

3.

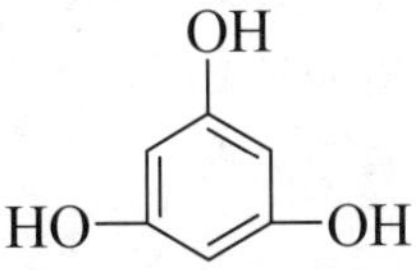

4. 2,4-二硝基苯酚

5. 2-甲基-1-萘酚

6. 对甲苯酚

四、用化学方法鉴别下列化合物。

1. 苯甲醇、苯酚和苯乙烯
2. 苯甲醇、甲苯和邻甲苯酚

五、完成下列化学反应方程式。

1. 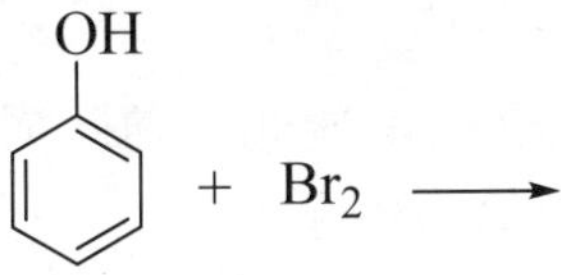 + Br_2 $\longrightarrow$

2. + Br_2 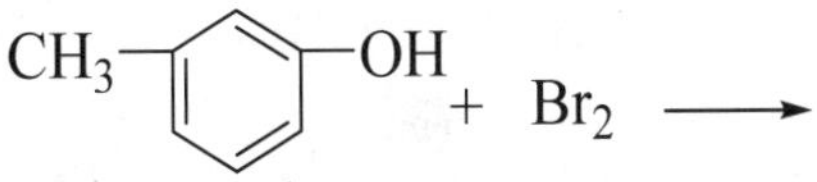 $\longrightarrow$

3. 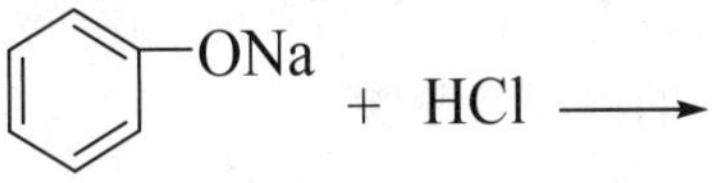 + HCl $\longrightarrow$

4. 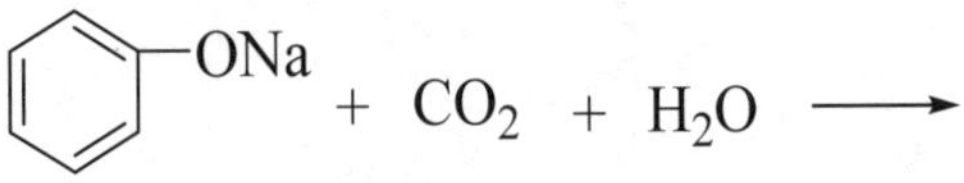 + CO_2 + H_2O $\longrightarrow$

第四节 醚

📊 学习目标

1. 了解醚的结构、分类、命名；
2. 了解醚的物理性质；
3. 掌握醚的化学性质，能熟练书写相关的反应式；

4. 熟悉重要的醚；

5. 了解醚在药学中的应用。

【案例导入】

麻醉剂能使机体或机体局部暂时可逆性失去知觉及痛觉，多用于手术或某些疾病治疗。近代最早发明全身麻醉剂的人是 19 世纪初期的英国化学家戴维。全身麻醉药由浅入深抑制大脑皮层，使人神志消失，用于大型手术或不能用局部麻醉药的患者。最早使用的全身麻醉药是笑气，它性能稳定，适合任何方式麻醉，但有易缺氧、麻醉者不够稳定等缺点。后来改用乙醚作全身麻醉药，它有麻醉状况稳定、肌肉松弛良好，便于手术等优点。

问题：1. 你知道乙醚的分子式和结构吗？

2. 乙醚除了全身麻醉还有哪些用途？

一、醚类概述

醚是两个烃基通过氧原子相连而成的化合物，用通式表示为：R—O—R′、R—O—Ar、Ar—O—Ar′，其中 C—O—C 称为醚键，是醚的官能团。饱和一元醚和饱和一元醇互为官能团异构体，具有相同的通式：$C_nH_{2n+2}O$。

1. 醚的分类

（1）按照分子中与氧原子相连的两个烃基是否相同，可分为简单醚和混合醚。两个烃基相同的称为简单醚，简称单醚；两个烃基不同的称为混合醚，简称混醚。

$$CH_3CH_2OCH_2CH_3 \qquad\qquad CH_3OCH_2CH_3$$
单醚 混醚

（2）根据分子中与氧原子相连的两个烃基类型，可分为脂肪醚和芳香醚。两个烃基都为脂肪烃基的称为脂肪醚；一个或者两个烃基是芳香烃基的称为芳香醚。

$$CH_3CH_2OCH_2CH_3$$

脂肪醚 芳香醚

（3）如果醚分子成环状则称为环醚。例如：

$$H_2C—CH_2$$

2. 醚的命名

（1）结构简单的醚一般采用普通命名法命名，即在烃基的名称后面加上"醚"字。两个烃基相同时，烃基的"基"字可省略。例如：

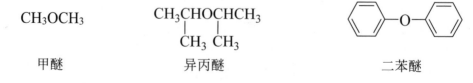

$$CH_3OCH_3 \qquad\qquad \underset{\underset{CH_3}{|}}{CH_3CHOCHCH_3}$$
$$\qquad\qquad\qquad \underset{CH_3\ \ CH_3}{}$$

甲醚 异丙醚 二苯醚

（2）两个烃基不相同时，脂肪醚将小的烃基放在前面，芳香醚则把芳基放在前面。例如：

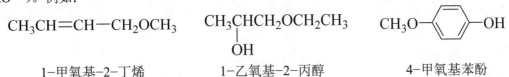

$$CH_3CH_2-O-CH_2CHCH_3$$
$$\ | $$
$$\ \ \ \ \ \ \ \ \ \ \ \ \ \ \ \ \ \ \ CH_3$$

乙基异丁基醚

$$C_2H_5-O-CH=CH_2$$

乙基乙烯基醚

苯乙醚

β-萘甲醚

（3）结构复杂的醚可采用系统命名法命名，即选择较长的烃基为母体，有不饱和烃基时，选择不饱和度较大的烃基为母体，将较小的烃基与氧原子一起看作取代基，叫作烷氧基（RO—）。例如：

$$CH_3CH=CH-CH_2OCH_3$$

1-甲氧基-2-丁烯

$$CH_3CHCH_2OCH_2CH_3$$
$$\ \ \ \ \ \ | $$
$$\ \ \ \ OH$$

1-乙氧基-2-丙醇

4-甲氧基苯酚

（4）命名三、四元环的环醚时，标出氧原子所在母体的序号，以"环氧某烷"来命名。例如：

$$H_2C-CHCH_3$$
$$\ \ \ \ \backslash O /$$

1,2-环氧丙烷

$$CH_2CH_2CH_3$$
$$\ \ \ \ \ \backslash O$$

1,3-环氧丙烷

（5）更大的环醚一般按杂环化合物来命名。例如：

1,4-环氧丁烷（四氢呋喃）

1,4-二氧六环

练一练1

写出下列化合物的名称或结构简式。

1. 苯乙醚

2. 乙烯基正丙基醚

3. $CH_3OCHCH_2CH_3$（上方 CH_3）

4. $CH_3CH-CHCH_3$（下方 O 桥连）

二、醚的物理性质

常温下，大多数醚为易挥发、易燃烧、有香味的液体，甲醚、甲乙醚、环氧乙烷等为气体。醚分子中因无羟基而不能在分子间生成氢键，因此醚的沸点比相应的醇低得多，与相对分子质量相近的烷烃相当。

醚分子中的 C—O—C 键是极性键，氧原子有两对未共用电子对，两个 C—O—C 键之间形成一定角度，故醚的偶极矩不为零，易与水形成氢键，所以醚在水中的溶解度与相应的醇相当。甲醚、1,4-二氧六环、四氢呋喃等都可与水互溶，乙醚在水中的溶解度为每 100 g 水约溶解 7 g 乙醚，其他相对分子质量低的醚微溶于水，大多数醚不溶于水。

乙醚能溶于许多有机溶剂，本身也是一种良好的溶剂。乙醚有麻醉作用，极易着火，与空气混合到一定比例能爆炸，所以使用乙醚时要十分小心。表 3-5 列出了一些醚的物理常数。

表 3-5　　　　　　　　　　　　　　一些醚的物理常数

名称	熔点（℃）	沸点（℃）
甲醚	−138.5	−24.5
甲乙醚	−113.2	10.8
乙醚	−116.2	34.6
丙醚	−123	90.2
异丙醚	−88.0	67.5
苯甲醚	−37.8	155.0
苯乙醚	−30.0	172.0
二苯醚	26～28	259.0
环氧乙烷	−111.3	10.7
四氢呋喃	−108.4	65.0
1,4-二氧六环	10～12	101.3

三、醚的化学性质

除某些环醚外，大多数醚是一类很稳定的化合物，其化学稳定性仅次于烷烃。常温下，醚对于活泼金属、碱、氧化剂、还原剂等十分稳定。但醚仍可发生一些特殊的反应。

1. 锌盐的生成

醚分子中的氧原子在强酸性条件下，可接受一个质子生成锌盐：

$$CH_3OCH_3 + H_2SO_4(浓) \rightleftharpoons \left[CH_3\overset{+}{\underset{H}{O}}CH_3 \right] HSO_4^-$$

锌盐

锌盐可溶于冷的浓强酸中，用水稀释会分解析出原来的醚。所以不溶于水的醚能溶于强酸溶液中，利用醚的这种弱碱性，可分离提纯醚类化合物，也可鉴别醚类化合物。

2. 醚键的断裂

（1）在较高温度下，浓氢碘酸或浓氢溴酸等强酸能使醚键断裂，生成卤代烃和醇或酚。若使用过量的氢卤酸，则生成的醇将进一步与氢卤酸反应生成卤代烃。

$$R—O—R' + HI \xrightarrow{\triangle} RI + R'OH$$
$$\xrightarrow{HI} RI + H_2O$$

（2）脂肪族混合醚与氢卤酸作用时，一般是较小的烷基生成卤代烷，当氧原子上连有三级烷基时，则主要生成三级卤代烷。例如：

$$CH_3CHCH_2OCH_3 \xrightarrow[\triangle]{HI} CH_3I + CH_3CHCH_2OH$$
$$\qquad\ \ |\qquad\qquad\qquad\qquad\qquad\qquad\ \ |$$
$$\qquad CH_3 \qquad\qquad\qquad\qquad\qquad CH_3$$

$$\begin{array}{c} CH_3 \\ | \\ CH_3-C-O-CH_2CH_3 \\ | \\ CH_3 \end{array} \xrightarrow[\triangle]{HI} \begin{array}{c} CH_3 \\ | \\ CH_3-C-I \\ | \\ CH_3 \end{array} + CH_3CH_2OH$$

（3）芳香醚由于氧原子与芳环形成 p—π 共轭体系，碳氧键不易断裂，如果另一烃基是脂肪烃基，则生成酚和卤代烷，如果两个烃基都是芳香基，则不易发生醚键的断裂。例如：

$$\text{〈⚬〉}-OCH_3 \xrightarrow[\triangle]{HBr} CH_3Br + \text{〈⚬〉}-OH$$

3. 过氧化物的生成

醚类化合物虽然对氧化剂很稳定，但许多烷基醚在和空气长时间接触下，会缓慢地被氧化生成过氧化物，氧化通常在 α-碳氢键上进行。例如：

$$CH_3CH_2OCH_2CH_3 + O_2 \longrightarrow CH_3CH_2OCHCH_3$$
$$\qquad\qquad\qquad\qquad\qquad\qquad\qquad\qquad\ |$$
$$\qquad\qquad\qquad\qquad\qquad\qquad\qquad\ O-O-H$$

过氧化物不稳定，受热时容易分解而发生猛烈爆炸，因此在蒸馏或使用前必须检验醚中是否含有过氧化物。常用的检验方法是用碘化钾的淀粉溶液，或硫酸亚铁与硫氰化钾溶液，若前者呈深蓝色，或后者呈血红色，则表示有过氧化物存在。除去过氧化物的方法是向醚中加入还原剂（如 $FeSO_4$ 或 Na_2SO_3），使过氧化物分解。为了防止过氧化物生成，醚应用棕色瓶避光储存，并可在醚中加入微量铁屑或对苯二酚阻止过氧化物生成。

练一练 2

用化学方法鉴别下列各组化合物，写出所加化学试剂及所出现的实验现象。

1. 苯甲醇，苯酚，苯甲醚　　　　　　2. 甲基烯丙醚，丙醚

四、醚的制备

1. 由醇制备

在浓 H_2SO_4 作用下，醇分子间脱水可制得醚。

$$R-O\underbrace{-H + H-O}-R \xrightarrow[\triangle]{\text{浓}H_2SO_4} R-O-R + H_2O$$

醇分子间脱水生成醚和分子内脱水生成烯烃是同时存在的竞争反应，所以制备醚时必须控制适当的温度。例如：在前面章节中学过的乙醇和浓 H_2SO_4 在 140 ℃ 下反应主要生成乙醚，而在 170 ℃ 下反应主要生成烯烃。

叔醇很容易脱水生成烯烃，所以由醇脱水很难得到叔烷基醚。

2. 威廉姆逊合成

卤代烃和醇钠在相应的醇溶液中反应，可以生成醚，该方法称为威廉姆逊合成。

$$RONa + R'X \longrightarrow ROR' + NaX$$

例如：$CH_3CH_2O\overline{Na} + \overline{X}CH_2CH_3 \longrightarrow CH_3CH_2OCH_2CH_3 + NaX$

由于醇钠为强碱，卤代烃在强碱条件下容易发生消除反应，尤其是三级卤代烃。为了避免因发生消除反应产生烯烃副产物，应用威廉姆逊合成制备醚时最好用伯卤代烃或仲卤代烃。

五、醚类在药学中的应用

1. 乙醚（$CH_3CH_2OCH_2CH_3$）

乙醚为无色液体，有特殊气味，比水轻，微溶于水，能溶解多种有机物，是常用的有机溶剂。乙醚沸点 34.6 ℃，易挥发，易燃易爆。所以使用乙醚时要远离火源，蒸馏乙醚时应熄火，并将乙醚蒸气引出室外。将乙醚先用固体氯化钙处理，再用金属钠干燥，经蒸馏而得无水乙醚，用于药物合成。

乙醚在临床上用作全身麻醉药，较安全。镇痛作用强，可促使骨骼肌松弛；但气味不佳，刺激性强，能促使口鼻腔和气管、支气管黏膜、黏液腺分泌增多，气道难以保证通畅，吸入全麻诱导中，屏气、呛咳、喉或支气管痉挛时常发生，术后肺部并发症多；常见苏醒期间胃肠道紊乱，恶心呕吐发生率可高达 50%以上。

2. 二甲基亚砜（DMSO）

二甲基亚砜是一种含硫有机化合物，分子式为 CH_3SOCH_3，常温下为无色无臭的透明液体，是一种吸湿性的可燃液体。具有高极性、高沸点、热稳定性好、非质子、与水混溶的特性，能溶于乙醇、丙醇、苯和氯仿等大多数有机物。

DMSO 对许多药物具有溶液性、渗透性，本身具有消炎、止痛作用，促进血液循环和伤口愈合，也有利尿作用。能增加药物吸收和提高疗效，因此在国外叫作"万能药"。各种药物溶解在 DMSO 中，不用口服和注射，涂在皮肤上就能渗入体内，开辟了给药新途径。更重要的是提高了病区局部药物含量，降低身体其他的药物危害。在动物实验时，经过解剖检测，局部药物浓度比其他药物浓度高 2~8 倍。国外研究认为癌细胞有一层角质保护膜，妨碍药物进入，DMSO 具有对角质的溶解渗透能力，所以能提高疗效。生产的骨友灵、脚气药、肤氢松软膏等外用药及各大医院的外用制剂中已广泛使用。特别是在中药萃取制剂中，提高了有用组分含量，提高了药效。

3. 环氧乙烷（ ）

环氧乙烷为无色有毒的气体，沸点 11 ℃，能溶于水、乙醇和乙醚，易燃易爆。环氧乙烷可与微生物菌体蛋白质分子中的氨基、羟基、巯基等活性氢部分结合，使蛋白质失活，从而使微生物失去活力或死亡，是常用的杀虫剂和气体灭菌剂。

环氧乙烷分子的环状结构不稳定，化学性质活泼，容易发生开环加成反应，利用其开环加成反应能够合成多种化合物，是有机合成中非常重要的试剂。

【知识链接】

硫醚

硫醚可以看成醚分子中的氧原子被硫原子代替而成的化合物，其通式为 R—S—R'。其命名与醚相似，只需在"醚"前加"硫"即可。例如：

$$CH_3—S—CH_3 \qquad\qquad CH_3—S—CH_2CH_3$$

甲硫醚 　　　　　　　　　　甲乙硫醚

硫醚不溶于水，具有刺激性气味，沸点比相应的醚高，硫醚和硫醇一样，也易被氧化，首先氧化成亚砜（R—SO—R'），亚砜进一步被氧化成砜（R—SO$_2$—R'）。

二甲基亚砜既能溶解水溶性物质，又能溶解脂溶性物质，是一种良好的溶剂和有机合成的重要试剂。由于二甲基亚砜具有较强的穿透力，可在一些药物的透皮吸收剂中作为促渗剂，如可增加水杨酸、胰岛素、醋酸地塞米松等药物的透皮吸收。

目标检测

一、选择题（每题只有一个正确答案）。

1. 下列化合物中沸点最低的是（　　）。

A. 甲乙醚　　　　　B. 丙醇　　　　　C. 丙三醇　　　　　D. 1,2-丙二醇

2. 乙醇与二甲醚是（　　）异构体。

A. 碳干异构　　　　　　　　　B. 位置异构

C. 官能团异构　　　　　　　　D. 互变异构

3. 甲乙醚与过量 HI 的反应得到（　　）。

A. 甲醇和碘乙烷　　　　　　　B. 乙醇和碘甲烷

C. 碘甲烷和碘乙烷　　　　　　D. 甲醇和乙醇

4. 可将醚从烷烃混合物中分离出来的试剂是（　　）。

A. NaOH 溶液　　　　　　　　B. Na$_2$CO$_3$ 溶液

C. KMnO$_4$ 溶液　　　　　　　D. H$_2$SO$_4$ 溶液

5. 下列各组物质中，互为同分异构体的是（　　）。

A. 甲醇和甲醚　　　　　　　　B. 丙酮和丙醚

C. 乙醚和乙醇　　　　　　　　D. 乙醚和正丁醇

6. 乙醚使用过程中不慎失火，下列物质不能用来灭火的是（　　）。

A. 水　　　　　　　B. 石棉布　　　　　　C. 沙土　　　　　　D. 泡沫灭火器

二、判断题。

（　　）1. 久置的乙醚也可以直接进行蒸馏。

（　　）2. 可以利用酸性高锰酸钾溶液鉴别苯甲醇和苯甲醚。

（　　）3. 醚类化合物应在深色玻璃瓶中存放，或加入抗氧剂防止过氧化物的生成。

（　　）4. 醚存放时间过长，会逐渐形成过氧化物，可以使淀粉碘化钾试纸变红色。

（　　）5. 乙醚和正丁醇不是同分异构体。

（　　）6. 己烷中混有少量乙醚杂质，可使用浓硫酸除去。

三、写出下列化合物的系统名称。

1. $(CH_3)_2CHOCH(CH_3)_2$

2. $CH_3CH_2OCH_2CH_3$

3. —OCH_3

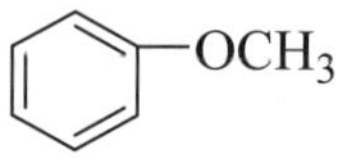

4. $CH_3SCH_2CH_3$

四、完成下列化学反应方程式。

1. $CH_3CH_2OCH_2CH_3 + HCl \longrightarrow$

2. $\underset{\underset{CH_3}{|}}{CH_3CHOCH_3} \xrightarrow[\triangle]{HI}$

3. $CH_3-$$-OCH_3 \xrightarrow[\triangle]{HBr}$

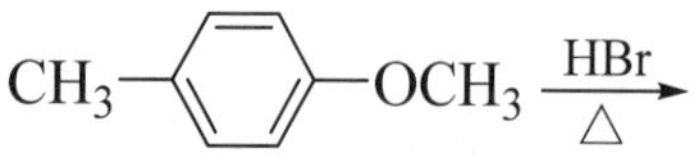

4. $CH_3OCH_3 + O_2 \longrightarrow$

五、用化学方法鉴别下列物质。

乙醚、乙醇

第五节　醛、酮和醌

学习目标

1. 掌握醛和酮的结构和命名；

2. 熟悉醛和酮的性质；

3. 了解醛和酮的分类；

4. 了解重要的醛和酮；

5. 了解醌。

【案例导入】

丙酮是肝内脂肪酸代谢的中间产物，正常情况下，血液中丙酮含量很低，糖尿病患者因脂类代谢发生紊乱，体内常有过量的酮体（含丙酮）产生，丙酮可通过呼吸或尿液排出。因此，临床上常通过检查尿液中是否含有丙酮来判断患者是否患有糖尿病。

问题：1. 你知道丙酮的结构和官能团吗？

2. 尿液中丙酮的检验方法有哪些？

一、醛和酮

1. 醛和酮概述

（1）醛和酮的定义、结构。

醛和酮是烃的含氧衍生物，分子结构中都含有羰基（$-\overset{\overset{\text{O}}{\|}}{\text{C}}-$），所以又称羰基化合物。羰基的碳原子分别与烃基和氢原子相连形成的化合物称为醛（甲醛例外，其羰基与两个氢原子相连）。醛分子中的羰基称为醛基（$-\overset{\overset{\text{O}}{\|}}{\text{C}}-\text{H}$），简写为—CHO。醛的官能团是醛基。羰基的碳原子与两个烃基相连形成的化合物称为酮。酮分子中的羰基称为酮基（$-\overset{\overset{\text{O}}{\|}}{\text{C}}-$）。酮的官能团是酮基。

醛和酮的结构通式分别如下：

醛：$\text{R}-\overset{\overset{\text{O}}{\|}}{\text{C}}-\text{H}$　　　　酮：$\text{R}-\overset{\overset{\text{O}}{\|}}{\text{C}}-\text{R}'$

（2）醛和酮的分类、命名。

醛和酮最常见的分类方法是根据烃基不同进行分类。根据烃基不同，醛和酮分为脂肪醛、酮，芳香醛、酮和脂环醛、酮。

脂肪醛、酮：$\text{H}_3\text{C}-\overset{\overset{\text{O}}{\|}}{\text{C}}-\text{H}$　　　$\text{H}_3\text{C}-\overset{\overset{\text{O}}{\|}}{\text{C}}-\text{CH}_3$

芳香醛、酮：〔苯环〕—CHO　　　〔苯环〕—$\overset{\overset{\text{O}}{\|}}{\text{C}}$—$\text{CH}_3$

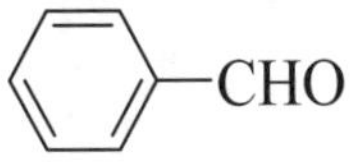

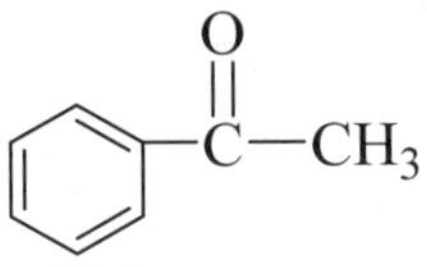

脂环醛、酮：〔环己烷〕—CHO　　　〔环己烷〕O

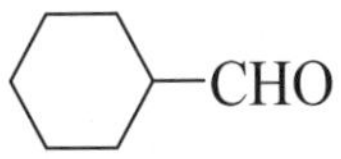

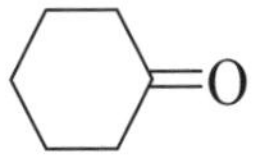

醛和酮有两种命名方法：普通命名法和系统命名法。

简单的醛酮用普通命名法，结构复杂的醛酮用系统命名法。

1）普通命名法。醛的命名与醇相似，根据碳原子总数称为"某醛"。例如：

CH₃CHO   CH₃CH₂CHO $\overset{\overset{\textstyle CH_3}{|}}{CH_3CHCH_2CHO}$

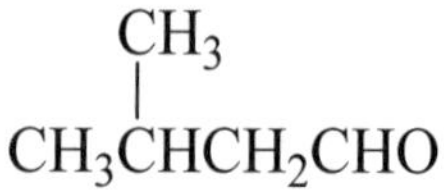

乙醛   丙醛   异戊醛

酮的命名与醚相似，根据羰基所连接的两个烃基来命名，把烃基名称写在"酮"前面即可。例如：

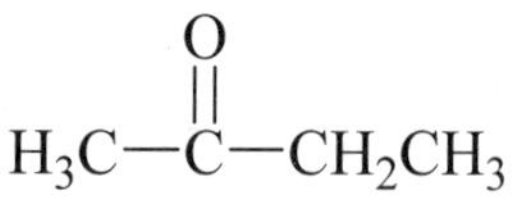

甲乙酮 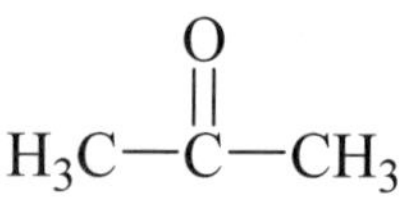   二甲酮 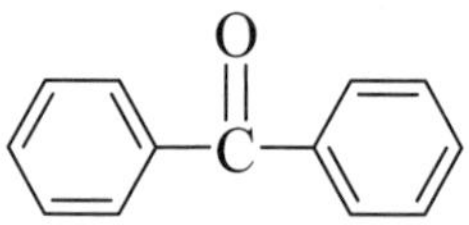   二苯酮

2）系统命名法。

①脂肪醛、酮的命名。选择含有羰基的最长碳链为主链，根据主链的碳原子数称为"某醛"或"某酮"。从靠近羰基一端开始给主链碳原子编号，由于醛基始终在链端，命名时不需要标明醛基位次，酮基则需要标明位次。如有取代基，则将取代基的位次、数目和名称依次写在醛或酮之前。

名称组成为：

取代基位次+取代基数目+取代基名称+某醛

取代基位次+取代基数目+取代基名称+羰基位置+某酮

例如：

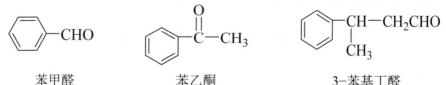

3-甲基戊醛   4-甲基-2-戊酮

②芳香醛、酮的命名。以脂肪醛、酮为母体，芳香烃作取代基进行命名。例如：

苯甲醛   苯乙酮   3-苯基丁醛

③脂环醛、酮的命名。脂环醛的命名，以醛作母体，环基作取代基。脂环酮的命名，根据酮基所在环的碳原子数称为"环某酮"；若环上有取代基，则从酮基开始给环编号，并使取代基位次最小。例如：

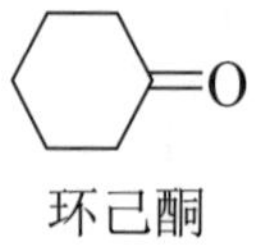

环己酮 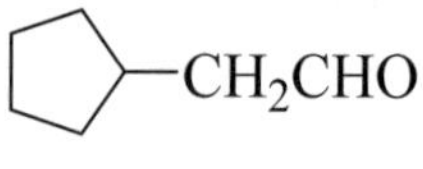   环戊基乙醛

练一练 1

用系统命名法命名下列化合物。

1. $CH_3CH(CH_3)CHO$　　　　　　　　2. $CH_3COCH_2CH_3$

2. 醛和酮的性质

（1）醛和酮的物理性质。

在常温下，除甲醛是气体外，12 个碳原子以下的脂肪醛、酮都是液体，高级的脂肪醛、酮和芳香酮多为固体。醛和酮的分子间不能形成氢键，故其沸点低于相对分子质量相近的醇，高于相对分子质量相近的烃和醚。

醛和酮羰基上的氧可以与水分子中的氢形成氢键，因而低级的醛和酮（如甲醛、乙醛、丙酮等）易溶于水，五个碳以上的醛和酮，微溶或不溶于水中。醛和酮易溶于有机溶剂。表 3-6 列出了一些一元醛和酮的物理常数。

表 3-6　　　　　　　　　　　　一些一元醛和酮的物理常数

名称	熔点（℃）	沸点（℃）
甲醛	−118	−19.5
乙醛	−123.5	20.2
丙醛	−81	48.8
正丁醛	−99	75.7
异丁醛	−66	65
苯甲醛	−56	178.1
苯乙醛	−10	193～194
丙酮	−94.3	56.2
丁酮	−86.4	79.6
2-戊酮	−77.5	101.7
3-戊酮	−42	101
苯丙酮	19	217.5

（2）醛和酮的化学性质。

醛和酮分子中都含有羰基，化学性质相似。主要表现在羰基的加成反应、α-活泼氢的反应、还原反应和被强氧化剂（如 $KMnO_4$、HNO_3 等）氧化的反应。但醛基和酮基不完全相同，化学性质存在差异。一般情况下，醛比酮活泼。

1）加成反应。醛和酮可以与氢氰酸、亚硫酸氢钠、醇、氨的衍生物（如羟胺、肼）等试剂起加成反应。在反应产物中都是试剂中的氢与羰基上的氧相连接，其余部分与羰基的碳相连接。

①与氢氰酸（HCN）加成。醛、脂肪族甲基酮及 8 个碳以下的环酮可以与氢氰酸发生加成反应。该反应用于有机合成增长碳链，又称增链反应。

$$R-\overset{\overset{O}{\|}}{C}-H + HCN \rightleftharpoons R-\overset{\overset{OH}{|}}{\underset{\underset{CN}{|}}{C}}-H$$

$$R-\overset{\overset{O}{\|}}{C}-CH_3 + HCN \rightleftharpoons R-\overset{\overset{OH}{|}}{\underset{\underset{CN}{|}}{C}}-CH_3$$

生成的 α-羟基腈在酸性或碱性条件下可水解生成 α-羟基酸。

$$R-\overset{\overset{OH}{|}}{C}HCN + H_2O \xrightarrow{\text{H}^+\text{或 OH}^-} R-\overset{\overset{OH}{|}}{C}HCOOH$$

②与亚硫酸氢钠（NaHSO₃）加成。醛、脂肪族甲基酮及 8 个碳以下的环酮可以与过量的亚硫酸氢钠饱和溶液发生加成反应。该反应是可逆反应，常用于提纯醛、酮。

$$R-\overset{\overset{O}{\|}}{C}-H + NaHSO_3 \rightleftharpoons R-\overset{\overset{OH}{|}}{\underset{\underset{SO_3Na}{|}}{C}}-H$$

$$R-\overset{\overset{O}{\|}}{C}-CH_3 + NaHSO_3 \rightleftharpoons R-\overset{\overset{OH}{|}}{\underset{\underset{SO_3Na}{|}}{C}}-CH_3$$

③与氨的衍生物加成。醛、酮与氨的衍生物如羟胺（NH₂OH）、肼（NH₂NH₂）、苯肼（C₆H₅NHNH₂）、2,4-二硝基苯肼等试剂作用，生成含碳氮双键（C=N）的化合物。

$$\overset{R}{\underset{(H)R'}{>}}C=O + H_2N-G \longrightarrow \overset{R}{\underset{(H)R'}{>}}C=N-G + H_2O$$

H₂N—G 代表氨的衍生物，其中 G 代表不同的取代基。几种常见的氨的衍生物及其产物见表 3-7。

表 3-7　　　　　　　　　　　常见的氨的衍生物及其产物

氨的衍生物	与醛、酮反应的产物
羟胺 H₂N—OH	肟 $R-\overset{\overset{}{}}{\underset{\underset{H(R')}{|}}{C}}=N-OH$
肼 H₂N—NH₂	腙 $R-\overset{\overset{}{}}{\underset{\underset{H(R')}{|}}{C}}=N-NH_2$
苯肼 H₂N—NH—⬡	苯腙 $R-\overset{\overset{}{}}{\underset{\underset{H(R')}{|}}{C}}=N-NH-⬡$

续表

氨的衍生物	与醛、酮反应的产物
H_2N-NH-〈苯环,NO_2,NO_2〉 2,4-二硝基苯肼	$R-C=N-NH-$〈苯环,NO_2,NO_2〉 $\quad\ \ \|$ $\quad H(R')$ 2,4-二硝基苯腙

醛、酮与氨的衍生物加成的产物大多是晶体，且具有固定的熔点，故测定其熔点就可以初步推断它是由哪种醛或酮生成。特别是醛、酮与2,4-二硝基苯肼作用生成的2,4二硝基苯腙是黄色结晶，具有一定的熔点，反应也很明显，便于观察，所以常被用来鉴别醛、酮。因此，这些氨的衍生物也称为羰基试剂。此外，肟、腙在稀酸的作用下，可水解为原来的醛、酮，可用来分离和提纯醛、酮。

2）α-活泼氢的反应。醛、酮分子中与羰基直接相连的碳原子称为α-碳原子，α-碳原子上的氢原子称为α-氢原子（α-H）。受羰基影响，α-H比较活泼，容易被其他原子或原子团取代。

在酸或碱的催化下，醛、甲基酮分子中的α-H可逐步被卤素取代生成α-卤代醛、酮。在酸催化下，可通过控制反应条件，得到一卤代物。在碱的催化下，可得到多卤代物。利用此反应可以制备多种卤代醛、酮。

$$(H)R-\overset{\overset{\displaystyle O}{\|}}{C}-CH_3 + X_2 \xrightarrow{\ H^+或OH^-\ } (H)R-\overset{\overset{\displaystyle O}{\|}}{C}-\underset{\underset{\displaystyle X}{|}}{CH_2} + HX$$

具有$(H)R-\overset{\overset{\displaystyle O}{\|}}{C}-CH_3$结构的醛或酮，在碱催化下，生成三卤代物，三卤代物在碱性溶液中不稳定，立即分解成三卤甲烷（卤仿）和羧酸盐。由于有卤仿生成，故称此反应为卤仿反应。

$$(H)R-\overset{\overset{\displaystyle O}{\|}}{C}-CH_3 \xrightarrow{\ X_2+NaOH\ } (H)R-\overset{\overset{\displaystyle O}{\|}}{C}-CX_3$$

$$(H)R-\overset{\overset{\displaystyle O}{\|}}{C}-CX_3 + NaOH \longrightarrow (H)RCOONa + CHX_3$$

如用I_2—NaOH溶液，则生成碘仿，称为碘仿反应。碘仿为不溶于水的黄色结晶，并具有特殊的气味，易于识别。因此常用碘和氢氧化钠溶液来鉴别乙醛或甲基酮。

$$(H)R-\overset{\overset{\displaystyle O}{\|}}{C}-CH_3 + I_2 \xrightarrow{\ NaOH\ } (H)R-\overset{\overset{\displaystyle O}{\|}}{C}-CNa + CHI_3\downarrow$$

由于此反应中有副反应产物次碘酸钠（NaOI）的生成，可把乙醇和具有$H_3C-\overset{\overset{\displaystyle OH}{|}}{CH}-$结

构的醇氧化成相应的乙醛或甲基酮，因此，乙醇和具有 $H_3C-\overset{\overset{\displaystyle OH}{|}}{CH}-$ 结构的醇也能发生碘仿

反应。所以，碘仿反应也可作为乙醇和具有 $H_3C-\overset{\overset{\displaystyle OH}{|}}{CH}-$ 结构的醇的鉴别反应。

3）还原反应。在催化剂铂、钯或镍的催化下，醛和酮可以加氢还原。醛加氢还原成伯醇，酮加氢还原成仲醇。

$$R-CHO + H_2 \xrightarrow{\text{Pt、Pd或Ni}} R-CH_2-OH$$

$$R-\overset{\overset{\displaystyle O}{||}}{C}-R' + H_2 \xrightarrow{\text{Pt、Pd或Ni}} R-\overset{\overset{\displaystyle OH}{|}}{CH}-R'$$

醛和酮分子中含有不饱和键时，羰基和不饱和键同时被还原。例如：

$$CH_3CH=CHCHO \xrightarrow{\overset{H_2}{\text{Ni}}} CH_3CH_2CH_2CH_2OH$$

除催化加氢外，还可以用金属氢化物（如硼氢化钠、四氢锂铝）作还原剂，则只还原羰基，分子中的不饱和键不被还原。例如：

$$CH_3CH=CHCHO \xrightarrow{\text{LiAlH}_4} CH_3CH=CHCH_2OH$$

4）氧化反应。醛的羰基碳原子上连有氢原子，很容易被氧化，即使弱氧化剂也可以使它氧化；酮则不易被氧化。因此，可利用弱氧化剂来区别醛和酮。常用的弱氧化剂有托伦试剂和斐林试剂两种。

①醛与托伦试剂的反应。托伦试剂是由硝酸银溶液与氨水制得的银氨配合物的无色溶液。它与醛共热时，醛被氧化成羧酸，试剂中的一价银离子被还原成金属银析出。由于析出的银附着在容器壁上形成银镜，因此这个反应又叫银镜反应。

$$R-CHO + 2[Ag(NH_3)_2]OH \xrightarrow{\triangle} R-COONH_4 + 2Ag\downarrow + 3NH_3\uparrow + H_2O$$

②醛与斐林试剂的反应。斐林试剂[主要成分是 $Cu(OH)_2$ 配合物]能氧化脂肪醛，但不能氧化芳香醛，可用来区别脂肪醛和芳香醛。斐林试剂与脂肪醛共热时，醛被氧化成羧酸，而二价铜离子则被还原成砖红色的氧化亚铜沉淀。

$$R-CHO + 2Cu(OH)_2 \xrightarrow{\triangle} R-COOH + Cu_2O\downarrow + H_2O$$

$$HCHO + 2Cu(OH)_2 \xrightarrow{\triangle} HCOOH + Cu_2O\downarrow + 2H_2O$$

5）醛与希夫试剂的显色反应。希夫试剂是将二氧化硫通入品红水溶液中，至红色刚好消失，所得的为无色溶液。醛与希夫试剂作用显紫红色，酮则不显色。该显色反应非常灵敏，是鉴别醛和酮的最简便方法。

甲醛与希夫试剂反应显紫红色后，加硫酸仍不褪色，其他醛则褪色。可用来区别甲醛和其他醛。

练一练 2

下列化合物哪些能发生碘仿反应？哪些能与托伦试剂反应？

1. 乙醛　　　　　2. 甲乙酮　　　　　3. 苯乙酮　　　　　4. 苯甲醛

3. 醛和酮的制备方法

醇的氧化或者脱氢是制备醛和酮的常用方法，也是工业制取醛和酮的重要方法。伯醇和仲醇可氧化成相应的醛和酮。

伯醇氧化生成醛。例如：

$$(CH_3)_3CCH_2OH \xrightarrow[\triangle]{K_2CrO_7+\text{稀}H_2SO_4} (CH_3)_3CCHO$$

$$CH_3CH_2CH_2OH \xrightarrow[\triangle]{K_2CrO_7+\text{稀}H_2SO_4} CH_3CH_2CHO$$

反应过程中，为了防止醛进一步被氧化成羧酸，须及时将生成的醛从反应体系中分离。

仲醇氧化生成酮，酮较难被进一步氧化。例如：

$$CH_3(CH_2)_4\underset{\underset{OH}{|}}{C}HCH_3 \xrightarrow[\triangle]{K_2CrO_7+\text{稀}H_2SO_4} CH_3(CH_2)_4\underset{\underset{O}{\|}}{C}CH_3$$

此外，在异丙醇铝催化下，丙酮作氧化剂时，可用于氧化不饱和的醇，生成相应的醛和酮。例如：

$$CH_3-\underset{\underset{OH}{|}}{C}HCH=CHCH=CH_2 \xrightarrow[\text{回流}]{\text{异丙醇铝，丙酮}} CH_3-\underset{\underset{O}{\|}}{C}CH=CHCH=CH_2$$

4. 醛和酮类在药学中的应用

（1）甲醛（HCHO）。

甲醛又叫蚁醛，是具有强烈刺激臭味的无色气体，具有较高毒性，沸点-19.5 ℃，易溶于水。其40%水溶液叫福尔马林，可作为消毒剂和防腐剂。甲醛溶液能使蛋白质变性，细菌的蛋白质与甲醛接触后即凝固，致使细菌死亡，因而起了消毒、防腐作用。甲醛溶液与氨共同蒸发，生成环六亚甲基四胺，药名为乌洛托品。乌洛托品为白色结晶粉末，易溶于水，在医药上用作利尿剂及尿道消毒剂。

【知识链接】--

甲醛的危害与常用清除方法

装修过房子或购买过车的人都有这样的感触：装修或购车都有一段时间了，家（车）内仍会时不时地发出些刺鼻的异味，在家（车）里待久了更会感到头晕脑涨、眼睛难受等不适。其实，这就是"甲醛"在作怪！

研究表明：甲醛具有强烈的致癌和促进癌变作用。大量文献记载，甲醛对人体健康的影响主要表现在嗅觉异常、刺激、过敏、肺功能异常、肝功能异常等方面。室内空气中甲醛浓

度达到 $0.06\sim0.07\ mg/m^3$ 时，儿童就会发生轻微气喘；达到 $0.1\ mg/m^3$ 时，就有异味和不适感；达到 $0.5\ mg/m^3$ 时，可刺激眼睛，引起流泪；达到 $0.6\ g/m^3$ 时，可引起咽喉不适或疼痛；浓度更高时，可引起恶心呕吐、咳嗽胸闷、气喘甚至肺水肿；达到 $30\ mg/m^3$ 时，会立即致人死亡。

长期接触低剂量甲醛可引起各种慢性呼吸道疾病，引起青少年记忆力和智力下降，引起鼻咽癌，细胞核基因突变、抑制 DNA 损伤修复、月经紊乱、妊娠综合征、新生儿染色体异常等，甚至可以引起白血病。在所有接触者中，儿童、孕妇和老年人对甲醛尤为敏感，危害也更大。不经处理，装修材料 $3\sim15$ 年都会释放出甲醛，容易对小孩、老人、孕妇、过敏体质者、体弱多病者构成致命的威胁。

新装修房间清除甲醛的日常方法：

1. 尽量采用低甲醛含量和不含甲醛的室内装饰和装修材料，这是降低室内空气中甲醛含量的根本。在施工中，让表面装饰的油漆涂料充分固化，形成抑制甲醛散发的稳定层。

2. 在选购家具时，应选择刺激性气味较小的产品，因为刺激性气味越大，说明甲醛释放量越高。同时，要注意查看家具用的刨花板是否全部封边。最好将新买的家具空置一段时间再用。

3. 保持室内空气流通。这是清除室内甲醛行之有效的办法，可选用有效的空气换气装置，或者在室外空气好的时候打开窗户通风，有利于室内材料中甲醛的散发和排出。

4. 装修后的居室不宜立即迁入，而应当有一定的时间让材料中的甲醛以较高的力度散发。

5. 合理控制调节室内温度和相对湿度。甲醛是一种缓慢挥发性物质，随着温度的升高，其挥发得会更快一些。

6. 在室内吊花、植草(如芦荟、吊兰和绿萝兰)会对降低室内有害气体的浓度起辅助作用。

7. 活性炭吸附法清除甲醛。活性炭是国际公认的吸毒能手。每屋放两至三碟，$72\ h$ 可基本除尽室内异味。中低度污染可选此法。

（2）乙醛（CH_3CHO）。

乙醛是无色、有刺激臭味、易挥发的液体，可溶于水、乙醇、乙醚中。三氯乙醛是乙醛的一个重要衍生物，是由乙醇与氯气作用而得。三氯乙醛由于三个氯原子的吸电子效应，使羰基活性大为提高，可与水形成稳定的水合物，称为水合三氯乙醛，简称水合氯醛。其 10% 水溶液在临床上作为长时间作用的催眠药，用于失眠、烦躁不安等。

（3）丙酮（CH_3COCH_3）。

丙酮为无色易挥发、易燃的液体，具有特殊的气味，与极性及非极性液体均能混溶，与水能以任何比例混溶，是一种良好的溶剂。

丙酮是糖类物质的分解产物，正常人血液中丙酮的含量很低，但糖尿病患者体内含量增加，并随呼吸和尿液排出。临床上检查糖尿病患者尿液中是否含有丙酮的方法有两种：一种方法是滴加亚硝酰铁氰化钠溶液和氨水于尿液中，如有丙酮存在，即呈鲜红色；另一种方法是滴加碘溶液和氢氧化钠溶液于尿液中，如有丙酮存在，则会析出黄色的碘仿。

（4）苯甲醛（C_6H_5—CHO）。

苯甲醛为无色液体，微溶于水，易溶于乙醇和乙醚中。苯甲醛易被空气中的氧气氧化成白色的苯甲酸固体，因此常加入少量苯二酚作抗氧剂。

苯甲醛是有机合成的重要原料，可用于制备药物、香料和染料。

（5）樟脑。

樟脑是一种脂环酮。樟脑是无色半透明晶体，具有穿透性的特异芳香，味略苦而辛，有清凉感，在常温下可慢慢挥发。不溶于水，能溶于醇、油脂中。在医药上可用作呼吸循环兴奋剂，外用的清凉药、十滴水及消炎镇痛膏药中均含有樟脑。还可用以驱虫和预防衣物被蛀蚀。

二、醌类概述

1. 醌的结构及命名

（1）醌的定义、结构。

醌类化合物是指分子中具有不饱和环己二酮结构的一类天然有机化合物。由苯形成的醌叫苯醌，由萘形成的醌叫萘醌，由菲形成的醌叫菲醌，由蒽形成的醌叫蒽醌。在植物中，蒽醌多数与糖结合成苷，以苷的形式存在，少数以游离蒽醌苷元的形式存在。

具有醌型构造的化合物通常具有颜色。对位的醌多呈现黄色，邻位的醌多呈现红色或橙色，所以它是合成许多染料和指示剂的母体。许多动植物来源的有色物质也属于醌类，如茜素类。不少有生理活性的物质也属于醌类，如维生素 K_1，就是萘醌的衍生物。

（2）醌的分类、命名。

醌主要有苯醌、萘醌、菲醌和蒽醌四种类型。

苯醌分为邻苯醌和对苯醌两大类。例如：

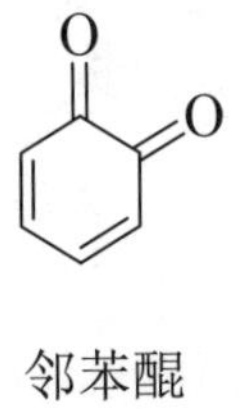

邻苯醌 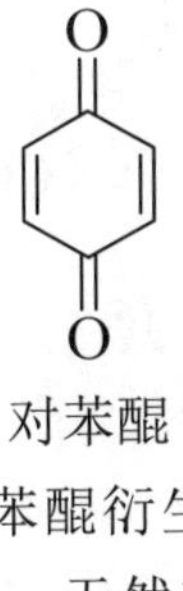　　　　　　　　　　对苯醌

邻苯醌不稳定，天然存在的苯醌类化合物多为对苯醌衍生物，醌核上多有—OH、—CH_3、—OCH_3 等基团取代。苯醌类化合物数目不多。天然苯醌类化合物多为黄色或橙黄色结晶。

萘醌有三种类型。但迄今为止自然界得到的绝大多数均为 a–萘醌类。天然萘醌的衍生物多为橙黄或橙红色结晶，有的甚至呈紫红色。

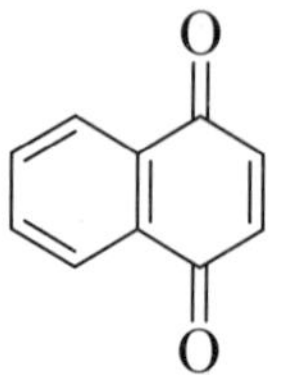

α-萘醌

天然菲醌化合物包括邻菲醌和对菲醌两种类型。例如：

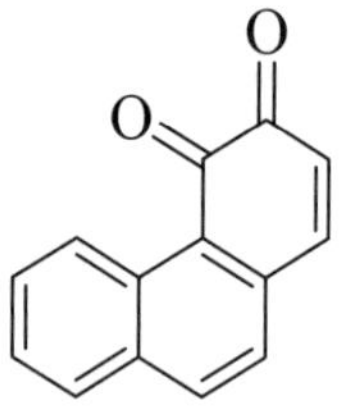

邻菲醌 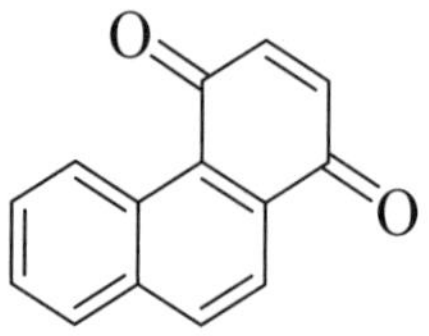   对菲醌

蒽醌有三种，其中以9,10-蒽醌及其衍生物为最多，因此，9,10-蒽醌通常简称为蒽醌，是淡黄色的晶体。例如：

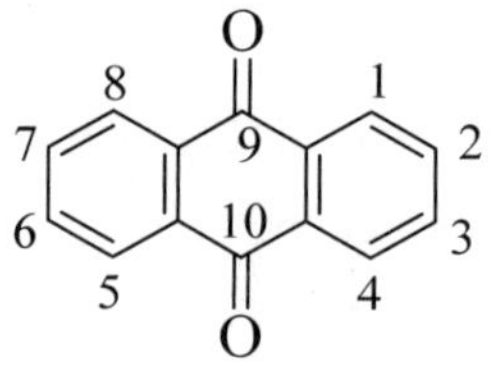

9,10-蒽醌

根据氧化、还原和聚合程度，蒽醌类化合物又可分为三类，即羟基蒽醌类、蒽酚（或蒽酮）类、二蒽酮（或二蒽醌类）。

根据羟基在蒽醌母核上的分布情况，羟基蒽醌类化合物分为大黄素型和茜草素型两种类型。大黄素型的羟基分布在两侧的苯环上，茜草素型的羟基分布在单侧的苯环上。例如：

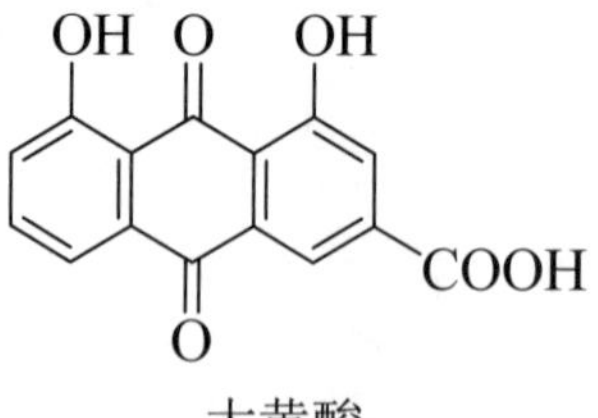

大黄酸 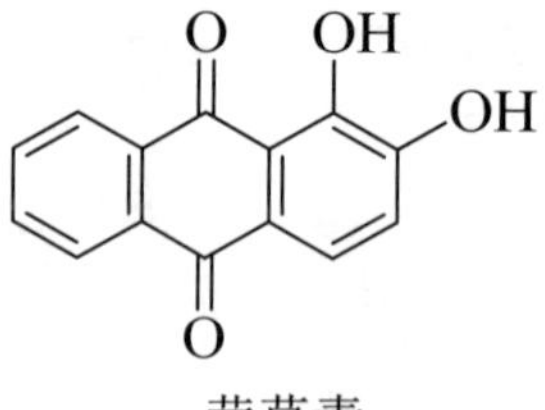   茜草素

蒽酚（或蒽酮）类为还原蒽醌类。在酸性条件下，蒽醌被还原，生成蒽酚及蒽酮。蒽酚、蒽酮类常存在于新鲜药材中，两者互为异构体，可以相互转化。例如：

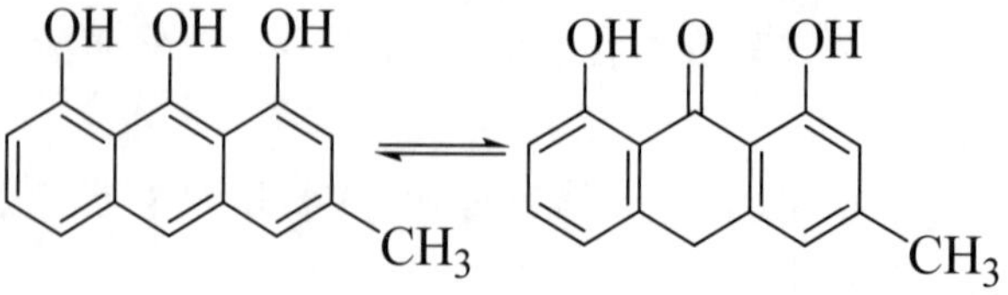

柯桠素

二蒽酮（或二蒽醌）类为聚合蒽醌类，是两分子蒽酮（或蒽醌）通过碳碳单键（C—C）结合而成，且碳碳单键（C—C）易断裂。例如：

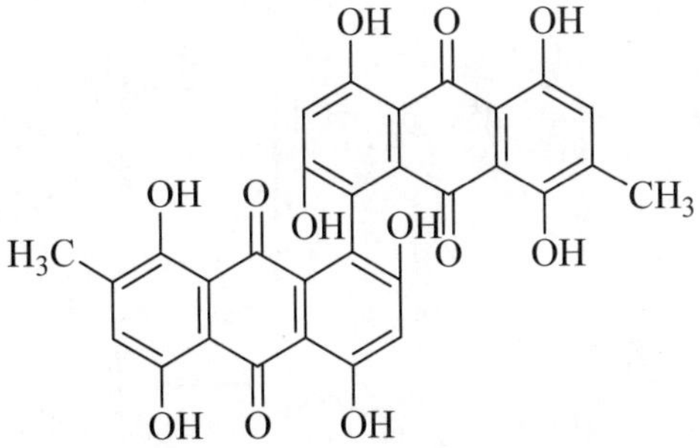

黄色霉素

醌是作为相应的烃的衍生物来命名的。例如：

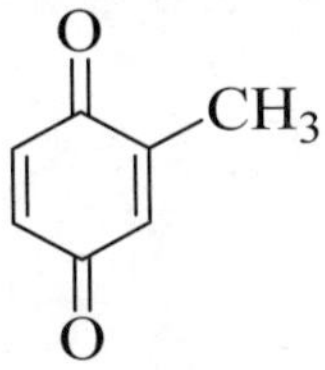

2-甲基-1,4-苯醌 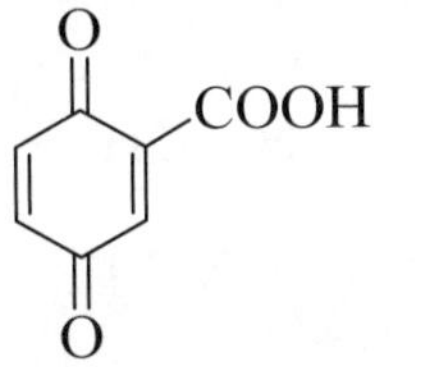　　　　　1,4-苯醌-2-甲酸 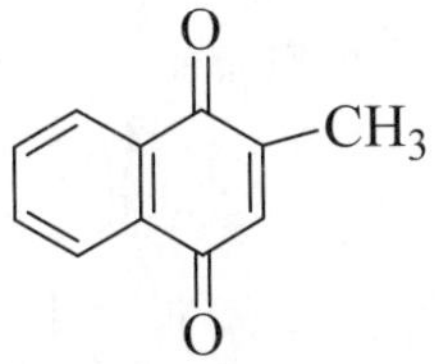　　　　　2-甲基-1,4-萘醌

2. 醌的性质

（1）醌的物理性质。

醌类化合物通常为有色结晶，如苯醌多为黄色结晶，萘醌为橙色或橙红色结晶，蒽醌多为黄色至橙红色固体。颜色的深浅与助色团羟基的数目和位置有关。随助色团的引入，羟基数目越多，颜色越深；羟基分布在单侧苯环上的颜色比分布在两侧苯环上的颜色要深。蒽醌类化合物大多有荧光。

苯醌和萘醌多以游离态存在，蒽醌多以苷的形式存在。小分子的醌类化合物具有挥发性。游离醌类一般有升华性，升华温度随酸性增强而升高，故可利用此性质进行检识。游离醌类极性较小，一般溶于甲醇、乙醇、乙醚等有机溶剂和碱性溶液，不溶或难溶于于水。形成苷后，极性增大，易溶于醇和热水，不溶于冷水及极性小的有机溶剂。蒽醌的碳苷在水及有机溶剂中溶解度都小，只溶于吡啶中。蒽醌盐在水中溶解度也较小。

（2）醌的化学性质。

醌从结构上看是不饱和的环状二酮，分子中含有碳碳双键和羰基，因此醌具有烯键和羰基的性质。

1）烯键的加成。醌分子中的烯键可与卤素发生加成反应。例如：

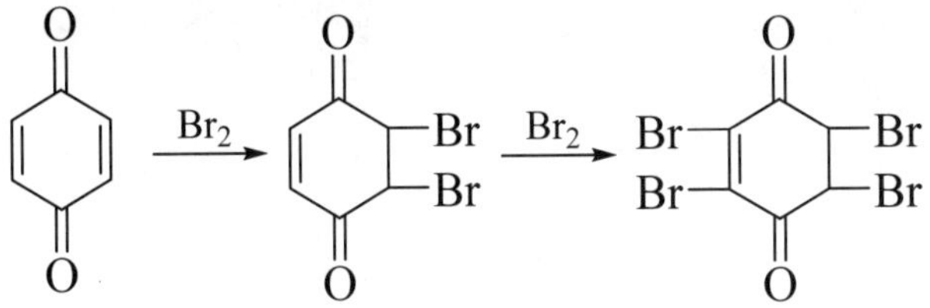

2）1,4-加成反应。醌类具有 α,β-不饱和酮的结构，可发生 1,4-加成反应。例如：

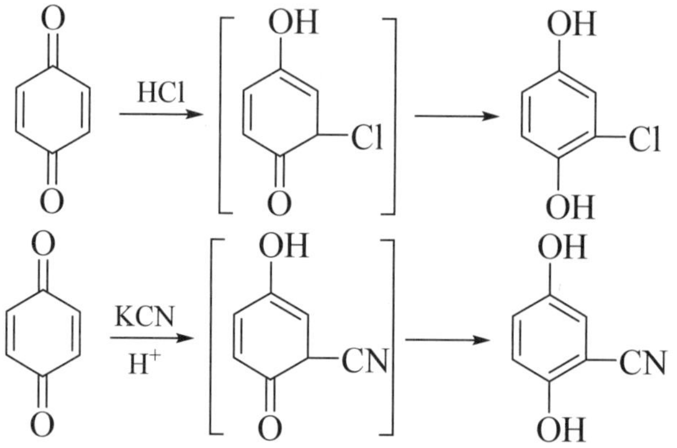

3）羰基与氨衍生物的反应。醌类具有二元酮的性质。对苯醌能与一分子羟胺或两分子羟胺作用生成对苯醌一肟或对苯醌二肟。

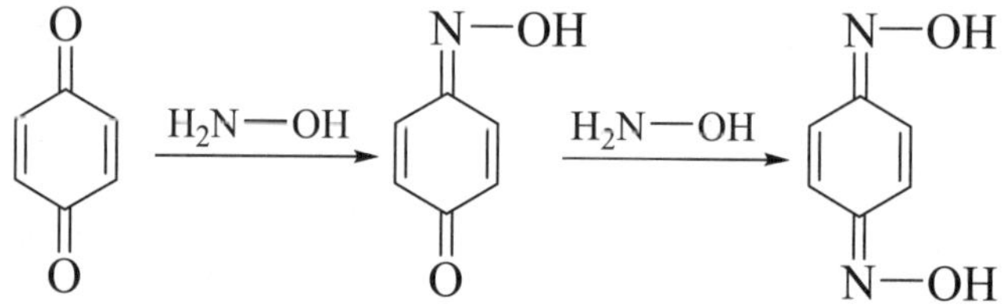

3. 醌类在药学中的应用

在醌的四种类型中，蒽醌类化合物在自然界分布最广，临床活性最显著，应用最广泛。蒽醌类化合物的生物活性表现在多方面，其泻下作用和抗菌作用尤为显著。通常，蒽醌苷的泻下作用强于相应的苷元，蒽醌苷元的抗菌作用强于相应的苷。

（1）维生素 K。

维生素 K 是 2-甲基-1,4-萘醌的衍生物，具有促进凝血的功能，广泛存在于自然界中，在动植物内许多具有生理活性的化合物都具有 α-萘醌的结构。下面是维生素 K_1 和维生素 K_2 的结构。

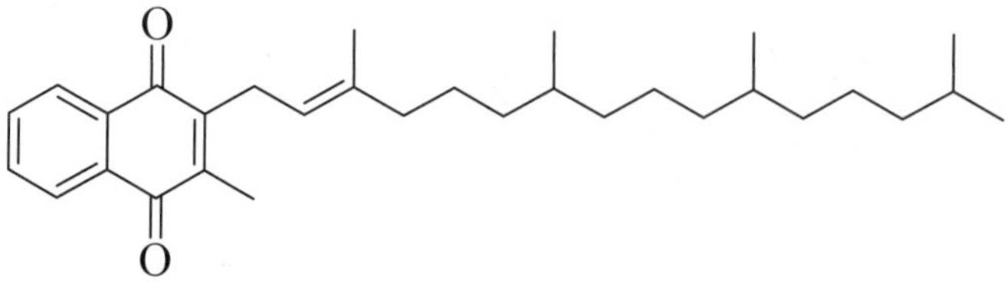

维生素 K_1

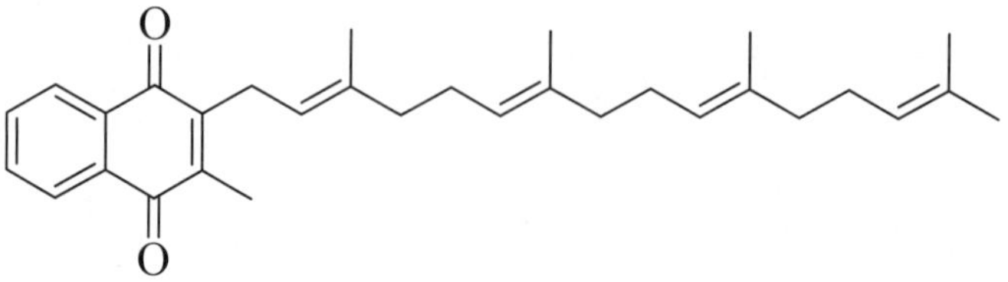

维生素 K_2

在研究维生素 K_1、K_2 及其衍生物的化学结构与凝血作用的关系时，发现 2-甲基-1,4-萘醌具有更强的凝血功能。它是一种黄色固体，难溶于水，溶于植物油或其他有机溶剂，但它的亚硫酸氢钠加成物能溶于水，医药上称为维生素 K_3，其结构如下：

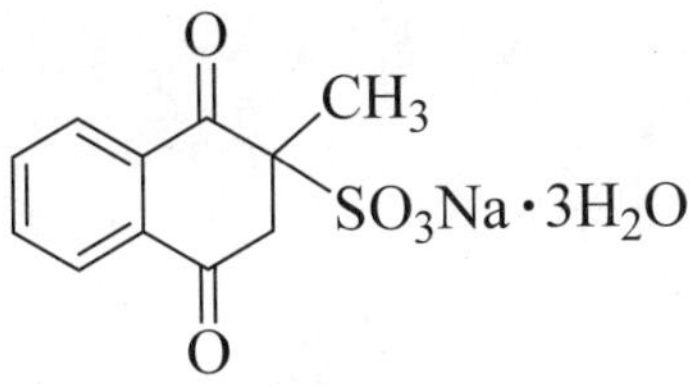

维生素 K_3

（2）大黄酸。

大黄酸为蒽醌类化合物，是中药大黄抗菌的主要成分。大黄酸具有抗肿瘤、抗菌、免疫抑制、利尿、泻下、抗炎作用以及治疗糖尿病肾病的作用。大黄酸为咖啡色针晶，升华后为黄色针晶，不溶于水，能溶于吡啶、碳酸氢钠水溶液，微溶于乙醇、苯、氯仿、乙醚和石油醚。

（3）茜草素。

茜草素为蒽醌类化合物，是中药茜草的主要有效成分。具有凉血止血、止咳平喘和抗菌的功效。茜草素为橘红色晶体或赭黄色粉末，常温常压下性质稳定，具有刺激性。易溶于热甲醇和 25 ℃的乙醚，能溶于苯、冰醋酸、吡啶、二硫化碳，微溶于水。

（4）柯桠素。

柯桠素为蒽醌类化合物，是治疗皮肤病的良药，外用可治疗疥癣等症。

（5）丹参素。

丹参素为菲醌类化合物，是中药丹参的主要有效成分，具有活血化瘀、通经止痛、宁心安神等功效，在心血管系统疾病的治疗中有显著疗效。其钠盐为白色长针状结晶。

目标检测

一、选择题（每题只有一个正确答案）。

1. 醇与醛生成缩醛的反应，所用的催化剂是（   ）。

A. 浓盐酸　　　　　B. 金属镍　　　　　C. 浓硫酸　　　　　D. 干燥氯化氢

2. 下列化合物不能与 HCN 发生加成反应的是（   ）。

A. 2-戊酮　　　　　B. 3-戊酮　　　　　C. 环己酮　　　　　D. 丙酮

3. 生物标本防腐剂福尔马林的成分是（   ）。

A. 40%甲醛水溶液　　　　　　　　　B. 40%甲酸水溶液

C. 40%乙醛水溶液　　　　　　　　　D. 40%丙酮水溶液

4. 下列化合物不能与醛酮加成的物质（   ）。

A. H_2 B. HCN C. $NaHSO_3$ D. $NaCl$

5. 下列化合物能与斐林试剂反应的是（　　）。

A. 丙酮   B. 苯甲醇   C. 苯甲醛   D. 2-甲基丙醛

6. 下列物质不能发生碘仿反应的试剂是（　　）。

A. 乙醛   B. 丙酮   C. 乙醇   D. 3-戊酮

7. 关于甲醛的下列说法中，错误的是（　　）。

A. 甲醛是一种无色、有刺激性气味的气体

B. 甲醛的水溶液被称之为福尔马林

C. 福尔马林有杀菌、防腐性能，所以市场上可用来浸泡海产品等

D. 甲醛又称蚁醛，有较高的毒性

8. 下列物质，能用托伦试剂鉴别的是（　　）。

A. 甲醛和乙醛   B. 乙醛和丙酮

C. 丙酮和丁酮   D. 丙酮和丙三醇

9. 下列物质，能用希夫试剂鉴别的是（　　）。

A. 苯甲醛和乙醛   B. 乙醛和丙酮

C. 丙酮和丙三醇   D. 乙醇和乙醛

10. 丁酮加氢能生成（　　）。

A. 丁酸   B. 异丁醇   C. 叔丁醇   D. 2-丁醇

二、判断题。

（　　）1. 2,4-二硝基苯肼与醛和酮均可发生反应，生成 2,4-二硝基苯腙白色晶体。

（　　）2. 苯甲醛与甲醛都能发生斐林反应。

（　　）3. 醛与希夫试剂作用显紫红色，而酮无此反应，由此可以鉴别醛和酮。

（　　）4. 羰基是醛、酮、醌都具有的官能团，因此三者都属于羰基化合物。

（　　）5. 乙醛或甲基酮类化合物能发生碘仿反应，醇类化合物不能发生碘仿反应。

三、写出下列化合物的名称或结构。

1. 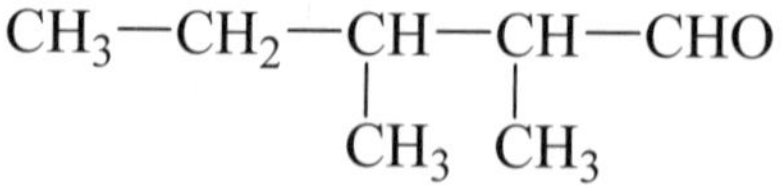 $CH_3-CH_2-\underset{\underset{CH_3}{|}}{CH}-\underset{\underset{CH_3}{|}}{CH}-CHO$

2. $CH_3-\overset{\overset{O}{\|}}{C}-CH_2-\underset{\underset{CH_3}{|}}{CH}-CH_3$

3. 苯环 $-\underset{\underset{CH_3}{|}}{CH}-CHO$

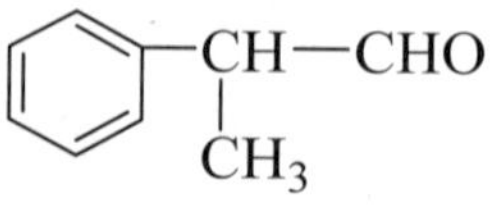

4. 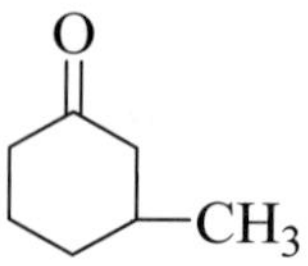 环己酮 $-CH_3$

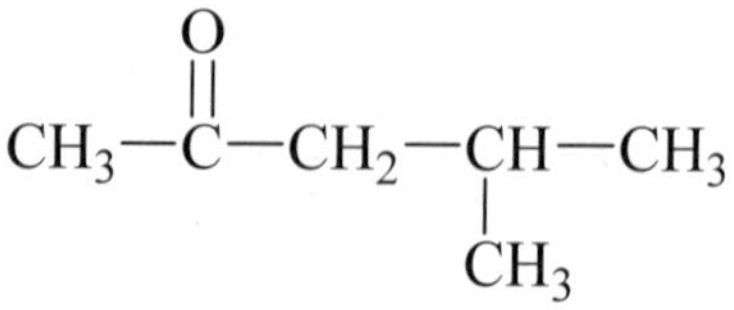

5. 甲醛

6. 乙醛

7. 丙酮

四、完成下列化学反应方程式。

1. $CH_3CH_2CHO + H_2 \xrightarrow{Ni}$

2. $CH_3CH_2CHO + HCN \longrightarrow$

3. $CH_3-\overset{\overset{\displaystyle O}{\|}}{C}-CH_3 + NaHSO_3 \longrightarrow$

4. 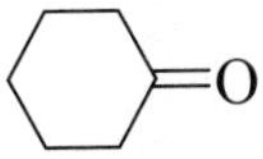 〈cyclohexanone〉$=O + H_2NOH \longrightarrow$

5. $CH_3CH=CHCH_2CHO \xrightarrow{LiAlH_4}$

6. $CH_3CH_2CHO + Cl_2 \xrightarrow{NaOH}$

7. $CH_3(CH_2)_5\underset{\underset{\displaystyle OH}{|}}{C}HCH_3 \xrightarrow[\triangle]{K_2Cr_2O_7+稀H_2SO_4}$

五、用化学方法鉴别下列各组物质。

1. 甲醛、乙醛、丙酮
2. 苯甲醛、丙醛、丙酮

第六节 羧酸

学习目标

1. 掌握羧酸的结构、分类、命名;
2. 了解羧酸的物理性质;
3. 掌握羧酸的化学性质,能熟练书写相关的反应式;
4. 熟悉重要的羧酸;
5. 了解羧酸在药学中的应用。

【案例导入】 --

　　草酸钙肾结石是肾结石病症中最常见的一种类型,约有80%的肾结石都是草酸钙肾结石,因此不容忽视。肾结石的形成,主要是由饮食中可形成结石的有关成分摄入过多引起的。摄入富含钙的天然食物与减少草酸食物摄入和吸收,是预防肾结石的两个重要手段。

问题： 1. 草酸钙肾结石是怎样形成的？为什么多吃富含钙的食物能预防肾结石？

2. 你知道草酸的化学名称和结构式吗？

羧酸广泛存在于自然界中，其中许多是动植物代谢的重要产物。有些是重要的药物、香料和日用化学品等，同时也是重要的有机合成原料及中间体。

一、羧酸概述

1. 羧酸的定义、结构

（1）羧酸的定义。

分子中含有羧基（—COOH）的化合物称为羧酸，通式为 RCOOH。羧基是其官能团。除甲酸外，羧酸也可以看作是烃分子中的氢原子被羧基取代的衍生物。一元羧酸结构通式为：

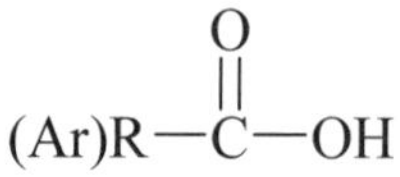

$$(Ar)R-\overset{\overset{\textstyle O}{\|}}{C}-OH$$ 或简写为(Ar)RCOOH （甲酸 R 为 H）。

（2）羧酸的结构。

羧酸分子中羧基碳原子最外层 4 个电子中的 3 个分别与两个氧原子的各 1 个未成对电子和另 1 个碳原子（或氢原子）形成 3 个 σ 键，这 3 个 σ 键在同一平面上，键角约 120°。羧基碳原子最外层的另 1 个电子与羰基氧原子上的另 1 个未成对电子形成 1 个 π 键，同时羟基氧原子有一对孤对电子与 π 键形成共轭体系。其结构可表示如下：

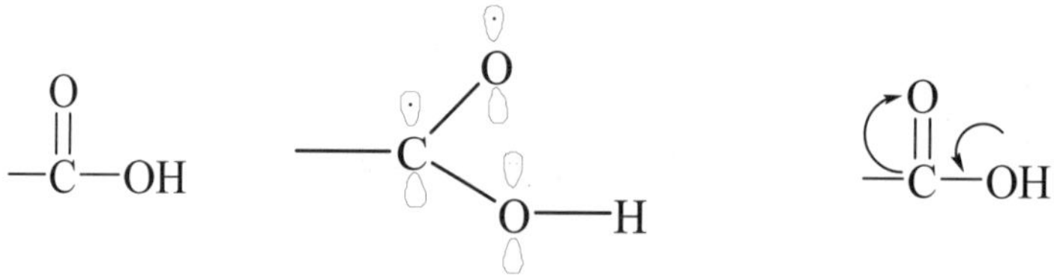

2. 羧酸的分类、命名

（1）羧酸的分类。

1）根据羧酸分子中烃基的种类不同，羧酸可分为脂肪族羧酸、脂环族羧酸和芳香族羧酸。

CH_3COOH　　　　　　　（环己基）—COOH　　　　　　（苯基）—COOH

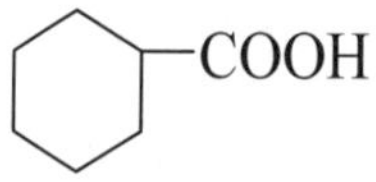

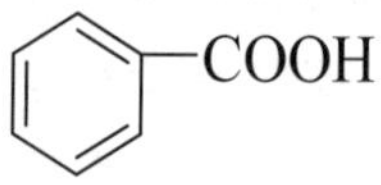

脂肪族羧酸　　　　　　　脂环族羧酸　　　　　　　芳香族羧酸

2）根据烃基是否含有不饱和键，可分为饱和羧酸和不饱和羧酸。

CH_3CH_2COOH　　　　　　　　　　$CH_3CH=CHCOOH$

饱和羧酸　　　　　　　　　　　　不饱和羧酸

3）根据羧酸分子中所含羧基的数目不同，羧酸又可分为一元羧酸、二元羧酸和多元羧酸。

CH_3COOH　　　　　　　　　　$HOOC-COOH$

一元羧酸　　　　　　　　　　　二元羧酸

（2）羧酸的命名。

羧酸是人们认识较早的一类化合物，常见的羧酸多采用俗称，一般都是根据其来源而得名。例如：甲酸俗称为蚁酸，最初得自于蚂蚁；醋酸是乙酸的俗称，是食醋的主要成分。许多高级一元羧酸，因最初是从水解脂肪得到的，所以又称为脂肪酸。如十六酸称为软脂酸，十八酸称为硬脂酸。

羧酸的系统命名原则与醛相同，把"醛"字改为"酸"字即可。

1）饱和脂肪酸选择分子中含羧基的最长碳链作为主链，根据主链碳原子数目称为"某酸"。主链编号从羧基中的碳原子开始，取代基的位次用阿拉伯数字标示。简单的羧酸习惯上也常用希腊字母来表示取代基的位置，即与羧基直接相连的碳原子位置为 α，依次是 β、γ、δ 等。ω 是指碳链最末端的位置。例如：

$$CH_3CH_2\underset{\underset{CH_3}{|}}{C}HCOOH$$

$$CH_3CH_2\underset{\underset{CH_3}{|}}{C}H—\underset{\underset{CH_3}{|}}{C}HCOOH$$

2-甲基丁酸（α-甲基丁酸）　　　　2,3-二甲基戊酸（α,β-二甲基戊酸）

2）不饱和脂肪酸首先选择包含羧基和不饱和键在内的最长碳链作为主链，称为"某烯酸"或"某炔酸"。主链碳原子的编号仍从羧基开始，将双键、三键的位次写在某烯酸或某炔酸名称的前面。当主链碳原子数大于 10 时，需要在表示碳原子数的汉字后加上"碳"字。例如：

$$CH_3CH=CHCOOH$$

$$CH_3\underset{\underset{CH_3}{|}}{C}=CH\underset{\underset{CH_3}{|}}{C}HCOOH$$

$$CH_3CH=CH(CH_2)_7COOH$$

2-丁烯酸（巴豆酸）　　2,4-二甲基-3-戊烯酸　　　9-十一碳烯酸

3）二元脂肪酸选择包含两个羧基在内的最长碳链作为主链，按主链上碳原子数目称为"某二酸"。例如：

$$\begin{array}{c}COOH\\ |\\ COOH\end{array}$$

$$\begin{array}{c}CH_2COOH\\ |\\ CH_2COOH\end{array}$$

$$\begin{array}{c}CH_2COOH\\ |\\ CH_3—CHCOOH\end{array}$$

乙二酸（草酸）　　　丁二酸（琥珀酸）　　　　2-甲基丁二酸

4）脂环酸和芳香酸将脂环和芳环看作取代基，以脂肪羧酸作为母体加以命名。如羧基直接与苯环相连，则以苯甲酸为母体，环上其他基团作为取代基。例如：

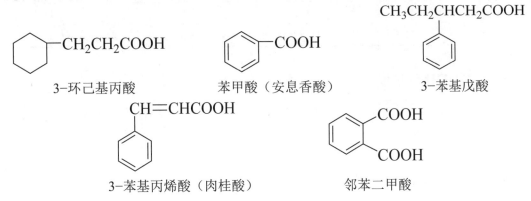

3-环己基丙酸　　　　　苯甲酸（安息香酸）　　　　　3-苯基戊酸

3-苯基丙烯酸（肉桂酸）　　　　　邻苯二甲酸

练一练 1

用系统命名法命名下列化合物。

1. CH$_3$CH$_2$CHCOOH
   |
   CH$_3$

2. 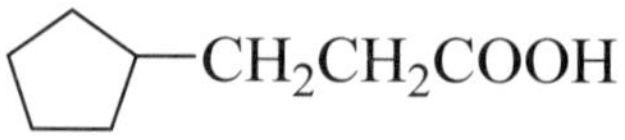 —CH$_2$CH$_2$COOH

3. HOOCCHCH$_2$COOH
   |
   Cl

二、羧酸的物理性质

常温下，甲酸、乙酸、丙酸是具有刺激性气味的液体，丁酸至壬酸是具有不愉快气味的油状液体，C$_{10}$以上的一元羧酸为无味的蜡状固体，二元羧酸和芳香羧酸为结晶固体。

饱和一元脂肪酸，除甲酸、乙酸的相对密度大于1以外，其他羧酸的相对密度都小于1。二元羧酸和芳香羧酸的相对密度都大于1。

羧酸能形成比醇分子间更强的氢键，因此，羧酸的沸点比相对分子质量相近的醇高。例如：乙酸与丙醇的相对分子质量都是60，乙酸沸点118.1 ℃，正丙醇的沸点97.4 ℃。

羧酸与水分子间也能形成氢键，C$_4$以下的羧酸能与水混溶，随相对分子质量增加在水中的溶解度逐渐减小。C$_{10}$以上的一元羧酸不溶于水。一元脂肪酸能溶于乙醇、乙醚、苯等有机溶剂。表3-8列出了一些常见羧酸的物理常数。

表 3-8　　　　　　　　　　　一些常见羧酸的物理常数

名称	熔点（℃）	沸点（℃）	溶解度（g/100 g 水）	pKa（25 ℃）
甲酸	8.6	100.8	—	3.77
乙酸	16.7	118.1	—	4.76
丙酸	−20.8	140.7	—	4.87
正丁酸	−6.5	163.5	—	4.82
异丁酸	−47.0	154.0	2.2	4.85
正戊酸	−34.5	185.4	3.3	4.79
苯甲酸	122.1	249.2	0.34	4.17
乙二酸	189.5	365.1	9.5	1.46（pKa1）

三、羧酸的化学性质

由羧酸的结构可知，羧基包括羰基和羟基两个部分，但羧基的性质并非两个基团的性质加合，而是两者相互影响的统一体，表现出其特有的性质。

1. 酸性

羧酸分子中，羟基上的氢易于解离，表现出酸性。

$$RCOOH + H_2O \rightleftharpoons RCOO^- + H_3O^+$$

羧酸的酸性比盐酸、硫酸等弱得多，但比碳酸和一般的酚类强，故羧酸能分解碳酸盐和碳酸氢盐，放出二氧化碳，而酚不能，利用这个性质可区别羧酸和酚类化合物。

$$2RCOOH + Na_2CO_3 \longrightarrow 2RCOONa + CO_2\uparrow + H_2O$$

$$RCOOH + NaHCO_3 \longrightarrow RCOONa + CO_2\uparrow + H_2O$$

在羧酸盐中加入无机强酸时，羧酸又游离出来。利用此性质可分离、精制羧酸。

$$RCOONa + HCl \longrightarrow RCOOH + NaCl$$

羧酸的钾盐、钠盐及铵盐都溶于水，制药工业中常将难溶于水的含羧基的药物制成羧酸盐以增加其在水中的溶解度，便于做成水剂或注射剂使用。如青霉素 G 就常制成钾盐或钠盐供注射用。

羧酸的结构不同，酸性强弱也不同。在饱和一元羧酸中，甲酸（pKa=3.77）比其他羧酸（pKa=4.7~5.0）的酸性都强。一般情况下，饱和脂肪酸的酸性随着烃基的碳原子数增加和供电子能力的增强而减弱。

例如：　　　　HCOOH> CH_3COOH> CH_3CH_2 COOH> (CH_3)_3CCOOH

　　　　pKa　　3.77　　　　4.76　　　　　4.87　　　　　　5.05

羧基直接连于芳环上的芳香酸比甲酸的酸性弱，但比其他饱和一元羧酸酸性强，如苯甲酸的 pKa 为 4.17。

综上所述，一元羧酸的酸性强弱如下：甲酸>苯甲酸>其他饱和一元羧酸。

低级二元羧酸的酸性比饱和一元羧酸强。如乙二酸的 pKa1=1.46，其酸性比磷酸的 pKa1=1.59 还强。但随着羧基距离的增大，羧基之间的影响逐渐减弱，酸性逐渐减弱。

羧酸与其他化合物的酸性强弱如下：

$$H_2SO_4、HCl> RCOOH> H_2CO_3> C_6H_5OH> H_2O> ROH$$

练一练 2

下列化合物酸性强弱顺序如何排列?

1. 乙酸、甲酸、苯甲酸、苯酚

2. 对硝基苯甲酸、苯甲酸、对甲基苯甲酸

2. 羧酸衍生物的生成

羧酸分子中羧基上的羟基可以被卤素原子（—X）、酰氧基（RCOO—）、烷氧基（RO—）、氨基（—NH_2）等其他原子或原子团取代，生成一系列的羧酸衍生物。羧酸分子中除去羟基的剩余部分称为酰基（RCO—）。常见的羧酸衍生物有酰卤、酸酐、酯和酰胺。

（1）酰卤的生成。

羧基中的羟基被卤素取代的产物称为酰卤。其中最重要的是酰氯，它是由羧酸与三氯化磷、五氯化磷或氯化亚砜反应生成的。例如：

$$3RCOOH + PCl_3 \longrightarrow 3RCOCl + H_3PO_3$$

$$RCOOH + PCl_5 \longrightarrow RCOCl + POCl_3 + HCl\uparrow$$

$$RCOOH + SOCl_2 \longrightarrow RCOCl + SO_2\uparrow + HCl\uparrow$$

实验室制备酰氯时，常用氯化亚砜（$SOCl_2$，也称亚硫酰氯）作卤化剂，副产物 SO_2 和 HCl 都是气体，在反应中随时逸去，所得产品较纯。酰氯很活泼，是一类具有高度反应活性的化合物，广泛用于药物和有机合成中。

（2）酸酐的生成。

羧酸在脱水剂（如乙酸酐、五氧化二磷等）存在下共热，发生分子间脱水生成酸酐。

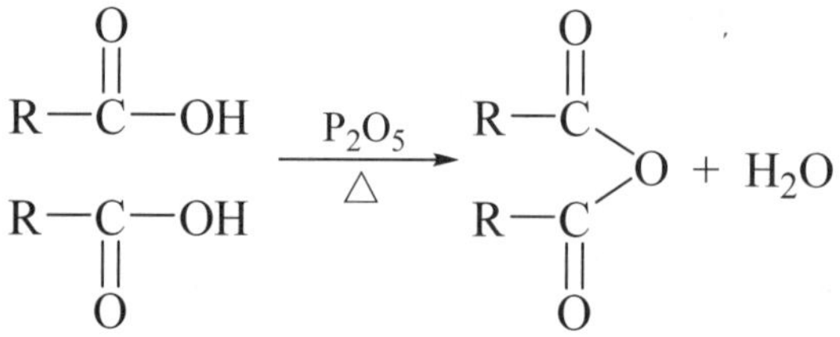

含 4～5 个碳原子的二元羧酸受热分子内脱水生成五、六元的环状酸酐。例如：

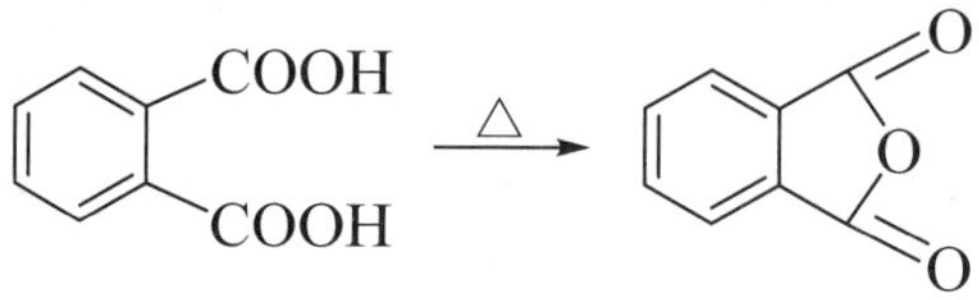

（3）酯的生成。

羧酸和醇在强酸（常用浓硫酸）的催化作用下生成酯和水的反应，称为酯化反应。这个反应是可逆的。

$$R-\overset{\overset{\displaystyle O}{\|}}{C}-OH + HOR' \underset{\triangle}{\overset{H^+}{\rightleftharpoons}} RCOOR' + H_2O$$

用含有 ^{18}O 的醇和羧酸进行酯化反应，生成含有 ^{18}O 的酯，这个实验事实说明：酯化反应是羧酸的酰氧键发生了断裂，羧酸分子中的羟基被醇分子中的烃氧基取代，生成酯和水。例如：

$$CH_3COOH + CH_3CH_2{}^{18}OH \xrightarrow[\triangle]{浓H_2SO_4} CH_3-\overset{\overset{\displaystyle O}{\|}}{C}\overset{18}{-}OCH_2CH_3 + H_2O$$

在同样条件下，酯和水也可以作用生成羧酸和醇，称为酯的水解反应。因此，酯化反应是可逆反应。为了提高酯的产率，可增加反应物的浓度或及时蒸出生成的酯或水，使平衡向生成酯的方向移动。

【知识链接】

酯化反应在药物合成中的应用

在药物合成中，常利用酯化反应将药物转换为前药，以改变药物的生物利用度、稳定性和克服不利因素。如治疗青光眼的药物塞他洛尔，分子中含有羟基，极性强，脂溶性差，难以透过角膜。将羟基酯化后，其脂溶性会增大，透过角膜能力增强，进入眼球后经酶的水解再生成药物塞他洛尔而起药效。

（4）酰胺的生成。

在羧酸中通入氨气，首先生成羧酸的铵盐，铵盐受热分子内脱水生成酰胺。

$$RCOOH + NH_3 \longrightarrow RCOONH_4 \xrightarrow{\triangle} RCONH_2 + H_2O$$

3. α-氢的卤代反应

由于羧基吸电子效应的影响，羧酸分子中 α-碳原子上的氢原子有一定的活性（比醛、酮的活性弱），在少量红磷催化下，能发生卤代反应而生成 α-卤代酸。例如：乙酸在少量红磷催化下，甲基上的 α-氢原子被氯原子取代生成一氯乙酸。若有足量的卤素存在，乙酸中 α-碳原子上的氢原子可以继续逐步被卤素取代，生成二氯乙酸和三氯乙酸。例如：

$$CH_3COOH \xrightarrow[P]{Cl_2} \underset{Cl}{CH_2COOH} \xrightarrow[P]{Cl_2} \underset{Cl}{\overset{Cl}{CHCOOH}} \xrightarrow[P]{Cl_2} \underset{Cl}{\overset{Cl}{Cl-CCOOH}}$$

若控制反应条件和卤素的用量，可使反应停留在一元取代阶段。

羧酸分子中烃基上的氢原子被卤素原子取代后生成的化合物称为卤代酸，卤代酸的酸性由于卤素原子的吸电子效应而增强，其酸性的强弱与卤素原子的种类、数目及与羧基之间的距离有关。详见本章第七节。

4. 还原反应

羧酸分子中羧基上的羰基由于受到羟基的影响，使它失去了羰基的典型性质，所以羧酸一般情况下，与多数还原剂不反应，但能被强还原剂——氢化铝锂（$LiAlH_4$）等金属氢化物还原为伯醇。氢化铝锂是一种具有高度选择性的还原剂，它可以还原许多具有羰基结构的化合物，但对不饱和羧酸分子中的双键、三键不产生影响。例如：

$$H_2C=CHCH_2CH_2COOH \xrightarrow[\text{②}H^+,H_2O]{\text{①}LiAlH_4} H_2C=CHCH_2CH_2CH_2OH$$

5. 脱羧反应

羧酸分子脱去羧基中的二氧化碳的反应称为脱羧反应。饱和一元羧酸对热稳定，通常不易发生脱羧反应。但在特殊条件下，如羧酸的钠盐在碱石灰（NaOH—CaO）存在下加热，可脱羧生成少一个碳原子的烃。实验室用碱石灰与无水醋酸钠强热制备甲烷。例如：

$$CH_3COONa + NaOH \xrightarrow[\text{强热}]{CaO} CH_4 + Na_2CO_3$$

当一元羧酸的 α-C 上连有强的吸电子基（如卤素、硝基、酰基、羧基等）时，脱羧反应较易发生。例如：

$$R-\overset{\overset{\displaystyle O}{\|}}{C}-CH_2COOH \xrightarrow{\triangle} R-\overset{\overset{\displaystyle O}{\|}}{C}-CH_3 + CO_2\uparrow$$

含 2～3 个碳原子的二元羧酸，脱羧生成少一个碳的一元羧酸。例如：

$$HOOCCOOH \xrightarrow{\triangle} HCOOH + CO_2\uparrow$$

$$HOOCCH_2COOH \xrightarrow{\triangle} CH_3COOH + CO_2\uparrow$$

含 6～7 个碳原子的二元羧酸，分子内脱羧又脱水，生成少一个碳的环酮。例如：

$$\begin{array}{l} CH_2CH_2COOH \\ | \\ CH_2CH_2COOH \end{array} \xrightarrow{\triangle} \text{环戊酮} O + H_2O + CO_2\uparrow$$

脱羧反应是生物体内一类重要的生化反应，它是在脱羧酶的催化作用下完成的。

练一练 3

完成下列反应方程式。

1. $CH_3CH_2COOH + CH_3CH_2OH \xrightarrow[\triangle]{浓H_2SO_4}$

2. $\text{苯}-COOH + CH_3CH_2OH \xrightarrow[\triangle]{浓H_2SO_4}$

3. $\begin{array}{l} CH_2CH_2COOH \\ | \\ CH_2CH_2CH_2COOH \end{array} \xrightarrow{\triangle}$

四、羧酸的制备

1. 由伯醇或醛氧化制备

伯醇或醛氧化后可以得到羧酸，羧酸不会继续氧化，且容易分离提纯，因此是实验室制备羧酸的常用方法。例如：

$$CH_3CH_2OH \xrightarrow[\text{或}KMnO_4]{K_2Cr_2O_7+H_2SO_4} CH_3CHO \xrightarrow[\text{或}KMnO_4]{K_2Cr_2O_7+H_2SO_4} CH_3COOH$$

2. 由腈水解制备

卤代烃和氰化钠（钾）反应可制得腈，腈在酸性或碱性条件下能够水解生成羧酸。利用此反应可制备比原卤代烃多一个碳原子的羧酸。使用该方法时，伯卤代烃有较好的收率，仲卤代烃和叔卤代烃由于存在消除反应而收率不高，一般不适合通过该法制备羧酸。例如：

$$RCN + H_2O \xrightarrow{H^+ \text{或 } OH^-} RCOOH$$

$$\text{苯}-CH_2Cl + KCN \longrightarrow \text{苯}-CH_2CN \xrightarrow[H_2O]{H_2SO_4} \text{苯}-CH_2COOH$$

3. 由芳烃侧链氧化制备

若芳烃侧链上含有 α-H，则能被酸性高锰酸钾氧化成苯甲酸，且无论取代基侧链长短，产物都是苯甲酸。例如：

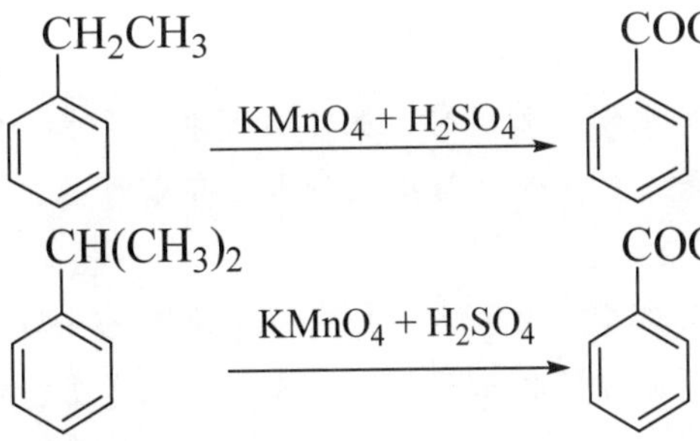

$$CH_2CH_3 \xrightarrow{KMnO_4 + H_2SO_4} COOH$$

$$CH(CH_3)_2 \xrightarrow{KMnO_4 + H_2SO_4} COOH$$

五、羧酸在药学中的应用

1. 甲酸

甲酸（HCOOH）俗称蚁酸，因最初是从蚂蚁体内发现而得名。甲酸存在于许多昆虫的分泌物及某些植物（如荨麻、松叶等）中。甲酸为无色液体，有刺激性气味。沸点100.5 ℃，能与水、乙醇、乙醚等混溶，有腐蚀性。蜂蜇或荨麻刺伤皮肤引起肿痛，就是甲酸造成的。甲酸具有杀菌能力，可作消毒剂或防腐剂。

甲酸的结构比较特殊，羧基与氢原子直接相连，在其分子中既有羧基又有醛基。

因此，甲酸既有羧酸的一般性质，也有醛的某些性质。甲酸有显著的酸性，且酸性比其他饱和一元羧酸的酸性强；同时甲酸具有醛的还原性，能与托伦试剂发生银镜反应（银化合物的溶液被还原为金属银的化学反应，由于生成的金属银附着在容器内壁上，光亮如镜，故称为银镜反应），能与斐林试剂反应生成砖红色的沉淀，也能被酸性高锰酸钾溶液氧化而使高锰酸钾紫红色褪色。利用这些反应可区别甲酸和其他羧酸。

甲酸在工业上常用作酸性还原剂、橡胶凝聚剂，也用来合成酯和某些染料。

2. 乙酸

乙酸（CH₃COOH）俗称醋酸，是食醋的主要成分。乙酸为无色、有刺激性气味的液体，熔点16.6 ℃，沸点118 ℃，纯醋酸（无水乙酸）在低温（16.6 ℃以下）时凝结成冰状固体，因此称为冰醋酸。冰醋酸易吸湿气，需密封保存，乙酸能与水按任意比例混溶，也可溶于乙醇和其他有机溶剂。

医药上通常配成乙酸稀溶液作为消毒防腐剂，可用于烫伤、灼伤感染的创面清洗。乙酸还有消肿治癣、预防感冒等作用。在食品添加剂中，乙酸是一种酸度调节剂。

3. 苯甲酸

苯甲酸（C₆H₅—COOH）俗称安息香酸，存在于安息香树胶中而得名。苯甲酸为白色鳞片状或针状结晶，熔点122.4 ℃，受热易升华，难溶于冷水，易溶于热水、乙醇、三氯甲烷和乙醚等有机溶剂。

苯甲酸具有一元羧酸的一切性质。苯甲酸对许多真菌、霉菌、酵母菌有抑制作用，其乙醇溶液可用于治疗癣类皮肤病，其钠盐常用作食品、药品的防腐剂。

【知识链接】--

化学防腐剂——苯甲酸

苯甲酸是常用的防腐剂，化学性质稳定，在常温下难溶于水，因此在食品中经常用到其钠盐，即苯甲酸钠。苯甲酸是一种广谱抗微生物试剂，对酵母菌、部分细菌效果很好，对霉菌也有一定作用。

苯甲酸被人体吸收后，大部分在 9～15 h 内，经酶的催化下与甘氨酸化合成马尿酸，剩余部分与葡糖醛酸化合形成葡萄糖苷酸而解毒，并全部进入肾脏，最后从尿液排出。在苯甲酸安全性实验中，实验人员用添加了 1%苯甲酸的饲料喂养大白鼠 4 代，实验表明，对大鼠的成长、生殖无不良影响。当然人类的食物当中，苯甲酸是绝对不可能达到 1%的，因而苯甲酸被普遍认为是比较安全的防腐剂，按照添加剂使用卫生标准使用，目前还未发现任何毒副作用。

----

4. 乙二酸

乙二酸（HOOC—COOH）俗称草酸，是最简单的二元羧酸，常以盐的形式存在于许多植物的细胞膜中，最常见的为钾盐和钙盐。草酸是无色晶体，含两分子的结晶水，加热到 100 ℃时失去结晶水成为无水草酸，可溶于水和乙醇，不溶于乙醚等有机溶剂。草酸的酸性比甲酸及其他饱和脂肪二元羧酸都强。它除了具有一般羧酸的性质外，还具有还原性，在酸性溶液中定量被高锰酸钾氧化，在分析化学中作为标定高锰酸钾的基准物质。

$$5HOOCCOOH + 2K_2MnO_4 + 3H_2SO_4 \longrightarrow K_2SO_4 + 2MnSO_4 + 10CO_2\uparrow + 8H_2O$$

由于草酸的强还原性，它也可用作漂白剂和除锈剂等。例如：草酸能把高价铁还原成易溶于水的低价铁盐，因此，可用来除去铁锈或蓝墨水的污渍。

草酸的钙盐溶解度很小，所以，可用草酸作为钙离子的定性和定量分析试剂。

医药上草酸也是制造抗生素和冰片等药物的重要原料。

【知识链接】--

肾结石的形成及预防

肾结石的形成过程是某些因素造成尿中晶体物质浓度升高或溶解度降低，呈过饱和状态，析出结晶并在局部生长、聚集，最终形成结石。

预防肾结石要注意以下几点：第一是大量饮水，以增加尿量，稀释尿中形成结石物质的浓度，减少晶体沉积，有利于结石的排出；第二是调节饮食，维持饮食营养的综合平衡，避免某一种营养成分的过度摄入。

另外，适度补钙也可以预防肾结石。补钙可以防治骨质疏松症，这已被越来越多的人所认识。但是，许多人一想到补钙与肾结石的关系，会想当然地认为，高钙膳食将会导致尿液中钙质含量过高而增加草酸钙结石的风险，如果是利用钙补充剂补钙而不是膳食补钙则会引起更高的风险。事实上，这种观点已被中外学者的大量研究否定。肾结石绝大部分（70%～

80%）是由草酸钙组成的，尿液中草酸和钙的浓度比对结石形成非常重要。研究证实，尿草酸盐比尿钙引起肾结石更为重要，补钙可以减少尿草酸盐浓度，提高尿钙/尿草酸盐的比，可以预防草酸钙性肾结石。

----

5. 肉桂酸

肉桂酸也称桂皮酸，化学名为 β-苯丙烯酸，是无色晶体，熔点 133 ℃，难溶于冷水，易溶于热水及乙醇、乙醚等有机溶剂。肉桂酸可用于合成治疗冠心病的药物，在抗癌方面也有很大的应用。

6. 过氧乙酸（CH_3COOOH）

过氧乙酸又称过醋酸，为无色透明液体，带有强烈刺激性的醋酸臭味。对皮肤有腐蚀性，性质不稳定，蒸气易爆炸。过氧乙酸是一种强氧化剂，遇有机物放出新生态氧而起氧化作用。用喷雾或熏蒸的方法可消毒空气，如 0.04%～0.5% 的过氧乙酸可用于传染病房消毒、医疗器械消毒及医院废水消毒等。还可用于食具、毛巾、水果和禽蛋等的预防性消毒，体温表、药瓶、废物和诊查前洗手等消毒。

7. 2,4-己二烯酸（$CH_3CH=CHCH=CHCOOH$）

2,4-己二烯酸俗称山梨酸，是白色针状或粉末状晶体，微溶于水，能溶于多种有机溶剂。山梨酸是国际粮农组织和世界卫生组织推荐的高效安全的防腐保鲜制，广泛应用于食品、饮料、烟草、农药、化妆品等行业。山梨酸的毒副作用比苯甲酸、维生素 C 和食盐还要低，毒性仅有苯甲酸的 1/4，食盐的一半。山梨酸对人体不会产生致癌和致畸作用。由于山梨酸在水中的溶解度不是很高，影响了它在食品中的应用，所以食品添加剂生产企业通常将山梨酸制成溶解性能良好的山梨酸钾。但是如果食品中添加的山梨酸超标严重，消费者长期服用，在一定程度上会抑制骨骼生长，危害肾脏、肝脏的健康。

8. 丁二酸（$HOOCCH_2CH_2COOH$）

丁二酸俗称琥珀酸。最初是由蒸馏琥珀得到的，并因此而得名，琥珀是松脂的化石，其中含一定量的琥珀酸。丁二酸为无色晶体，熔点 185 ℃，溶于水，微溶于乙醇、乙醚、丙酮等有机溶剂中。丁二酸是人体内糖代谢过程的中间产物。在医药上有抗痉挛、祛痰利尿作用。

目标检测

一、选择题（每题只有一个正确答案）。

1. 下列物质中，沸点最高的是（　　）。

A. 乙酸　　　　　B. 丙酮　　　　　C. 丙醇　　　　　D. 丙醛

2. 下列物质中，酸性最强的是（　　）。

    A. 碳酸　　　　　　B. 苯酚　　　　　　C. 乙醇　　　　　　D. 乙酸

3. 在自然界中，羧酸常以羧酸、羧酸盐或其衍生物形式广泛存在于动植物中，所以很多羧酸都有俗称，如乙酸的俗称是（　　　）。

    A. 蚁酸　　　　　　B. 醋酸　　　　　　C. 乳酸　　　　　　D. 水杨酸

4. 下列既有羧基结构，又有醛基结构的化合物是（　　　）。

    A. 丙酸　　　　　　B. 乙酸　　　　　　C. 甲酸　　　　　　D. 丁酸

5. 酸性是很多有机物的重要性质之一，不同有机物的酸性强弱不同，下列有机物中，酸性最强的是（　　　）。

    A. 甲酸　　　　　　B. 苯甲酸　　　　　　C. 乙酸　　　　　　D. 苯酚

6. 下列各组化合物中，不能用酸性高锰酸钾溶液来鉴别的是（　　　）。

    A. 乙二酸和乙酸　　　　　　　　　　　B. 甲酸和乙酸

    C. 乙醛和乙酸　　　　　　　　　　　　D. 丙酮和乙酸

7. 根据羧酸分子中所含羧基的数目不同，羧酸可分为一元羧酸和多元羧酸。下列化合物中，属于多元羧酸的是（　　　）。

    A. 草酸　　　　　　B. 蚁酸　　　　　　C. 亚油酸　　　　　　D. 硬脂酸

8. 苯甲酸的俗称安息香酸，对许多真菌、霉菌、酵母菌有抑制作用，苯甲酸及其钠盐可以用作食品和药品的（　　　）。

    A. 乳化剂　　　　　　　　　　　　　　B. 防腐剂

    C. 抗氧剂　　　　　　　　　　　　　　D. 洗涤剂

9. 下列物质酸性排列正确的是（　　　）。

    A. 碳酸>乙酸>苯酚>乙醇　　　　　　　B. 乙酸>苯酚>碳酸>乙醇

    C. 苯酚>乙酸>乙醇>碳酸　　　　　　　D. 乙酸>碳酸>苯酚>乙醇

10. 甲酸有腐蚀性，在自然界中存于许多昆虫的分泌物及某些植物（如荨麻、松叶等）中，如在野外活动时，被蜜蜂蜇或荨麻刺伤皮肤引起肿痛，回家用下列哪种物质临时处理，可以减轻肿痛症状（　　　）。

    A. 牙膏　　　　　　　　　　　　　　　B. 肥皂水

    C. 食醋　　　　　　　　　　　　　　　D. 蜂蜜水

二、判断题。

（　　　）1. 羧酸的官能团是由羰基和羟基组成的，因此羧酸既有醛或酮的性质，也有醇的性质。

（　　　）2. 两个羧酸间脱水生成酸酐。

（　　　）3. 醇与羧酸发生酯化反应时，是酸去羟基，醇去氢，而形成羧酸酯的。

（　　　）4. 冰醋酸是指冷凝成固态的醋酸。

（　　　）5. 一般情况下，饱和脂肪酸的烃基越多、烃基越大酸性越弱。

（　　　）6. 羧酸中的羧基与水形成氢键能力较强，因此羧酸都易溶于水。

三、命名下列化合物或根据名称写出其结构简式。

1. CH$_3$CH(OH)CH=CH(COOH)

$$\begin{array}{c} \text{OH} \\ | \\ \text{CH}_3\text{CH} \end{array} \quad \begin{array}{c} \\ \\ \text{C=C} \end{array} \begin{array}{c} \text{H} \\ \\ \text{COOH} \end{array}$$

2.
$$\begin{array}{c} \text{CH}_3\text{CH}_2\text{CHCH}_2\text{COOH} \\ \\ \text{OH} \end{array}$$

3.
$$\begin{array}{c} \text{CH}_3\text{CHCH}_2\text{COOH} \\ | \\ \text{CH}_3 \end{array}$$

4.
$$\begin{array}{c} \text{CH}_3\text{C}=\text{CHCOOH} \\ | \\ \text{CH}_3 \end{array}$$

5.
$$\begin{array}{c} \text{CH}_2\text{COOH} \\ | \\ \text{CH}_2\text{COOH} \end{array}$$

6.
$$\begin{array}{c} \text{CHCOOH} \\ || \\ \text{CHCOOH} \end{array}$$

7. 4-环戊基戊酸

8. 2,3-二甲基戊酸

9. 草酸

四、按酸性由强到弱的顺序排列以下各组化合物。

1. 乙酸、乙醇、水、苯酚、碳酸、α-羟基乙酸

2. 乙酸、甲酸、草酸、苯酚、苯甲酸、碳酸

五、完成下列化学反应方程式。

1. $CH_3COOH + SOCl_2 \longrightarrow$

2. $CH_3COOH + CH_3CH_2OH \xrightarrow[\triangle]{浓H_2SO_4}$

3. $CH_3COOH + NaHCO_3 \longrightarrow$

4. $\begin{array}{c} CH_3COOH \\ CH_3COOH \end{array} \xrightarrow[\triangle]{P_2O_5}$

六、用化学方法鉴别下列各组化合物。

1. 乙醇、乙酸和草酸

2. 苯甲酸、苯酚和苄醇

第七节　取代羧酸

📊 学习目标

1. 了解取代羧酸的结构、分类、命名；

2. 了解取代羧酸的物理性质；

3. 掌握取代羧酸的化学性质；

4. 熟悉重要的取代羧酸。

【案例导入】--

硝酸毛果芸香碱是治疗青光眼的滴眼液，在 pH 为 4～5 时稳定，可用于治疗。但在碱性条件下硝酸毛果芸香碱就会失去疗效，这是为什么呢?

药物的疗效往往与其结构有关，毛果芸香碱在酸性条件下可用于治疗青光眼，但在碱性条件下失去治疗作用，说明其结构发生了变化。毛果芸香碱具有内酯结构，在碱性条件下易水解生成羟基羧酸盐，从而失去疗效。

一、取代羧酸概述

羧酸分子中烃基上的氢原子被其他原子或原子团取代所生成的化合物叫作取代羧酸。

取代羧酸是羧酸烃基上氢原子被其他原子或基团取代的一类化合物，因含复合官能团而具有多重性质。官能团之间相互影响又使其性质有所改变，如水杨酸是酚酸，既具有酸的性质，又具有酚的性质。

取代羧酸根据取代基的种类不同可分为卤代酸、羟基酸、酮酸和氨基酸等。根据官团的结合状态不同，羟基酸又分为醇酸和酚酸。本节主要讨论卤代酸、羟基酸和酮酸。氨基酸的相关知识在第五章第二节学习。

二、卤代酸

羧酸分子中烃基上的氢原子被卤素原子取代生成的化合物叫作卤代酸。

1. 卤代酸的结构、分类和命名

卤代酸的命名是以羧酸作为母体，卤素作为取代基来命名，一些从自然界中得到的卤代酸也常根据来源使用俗称。例如：

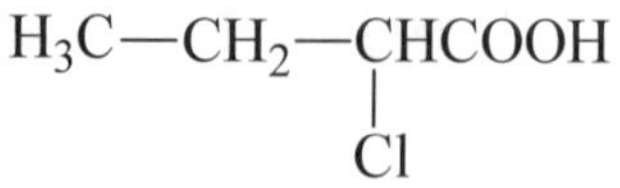

$$H_3C—CH_2—CHCOOH$$
$$\overset{|}{Cl}$$

2-氯丁酸

$$Br—\underset{}{\bigcirc}—COOH$$

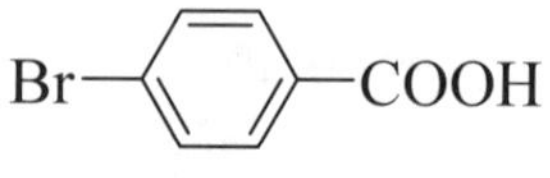

对溴苯甲酸

2. 卤代酸的性质

（1）酸性。

在卤代酸中，烃基上的取代基（—F、—Cl、—Br、—I）是吸电子基，可使成键电子云向卤素原子的方向偏移，降低 O—H 键间的电子云密度，使羟基上的复原子易于离解，导致卤代酸的酸性增强。

卤素原子的电负性越大，卤代酸的酸性越强。卤素原子的电负性由强到弱的顺序为：F>Cl>Br>I。例如：

$$F \quad\quad Cl \quad\quad Br \quad\quad I$$
$$| \quad\quad | \quad\quad | \quad\quad |$$
$$H_2C-COOH > H_2C-COOH > H_2C-COOH > H_2C-COOH$$

| pKa | 2.66 | 2.81 | 2.87 | 3.13 |

卤素原子的数目越多，对应卤代酸的酸性越强。例如：

$$CCl_3-COOH > CHCl_2-COOH > CH_2Cl-COOH$$

| pKa | 0.08 | 1.29 | 2.81 |

卤素的吸电子作用随着羧基距离的增加而迅速减小，卤素原子离羧基越近，对应卤代酸的酸性越强。例如：

$$CH_3CH_2CHCOOH \quad\quad CH_3CHCH_2COOH \quad\quad CH_2CH_2CH_2COOH$$
$$| \quad\quad\quad\quad | \quad\quad\quad\quad |$$
$$Cl \quad\quad\quad\quad Cl \quad\quad\quad\quad Cl$$

| pKa | 2.86 | 4.41 | 4.70 |

（2）取代反应。

卤代酸中的卤素较活泼，卤代酸易水解。α-卤代酸与水共热或与稀碱溶液作用生成 α-羟基酸。例如：

$$CH_3CH_2CHCOOH + H_2O \xrightarrow{\triangle} CH_3CH_2CHCOOH + HCl$$
$$| \quad\quad\quad\quad\quad\quad\quad\quad\quad\quad |$$
$$Cl \quad\quad\quad\quad\quad\quad\quad\quad\quad\quad OH$$

（3）消除反应。

跟卤代烃类似，卤代酸中的卤素也能发生消除反应。β-卤代酸加热时，生成 α,β-不饱和酸。例如：

$$CH_3CHCH_2COOH \xrightarrow{\triangle} CH_3CH=CHCOOH + HCl$$
$$|$$
$$Cl$$

卤代酸在稀碱溶液中，卤原子可发生亲核取代反应，也可发生消除反应，发生何种类型的反应，主要取决于卤原子与羧基的相对位置和产物的稳定性。

练一练 1

请给下列卤代酸命名。

$$F$$
$$|$$
1. $H_2C-COOH$

2. $CH_3CH_2CHCOOH$
$$|$$
$$Cl$$

3. $Cl_3C-COOH$

三、羟基酸

羟基酸广泛存在于动植物体内，并在生物体的生命活动中起着重要作用。如人体代谢过程中产生的乳酸，水果中的苹果酸、柠檬酸等。羟基酸也可作为药物合成的原料及食品的调味剂。

1. 羟基酸的结构、分类和命名

羟基酸是羧酸分子中烃基上的氢原子被羟基取代后生成的化合物。羟基酸可分为醇酸和酚酸两类，羟基与脂肪烃基直接相连的称为醇酸，羟基与芳环相连的称为酚酸。

根据羟基和羧基的相对位置不同，醇酸可分为 α、β、γ-醇酸等。

羟基酸的命名以羧酸作为母体，羟基作为取代基来命名，取代基的位置用阿拉伯数字或希腊字母表示。许多羟基酸是天然产物，常根据其来源而采用俗称。例如：

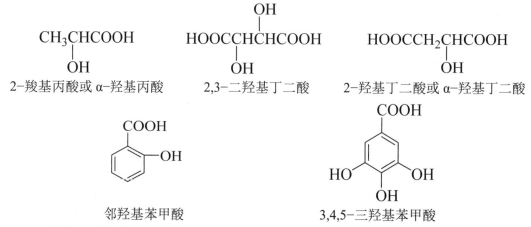

2-羧基丙酸或 α-羟基丙酸　　　2,3-二羟基丁二酸　　　2-羟基丁二酸或 α-羟基丁二酸

邻羟基苯甲酸　　　　　　　　3,4,5-三羟基苯甲酸

2. 羟基酸的性质

羟基酸分子中含有羟基和羧基两种官能团，因此既有羟基和羧基的一般性质，如醇羟基以氧化、酯化、脱水等，酚羟基有酸性并与三氯化铁溶液显色，羧基可成盐、成酯等；又由于羟和羧基间的相互影响，而使羟基酸表现出一些特殊的性质，且这些特殊性质又因羟基和羧基相对位置不同而表现出一定的差异。

（1）酸性。

由于醇羟基的吸电子作用，使得醇酸的酸性比相应的羧酸强。而随着羟基和羧基距离的增大，这种影响依次减小，酸性逐渐减弱。例如：

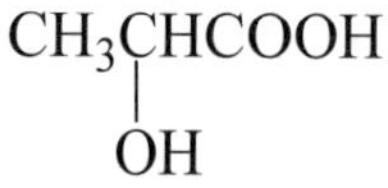

$$CH_3CHCOOH \qquad CH_2CH_2COOH \qquad CH_3CH_2COOH$$
$$\quad | \qquad\qquad\qquad | \qquad\qquad\qquad$$
$$\quad OH \qquad\qquad\qquad OH \qquad\qquad\qquad$$

pKa　　　　3.87　　　　　　　　　4.51　　　　　　　　　4.86

在酚酸中，由于羟基与芳环之间既有吸电子作用，又有共轭效应，所以几种酚酸异构体的酸性强弱不同。例如：

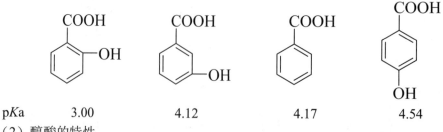

pKa　　　　3.00　　　　　　　　4.12　　　　　　　　4.17　　　　　　　　4.54

（2）醇酸的特性。

1）氧化反应。醇酸分子中羟基受到羧基的影响更容易被氧化，如托伦试剂、稀硝酸不

能氧化醇，却能将醇酸氧化成醛酸或酮酸。例如：

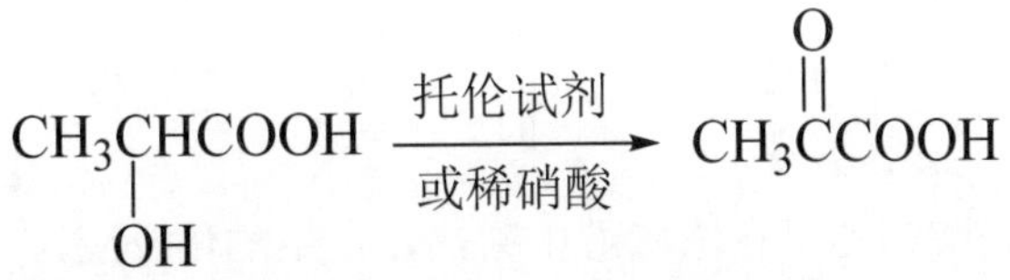

$$CH_3CHCOOH \xrightarrow[\text{或稀硝酸}]{\text{托伦试剂}} CH_3\overset{O}{\overset{\|}{C}}COOH$$
$$\underset{OH}{|}$$

2）分解反应。α-醇酸与稀硫酸或酸性高锰酸钾溶液共热，则分解为甲酸和少一个碳原子的醛或酮。

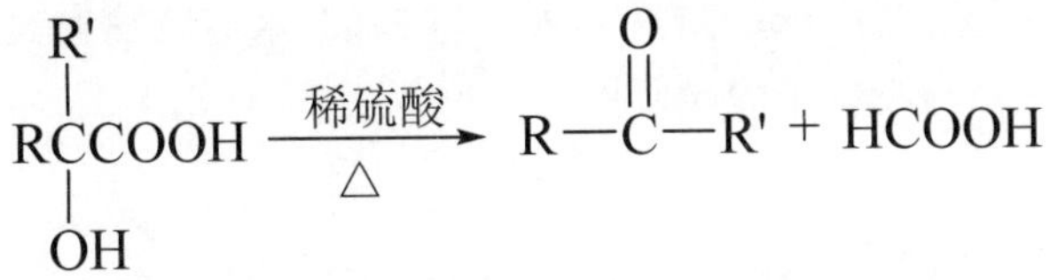

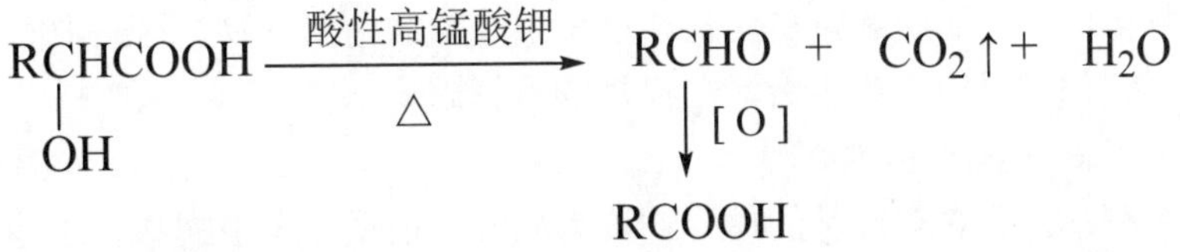

$$RCHCOOH \xrightarrow[\triangle]{\text{稀硫酸}} RCHO + HCOOH$$
$$\underset{OH}{|}$$

$$\underset{\underset{OH}{|}}{\overset{R'}{\underset{|}{R C COOH}}} \xrightarrow[\triangle]{\text{稀硫酸}} R-\overset{O}{\overset{\|}{C}}-R' + HCOOH$$

$$RCHCOOH \xrightarrow[\triangle]{\text{酸性高锰酸钾}} RCHO + CO_2\uparrow + H_2O$$
$$\underset{OH}{|} \qquad\qquad \downarrow [O]$$
$$RCOOH$$

3）脱水反应。醇酸对热敏感，加热时容易发生脱水反应。羟基和羧基的相对位置不同，其脱水方式和脱水产物也不同。

α-醇酸受热时发生分子间交叉脱水反应，生成六元环的交酯。

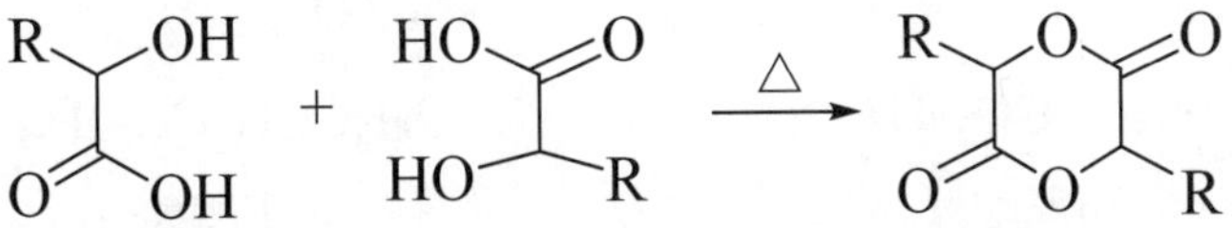

β-醇酸受热时，发生分子间交叉脱水反应，α,β-不饱和羧酸。

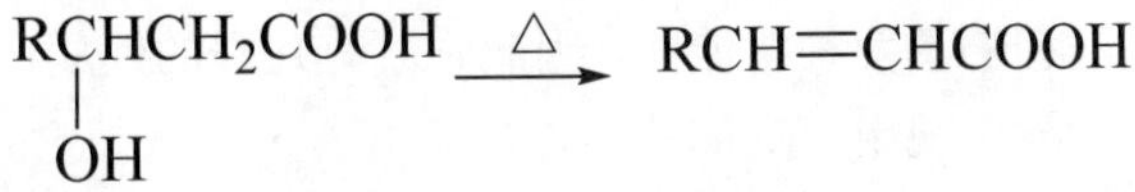

$$RCHCH_2COOH \xrightarrow{\triangle} RCH=CHCOOH$$
$$\underset{OH}{|}$$

γ-醇酸和 δ-醇酸易发生分子内脱水反应，生成稳定的五元环或六元环的内酯。其中 γ-醇酸比 δ-醇酸更容易脱水，在室温下即可进行，因此 γ-醇酸很难游离存在，只有成盐后才稳定。例如：

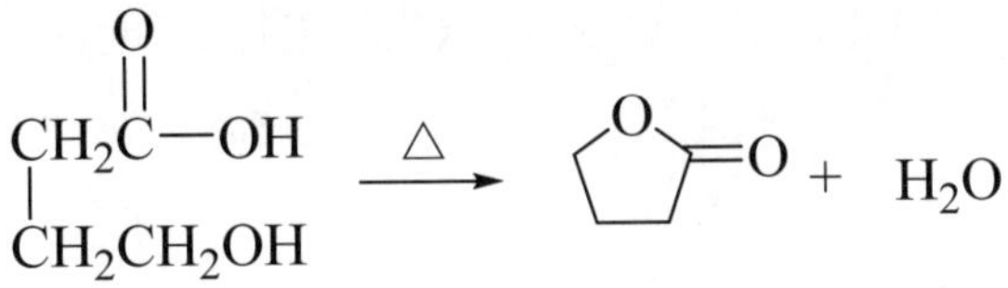

$$\underset{CH_2CH_2OH}{\overset{O}{\overset{\|}{CH_2C-OH}}} \xrightarrow{\triangle} \quad + \quad H_2O$$

（3）酚酸的特性。

1）脱羧反应。酚酸对热不稳定，加热到 200～220 ℃时，易发生脱羧反应生成苯酚和二氧化碳。例如：

$$\underset{\text{OH}}{\overset{\text{COOH}}{\bigcirc}} \xrightarrow{\triangle} \bigcirc\text{—OH} + CO_2\uparrow$$

2）酰化反应。水杨酸和乙酐在浓硫酸中共热，发生酰化反应，生成乙酰水杨酸（阿司匹林）。例如：

$$\underset{\text{OH}}{\overset{\text{COOH}}{\bigcirc}} + CH_3\overset{O}{\overset{\|}{C}}-O-\overset{O}{\overset{\|}{C}}CH_3 \xrightarrow[\triangle]{\text{浓}H_2SO_4} \underset{\text{OCOCH}_3}{\overset{\text{COOH}}{\bigcirc}} + CH_3COOH$$

3）显色反应。酚酸含有酚羟基，和酚一样，与 $FeCl_3$ 水溶液发生颜色反应。例如：$FeCl_3$ 水溶液与水杨酸显紫色，与没食子酸显蓝黑色。

四、酮酸

酮酸是动物体内糖、脂肪和蛋白质代谢过程中产生的中间产物，这些中间产物在糖的作用下可发生一系列化学反应，为生命活动提供物质基础。

1. 酮酸的结构、分类和命名

分子既含有酮基，又含有羧基的化合物称为酮酸。根据分子中酮基和羧基的相对位置，酮酸可分为 α-、β-、γ-酮酸等。

酮酸的命名应选择含有羧基和酮基在内的最长碳链作为主链，称为某酮酸。编号从羧基开始，用阿拉伯数字或希腊字母表示酮基的位置。例如：

$$\underset{\text{丙酮酸}}{CH_3\overset{O}{\overset{\|}{C}}COOH} \qquad\qquad \underset{\text{3-丁酮酸}}{CH_3\overset{O}{\overset{\|}{C}}CH_2COOH}$$

2. 酮酸的性质

酮酸分子中含有羧基和酮基两种官能团，因此它既有羧酸的性质，又有酮的性质，另外，两种基团的相互影响使酮酸表现出一定的特殊性。

（1）酸性。

由于酮基的吸电子性，酮酸的酸性比对应羧酸强。例如：

$$CH_3CH_2CH_2COOH < CH_3\overset{O}{\overset{\|}{C}}CH_2COOH$$

$$pKa \qquad\quad 4.82 \qquad\qquad\qquad 3.58$$

（2）还原反应。

酮酸加氢还原生成醇酸。例如：

$$\underset{\text{丙酮酸}}{CH_3-\overset{O}{\overset{\|}{C}}-COOH} \xrightarrow{[H]} \underset{\text{乳酸}}{CH_3-\overset{OH}{\overset{|}{CH}}-COOH}$$

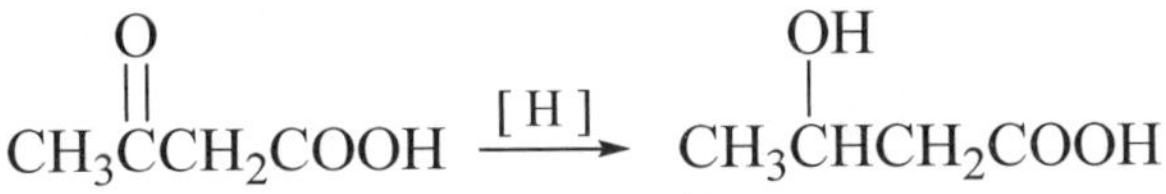

$$CH_3CCH_2COOH \xrightarrow{[H]} CH_3CHCH_2COOH$$

β-丁酮酸　　　　　　　　　　β-羟基丁酸

（3）脱羧反应。

α-酮酸与硫酸共热时发生脱羧反应，主要产物是醛。例如：

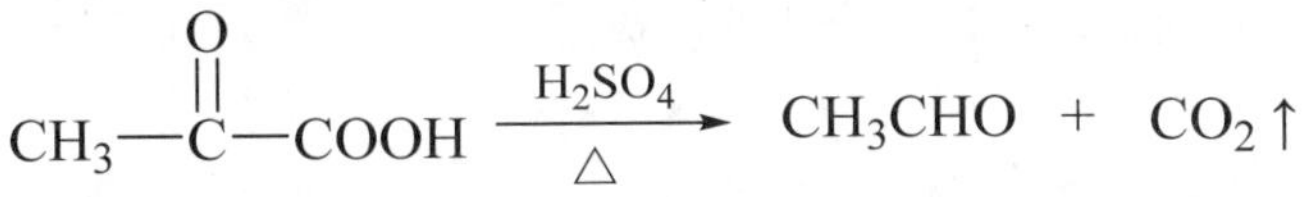

$$CH_3—C—COOH \xrightarrow[\triangle]{H_2SO_4} CH_3CHO + CO_2\uparrow$$

丙酮酸　　　　　　　　　　　乙醛

β-酮酸受热时更易脱羧，因此 β-酮酸只有在低温下稳定，在室温以上易脱羧成酮，这是 β-酮酸的共性。例如：

$$CH_3CCH_2COOH \xrightarrow{\triangle} CH_3CCH_3 + CO_2\uparrow$$

β-丁酮酸　　　　　　　　　　丙酮

练一练 2

写出下列化合物的结构简式。

1. 水杨酸　　　　　　　　　　2. β-萘乙酸

3. 3-丁酮酸　　　　　　　　　4. 2-甲基-3-乙基戊二酸

五、取代羧酸在药学中的应用

1. 乳酸

乳酸化学名为 α-羟基丙酸，存在于酸牛奶中，故称为乳酸。它是人体糖代谢产物。人在剧烈活动时，肌糖原分解生成乳酸并放出热量，供给人体正常活动所需。乳酸含量增高时人就会感到肌肉"酸胀"，休息后乳酸一部分可经血液循环至肝脏转化为糖，另一部分则由肾脏随尿排出，酸胀感消失。

纯净乳酸的熔点 18 ℃，具有很强的吸湿性。它能与水、乙醇、甘油混溶，不溶于氯仿、二硫化碳和石油醚。乳酸具有消毒和防腐的功效，乳酸钙可用来治疗佝偻病等缺钙症。乳酸钠在临床上用作酸中毒的解毒剂。

2. 酒石酸

酒石酸化学名为 2,3-二羟基丁二酸，存在于多种果汁中。它主要以酸式钾盐的形式存在于葡萄中，这种酸式钾盐难溶于乙醇和水，在葡萄酿酒时析出。该盐俗称酒石，与无机酸作用获得酒石酸。

酒石酸是无色晶体，熔点 170 ℃，易溶于水。酒石酸锑钾又称吐酒石，临床上可用作催吐剂及治疗血吸虫病。酒石酸钠常用来配制斐林试剂。

3. 柠檬酸

柠檬酸化学名为3-羧基-3-羟基戊二酸，又称枸橼酸。它广泛存在于柑橘等水果中，以柠檬中含量最多而得名。

柠檬酸有较强的酸味，易溶于水及醇。柠檬酸是人体内糖、脂肪和蛋白质代谢的中间产物，是糖代谢三羧循环的起始物。柠檬酸钠盐有防止血液凝固的作用，临床上用作抗凝剂。柠檬酸铁铵是常用的补血剂，可以治疗缺铁性贫血。

4. 水杨酸

水杨酸化学名为邻-羟基苯甲酸，又名柳酸，存在于柳树、水杨树及其他植物中。水杨酸为白色针状结晶，熔点159 ℃，微溶于水，易溶于乙醚。水杨酸属酚酸，具有羧酸和酚的一般性质，遇三氯化铁溶液呈紫色。水杨酸有杀菌防腐能力，为外用消毒剂。因对肠胃有较强的刺激作用，不宜内服。水杨酸的各种衍生物可供药用。例如：乙酰水杨酸，俗称阿司匹林，可作为内服药。它具有解热镇痛和抗风湿作用，还可预防心肌梗死和动脉血栓等。

5. 没食子酸

没食子酸即3,4,5-三羟基苯甲酸，又称五倍子酸，为无色结晶，熔点253 ℃，以游离状态或结合成鞣质存在于五倍子、槲树皮和茶叶中。可由五倍子与稀酸加热或用酶水解得到。具有强还原性，易被氧化，可用作抗氧剂。

鞣质又称单宁，是存在于植物体内的一类天然产物，依其来源和提取条件的不同而具有不同的化学结构，但它们都是没食子酸的衍生物。鞣质为无定形粉末，可溶于水或醇生成胶状溶液，有涩味和强的收敛性，有较强的还原性，露置在空气中能吸引氧而变暗。其水溶液遇三氯化铁可生成蓝色或蓝绿色沉淀，能与许多生物碱或重金属盐生成不溶性沉淀。鞣质在医疗上用作局部止血药及治疗一些皮肤病，有时也用作生物碱及重金属盐的解毒剂。

6. 丙酮酸

丙酮酸是最简单的酮酸，为无色、有刺激性臭味的液体，能与水混溶，酸性强于丙酸及乳酸。丙酮酸是动植物体内糖、脂肪和蛋白质代谢的中间产物，在酶的催化作用下能转变成氨基酸或柠檬酸等，是一个重要的生物活性中间体。

7. β-丁酮酸

β-丁酮酸也称为乙酰乙酸，是无色黏稠液体，不稳定，容易脱羧为丙酮，也能还原为β-羟基丁酸。β-丁酮酸、β-羟基丁酸及丙酮三者合称为酮体，是脂肪酸在人体内不完全氧化的中间产物。正常情况下能进一步氧化分解，因此血液中只存在少量酮体。当代谢发生障碍时，人体血液中酮体含量就会增加，并从尿中排出，因此可通过检查患者尿液中的葡萄糖和丙酮含量，来判断患者是否患有糖尿病。如果血液中酮体含量增加，血液的酸性增大，易发生酸中毒和昏迷等症状。

【知识链接】 --

阿司匹林

自19世纪末问世以来，阿司匹林迄今已有百余年的历史。它与青霉素、安定并称为"医药史上三大经典药物"。该药从最初的解热镇痛到后来的抗凝抗癌，其用途不断得到开发和拓展，各种阳性或阴性临床研究证据也越来越多。

早在 1853 年夏尔，弗雷德里克·热拉尔就用水杨酸与乙酸酐合成了乙酰水杨酸（乙酰化的水杨酸），但没能引起人们的重视。1897 年，德国化学家费利克斯·霍夫曼又进行了合成，并为他父亲治疗风湿关节炎，疗效极好。在 1897 年，德国拜耳第一次合成了构成阿司匹林的主要物质。

阿司匹林于 1898 年上市，发现它还具有抗血小板凝聚的作用，于是重新引起了人们极大的兴趣。将阿司匹林及其他水杨酸衍生物与聚乙烯醇、醋酸纤维素等含羟基聚合物进行熔融酯化，使其高分子化，所得产物的抗炎性和解热止痛性比游离的阿司匹林更为长效。

1899 年，拜耳以阿司匹林为商标，将此药品销售至全球。本品为水杨酸的衍生物，经近百年的临床应用，证明对缓解轻度或中度疼痛，如牙痛、头痛、神经痛、肌肉酸痛及痛经效果较好，亦用于感冒、流感等发热疾病的退热，治疗风湿痛等。近年来发现阿司匹林对血小板聚集有抑制作用，能阻止血栓形成，临床上用于预防短暂脑缺血发作、心肌梗死、人工心脏瓣膜和静脉瘘或其他手术后血栓的形成。

目标检测

一、填空题。

1. 羧酸分子中烃基上的_____原子被其他原子或原子团取代所生成的化合物叫作取代羧酸。

2. 羟基酸是羧酸分子中烃基上的_____原子被羟基取代后生成的化合物。羟基酸可分为_____和_____两类。

3. 酚酸对热不稳定，加热到 200～220 ℃时，易发生脱羧反应生成_____和_____。

4. 分子既含有_____，又含有_____的化合物称为酮酸。根据分子中酮基和羧基的相对位置，酮酸可分为_____、_____、_____酮酸等。

二、选择题（每题只有一个正确答案）。

1. 能用于鉴别乙酰水杨酸和水杨酸的试剂是（　　）。

A. 盐酸　　　　　　　　　　　　B. 三氯化铁

C. 碳酸氢钠　　　　　　　　　　D. 蓝色石蕊试剂

2. 下列化合物中属于多元酸的是（　　）。

A. 乳酸　　　　　B. 柠檬酸　　　　　C. 水杨酸　　　　　D. 丙酸

3. 下列物质中既含有羰基又含有羧基的是（　　　）。

A. 丙醛　　　　　　　B. 丙酸　　　　　　　C. 丙酮　　　　　　　D. 丙酮酸

4. 丙酮酸在稀硫酸和加热条件下，发生（　　　）。

A. 脱羧反应　　　　　B. 脱羰反应　　　　　C. 酮式分解　　　　　D. 酸式分解

5. α-羟基酸受热脱水可生成（　　　）。

A. 烯醇　　　　　　　B. 烯酸　　　　　　　C. 交酯　　　　　　　D. 内酯

6. 下列物质中，酸性最强的是（　　　）。

A. 2,2-二氯丙酸　　　　　　　　　　　B. 丙酸

C. 2-甲基丙酸　　　　　　　　　　　　D. 2-氯丙酸

7. 具有解热镇痛作用的药物阿司匹林含有（　　　）。

A. 苹果酸　　　　　　B. 酒石酸　　　　　　C. 水杨酸　　　　　　D. 乙酰水杨酸

8. 剧烈运动后，引起肌肉酸胀的物质是（　　　）。

A. 醋酸　　　　　　　B. 乳酸　　　　　　　C. 丙酮酸　　　　　　D. β-丁酮酸

9. 下列物质中，不属于酮体的是（　　　）。

A. β-丁酮酸　　　　　B. 丙酮　　　　　　　C. 丙酮酸　　　　　　D. 水杨酸

10. 下列物质中，不属于羟基酸的是（　　　）。

A. 草酸　　　　　　　B. 乳酸　　　　　　　C. 水杨酸　　　　　　D. 乙酰水杨酸

三、写出下列化合物的名称或结构。

1. 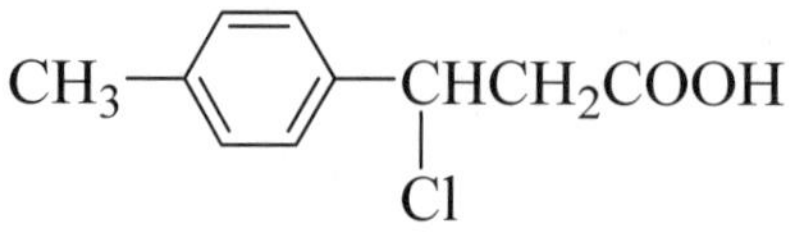 CH_3—〈　〉—CHCH$_2$COOH
　　　　　　　　　　　|
　　　　　　　　　　　Cl

2. $HOCH_2CH_2COOH$

3. 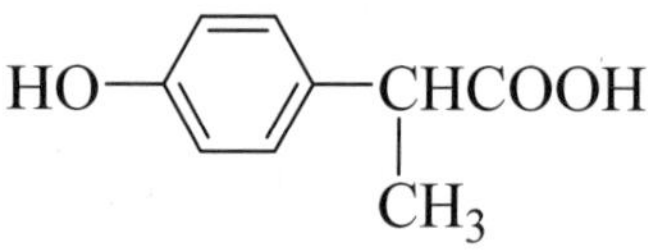 HO—〈　〉—CHCOOH
　　　　　　　　|
　　　　　　　　CH_3

4. 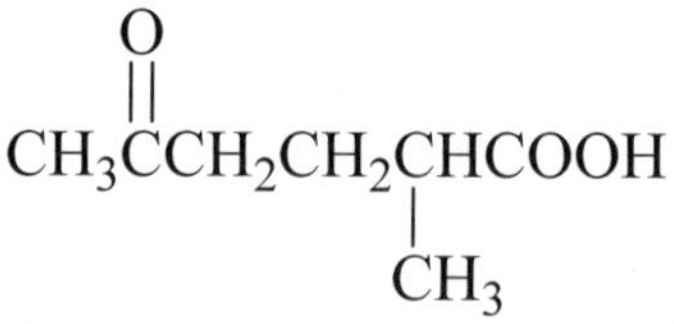 $CH_3CCH_2CH_2CHCOOH$
　　　　　$\overset{O}{\|}$　　　　　$\underset{CH_3}{|}$

5. 酒石酸

6. 水杨酸

7. 乳酸

8. β-丁酮酸

四、完成下列化学反应方程式。

1.  $RCHCH_2CH_2COOH$　$\xrightarrow{\triangle}$
　　　|
　　　OH

2. 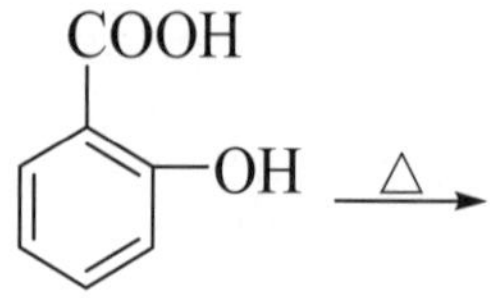
　　COOH
　〈　〉—OH　$\xrightarrow{\triangle}$

五、用化学方法鉴别下列物质。

1. 苯甲酸、水杨酸、苯甲醇
2. 乙酰水杨酸、水杨酸、苯酚

第八节 羧酸衍生物

 学习目标

1. 熟悉羧酸衍生物的结构和分类，会对羧酸衍生物进行命名；
2. 掌握羧酸衍生物的主要性质；
3. 了解羧酸衍生物化学性质的共性与特性；
4. 了解重要的羧酸衍生物。

【案例导入】--

平常烧菜时，加入酒还有醋，它能够让炒出来的菜变香。这是因为酒和醋在热锅里碰头，就会发生化学反应，产生相应的香料。

问题：1. 酒和醋的主要成分是什么？发生了什么化学反应？

2. 产生的香料主要成分是什么？它属于哪类有机化合物？

一、羧酸衍生物概述

1. 羧酸衍生物定义、分类、结构

羧酸分子中的羟基（—OH）被其他原子或基团取代所生成的化合物称为羧酸衍生物，主要类型有酰卤、酸酐、酯和酰胺。

$$R-\overset{\overset{\displaystyle O}{\|}}{C}-X \qquad R-\overset{\overset{\displaystyle O}{\|}}{C}-O-\overset{\overset{\displaystyle O}{\|}}{C}-R' \qquad R-\overset{\overset{\displaystyle O}{\|}}{C}-OR' \qquad R-\overset{\overset{\displaystyle O}{\|}}{C}-NH_2$$

　　酰卤　　　　　　　　酸酐　　　　　　　　酯　　　　　　　酰胺

羧酸衍生物的反应性能很强，可转变成多种化合物，被广泛应用于药物的合成。

羧酸衍生物的官能团为酰基（$R-\overset{\overset{\displaystyle O}{\|}}{C}-$），它的结构与羧酸类似，如酰卤、酸酐、酯和酰胺分子中都含有碳氧双键即羰基，与羰基相连的原子（X、O、N）上都有未共用电子对与羰基的 π 键形成 p-π 共轭。其差异仅仅是 p-π 共轭的程度不同。如下述通式所示：

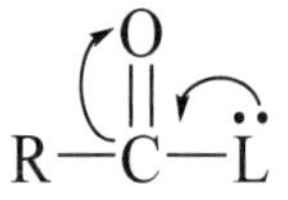

$$R-\overset{\displaystyle\overset{O}{\parallel}}{C}-\ddot{L} \qquad L= \quad -X、-OCR'、-OR'、-NH_2$$

2. 羧酸衍生物的命名

（1）酰卤的命名。

酰卤是由酰基和卤素原子组成，酰卤的命名也是以相应羧酸的酰基和卤素来命名，酰基名称在前，卤素名称在后，成为某酰卤。例如：

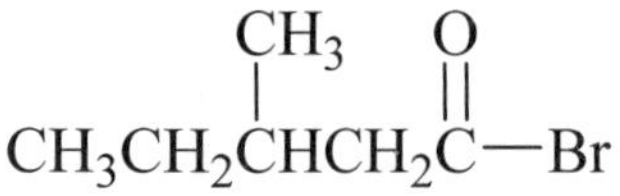

$$CH_3CH_2CH\overset{\displaystyle CH_3}{\underset{}{C}}CHCH_2\overset{\displaystyle\overset{O}{\parallel}}{C}-Br$$

3-甲基丁酰溴

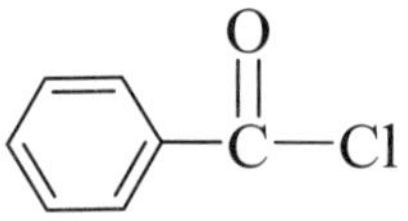

苯甲酰氯

丙烯酰氯 $CH_2=CHCOCl$

（2）酰胺的命名。

酰胺的命名与酰卤相似，根据其相应的酰基和氨基称为"某酰胺"。例如：

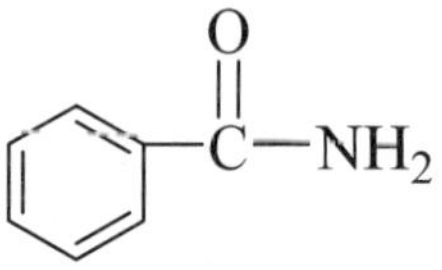

苯甲酰胺 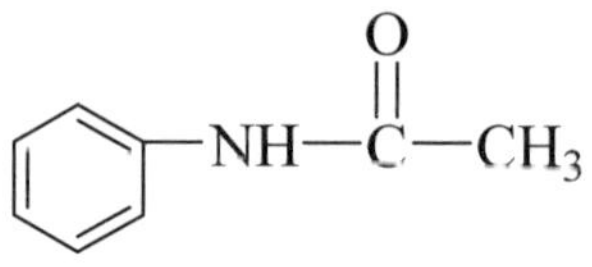　　　　　　乙酰苯胺 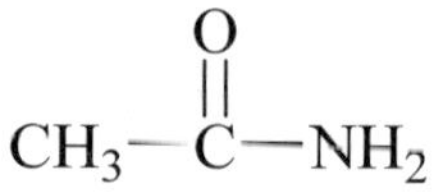　　　　　　乙酰胺

当氨基 N 原子上的 H 原子被烃基取代后，用 N 表明连在氮原子上的烃基，放在酰胺名称的前面，称为N-某烃基某酰胺。例如：

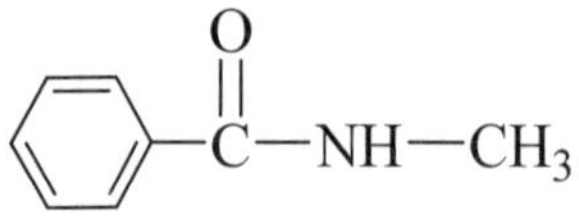

N-甲基苯甲酰胺 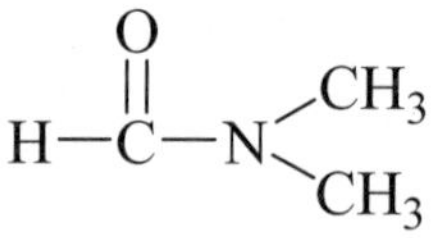　　　　　　N,N-二甲基甲酰胺

（3）酸酐的命名。

酸酐的命名是由相应羧酸的名称加上"酐"字组成。

由相同的两分子羧酸形成的单酐，命名为某酸酐。例如：

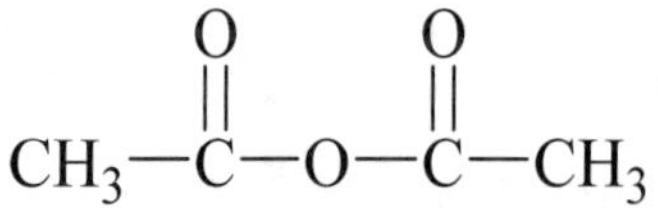

$$CH_3-\overset{\displaystyle\overset{O}{\parallel}}{C}-O-\overset{\displaystyle\overset{O}{\parallel}}{C}-CH_3$$

乙（酸）酐 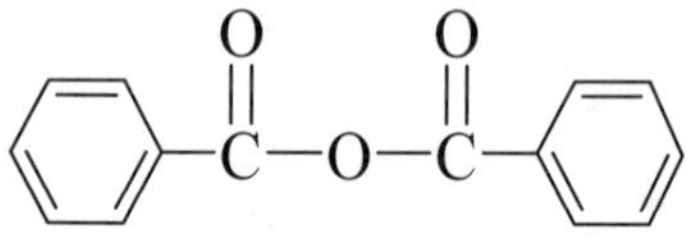　　　　　　　　　苯甲酸酐

由不同的两分子羧酸形成的混酐，命名为某某（酸）酐，小分子在前，大分子在后。如果有芳香酸，则芳香酸在前，称为某某酸酐。例如：

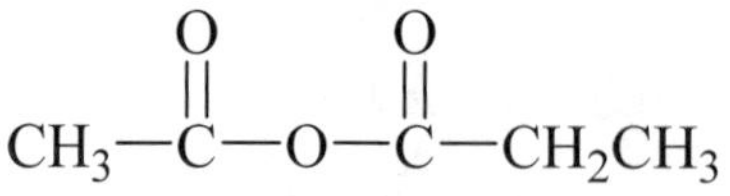

$$CH_3-\overset{\displaystyle\overset{O}{\parallel}}{C}-O-\overset{\displaystyle\overset{O}{\parallel}}{C}-CH_2CH_3$$

乙（酸）丙（酸）酐 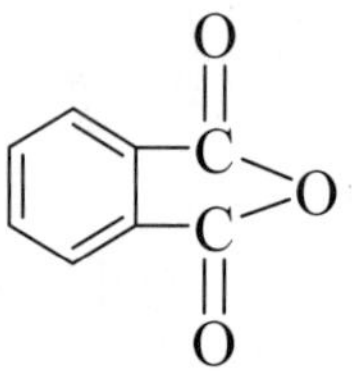　　　　　　邻苯二甲酸酐

（4）酯的命名。

酯的命名是根据酯水解生成的羧酸和醇命名的，称为某酸某酯。一元醇羧酸酯，称为"某酸某酯"；多元醇羧酸酯，称为"某醇某酸酯"。例如：

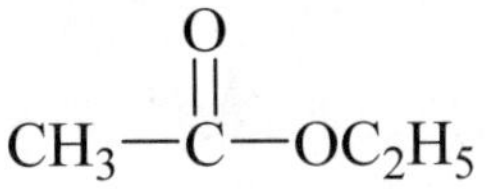

$$CH_3-\overset{\displaystyle O}{\overset{\displaystyle \|}{C}}-OC_2H_5$$

乙酸乙酯

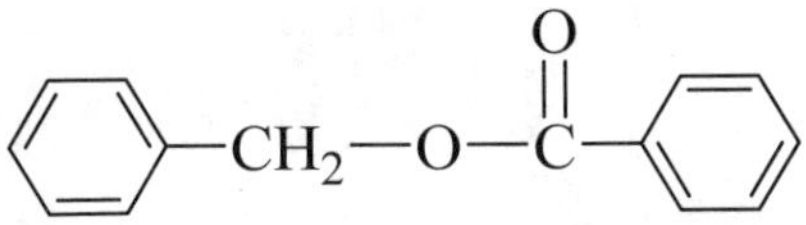

苯甲酸苯甲酯

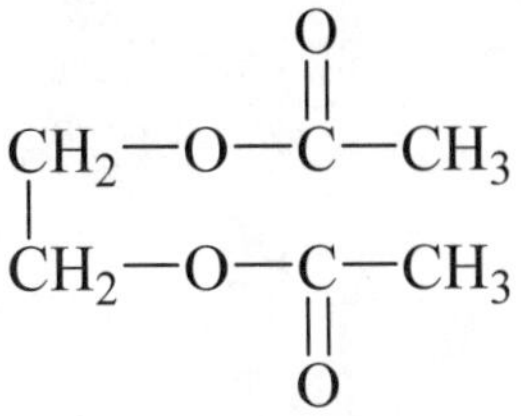

乙二醇二乙酸酯

练一练 1

写出下列化合物的名称或结构简式。

1. 乙酰氯
2. 丙酰胺
3. 苯甲酸乙酯
4. N,N-二甲基苯甲酰胺

5. 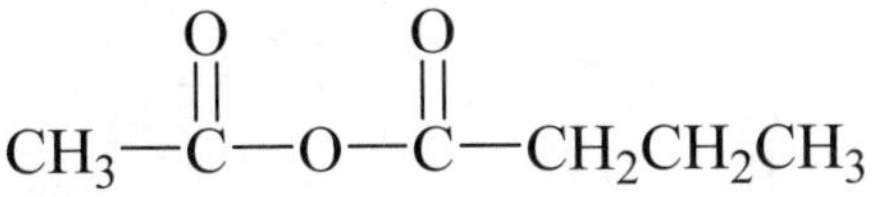 $CH_3-\overset{\displaystyle O}{\overset{\displaystyle \|}{C}}-O-\overset{\displaystyle O}{\overset{\displaystyle \|}{C}}-CH_2CH_2CH_3$

6. 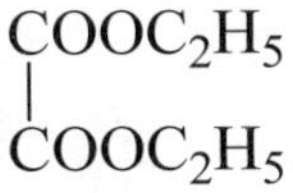 $\begin{array}{l} COOC_2H_5 \\ | \\ COOC_2H_5 \end{array}$

7. 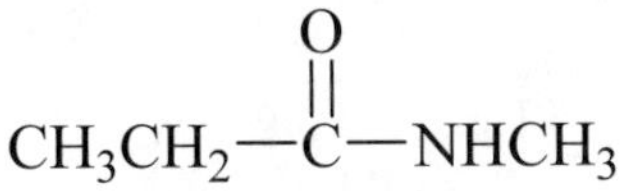 $CH_3CH_2-\overset{\displaystyle O}{\overset{\displaystyle \|}{C}}-NHCH_3$

二、羧酸衍生物的物理性质

低级酰卤和酸酐是具有刺激气味的无色液体，高级的为固体；低级的酯是易挥发并有芳香气味的无色液体，如乙酸异戊酯有香蕉味，苯甲酸甲酯有茉莉香味；酰胺除甲酰胺和某些N-取代酰胺外均为固体。

酰卤和酯各自分子间没有氢键缔合，故酰卤和酯的沸点较相应羧酸的沸点低；酸酐的沸点较相应羧酸的沸点高，但较相对分子质量相当的羧酸低；酰胺分子间不仅可以通过氢键结合，而且在酰胺的共振极限式中以电荷分离式为主，因此，酰胺分子间的偶极作用力比较大，其熔点、沸点都较相应的羧酸高。当酰胺氮原子上的氢原子都被烃基取代后，分子间不能形成氢键，熔点和沸点随之降低。腈分子中 C≡N 键的极性较大，沸点比酰卤和酯高，但由于分子间不能形成氢键，故沸点较羧酸低。

所有羧酸衍生物均易溶于有机溶剂，如乙醚、氯仿、丙酮和苯等。低级酰胺（如 N,N-二甲基甲酰胺）、乙腈等可与水混溶，它们是很好的非质子极性溶剂。酯在水中的溶解度较小，常用于从水溶液中提取有机物。

三、羧酸衍生物的化学性质

羧酸衍生物结构中都含有相同的官能团酰基，酰基都连着一个能被其他基团取代的负性原子或基团，因而表现出相似的化学性质，如都可发生水解、醇解、氨解等反应，其反应机制也大致相同，只是在反应活性上有所差异。此外，有些羧酸衍生物还表现出特殊的化学性质。

1. 水解、醇解和氨解反应

在酸或碱催化下，羧酸衍生物与水、醇或氨（胺）反应，酰基所连的官能团被羟基、烷氧基或氨（胺）基所取代，称为羧酸衍生物的水解、醇解和氨解。反应通式如下：

$$R—\overset{\overset{\displaystyle O}{\|}}{C}—L + :Nu \longrightarrow R—\overset{\overset{\displaystyle O}{\|}}{C}—Nu + :L$$

$$:Nu = H_2O, R'OH, NH_3, R'NH_2$$

$$:L = —X, —OOCR', —OR', —NH_2, —NHR'$$

（1）水解反应。

酰卤、酸酐、酯和酰胺都可以和水作用，分子中的基团被水中的羟基取代，生成相应的羧酸。

酰氯的水解：$R—\overset{\overset{\displaystyle O}{\|}}{C}—Cl + H_2O \xrightarrow{\text{室温}} R—\overset{\overset{\displaystyle O}{\|}}{C}—OH + HCl$

酸酐的水解：$R—\overset{\overset{\displaystyle O}{\|}}{C}—O—\overset{\overset{\displaystyle O}{\|}}{C}—R + H_2O \xrightarrow{\text{沸腾}} 2R—\overset{\overset{\displaystyle O}{\|}}{C}—OH$

酯的水解：$R—\overset{\overset{\displaystyle O}{\|}}{C}—OR' + H_2O$
$\xrightarrow[\triangle]{H^+} R—\overset{\overset{\displaystyle O}{\|}}{C}—OH + R'OH$
$\xrightarrow[\triangle]{NaOH} R—\overset{\overset{\displaystyle O}{\|}}{C}—ONa + R'OH$

酰胺的水解：$R—\overset{\overset{\displaystyle O}{\|}}{C}—NH_2 + H_2O$
$\xrightarrow{H_3O^+} R—\overset{\overset{\displaystyle O}{\|}}{C}—OH + NH_4^+$
$\xrightarrow{OH^-} R—\overset{\overset{\displaystyle O}{\|}}{C}—O^- + NH_3$

由于这些羧酸衍生物分子中与酰基相连的原子或基团不同，所以发生水解反应的难易亦不同。酯在酸性条件下的水解是可逆反应。在碱性条件下，水解可以进行到底。

羧酸衍生物发生水解的反应活性的次序为：酰氯>酸酐>酯>酰胺。羧酸衍生物的醇解、氨（胺）解反应也存在上述活性次序。

由于羧酸衍生物可被水解，故含有这些结构的药物在保存和使用中应注意防止水解，一般均需密封、干燥于阴凉处储放。

油脂的主要成分是各种高级脂肪酸的甘油酯。其结构式如下：

$$CH_2-O-\overset{\displaystyle O}{\overset{\|}{C}}-R_1$$
$$CH-O-\overset{\displaystyle O}{\overset{\|}{C}}-R_2$$
$$CH_2-O-\overset{\displaystyle O}{\overset{\|}{C}}-R_3$$

组成油脂的高级脂肪酸种类较多，多数是含偶数碳原子的直链一元脂肪酸，其中以 16～18 个碳原子的脂肪酸最为常见。油脂在碱性条件下的水解又称为皂化反应，水解后得到甘油和高级脂肪酸的盐。例如：

$$
\begin{array}{l}
CH_2-O-\overset{O}{\overset{\|}{C}}-R_1 \\
CH-O-\overset{O}{\overset{\|}{C}}-R_2 \\
CH_2-O-\overset{O}{\overset{\|}{C}}-R_3
\end{array}
+ 3NaOH \longrightarrow
\begin{array}{l}
CH_2-OH \\
CH-OH \\
CH_2-OH
\end{array}
+
\begin{array}{l}
R_1COONa \\
R_2COONa \\
R_3COONa
\end{array}
$$

甘油

工业上用动物油脂经皂化反应制备肥皂。

练一练 2

完成下列反应方程式。

1. $+ H_2O \xrightarrow{\triangle}$

2. $+ H_2O \xrightarrow{NaOH}$

（2）醇解反应。

酰卤、酸酐、酯与醇反应，分子中的相应基团被醇分子中的烷氧基取代，生成相应的酯，此反应是合成酯类化合物的重要方法。酰胺难以进行醇解反应。

酰卤的醇解　$R-\overset{O}{\overset{\|}{C}}-Cl + HOR' \longrightarrow R-\overset{O}{\overset{\|}{C}}-OR' + HCl$

酸酐的醇解　$R-\overset{O}{\overset{\|}{C}}-O-\overset{O}{\overset{\|}{C}}-R + HOR' \longrightarrow R-\overset{O}{\overset{\|}{C}}-OR' + R-\overset{O}{\overset{\|}{C}}-OH$

$$\text{酯的醇解} \quad R-\overset{\overset{\textstyle O}{\|}}{C}-OR + HOR' \longrightarrow R-\overset{\overset{\textstyle O}{\|}}{C}-OR' + ROH$$

酰卤和酸酐与醇的作用虽然没有水解反应快，但也是很容易进行的反应。这是一种制备酯的方法，特别是酸酐，因为它较酰卤易制备和保存，所以应用较广。

练一练 3

完成下列反应方程式。

1. $+ C_2H_5OH \xrightarrow{\triangle}$

2. $CH_2{=}CHC\overset{\overset{\textstyle O}{\|}}{}OCH_3 + n\text{-}C_4H_9OH \underset{\longleftarrow}{\overset{p\text{-}CH_3C_6H_4SO_3H}{\longrightarrow}}$

（3）氨解反应。

酰卤、酸酐和酯与氨或胺作用可生成酰胺和相应的产物，因此称为氨解反应，这是制备酰胺的常用方法。

$$\text{酰氯的氨解} \quad R-\overset{\overset{\textstyle O}{\|}}{C}-Cl + NH_3 \longrightarrow R-\overset{\overset{\textstyle O}{\|}}{C}-NH_2 + NH_4Cl$$

$$\text{酸酐的氨解} \quad R-\overset{\overset{\textstyle O}{\|}}{C}-O-\overset{\overset{\textstyle O}{\|}}{C}-R' + NH_3 \longrightarrow R-\overset{\overset{\textstyle O}{\|}}{C}-NH_2 + R-\overset{\overset{\textstyle O}{\|}}{C}-ONH_4$$

$$\text{酯的氨解} \quad R-\overset{\overset{\textstyle O}{\|}}{C}-OR' + NH_3 \longrightarrow R-\overset{\overset{\textstyle O}{\|}}{C}-NH_2 + HOR'$$

酰卤和酸酐与氨或胺的反应较容易，往往在室温或低于室温下进行，反应迅速且有较高产率。酯与氨或胺的反应较慢，要在无水条件下，用过量的氨处理才能得到酰胺。酰胺的氨解比较困难。

练一练 4

完成下列化学反应方程式。

1. $+ \quad 2NH_3 \longrightarrow$

2. $CH_3\underset{\underset{\textstyle OH}{|}}{CH}COOC_2H_5 + NH_3 \longrightarrow \quad + C_2H_5OH$

2. 酰胺的特殊性质

（1）酸碱性。

酰胺分子中，氮原子与酰基直接相连，受酰基的影响，氮上的孤对电子向羰基离域而使氮原子上的电子云密度降低，接受质子的能力减弱，故碱性明显减弱，不能使石蕊试纸变色，一般是近中性的化合物。

$$R-\overset{\overset{\displaystyle O}{\|}}{C}-\overset{..}{N}H_2$$

（2）与亚硝酸的反应。

酰胺与亚硝酸（常用亚硝酸盐和强酸混合）作用，生成相应的羧酸，并放出氮气。

$$R-\overset{\overset{\displaystyle O}{\|}}{C}-NH_2 \xrightarrow{NaNO_2/HCl} R-\overset{\overset{\displaystyle O}{\|}}{C}-OH + H_2O + N_2\uparrow$$

四、重要的羧酸衍生物

1. 乙酰氯

乙酰氯为具有刺激性气味的无色液体，熔点-112 ℃，沸点 50.9 ℃，相对密度 1.105 1。乙酰氯易水解成乙酸和氯化氢，在湿空气中发烟，对眼鼻有刺激性。乙酰氯有毒，因它能与蛋白质中的巯基（—SH）结合。乙酰氯具有酰卤的通性，如能进行水解、醇解和氨解反应，也能进行弗里德-克拉夫茨反应。

工业上，乙酰氯可由乙烯酮与氯化氢反应或由乙酸钠、二氧化硫与氯气反应制得。实验室中可由乙酸、乙酸钠或乙酸酐与各种氯化剂反应制得。乙酸氯是重要的乙酰化试剂，它的酰化能力比乙酸酐还强，广泛用于有机合成。乙酰氯也是羧酸发生氯化反应的催化剂，还可用于羟基和氨基的定量分析。

2. 乙酸酐

乙酸酐又名醋（酸）酐，为无色有极强醋酸气味的液体，沸点 139.6 ℃，微溶于水，易溶于乙醚和苯等有机溶剂。纯乙酸酐为中性化合物，是一种优良的溶剂，也是重要的乙酰化试剂，工业上大量用于制造醋酸纤维素，也用于制药、染料、医药和香料等生产中。

【知识链接】---

乙酸酐的用途

乙酸酐是重要的乙酰化试剂，乙酸酐用于制造纤维素乙酸酯、乙酸塑料、不燃性电影胶片。在医药工业中用于制造合成霉素痫特灵、地巴唑、咖啡因和阿司匹林、磺胺药物等。在染料工业中主要用于生产分散深蓝 HCL、分散大红 S-SWEL、分散黄棕 S-2RFL 等。在香料工业中用于生产香豆素、乙酸龙脑酯、葵子麝香、乙酸柏木酯、乙酸苯乙酯、乙酸香叶酯等。由乙酸酐制造的过氧化乙酰，是聚合反应的引发剂和漂白剂。用于检验醇、芳香族伯胺和仲胺，也用于有机合成、染料、制药工业及制造乙酰化合物。用作溶剂和脱水剂，也是重要的乙酰化试剂和聚合物引发剂。应用最终产物是醋酸纤维素和醋酸纤维塑料。能用来制造海洛因、1-苯基-2-丙酮及 N-乙酰邻氨基苯酸，也是生产安眠酮、新安眠酮、甲基苯丙胺的配剂。

------

3. 顺丁烯二酸酐

顺丁烯二酸酐又称马来酸酐和失水苹果酸酐，简称顺酐。室温下为有强烈刺激性气味的白色晶体，熔点 60 ℃，沸点 202 ℃，有强烈的刺激性气味，易升华，溶于乙醇、乙醚和丙酮，难溶于石油醚和四氯化碳。主要用作生产不饱和聚酯树脂、醇酸树脂、农药马拉硫磷、高效低毒农药 4049、长效碘胺等的原料。

4. 邻苯二甲酸酐

邻苯二甲酸酐俗称苯酐，为白色针状晶体，熔点 130.8 ℃，易升华，溶于沸水并可被水解成邻苯二甲酸。苯酐广泛应用于制造燃料、药物、聚酯树脂、醇酸树脂、增塑剂等。

【知识链接】 ------

酚酞的合成

邻苯二甲酸酐与苯酚在浓硫酸等脱水剂作用下，可以发生缩合反应（即两个或两个以上有机分子相互作用后以共价键结合成一个大分子，并常伴有失去小分子如水、氯化氢、醇等的反应）生成酚酞。酚酞是白色的晶体，不溶于水，易溶于乙醇，是常用的酸碱指示剂，在医药上可用作缓泻剂。

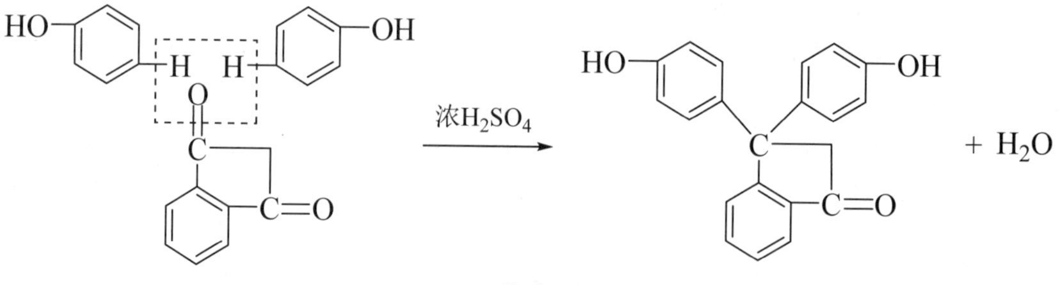

酚酞

------

5. 乙酸乙酯

乙酸乙酯又称醋酸乙酯，为无色可燃性的液体，有水果香味，微溶于水，溶于乙醇、乙醚和氯仿等有机溶剂。乙酸乙酯是应用最广的脂肪酸酯之一，是一种快干性溶剂，具有优异的溶解能力，是极好的工业溶剂，也可用于柱层析的洗脱剂。可用于硝酸纤维、乙基纤维、氯化橡胶和乙烯树脂、乙酸纤维素酯、纤维素乙酸丁酯和合成橡胶，也可用于复印机用液体硝基纤维墨水。可作黏合剂的溶剂、喷漆的稀释剂。乙酸乙酯是许多类树脂的高效溶剂，广泛应用于油墨、人造革生产中。用作分析试剂、色谱分析标准物质及溶剂。

6. 甲基丙烯酸甲酯

甲基丙烯酸甲酯为无色液体，熔点-48 ℃，沸点 100 ℃，其在引发剂存在下，聚合成无色透明的化合物，俗称有机玻璃。微溶于水，溶于乙醇等多数有机溶剂，主要用作有机玻璃的单体，也用于制造其他树脂、塑料、涂料、黏合剂、润滑剂、木材和软木的浸润剂、纸张上光剂等。

7. 丙二酸二乙酯

丙二酸二乙酯简称丙二酸酯，为无色有香味的液体，熔点-50 ℃，沸点 199.3 ℃，微溶于水，易溶于乙醇、乙醚等有机溶剂，是有机合成药物合成的重要原料。

【知识链接】---

丙二酸二乙酯的用途

1. 用作医药周效磺胺和巴比妥的中间体，也是香料、染料的中间体。

2. 《食品安全国家标准 食品添加剂使用标准》（GB 2760—2014）规定为允许使用的食品用合成香料。主要用于配制梨、苹果、葡萄、樱桃等水果型香精。

3. 丙二酸二乙酯是制备 2-氨基-4,6-二甲氧基嘧啶的重要中间体，可用于制备磺酰脲类除草剂，如苄嘧磺隆、吡嘧磺隆、烟嘧磺隆等。

4. 丙二酸二乙酯是有机合成中间体。在染料、香料、磺酰脲类除草剂等生产中用途广泛，丙二酸二乙酯主要用于生产乙氧甲叉、巴比妥酸、烷基丙二酸二乙酯，进而合成医药如诺氟沙星、罗美沙星、氯喹、保泰松等，以及合成染料和颜料如苯并咪唑酮类有机颜料。

5. 其他。丙二酸二乙酯可以作为气相色谱固定液（最高使用温度40 ℃，溶剂为苯、氯仿、乙醇）用于检定氨和钾；还可作为树脂和硝化纤维素的溶剂，增塑剂等。

----

8. 尿素

尿素又叫碳酰二胺，简称脲。尿素是白色晶体或粉末，易溶于水和乙醇。在 20 ℃时 100 mL 水中可溶解 105 g，水溶液呈中性反应。尿素在医药上具有软化角质、利尿脱水等作用。

【知识链接】---

丙二酰脲及巴比妥类药物

尿素的结构式为：$NH_2-\overset{\overset{O}{\|}}{C}-NH_2$，尿素与丙二酸二乙酯在乙醇钠催化下缩合，生成丙二酰脲。丙二酰脲是无色结晶，熔点 245 ℃，微溶于水。在水溶液中存在下列酮式和烯醇式互变异构现象。

烯醇式显示较强的酸性（pKa 为 3.98，25 ℃），又称为巴比妥酸。

丙二酰脲分子中亚甲基上的 2 个氢原子都被烃基取代的衍生物，是一类催眠镇静药，统称为巴比妥类药物。其结构通式为：

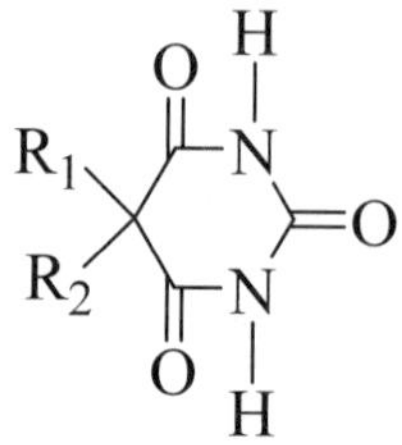

这类药物因互变异构而显弱酸性，能与强碱作用生成盐。巴比妥类药物的钠盐易溶于水，把钠盐配制成水溶液可供注射用。在生化检验中用巴比妥酸及其钠盐配制缓冲溶液。

五、羧酸衍生物在药学中的应用

羧酸衍生物的反应性能很强，可转变成多种化合物，广泛应用于药物合成。

酰卤和酸酐比较活泼，常作为酰化反应的酰化剂在医药分子中引入酰基来改变药性，所以酰卤和酸酐在医药上主要是作为药物合成的反应原料或中间体。

酯的药物有很多，如用作局部麻醉药的对氨基苯甲酸酯类药物，其基本结构如下：

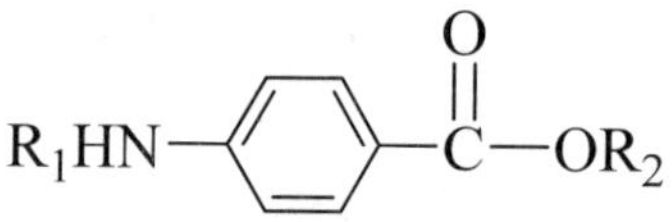

典型的对氨基苯甲酸酯类药物有苯佐卡因、盐酸普鲁卡因、盐酸丁卡因等。

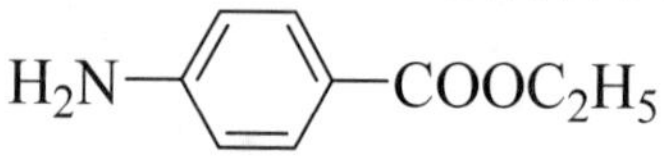

苯佐卡因

盐酸普鲁卡因

盐酸丁卡因

又如大环内酯类抗生素，主要有红霉素、阿奇霉素、罗红霉素和克拉霉素等，大环内酯类的抗生素包括的种类比较多，能起到比较好的抑菌以及抗感染的效果，通常对于革兰氏阳性菌和革兰氏阴性菌都能达到比较好的治疗效果，对支原体感染、衣原体感染和螺旋体都能起到比较好的功效。

一些酰胺类物质还可以作为药物，如丙二酰脲及巴比妥类药物、对乙酰氨基酚、β-内酰胺类等。

丙二酰脲分子中亚甲基上的 2 个氢原子都被烃基取代的衍生物，统称为巴比妥类药物，是一类催眠镇静药，可用于麻醉及麻醉前给药，还有较强的抗惊厥作用和抗癫痫作用。

对乙酰氨基酚（HO—⬡—NH—C(=O)—CH₃，扑热息痛），又称对羟基乙酰苯胺，是白色结晶或结晶性粉末，在空气中较稳定，微溶于冷水，易溶于热水，毒性和副作用小，是一种较优良的解热镇痛药。

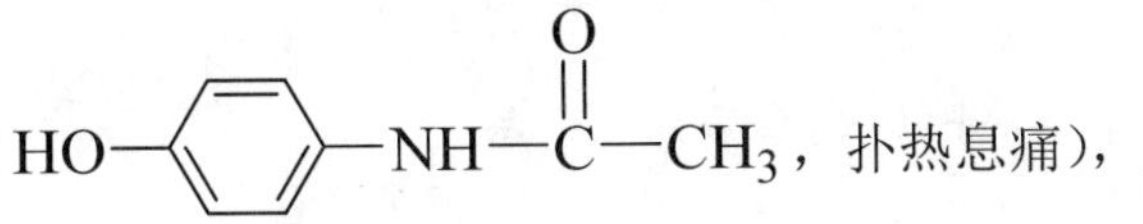

再如临床上常用的青霉素和头孢菌素都含有 β-内酰胺结构，此类抗生素具有杀菌活性强、适用性广及临床疗效好等优点。

【知识链接】--

胍

胍可认为是尿素分子中的氧被亚氨基(=NH)取代后的衍生物。其结构简式如下：

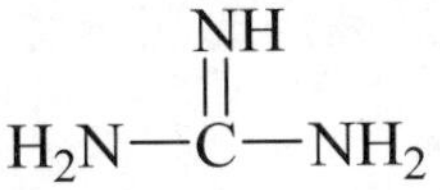

$$H_2N-\overset{\overset{NH}{\|}}{C}-NH_2$$

胍为无色结晶，易溶于水，具有强碱性。含有胍结构的药物很多，一般都制成稳定的盐类使用。如糖尿病药苯乙双胍盐酸盐（又称降糖灵）、降血压药硫酸胍氯酚等。

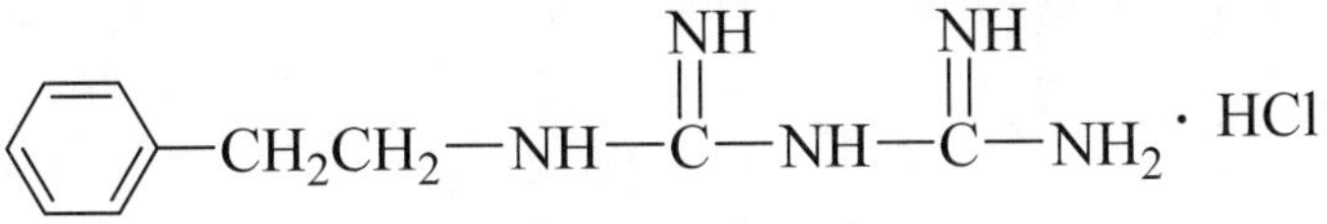

⬡—CH₂CH₂—NH—C(=NH)—NH—C(=NH)—NH₂·HCl

苯乙双胍盐酸盐

(Cl₂⬡—O—CH₂CH₂—NH—C(=NH)—NH₂)₂·H₂SO₄

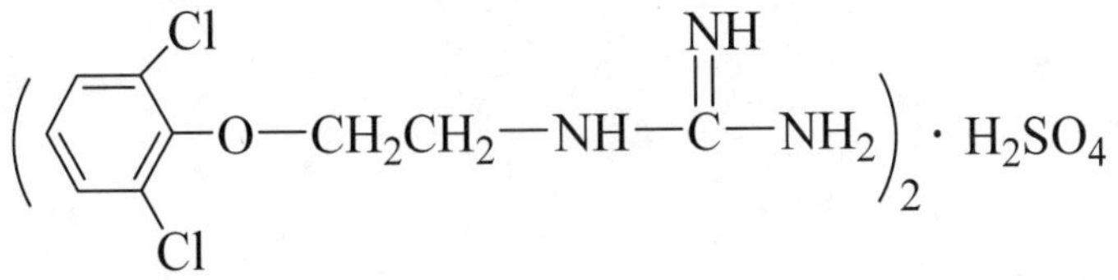

硫酸胍氯酚

目标检测

一、选择题（每题只有一个正确答案）。

1. 下列物质中，不属于羧酸衍生物的是（　　）。

A. 乙酐　　　　　　　　　　B. 乙酸

C. 乙酸乙酯   D. 乙酰氯

2. 下列物质显酸性的是（   ）。

A. 苯甲酰胺   B. 乙酰胺

C. 丙二酰脲   D. 尿素

3. 下列化合物不能发生水解反应的是（   ）。

A. 乙酰苯胺   B. 乙酸乙酯

C. 乙酐   D. 硝基苯

4. 要使酯完全水解，条件是（   ）。

A. 酸性   B. 中性

C. 碱性   D. 以上均可

5. 加热油脂和氢氧化钾溶液的混合物，可产生甘油和脂肪酸钾，这个反应称为油脂的
（   ）。

A. 酯化   B. 氢化   C. 皂化   D. 酸败

二、命名下列化合物或写出其结构简式。

1.

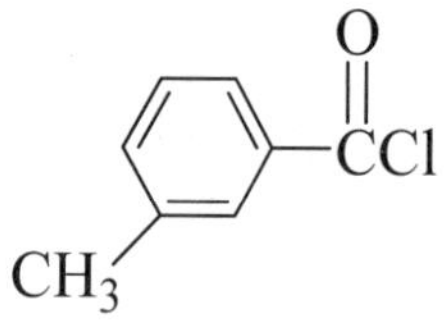

2.

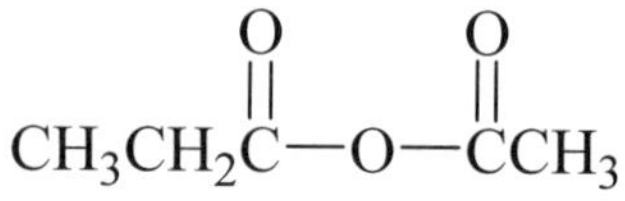

3.

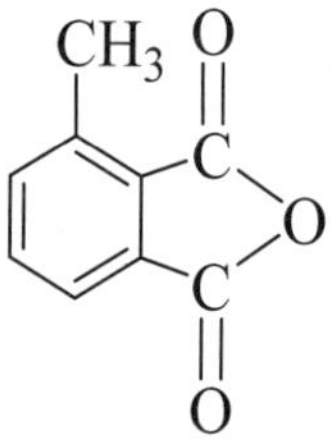

4.

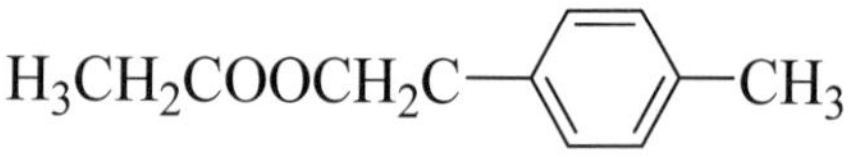

5.

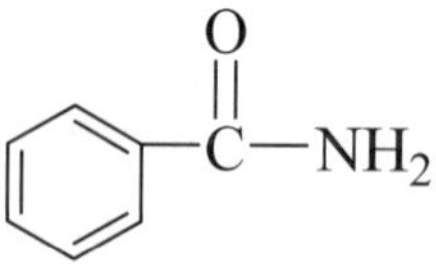

6. 丙酸酐

7. 丙二酸二甲酯

8. 乙酰苯胺

9. 光气

10. 乙酰乙胺

三、完成下列化学反应方程式。

1. $HOCH_2CH_2CH_2COOH \xrightarrow{\Delta}$

2. 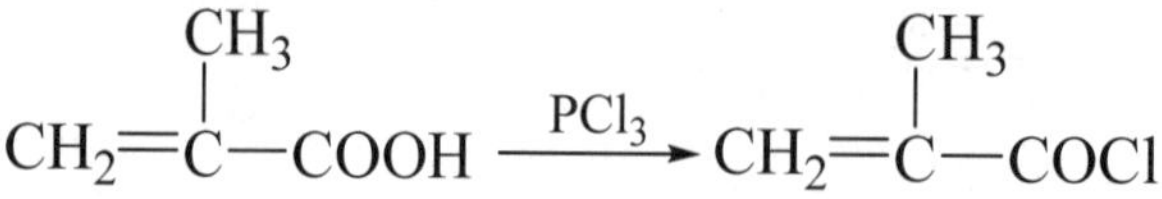 $CH_2=\overset{\overset{\displaystyle CH_3}{|}}{C}-COOH \xrightarrow{PCl_3} CH_2=\overset{\overset{\displaystyle CH_3}{|}}{C}-COCl$

$$3. \quad CH_3\overset{\overset{\displaystyle CH_3}{|}}{CH}COCl \quad + \quad CH_3NH_2 \longrightarrow$$

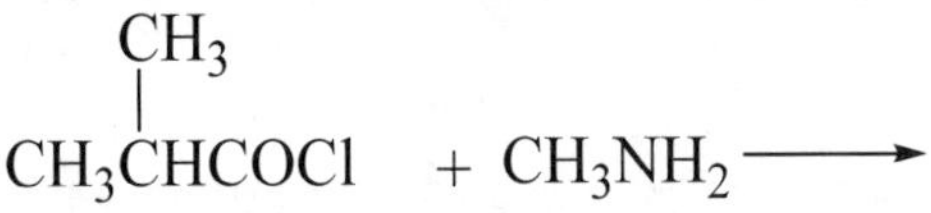

$$4. \quad \overset{\displaystyle COOC_2H_5}{\underset{\displaystyle COOC_2H_5}{|}} \quad + \quad H_2N\overset{\overset{\displaystyle O}{\|}}{C}NH_2 \quad \xrightarrow{\quad C_2H_5ONa \quad}$$

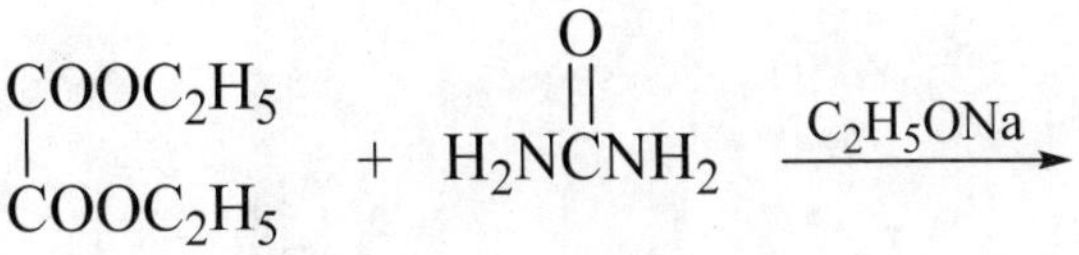

四、用化学方法区别下列各化合物。

乙酸、乙酰氯、乙酸乙酯、乙酰胺

第四章

含氮有机化合物

第一节　硝基化合物

学习目标

1. 熟悉硝基化合物的结构和分类，熟练地对硝基化合物进行命名；
2. 掌握硝基化合物的主要性质，会书写硝基化合物的典型化学反应式；
3. 了解硝基化合物的制备方法；
4. 熟悉重要的硝基化合物及其在药学中的应用；
5. 能用化学方法鉴别伯、仲、叔硝基化合物。

【案例导入】--

　　某化工厂硝基苯车间硝基苯精馏塔发生爆炸，造成1人轻伤，经济损失严重。由于工作人员未按规定停止精馏，定期排出精馏塔底焦状物质，导致塔釜中多硝基化合物含量偏高，是引发此次爆炸事故的原因之一。在硝化反应中，伴随着副反应，会生成2,4-二硝基酚及其盐类、间二硝基苯等多硝基化合物，这些物质在高温、摩擦、撞击等条件下会分解放热而引起爆炸，爆炸能量再迅速推动全部硝基化合物引起爆炸，瞬间形成巨大的爆炸威力。

　　问题：1. 上述硝基苯、2,4-二硝基酚、间二硝基苯等是一类什么样的物质？

　　　　　2. 以上物质为什么会发生爆炸？它们具有哪些主要性质？

一、硝基化合物概述

1. 硝基化合物的定义、结构

硝基化合物是指烃分子中的氢原子被硝基（—NO_2）取代后生成的化合物。常用 RNO_2 或 $ArNO_2$ 表示。

$$(Ar)R-H \qquad\qquad (Ar)R-NO_2$$

烃　　　　　　　　　硝基化合物

2. 硝基化合物的分类

在硝基化合物中，碳原子和氮原子相连接，根据分子中所连接硝基的多少可以将硝基化合物分为一硝基化合物和多硝基化合物。例如：

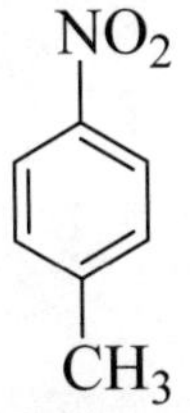

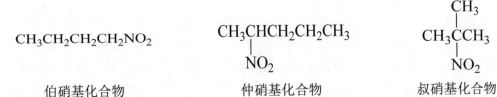

一硝基化合物 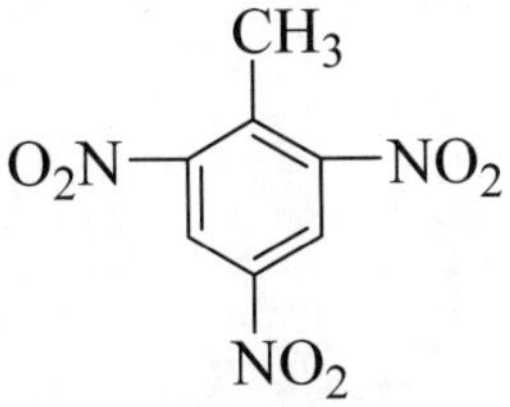　　　　　　　　　多硝基化合物

根据氮原子所连接碳原子的类型不同又可分为伯、仲、叔硝基化合物（1°，2°，3°硝基化合物）。例如：

$$CH_3CH_2CH_2CH_2NO_2 \qquad CH_3CHCH_2CH_2CH_3 \qquad CH_3CCH_3$$

伯硝基化合物　　　　　　仲硝基化合物　　　　　　叔硝基化合物

根据硝基所连接烃基的不同，还可分为脂肪族硝基化合物和芳香族硝基化合物。例如：

$$CH_3NO_2$$

脂肪族硝基化合物　　　　　　芳香族硝基化合物

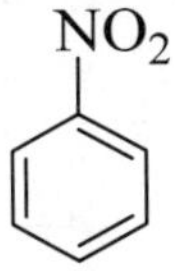

3. 硝基化合物的命名

硝基化合物的命名通常是以烃为母体，将硝基作为取代基来命名。例如：

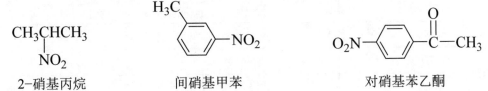

2-硝基丙烷　　　　　间硝基甲苯　　　　　对硝基苯乙酮

多官能团硝基化合物命名时，硝基仍作为取代基。例如：

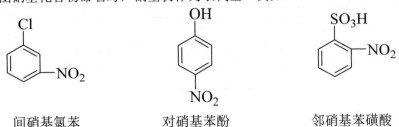

间硝基氯苯　　　　　对硝基苯酚　　　　　邻硝基苯磺酸

练一练 1

写出下列化合物的名称或结构简式。

1.

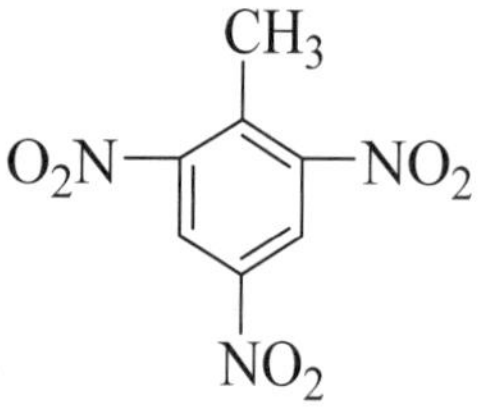

2.

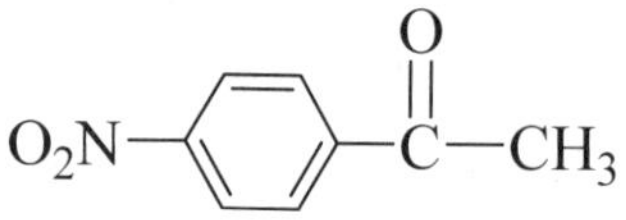

3.

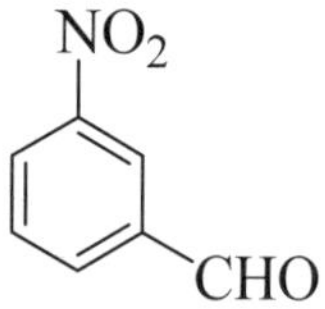

4. 硝基苯

5. 对硝基甲苯

6. 2-硝基丙烷

二、硝基化合物的物理性质

因为硝基化合物中的—NO_2是一个强极性基团,所以硝基化合物具有较大的偶极矩,故其沸点比相应卤代烃还要高。硝基化合物的相对密度都大于1,比水重,不溶于水,溶于有机溶剂。脂肪族硝基化合物是无色而具有香味的液体,难溶于水,易溶于醇和醚,但其应用较少(硝基甲烷等少数化合物除外)。表4-1列出了一些常见的硝基化合物的物理常数。

表 4-1　　　　　　　　　　一些常见硝基化合物的物理常数

名称	熔点(℃)	沸点(℃)
硝基甲烷	−29	101.2
硝基乙烷	−89.5	114.07
1-硝基丙烷	−108	131.6
2-硝基丙烷	−93	120
硝基苯	5.7	210.9
邻硝基甲苯	−9.5	221.7
对硝基甲苯	15.6	230～231
2,4,6-三硝基甲苯	80.1	240

大部分芳香族化合物都是淡黄色固体,通常具有爆炸性和毒性,可用作炸药,容易引起肝、肾和血液中毒。芳香族多硝基化合物爆炸性极强,使用时要注意安全。有的多硝基化合物有强烈香味,可作香料;有的可用作药物合成原料或中间体;有的药物分子中就含有硝基苯环的结构片段。例如:

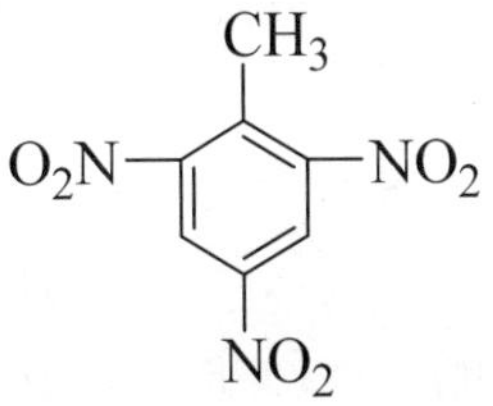

2,4,6-三硝基甲苯

（简称 TNT，是一种烈性炸药）

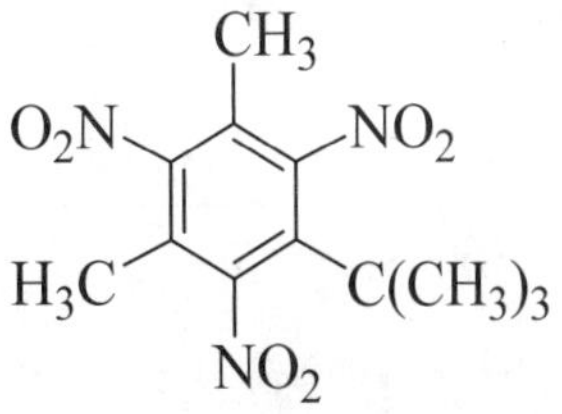

二甲苯麝香

（人造麝香，可用作香料）

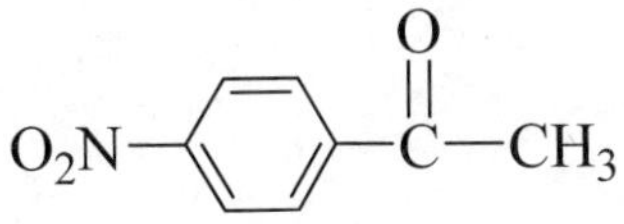

对硝基苯乙酮（合成氯霉素的原料）

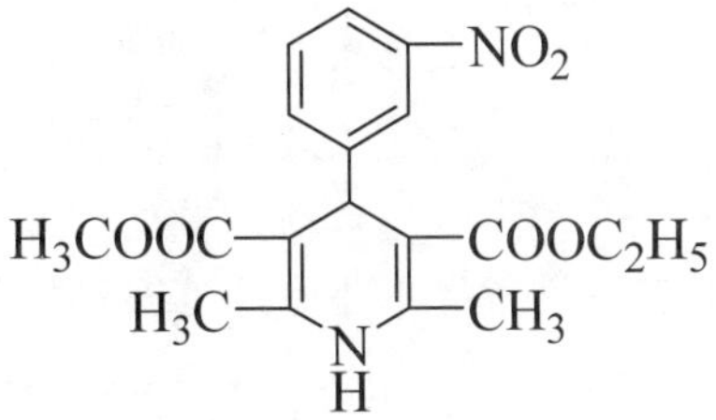

尼群地平（抗高血压药）

三、硝基化合物的化学性质

1. 硝基的还原

硝基是个很容易被还原的基团，尤其是直接连接在苯环上的硝基，更容易被还原，反应条件及介质对还原反应产物有较大的影响。硝基化合物可催化氢化或在酸性还原系统中（Fe、Zn、Sn 和盐酸）可还原为胺，这是工业上制备芳伯胺常用的方法。

Ni、Pt、Pd 催化加氢。例如：

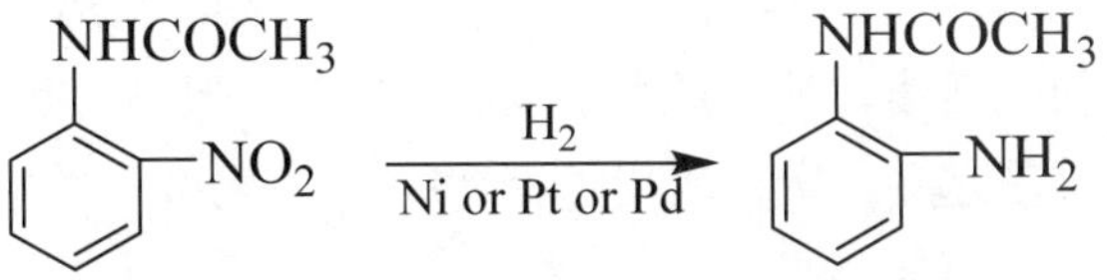

邻氨基乙酰苯胺

Fe、Zn、Sn 和盐酸酸性还原系统。例如：

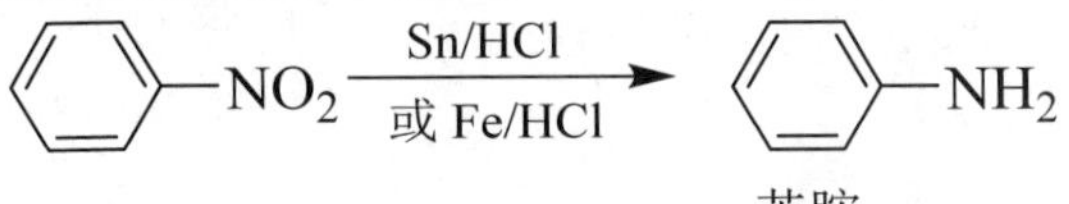

苯胺

该反应的中间产物是亚硝基苯及苯基羟胺，但它们比硝基苯更容易还原，不易分离出来，进一步还原为氨基。例如：

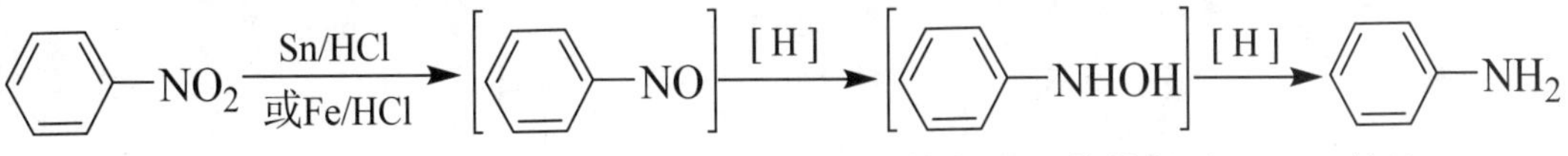

亚硝基苯   N-羟基苯胺（苯基羟胺）   苯胺

铁和盐酸作还原剂，价格便宜，但会产生大量铁泥，已限制使用。

若以二氯化锡为还原剂，还可选择性还原硝基，避免其他可被还原的取代基被还原。例如：

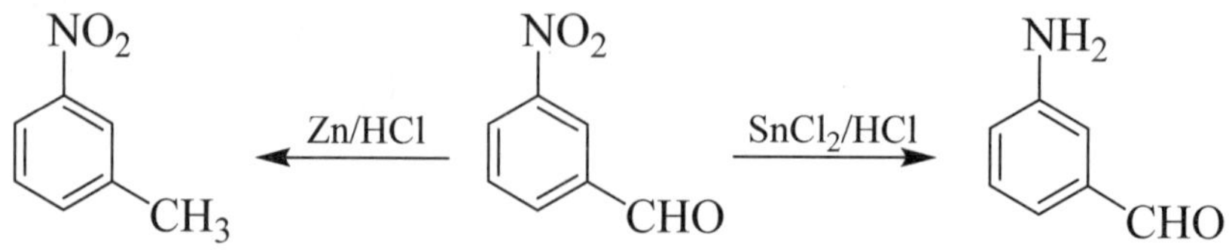

钠或铵的硫化物或多硫化物，如硫化钠、硫化铵、硫氢化钠、硫氢化铵或多硫化铵等可以选择性地将多硝基化合物中的 1 个硝基还原成氨基。例如：

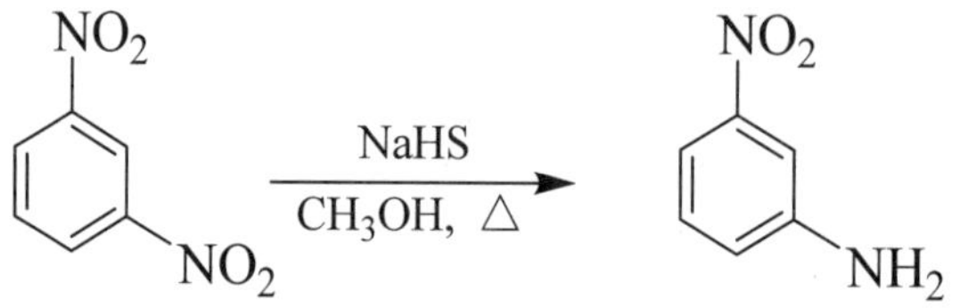

硝基苯在碱性条件下还原，可得双分子还原产物。例如：

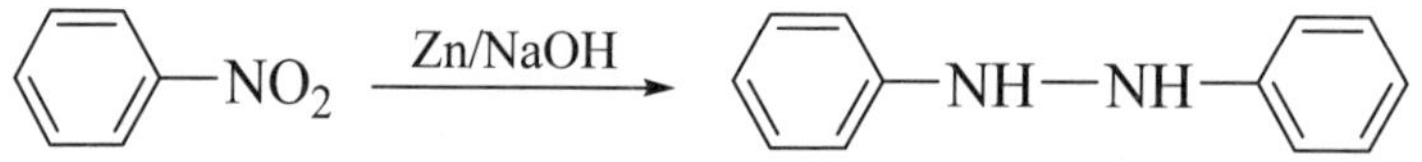

氢化偶氮苯

产物氢化偶氮苯若用酸处理可发生重排，主要生成联苯胺，这是联苯胺型化合物常用的制备方法。例如：

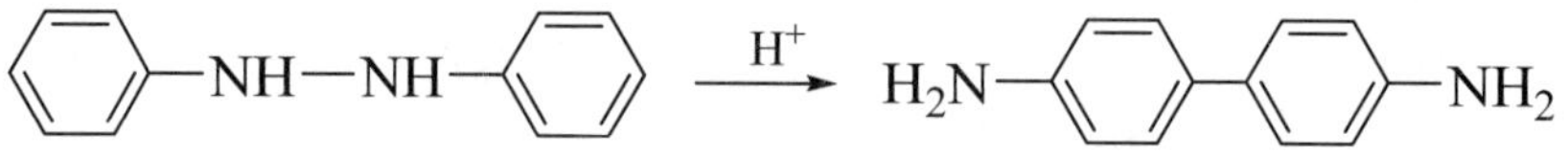

联苯胺

2. 芳香族硝基化合物苯环上的亲核取代反应

硝基是个强吸电子基团，它对苯环上取代基特别是邻、对位取代基的性质有很大的影响。卤苯型化合物中的卤素很不活泼，难以发生亲核取代反应，但当卤素的邻、对位有硝基存在时，卤原子活性增加，硝基越多，亲核取代越容易进行。例如：

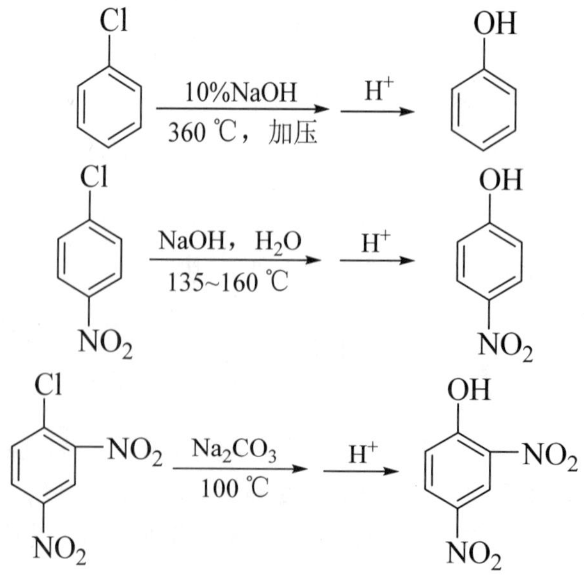

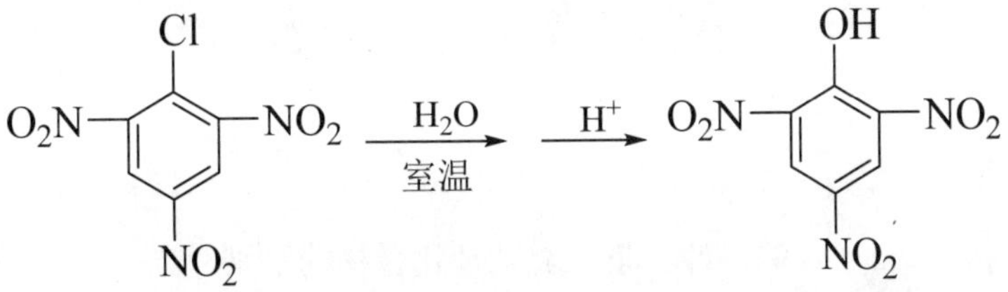

这是由于邻、对位硝基对卤素的强吸电子作用，使得与卤素连接的碳原子电子密度降低，容易受到亲核试剂的进攻，形成一个带负电的中间体，使得芳香亲核取代反应更易进行。

除了羟基，其他带负电荷或含有孤对电子的亲核试剂（如 CH_3O-、$HS-$ 等）也能发生芳环的亲核取代反应。例如：

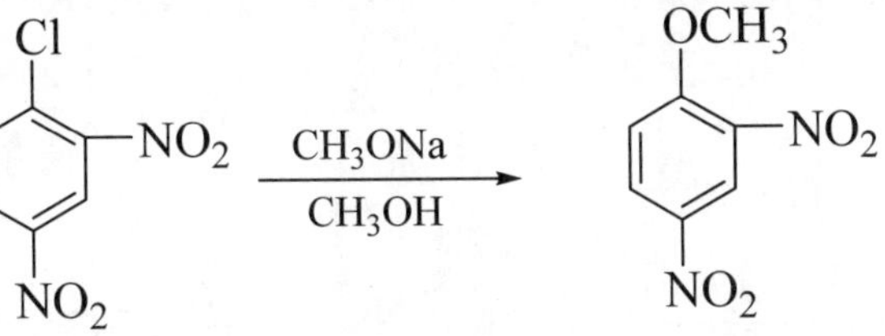

练一练 2

根据上面所学原理，想一想硝基对苯酚的酸性有何影响，即下面四种物质的酸性是如何变化的？为什么？

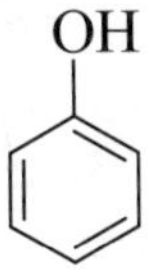

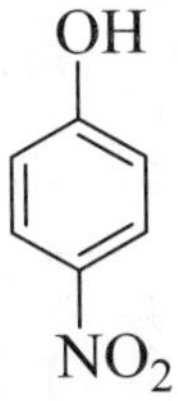

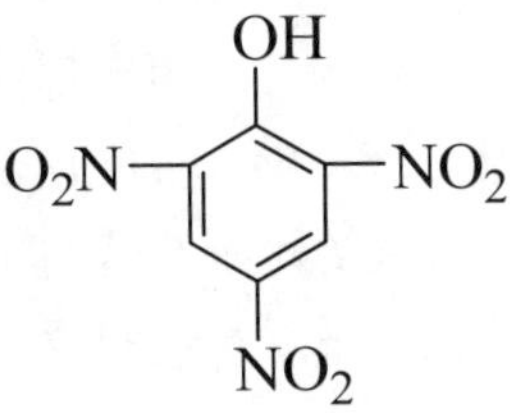

3. α-氢原子的酸性

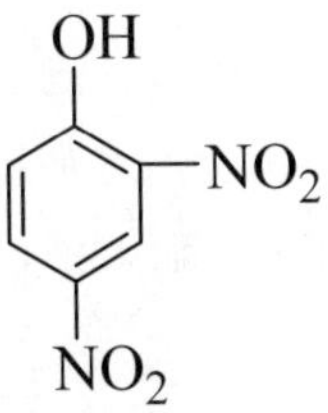

含 α-氢原子的脂肪硝基化合物表现出明显的酸性，这是由于硝基是吸电子的取代基，导致其 α-位上的氢有明显的酸性。所以，不溶于水的这类硝基化合物可与强碱氢氧化钠反应生成钠盐而溶于氢氧化钠水溶液中。

$$RCH_2NO_2 + NaOH \longrightarrow \left[RCHNO_2 \right]^- \overset{+}{Na} + H_2O$$

用盐酸酸化后，重新生成硝基化合物。

$$\left[RCHNO_2 \right]^- \overset{+}{Na} + HCl \longrightarrow RCH_2NO_2 + H_2O$$

具有 α-氢的伯、仲硝基化合物有这个性质，叔硝基化合物没有这种氢原子，因此没有这个性质。

【知识链接】

伯、仲、叔三类硝基化合物的鉴别

由于伯、仲、叔硝基化合物的 α-H 数目不同，与亚硝酸反应的现象不同。伯硝基化合物与亚硝酸反应生成蓝色的二硝基化合物，加碱后变成红色；仲硝基化合物与亚硝酸反应生成蓝色的硝基化合物，加碱后蓝色不变；叔硝基化合物不与亚硝酸起反应。此现象可用于鉴别伯、仲、叔硝基化合物。

$$R-CH_2NO_2 \xrightarrow{NaNO_2/HCl} \underset{\underset{\text{蓝色结晶}}{}}{R-\underset{\underset{NO_2}{|}}{CH}-NO} \xrightarrow{NaOH} \underset{\text{溶于 NaOH 呈红色溶液}}{\left[R-\underset{\underset{NO_2}{|}}{CH}-NO\right]^- Na^+}$$

$$R_1-\underset{\underset{R_2}{|}}{CH}-NO_2 \xrightarrow{NaNO_2/HCl} \underset{\underset{\text{蓝色结晶}}{}}{R_1-\underset{\underset{NO_2}{|}}{\overset{\overset{R_2}{|}}{C}}-NO} \xrightarrow{NaOH} \text{不溶于 NaOH，蓝色不变}$$

$$R_1-\underset{\underset{R_2}{|}}{\overset{\overset{R_3}{|}}{C}}-NO_2 \xrightarrow{NaNO_2/HCl} \text{不反应}$$

练一练 3

向三支试管中分别加入几滴硝基甲烷、2-硝基丙烷和硝基苯，然后分别加入适量的蒸馏水，振荡摇匀，观察实验现象，再缓慢逐滴的加入适量的强碱氢氧化钠溶液，边加边振荡，观察实验现象。在三支试管中加入蒸馏水后，观察到了什么实验现象？继续加入强碱氢氧化钠溶液，摇匀后观察到了什么实验现象？说明了什么？

四、硝基化合物的制备

在有机化工中有不同的制造硝基化合物的方法，其中芳烃和脂肪烃的直接硝化是制备硝基化合物最简捷、最重要的方法。由于芳香族硝基化合物比较重要，故在此主要讨论芳香族硝基化合物的制备。可使芳烃硝化的试剂很多，最常用的是硝酸及其盐，以及硝酸酯、硝酸鎓盐、氧化氮类等。通常硝化试剂的选择取决于硝化试剂及芳香族化合物的反应活性、硝化的区域选择性和一元硝化及多元硝化的控制等因素。硝酸是最常用的硝化试剂之一，它能使许多芳香族化合物发生硝化，普通硝酸和发烟硝酸都能用于硝化。例如：

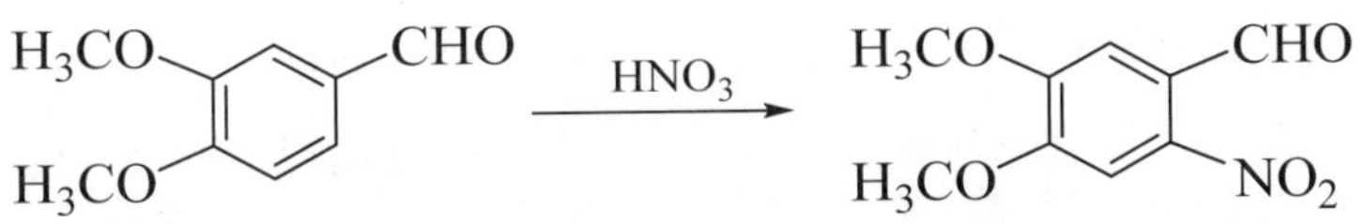

硝酸与硫酸组成的混酸是比硝酸更强的硝化剂，根据底物活性的高低可使用普通的硝酸或者发烟硝酸，这个方法可以顺利地得到多硝基取代产物。例如：

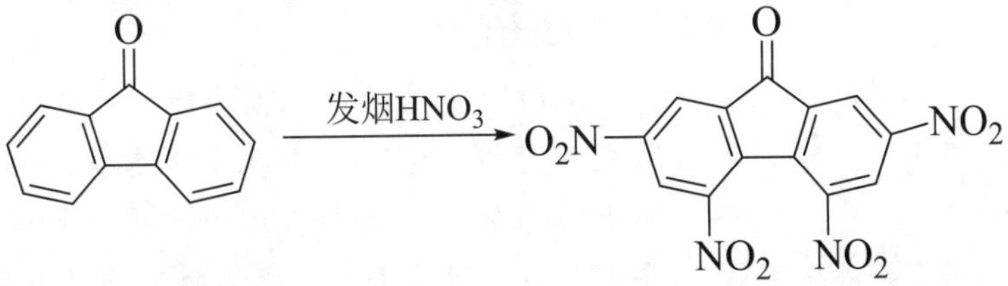

另外重氮盐、硼酸被硝基取代，苯胺氧化，也能合成芳香族硝基化合物。

五、重要的硝基化合物及其在药学中的应用

1. 硝基苯

硝基苯，又名密斑油、苦杏仁油，无色或淡黄色具有苦杏仁味的油状液体，熔点 5.7 ℃，沸点 210.9 ℃，相对密度 1.205，难溶于水，密度比水大；易溶于乙醇、乙醚、苯和油。能通过呼吸道和皮肤进入血液中，破坏血红素输送氧的能力，有很大的毒性。遇明火、高热会燃烧、爆炸。硝基苯是重要的硝基化合物，常用作有机合成的中间体，是合成苯胺、联苯胺、偶氮苯的重要原料。

2. 2,4,6-三硝基甲苯

2,4,6-三硝基甲苯为白色或淡黄色针状晶体，无臭，有吸湿性，熔点 80.1 ℃，沸点 240 ℃，相对密度 1.65，几乎不溶于水，微溶于乙醇，溶于苯、甲苯和丙酮。有毒，我国车间空气中最高容许浓度为 1 mg·m^{-3}（皮）。

TNT 是由甲苯与混酸经过分步硝化制得，它是一种重要的炸药，熔点较低，熔融方便，易同其他成分混合，易灌注弹壳内，是既便宜又安全的猛烈炸药，亦称黄色炸药。除直接用作炸药外，它还是许多炸药及其中间体的原料，既可单独使用也可与其他炸药混合使用，还可用于制造染料、医药品等。烈性炸药 TNB（1,3,5-三硝基苯）就是以 TNT 为原料制得的：

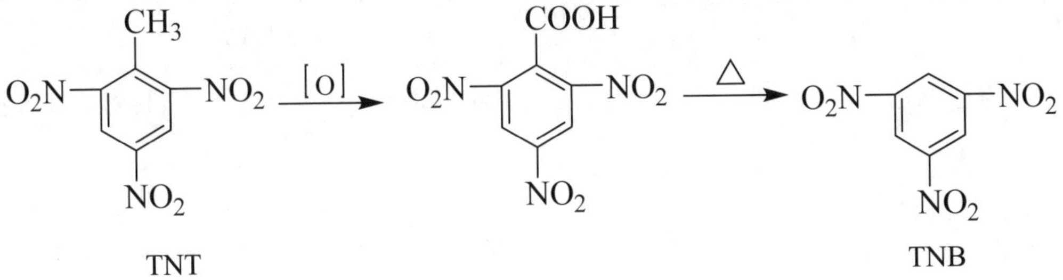

3. 2,4,6-三硝基苯酚

2,4,6-三硝基苯酚又名苦味酸，是黄色针状或块状晶体，熔点 121.8 ℃，沸点大于 300 ℃，相对密度 1.76，有毒，味极苦。能溶于热水、乙醇、苯及乙醚，难溶于冷水，水溶液呈酸性。

苦味酸用于制造硫化染料及炸药，也是检验生物碱的重要试剂。由于它的酸性很强，会腐蚀弹壳，且生成的铁盐对震动和摩擦特别敏感，作炸药使用很不安全，现在弹药趋于完全不用。

【知识链接】 ---

尼群地平

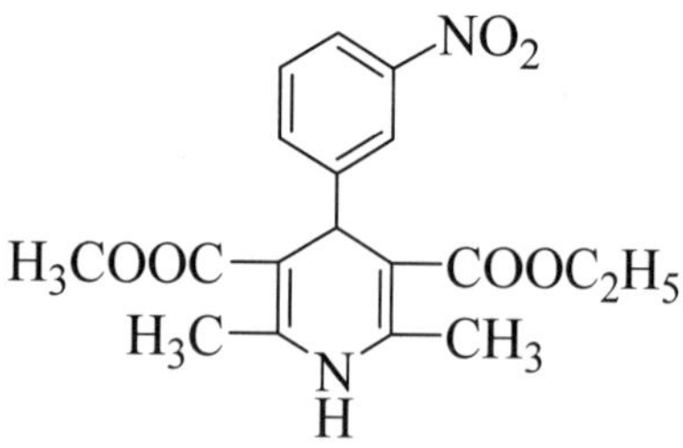

尼群地平为黄色结晶或结晶型粉末，无臭无味，遇光易变质。它在水中几乎不溶解，略溶于甲醇和乙醇中，易溶于丙酮和氯仿中，是一种抗高血压药，主要用于原发性高血压、继发性高血压及冠心病的治疗，尤其是患有这两种疾病的患者，也可用于充血性心力衰竭的治疗。

目标检测

一、选择题（每题只有一个正确答案）。

1. 关于硝基的描述，不正确的是（　　）。

A. 强吸电子基团
B. 邻对位定位基
C. 钝化基团
D. 容易被还原的基团

2. 下列物质属于芳香硝基化合物的是（　　）。

A. CH_3NO_2

B. $(CH_3)_2CHNO_2$

C.

D.

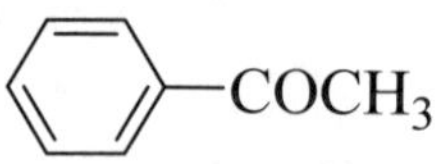

3. 下列硝基化合物的命名错误的是（　　）。

A. CH_3NO_2　硝基甲烷

B. 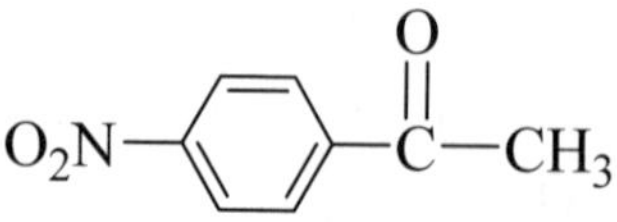 对硝基苯乙酮

C. 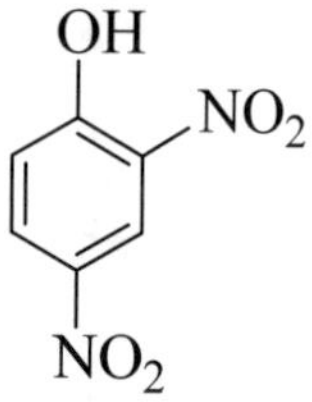 2,4-二硝基苯酚

D.  4-甲基硝基苯

4. 硝基苯跟铁粉的盐酸溶液反应，生成（　　）。

A. 苯胺 　　　　　 B. 甲苯 　　　　　 C. 氯苯 　　　　　 D. 苯甲酸

5. 关于硝基苯的性质叙述错误的是（　　　）。

A. 难溶于水，密度比水大 　　　　　 B. 在酸性还原系统中可被还原成苯胺

C. 与亚硝酸反应生成蓝色晶体 　　　　　 D. 在碱性条件下还原可得双分子还原产物

6. 下列化合物中，酸性最强的是（　　　）。

A. 苯酚 　　　　　　　　　　 B. 对硝基苯酚

C. 2,4-二硝基苯酚 　　　　　　　　　　 D. 2,4,6-三硝基苯酚

7. 下列硝基化合物，不能与 NaOH 容易反应的是（　　　）。

A. CH_3NO_2 　　　　　　　　　　 B. $CH_3CH_2NO_2$

C. $CH_3CHCH_2CH_3$ 　　　　　　　　　　 D. $(CH_3)_3CNO_2$
　　　|
　　NO_2

8. 可用于鉴别硝基化合物的是（　　　）。

A. Fe+HCl 　　　　　　　　　　 B. Sn+HCl

C. As_2O_3/NaOH 　　　　　　　　　　 D. $NaNO_2$/HCl+NaOH

二、命名下列化合物或者写出其结构式。

1.

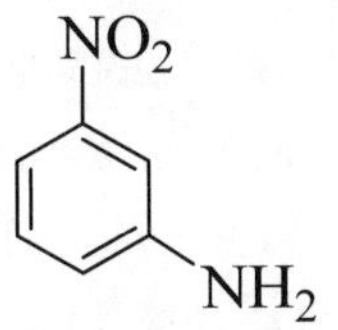

2. 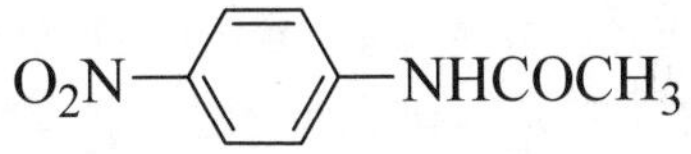 O_2N—⟨　⟩—$NHCOCH_3$

3. $CH_3CHCH_2CHCH_3$
　　　|　　　|
　　CH_3　NO_2

4. TNT

5. 苦味酸

三、完成下列化学反应方程式。

1. 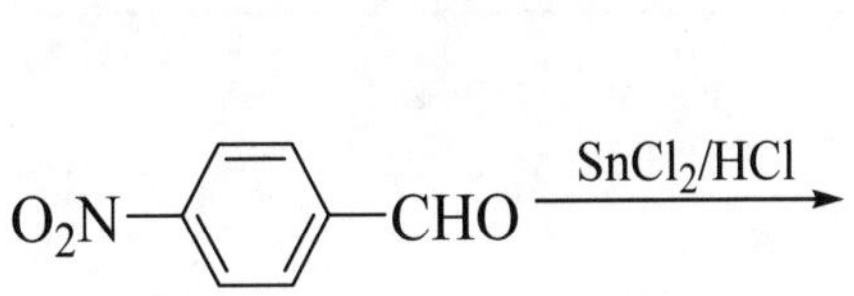 O_2N—⟨　⟩—CHO $\xrightarrow{SnCl_2/HCl}$

2. $\xrightarrow{H_2/Ni}$

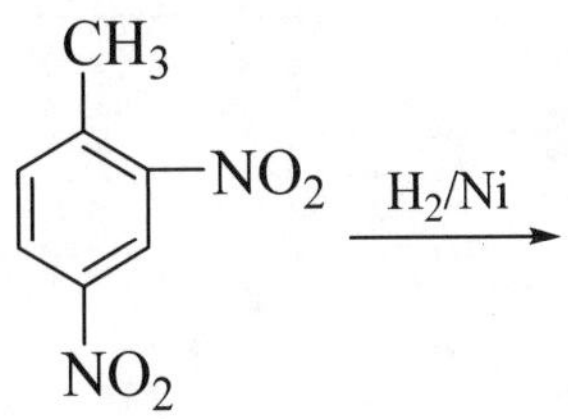

3. $CH_3CH_2NO_2$ + NaOH $\longrightarrow$

4. 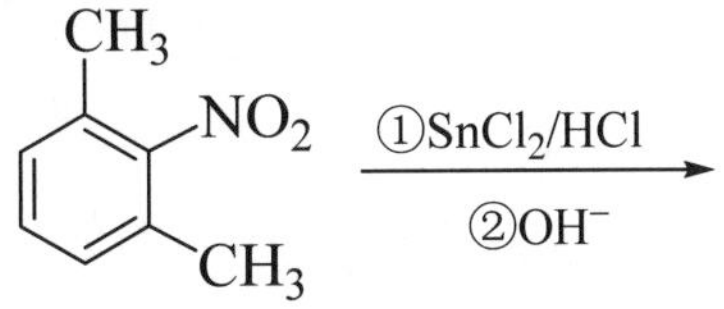 $\xrightarrow[\text{②}OH^-]{\text{①}SnCl_2/HCl}$

第二节　胺和季铵化合物

 学习目标

1. 熟悉胺的结构和分类，熟练地对胺进行命名；
2. 掌握胺的主要性质，会书写有关典型反应方程式；
3. 化学方法鉴别伯、仲、叔胺；
4. 了解胺类化合物的制备方法；
5. 熟悉重要的胺和季铵化合物；
6. 了解胺类化合物在药学中的应用。

【案例导入】 --

　　某市食品厂因污水调节池发生堵塞，造成污水外溢。1名工人下池疏通，下到一半即从梯子上跌落池底，随后又有2名工人因下池救人相继跌落池底。其他人员见状，立即报警求救。1 h后，消防人员佩戴防毒面具下池将3人救上地面。3人呈昏迷状态，嘴角流出粉红色泡沫状分泌物，鼻孔渗血，经医务人员抢救无效，3人当场死亡。现场流行病学调查，此食品厂是生猪屠宰企业，在生产过程中产生的污水中，含有猪的内脏和血水等杂物。实验室人员立即赶赴现场进行现场检验，检验结果表明污水调节池内空气中三甲胺平均浓度为50 104.7 mg/m³，是卫生标准的4 175.4倍。三甲胺毒理学试验表明，空气中三甲胺浓度为11.56 mg/m³时，可见实验动物4 h后出现死亡；尸检发现呼吸道淤血、渗血。此次中毒死亡者症状与之相似。

　　文献资料表明，猪的内脏和血水等杂物长时间滞留，经发酵分解可产生胺类化合物（一甲胺、二甲胺、三甲胺，氧气严重缺乏时三甲胺最多）、甲烷、硫化氢等有害气体。

　　问题：1. 胺类化合物是一类什么样的物质？它具有哪些主要性质？

　　　　　2. 为什么胺类化合物会导致人体中毒，中毒后有哪些急救措施？

一、胺的概述

1. 胺的定义、结构

胺可以看作氨分子（NH_3）中的氢原子被烃基取代后生成的化合物。其通式为：

$$NH_3 \qquad Ar(R)-NH_2$$

　　　　　　　　氨　　　　　　　　　　　胺

胺的官能团以氨基（—NH_2）为代表。例如：

$$CH_3CH_2NH_2 \qquad CH_3NHCH_3 \qquad CH_3CH_2NHCH_3$$

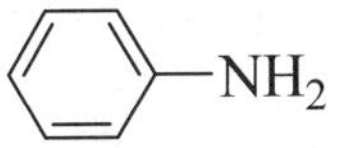

乙胺 二甲胺 甲乙胺 苯胺

2. 胺的分类

胺按照氨分子中的氢原子被烃基取代的数目不同分为以下 3 种（R 为烃基）：

$$RNH_2 \qquad\qquad R_2NH \qquad\qquad R_3N$$

伯胺 仲胺 叔胺

胺也可以根据分子中氮原子所连接烃基的不同，将胺分为脂肪胺和芳香胺。氮原子直接与脂肪烃基相连的胺称为脂肪胺，氮原子直接与芳环相连的胺称为芳香胺。胺还可以根据胺分子中所含氨基（—NH_2）的数目不同而将胺分为一元胺、二元胺、多元胺。例如：

$$CH_3CH_2NH_2 \qquad H_2NCH_2CH_2NH_2 \qquad H_2N-CH_2\overset{\overset{\displaystyle NH_2}{|}}{C}HCH_2-NH_2$$

一元胺 二元胺 多元胺

3. 胺的命名

简单的胺是以胺作母体，烃基作为取代基，命名时将烃基的名称和数目写在母体胺的前面，"基"字一般可以省略。例如：

$$CH_3CH_2NH_2 \qquad CH_3NHCH_3 \qquad CH_3CH_2NHCH_3$$

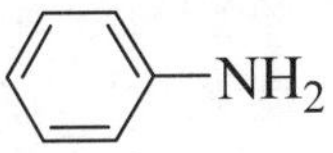

乙胺 二甲胺 甲乙胺 苯胺

当氮原子上同时连有芳香烃基和脂肪烃基时则以芳香胺作为母体，命名时在脂肪烃基前加上字母"N"，表示该脂肪烃基是直接连在氮原子上。例如：

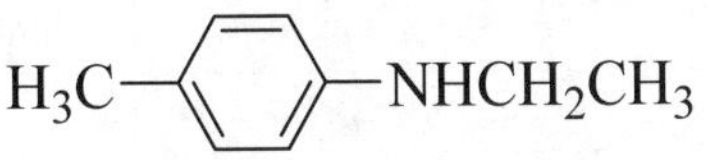

$$H_3C-\bigcirc-NHCH_2CH_3$$

4-甲基-N-乙基苯胺 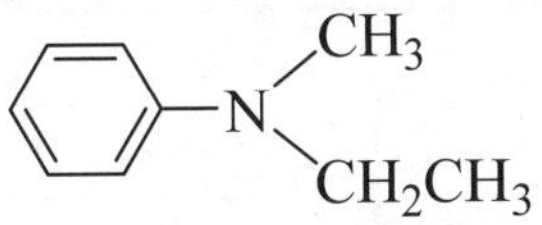 N-甲基-N-乙基苯胺

比较复杂的胺，是以烃作为母体，氨基作为取代基来命名。例如：

$$CH_3\overset{\overset{\displaystyle CH_3}{|}}{C}HCH_2\overset{\overset{\displaystyle NH_2}{|}}{C}HCH_2CH_3$$

2-甲基-4-氨基己烷

命名时注意氨、胺和铵的含义，在表示基团时用"氨"；表示 NH_3 的烃基衍生物时用"胺"；表示铵盐或季铵化合物时用"铵"。

练一练1

命名下列化合物。

1.

$$H_3C \quad CH_3$$
$$N$$
（苯基）

2.

$$H_3C—C—NH_2$$
（CH_3，CH_3）

3.

$$CH_3 \quad N(C_2H_5)_2$$
$$CH_3CH_2CH—CHCH_3$$

二、胺的物理性质

胺有难闻的气味，许多脂肪胺都有鱼腥臭味，丁二胺与戊二胺有腐烂肉的臭味，它们又分别被称为腐胺与尸胺。

胺和氨一样，都是极性物质。除了叔胺外，都能形成分子间氢键，因此，沸点比不能以氢键缔合的相对分子质量相近的醚高。由于氮的电负性小于氧，N—H 的极性比 O—H 键弱，形成氢键较弱，因此伯胺、仲胺的沸点比相对分子质量相近的醇和羧酸低。叔胺由于氮上没有氢原子，不能形成氢键，其沸点与相对分子质量相近的烷烃相似。碳原子相同的脂肪族胺中，伯胺的沸点最高，仲胺次之，叔胺最低。

低级胺易溶于水，随着相对分子质量的增加，其溶解度迅速降低。例如：甲胺、二甲胺、乙胺、二乙胺等可与水以任意比例混溶，C_6 以上的胺则不溶于水。这是因为低级胺与水分子间能形成氢键，所以易溶于水。随着胺分子中的烃基增大，空间位阻增强，难与水形成氢键，因此高级胺难溶于水。一些胺的物理常数见表 4-2。

表 4-2　　　　　　　　　　　　　一些胺的物理常数

名称	熔点（℃）	沸点（℃）	溶解度（mol/L）	pKa（25 ℃）
甲胺	−93.5	−4.3	易溶	10.62
乙胺	−80.6	16.6	易溶	10.75
丙胺	−83.0	49～50	易溶	10.70
异丙胺	−101.0	32.4	易溶	10.72
叔丁胺	−67.5	44.4	易溶	10.45
苯胺	−6.3	184.4	3.6	4.60
二甲胺	−96.0	7.4	易溶	10.73
三甲胺	−117.2	3.2～3.8	易溶	9.78

芳香胺是无色的高沸点液体或低熔点固体，毒性很大。与皮肤接触或吸入其蒸气都会引起中毒，如苯胺可以通过吸入、食入或透过皮肤吸收而致中毒，食入 0.25 mL 就会严重中毒，所以使用时要格外小心。有些芳香胺能致癌，如 β-萘胺与联苯胺就是能导致恶性肿瘤的物质。

【知识链接】--

胺类物质的防护及应急处理

胺类物质大都有难闻的气味，有毒，有些毒性很大，使用时要格外小心。使用胺类物质时，应穿胶布防毒衣、戴橡胶手套和化学安全防护眼镜，工作现场严禁吸烟、进食和饮水，工作完毕后，要淋浴更衣。空气中浓度超标时，佩戴过滤式防毒面具（半面罩）。

使用胺类物质时，若设备不慎泄漏，污染区人员应迅速撤离泄漏区域至上风处，保持呼吸道通畅。若有胺类物质洒到身上，要立即脱去被污染的衣服，用大量流动清水冲洗至少 15 min，然后就医。若溅入眼睛，要立即提起眼睑，用大量流动清水或生理盐水彻底冲洗至少 15 min 再就医。

三、胺的化学性质

1. 碱性

胺具有碱性，这是由于氮原子上的孤对电子易与水中的质子相结合的缘故。胺在水中存在下列平衡：

$$RNH_2 + H_2O \rightleftharpoons RNH_3^+ + OH^-$$

胺能与大多数酸作用成盐。

$$R-NH_2 + HCl \longrightarrow R-\overset{+}{N}H_2Cl^-$$

$$R-NH_2 + HOSO_3H \longrightarrow R-\overset{+}{N}H_3^-OSO_3H$$

胺具有碱性，易与核酸及蛋白质的酸性基团发生作用。在生理条件下，胺易形成铵离子，其中氮原子又能参与氢键的形成，因此易与多种受体结合而显示出多种生物活性。

胺类的碱性强弱与其结构有关。

（1）脂肪胺的碱性比氨大。

在水溶液中，脂肪胺中 2°胺的碱性最强，1°胺、3°胺次之，但它们的碱性均比氨强。例如：

化合物	$(CH_3)_2NH$	CH_3NH_2	$(CH_3)_3N$	NH_3
pKa	10.73	10.65	9.78	9.24

总的来说，胺是一类弱碱，其盐与氢氧化钠溶液作用时，又能释放出游离胺。

$$R-\overset{+}{N}H_3X^- + NaOH \longrightarrow R-NH_2 + NaX + H_2O$$

可利用这一类性质纯化胺类化合物。

（2）芳香胺的碱性比氨小。

这是由于苯环和相连的氨基之间存在电子效应，氮原子上电子云向苯环方向偏移，使氮原子周围电子云密度减小，接受质子的能力也随着减小，因而碱性减弱。同时苯环又占据较大的空间，阻止质子和氨基结合，故苯胺的碱性比氨弱得多，这和实际测定的 pK_a 大小顺序完全一致：

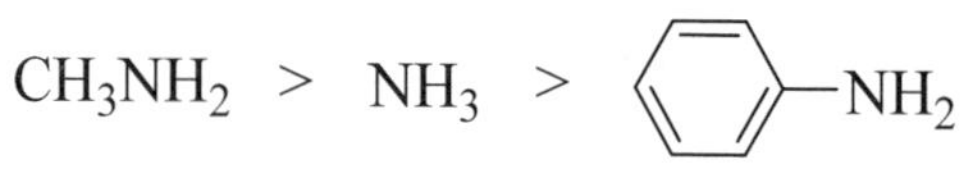

$$CH_3NH_2 > NH_3 > \text{（苯基）}-NH_2$$

pKa　　　10.65　　　9.24　　　4.60

由此可知，胺在水溶液中的碱性强弱为：

二甲胺＞甲胺＞三甲胺＞NH$_3$＞芳香胺

芳香胺的碱性强弱与氮原子所连的苯基（芳基）数目有关：

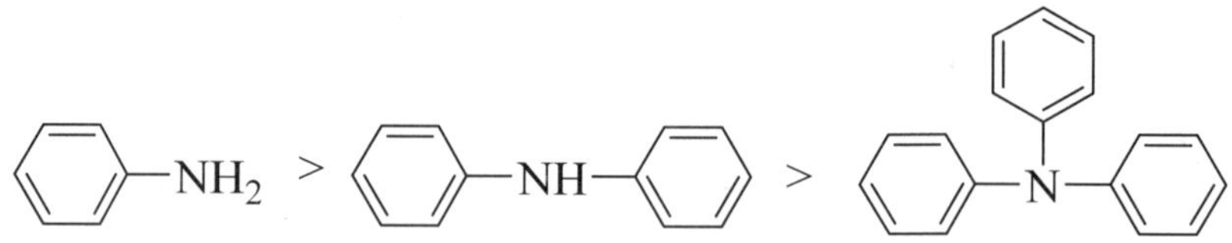

pKa　　　4.60　　　　　　1.0　　　　　　近于中性

取代苯胺的碱性受取代基的影响。无论是供电子基还是吸电子基，在氨基邻位时，碱性都比苯胺弱。当氨基的间位、对位有供电子基（如甲基），使碱性增强；有吸电子基（如硝基），使碱性减弱。

练一练 2

比较下列化合物的碱性强弱。

1. 甲胺、二甲胺、苯胺
2. 苯胺、对甲氧基苯胺、对硝基苯胺

2. 酰基化反应

伯胺和仲胺能与酰卤、酸酐等酰基化试剂反应生成酰胺。例如：

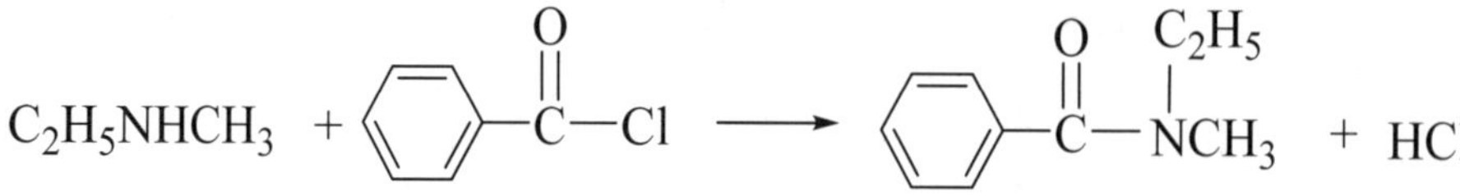

$$C_2H_5NHCH_3 + \text{（苯基）}\overset{O}{\underset{\|}{C}}-Cl \longrightarrow \text{（苯基）}\overset{O}{\underset{\|}{C}}-N\overset{C_2H_5}{\underset{CH_3}{}} + HCl$$

N-甲基-N-乙基苯甲酰胺

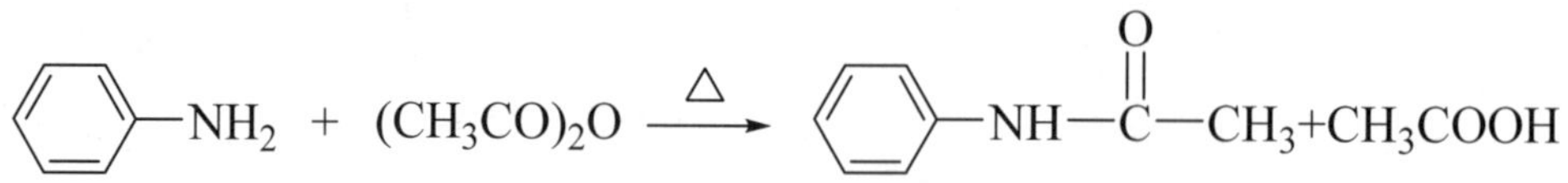

$$\text{（苯基）}-NH_2 + (CH_3CO)_2O \overset{\triangle}{\longrightarrow} \text{（苯基）}-NH-\overset{O}{\underset{\|}{C}}-CH_3 + CH_3COOH$$

乙酰苯胺

叔胺分子中的氮原子上没有连接氢原子，所以不能进行酰基化反应。伯胺、仲胺经酰基化反应后得到具有一定熔点的结晶固体，因此酰基化反应可以鉴别伯胺和仲胺。

酰胺可在酸碱催化下水解除去酰基，因此在有机合成上，常利用酰化反应来保护氨基。例如：由对甲苯胺制备对氨基苯甲酸时，由于氨基易被氧化，可先在氨基上导入乙酰基生成不易被氧化的 N-乙酰对甲苯胺，然后再氧化甲基成酸，产物经水解即生成对氨基苯甲酸。

$$\text{对甲苯胺} \xrightarrow{CH_3COCl} \text{对甲基乙酰苯胺} \xrightarrow{KMnO_4} \text{对乙酰氨基苯甲酸} \xrightarrow[\triangle]{H^+/H_2O} \text{对氨基苯甲酸}$$

【知识链接】--

对乙酰氨基酚

对乙酰氨基酚，俗称扑热息痛，是常用的一种非抗炎解热镇痛药，适用于缓解轻度至中度疼痛，如感冒引起的发热、头痛、关节痛、神经痛以及偏头痛、痛经等。其解热作用与阿司匹林相似，但镇痛作用较弱，无抗炎抗风湿作用，是乙酰苯胺类药物中最好的品种。特别适合于不能应用羧酸类药物的病人。

对乙酰氨基酚的合成就是用对氨基苯酚与乙酐在酸性条件下发生酰基化反应制得。

$$HO-\langle\!\!\!\!\bigcirc\!\!\!\!\rangle-NH_2 + (CH_3CO)_2O \xrightarrow{CH_3COOH} HO-\langle\!\!\!\!\bigcirc\!\!\!\!\rangle-NHCOCH_3 + CH_3COOH$$

对乙酰氨基酚

----

3. 磺酰化反应

伯胺、仲胺在碱存在下与苯磺酰氯作用，生成苯磺酰胺。伯胺生成的苯磺酰胺，氨基上的氢原子受磺酰基的影响呈弱酸性，能溶于碱而生成水溶性的盐。仲胺所生成的苯磺酰胺，氨基上没有氢原子不显酸性，不能溶于碱溶液中。叔胺与苯磺酰氯不起反应，可溶于酸。所以在有机分析中常利用苯磺酰氯（或对甲基苯磺酰氯）来分离、鉴别三种胺类化合物。这个反应称为兴斯堡反应，是胺的分析方法之一。

$$RNH_2 + \langle\!\!\!\!\bigcirc\!\!\!\!\rangle-SO_2Cl \longrightarrow \langle\!\!\!\!\bigcirc\!\!\!\!\rangle-SO_2NHR \xrightarrow{NaOH} \left[\langle\!\!\!\!\bigcirc\!\!\!\!\rangle-SO_2NR\right]^- Na^+$$

可溶于水的盐

$$R_2NH + \langle\!\!\!\!\bigcirc\!\!\!\!\rangle-SO_2Cl \xrightarrow{NaOH} \langle\!\!\!\!\bigcirc\!\!\!\!\rangle-SO_2NR_2$$

不溶于 NaOH

$$R_3N + \langle\!\!\!\!\bigcirc\!\!\!\!\rangle-SO_2Cl \xrightarrow{NaOH} （不反应）$$

练一练 3

想一想，下列化合物中，哪些能和苯磺酰氯发生磺酰化反应，哪些不能？

1. 苯基甲胺（NHCH₃）

2. 苯胺（NH₂）

3.

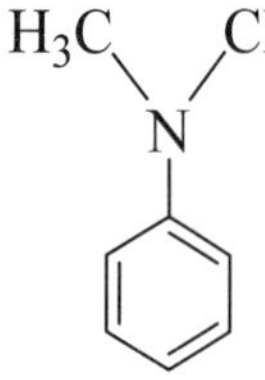

$$H_3C \underset{\text{（结构式）}}{N} CH_3$$ （苯环，N上连两个CH₃）

4. $CH_3CH_2CH_2CH_2NH_2$

5.

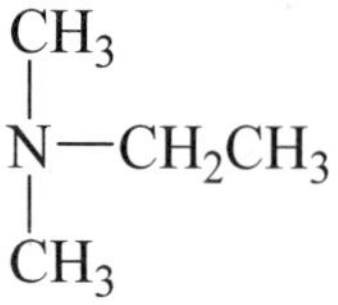

$$\underset{CH_3}{\overset{CH_3}{N}} - CH_2CH_3$$

【知识链接】

磺胺类药物

磺胺类药物的基本结构是对氨基苯磺酰胺，简称磺胺。

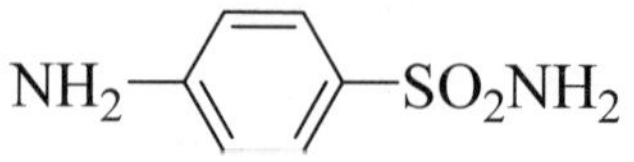

$$NH_2 - - SO_2NH_2$$

对氨基苯磺酰胺

对氨基苯磺酰胺本身有抑菌作用，是磺胺药物中最简单的一种，但因其副作用大，现仅供外用。当氨基上的氢原子被某些基团取代时，能增加其抑菌作用，有较好的疗效和较低的毒性。

磺胺类药物为白色或淡黄色的结晶粉末，无臭，几乎无味或微苦味，难溶于水，易溶于酸性及碱性溶液中。具有抗菌谱广、性质稳定、口服吸收良好等优点，是一类治疗细菌性感染的重要药物。重要的磺胺类药物很多，如磺胺嘧啶（SD）、磺胺甲基异噁唑（新诺明、SMZ）等。

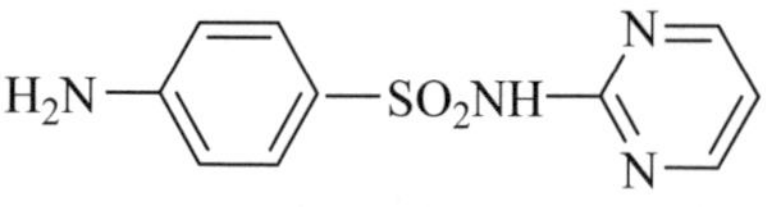

$$H_2N - - SO_2NH - $$（嘧啶环）

磺胺嘧啶（SD）

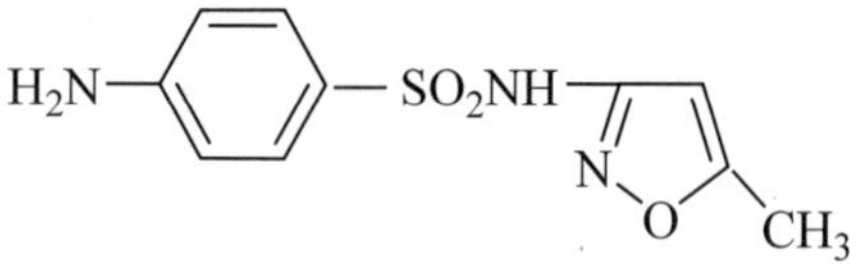

$$H_2N - - SO_2NH - - CH_3$$（异噁唑环）

磺胺甲基异噁唑（新诺明、SMZ）

4. 与亚硝酸反应

胺类化合物可以与亚硝酸发生反应，但伯、仲、叔胺各有不同的反应结果和现象。由于亚硝酸不稳定，通常采用亚硝酸钠和强酸（盐酸或硫酸）作为亚硝化试剂。

脂肪伯胺在强酸存在下与亚硝酸反应，能定量地放出氮气。此反应常用于脂肪伯胺与和其他有机物中氨基的含量测定。

$$RCH_2CH_2NH_2 \xrightarrow[\text{低温}]{NaNO_2 + HCl} RCH_2CH_2\overset{+}{N}_2Cl^- \xrightarrow{\text{分解}} RCH_2CH_2OH + N_2\uparrow + Cl_2\uparrow$$

重氮盐

芳香伯胺与亚硝酸在常温下的反应与脂肪伯胺相似，生成酚并放出氮气。

但若在强酸性溶液中和低温条件下，与亚硝酸作用则生成重氮盐，称为重氮化反应。例如：

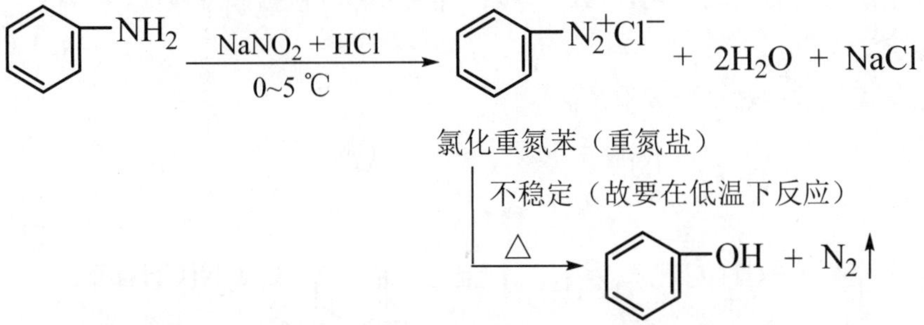

氯化重氮苯（重氮盐）

不稳定（故要在低温下反应）

$$\xrightarrow{\triangle} \text{〇}-OH + N_2\uparrow$$

重氮化反应生成的芳香重氮盐溶于水，在低温（0～5 ℃）时较稳定，加热时水解成酚类。干燥的重氮盐稳定性很差，易爆炸，故制备后直接在水溶液中应用。

脂肪仲胺和芳香仲胺都能与亚硝酸反应生成 N-亚硝基胺，为黄色不溶于水的油状物，具有强烈的致癌作用。

N-亚硝基胺（黄色油状物）

脂肪叔胺只能与亚硝酸形成不稳定的盐。

$$R_3N + HNO_2 \longrightarrow R_3N^+HNO_2^-$$

不稳定

芳香叔胺可以在芳环上发生亚硝化反应，生成芳环上有亚硝基的化合物。例如：

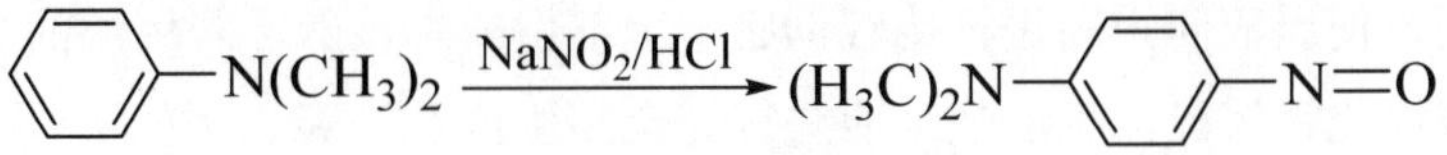

酸性条件呈橘黄色，碱性条件下呈翠绿色

【知识链接】

亚硝胺的危害

亚硝胺是四大食品污染物之一。迄今为止，已发现的亚硝胺有 300 多种，其中 90% 左右可以诱发动物不同器官的肿瘤。大量实验证明：烟熏或盐腌制的鱼和肉含有较多的亚硝胺类，霉变的食品中也有亚硝胺的形成，其中有的是食品中天然形成的，有的是生产过程中添加亚硝酸盐而形成的。人体可经消化道、呼吸道等途径接触这些致癌物。

要预防亚硝胺中毒，首先要在食品加工中防止微生物污染，降低食品中亚硝胺含量；同时加强对肉制品的监督、检测，严格控制亚硝酸盐的使用；少吃或不吃隔夜剩饭菜，因为剩菜中的亚硝酸盐含量明显高于新鲜制作的菜；少吃或不吃咸鱼、咸蛋、咸菜。

四、季铵盐和季铵碱

季铵化合物是氮原子上连有四个烃基的化合物，在结构上可以看作是铵离子 NH_4^+ 中的 4 个氢都被烃基所取代而生成的化合物。季铵化合物分为季铵盐和季铵碱。

1. 季铵盐

将叔铵与卤代烷加热，形成季铵盐。

$$R_3N + RX \longrightarrow [R_4N]^+X^-$$

例如：

氯化苄基三甲铵

$$n-C_{16}H_{33}Br + (CH_3)_3N \xrightarrow{\triangle} n-C_{16}H_{33}N(CH_3)CBr^-$$

溴化正十六烷基三甲铵

季铵盐($R_4N^+X^-$，R 为烃基) 是白色结晶固体，具有盐的性质，能溶于水，不溶于非极性有机溶剂，熔点高，常在熔融时分解。带有长链季铵盐的主要用途为阳离子表面活性剂，具有去污、杀菌、消毒等功效。

季铵盐与伯、仲、叔胺的盐不同，它与强碱作用时，不能使胺游离出来，而是得到含有季铵碱的平衡混合物。

$$[R_4N]^+X^- + KOH \rightleftharpoons [R_4N]^+OH^- + KX$$

该反应如果在醇溶液中进行，由于碱金属的卤化物（如卤化钾）不溶于醇而析出沉淀，可破坏上述平衡，使反应向正向进行比较彻底，全部生成季铵碱。若用湿的氧化银代替氢氧化钾，由于生成卤化银沉淀，也能使反应进行完全，生成季铵碱。例如：

$$2[(CH_3)_4N] + I^- + Ag_2O + H_2O \longrightarrow 2[(CH_3)_4N] + OH^- + 2AgI \downarrow$$

【知识链接】--

新洁尔灭

溴化二甲基十二烷基苄基铵

在常温下，新洁尔灭为微黄色的黏稠液，吸湿性强，易溶于水和醇。水溶液呈碱性。新洁尔灭是具有长链烷基的季铵盐，属阳离子型表面活性剂，也是一种广谱杀菌剂，杀菌力强，溶液可长期保存效力不减，对皮肤和组织无刺激性，对金属、橡胶制品无腐蚀作用。临床上广泛用于手(0.05%～0.1%，浸泡 5 min)、皮肤(0.1%)、黏膜(0.01%～0.05%)、器械（置于 0.1%的溶液中煮沸 15 min 后再浸泡 30 min ）等的消毒，忌与肥皂、盐类或其他合成洗涤剂同时使用，避免使用铝制容器，消毒金属器械需加 0.5% 亚硝酸钠防锈，不宜用于膀胱镜、眼科器械及合成橡胶的消毒。对革兰氏阴性杆菌及肠道病毒作用弱，对结核杆菌及芽孢无效。

----

2. 季铵碱

季铵碱（$R_4N^+OH^-$，R 为烃基）是强碱，碱性和氢氧化钠相近，分子结构与氢氧化铵（NH_4OH）相似，可看作是 NH_4OH 中氢原子被取代而得到的衍生物。季铵碱易潮解，易溶于水并完全电离。最简单的季铵碱是氢氧化四甲铵 $(CH_3)_4NOH$。季铵碱受热分解，分解产物与烃基结构有关。

当分子没有 β-氢原子时，分解成叔胺和醇。例如：

$$[(CH_3)_4N]^+OH^- \xrightarrow{\triangle} (CH_3)_3N + CH_3OH$$

当分子有 β-氢原子时，分解成叔胺、烯烃和水。例如：

$$[CH_3CH_2CH_2N(CH_3)_3]^+OH^- \xrightarrow{\triangle} (CH_3)_3N + CH_3CH=CH_2 + H_2O$$

【知识链接】---

胆碱

胆碱是一种季铵碱。它可以和盐酸作用生成盐。其结构式如下：

$$\left[HOCH_2CH_2-\underset{\underset{CH_3}{|}}{\overset{\overset{CH_3}{|}}{N}}-CH_3 \right]^+ OH^-$$

胆碱普遍存在于生物体中，在脑组织和蛋黄中含量较多，是卵磷脂的组成部分。胆碱为白色结晶，吸湿性强，易溶于水和乙醇，而不溶于乙醚和氯仿等。它在体内参与脂肪代谢，有抗脂肪肝的作用。

在生物体内，胆碱多以乙酰胆碱的形式存在：

$$\left[CH_3-\overset{\overset{O}{\|}}{C}-OCH_2CH_2-\underset{\underset{CH_3}{|}}{\overset{\overset{CH_3}{|}}{N}}-CH_3 \right]^+ OH^-$$

乙酰胆碱是相邻的神经细胞之间，通过神经节传导神经刺激的重要物质，神经冲动过程中生成的乙酰胆碱立即受胆碱酶的催化作用而迅速发生水解，重新生成胆碱。

五、胺的制备

胺类化合物的制备方法很多，除了通过前面有关章节介绍的硝基化合物、腈的还原反应制备胺外，还可采用还原氨化和盖布瑞尔合成等方法制备胺。

酮或醛在氨或伯胺存在下进行催化氢化可直接得到伯胺或仲胺，这个过程称为还原胺化。例如：

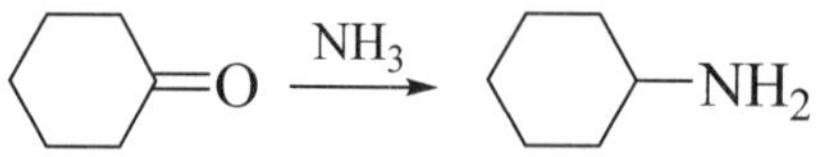

邻苯二甲酰亚胺分子中亚氨基上的氢原子受两个酰基的影响，有弱酸性，可以和碱作用生成盐，后者与卤代烃等烃化剂反应生成 N-烃基邻苯二甲酰亚胺，然后水解可得纯的伯胺，该方法称为盖布瑞尔合成法。

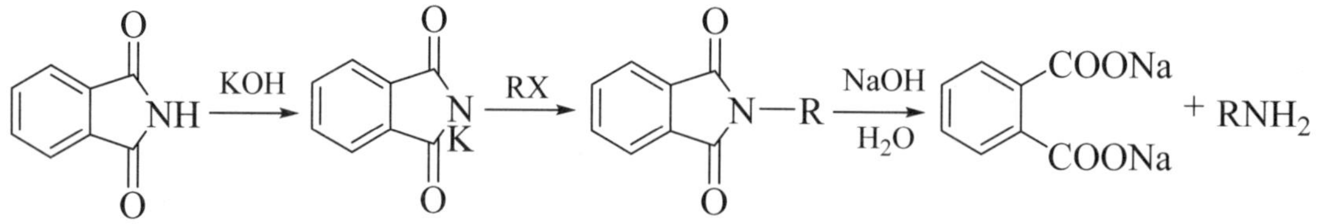

也可用水合肼代替氢氧化钠，在温和的回流条件下反应，因为肼比胺的碱性略强，能和胺发生交换，使胺游离析出。

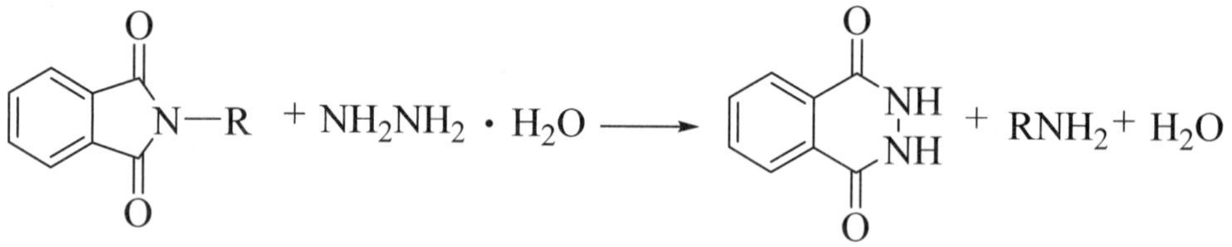

六、重要的胺类化合物及其在药学中的应用

1. 二甲胺

二甲胺为无色气体，沸点 7.4 ℃，易溶于水、乙醇和乙醚。其低浓度气体有鱼腥臭味，高浓度气体有令人不愉快的氨味。易燃，与空气可形成爆炸性混合物，爆炸极限为 2.80%～14.40%（体积分数）。二甲胺有毒，对皮肤、眼睛和呼吸器官都有刺激性。空气中允许浓度为 10 μg/g。工业上由甲醇与氨在高温、高压和催化剂存在下制得。

二甲胺主要用于医药、农药、染料等工业，是合成磺胺类药物、杀虫脒、二甲基甲酰胺等的中间体。

2. 乙二胺

乙二胺是最简单的二元胺，为无色黏稠状液体，沸点 116.5 ℃，易溶于水。主要用于环氧树脂固化剂、农药、医药、螯合剂、表面活性剂、润滑油添加剂、纸张湿强剂等领域。乙二胺可以生产约 20 余个医药品种，主要有氨茶碱、甲硝羟基唑等，多为传统药物，随着全国医疗保障制度改革的持续推进，许多疗效好的传统药物还将占有相当市场，而且出口前景也看好。乙二胺与氯乙酸在碱性溶液中作用生成乙二胺四乙酸盐，后者经酸化得到乙二胺四乙酸，简称 EDTA。

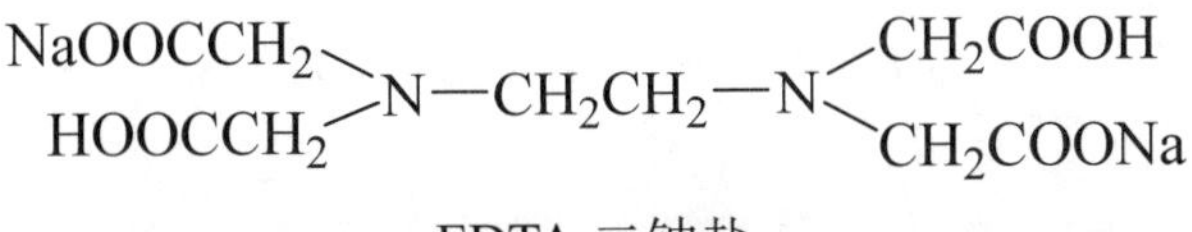

NaOOCCH2
HOOCCH2
N—CH2CH2—N
CH2COOH
CH2COONa

EDTA 二钠盐

EDTA 及其盐类在分析化学中具有重要的应用，它能与碱土金属和重金属具有强烈的配位作用，形成非常稳定的螯合物，EDTA 二钠盐还是重金属中毒的解药。

3. 苯胺

苯胺是最简单也是最重要的芳香伯胺，是合成药物、染料等的重要原料，如可以合成磺胺类药物等。苯胺为油状液体，沸点 184 ℃，微溶于水，易溶于有机溶剂。新蒸馏的苯胺无色，但久置会因氧化而颜色变深。苯胺有毒，能透过皮肤或吸入蒸气使人中毒，可引起皮肤起疹、恶心、视力不清、精神不安，因此使用苯胺时要谨防中毒。

苯胺与溴水反应，立即生成 2,4,6-三溴苯胺白色沉淀。

NH2
+ 3 Br2
NH2
Br
Br
Br

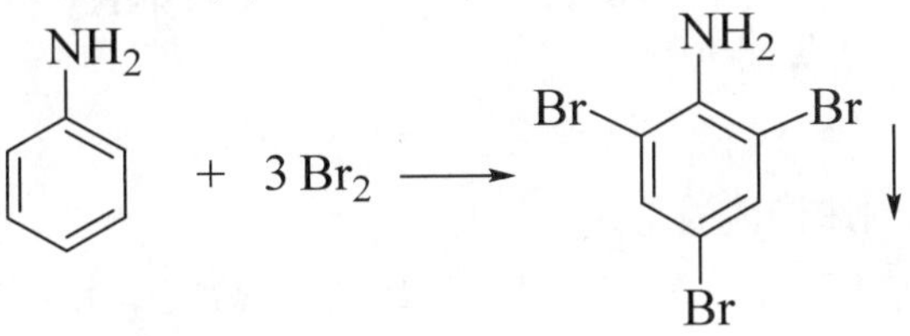

练一练 4

将 9 g（0.16 mol）还原 Fe 粉、17 mL H_2O、1 mL 冰醋酸放入 250 mL 三颈烧瓶，振荡混匀，装上回流冷凝管。小火微微加热煮沸 3～5 min，冷凝后分几次加入 7 mL 硝基苯，用力振荡，混匀。加热回流，在回流过程中，经常用力振荡反应混合物，以使反应完全。

观察与思考：

1. 以上反应是我们前面所学习过的什么反应？
2. 你观察到的实验现象是什么？

以上实验就是我们在上一节硝基化合物中所学习的硝基苯的铁粉还原反应，随着回流反应的进行，烧瓶中黄色的油状物质硝基苯逐渐消失而变为乳白色的油珠，这种新生成的物质就是苯胺。

4. 萘胺

萘胺有 α-萘胺(
NH2
)和 β-萘胺(
NH2
)两种异构体。其中 α-萘胺比较重要。α-萘胺是无色针状晶体，熔点 50 ℃，有令人不愉快的气味。不溶于水，可溶于乙醇和乙醚，有毒。工业上由 α-硝基萘还原制得。α-萘胺主要用于制造染料，也可用于制造农药、橡胶防老剂等。β-萘胺为无色、有光泽的片状晶体。熔点 110 ℃，不溶于冷水，可溶于热水、乙醇和乙醚。有毒，并且有致癌作用，使用时要特别小心。工业上由 β-萘酚与氨水

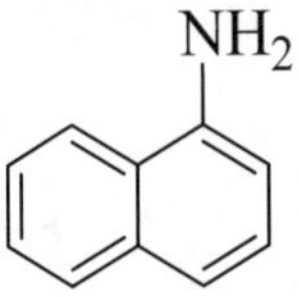

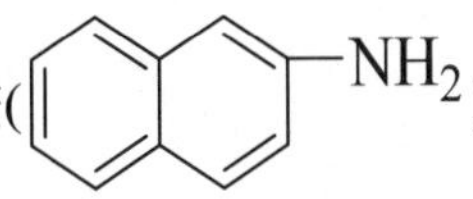

在亚硫酸铵存在下，经加热、加压制得。萘胺主要用于制造染料。

目标检测

一、选择题（每题只有一个正确答案）。

1. 下列物质中，碱性最强的是（　　）。

A. 甲胺　　　　　　　　B. 三甲胺　　　　　　　C. 苯胺　　　　　　　　D. 二甲胺

2. 下列结构属于叔胺的是（　　）。

A. $N(CH_3)_3$　　　　　B. CH_3NHCH_3　　　　C. $CH_3CH_2NH_2$　　　D. CH_3COOH

3. 下列物质属于芳伯胺的是（　　）。

A. 乙胺　　　　　　　　B. 苯胺　　　　　　　　C. N-甲基苯胺　　　　　D. N,N-二甲基苯胺

4. 关于苯胺性质的叙述错误的是（　　）。

A. 易被空气中的氧气氧化　　　　　　　　B. 能与盐酸作用生成季铵盐

C. 能与酸酐反应生成酰胺　　　　　　　　D. 能与溴水作用产生白色沉淀

5. 脂肪胺中与亚硝酸反应能放出氮气的是（　　）。

A. 伯胺　　　　　　　　B. 仲胺　　　　　　　　C. 叔胺　　　　　　　　D. 季胺盐

6. 下列化合物中，能与亚硝酸和过量强酸在低温下反应，生成重氮盐的是（　　）。

A. 二甲胺　　　　　　　B. 三甲胺　　　　　　　C. 苯胺　　　　　　　　D. N-甲基苯胺

7. 下列物质不能发生酰化反应的是（　　）。

A. 甲乙胺　　　　　　　B. 二甲胺　　　　　　　C. 三甲胺　　　　　　　D. N-甲基苯胺

8. 下列属于季铵盐的是（　　）。

A. $(CH_3)_4N^+Cl^-$　　　　　　　　　　B. $(CH_3)_3N^+HCl^-$

C. $(CH_3)_2N^+H_2Cl^-$　　　　　　　　　D. $CH_3N^+H_3Cl^-$

9. 临床上使用的消毒剂"新洁尔灭"属于（　　）。

A. 伯胺盐　　　　　　　B. 仲胺盐　　　　　　　C. 重氮盐　　　　　　　D. 季胺盐

10. 下列哪组试剂可以用来区别苯胺、N-甲基苯胺、N,N-二甲基苯胺？（　　）

A. Br_2/H_2O　　　　　　　　　　　　　B. NaOH

C. HCl　　　　　　　　　　　　　　　　D. ⬡—SO_2Cl, NaOH

二、命名下列化合物或者写出其结构式。

1. N-乙基-2-苯乙胺　　　　　　　　　2. 4-(N,N-二甲胺基)环己酮

3. 二苄基胺　　　　　　　　　　　　4. 5-硝基-1,3-苯二胺

5. 氯化苯铵

6. 对氨基苯甲酸乙酯

7.

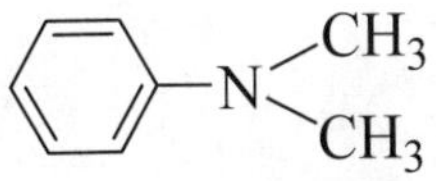

8.

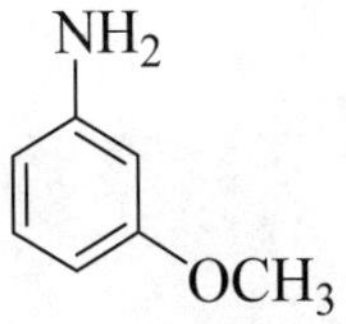

9. $CH_3NHCH(CH_3)_2$

10.

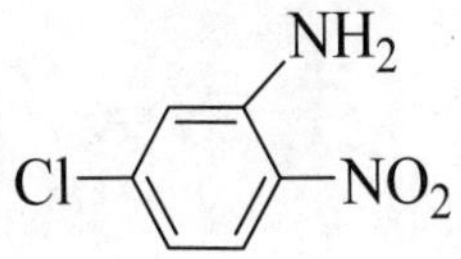

11. 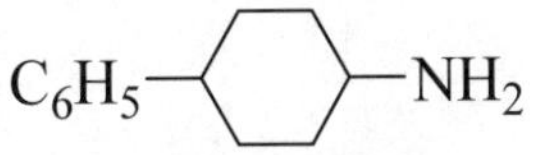 C_6H_5——NH_2

12. $(C_2H_5)_2\overset{+}{N}H_2OH^-$

三、完成下列化学反应方程式。

1. 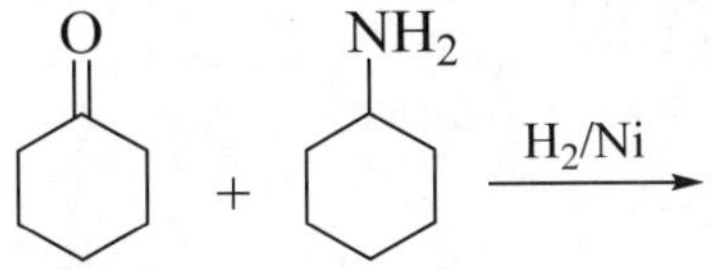 $+$ $\xrightarrow{H_2/Ni}$

2. $\xrightarrow{Fe+HCl}$

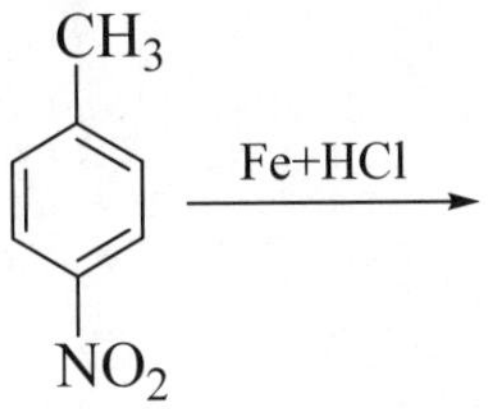

3. $(CH_3)_2CHNHCH(CH_3)_2 \xrightarrow{\begin{array}{c}NaNO_2\\ \hline HCl/H_2O\end{array}}$

4. 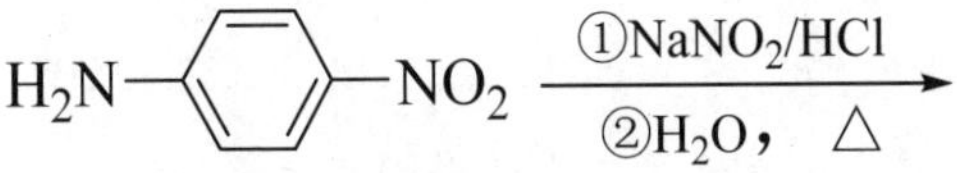 H_2N——$NO_2 \xrightarrow{\begin{array}{c}①NaNO_2/HCl\\ \hline ②H_2O，\triangle\end{array}}$

四、用化学方法鉴别下列物质。

苯胺、N-甲基苯胺、N,N-二甲基苯胺

第五章

生命关联有机物

第一节　杂环化合物

📊 学习目标

1. 了解杂环化合物的分类、命名；
2. 了解五元杂环化合物的性质；
3. 了解六元杂环化合物的性质；
4. 了解重要的杂环化合物；
5. 了解杂环化合物在药学中的应用。

【案例导入】--

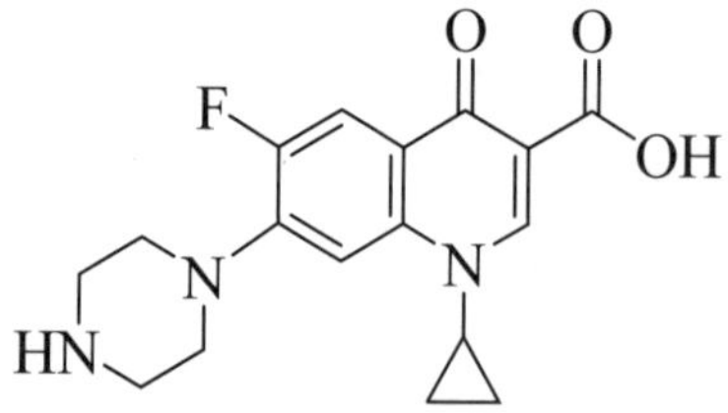

环丙沙星为合成的第三代喹诺酮类抗菌药物，具广谱抗菌活性，杀菌效果好，几乎对所有细菌的抗菌活性均较诺氟沙星及依诺沙星强2～4倍，对肠杆菌、绿脓杆菌、流感嗜血杆菌、淋球菌、链球菌、军团菌、金黄色葡萄球菌具有抗菌作用。

环丙沙星

在这个结构中，有一个环是我们所熟悉的苯环，而另外两个六元环中除了有碳原子外，还有氮原子，这样的环状化合物就属于杂环化合物。

一、杂环化合物的概述

1. 杂环化合物的定义

在环状有机化合物中，构成环的原子除了碳原子外还含有其他原子，这种环状化合物就称为杂环化合物。除碳以外的其他原子称为杂原子。常见的杂原子有氮、氧、硫等。

杂环化合物种类繁多，广泛存在于自然界中，许多天然杂环化合物在动植物体内起着重要的生理作用。例如：中草药的有效成分生物碱、血红素、叶绿素、核酸的碱基等，都是含氮杂环化合物。很多维生素、抗生素以及一些植物色素和植物染料都含有杂环。目前不少合成染料、新型高分子材料也含有杂环结构。在药物中，杂环化合物占了相当大的比重，《中国药典》（2020 年版）收录的有机原料药中，含杂环结构的接近 50%。

本节将着重讨论与芳环相似，环系比较稳定，具有一定程度芳香性的杂环化合物，其中以五元、六元杂环及其稠杂环化合物为重点。因为这类化合物具有芳香化合物的特点，可通称为芳香杂环化合物。例如：

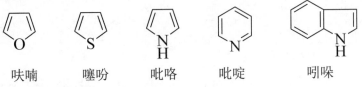

| 呋喃 | 噻吩 | 吡咯 | 吡啶 | 吲哚 |

2. 杂环化合物的分类、命名

（1）杂环化合物的分类。

杂环化合物大体可分为单杂环和稠杂环两大类。最常见的单杂环有五元杂环和六元杂环。稠杂环是由苯环与单杂环或单杂环与单杂环稠合而成。

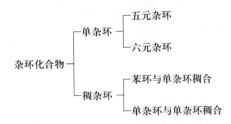

根据现代物理方法证明，五元单杂环分子（如呋喃、噻吩和吡咯）都具有平面结构，是一个平面的五元环结构，即成环的 4 个碳原子和 1 个杂原子都在一个平面上。环上与苯环相似有一个闭合的大 π 键。

根据现代物理方法证明，六元单杂环分子（如吡啶）也是与苯相似的平面结构，是一个平面的六元环结构，即分子中的 5 个碳原子和 1 个杂原子都在一个平面上。环上与苯环相似有一个闭合的大 π 键。

（2）杂环化合物的命名。

杂环母核的命名常采用"音译法"，即按英文名称的读音，选用同音带"口"字旁的汉字来命名。例如：

五元杂环：

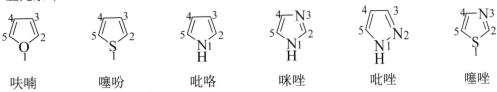

| 呋喃 | 噻吩 | 吡咯 | 咪唑 | 吡唑 | 噻唑 |

六元杂环：

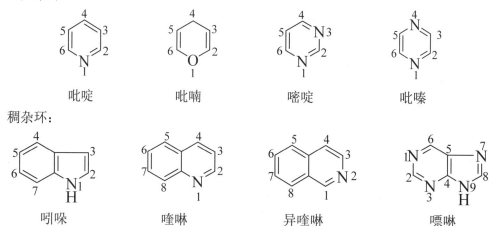

| 吡啶 | 吡喃 | 嘧啶 | 吡嗪 |

稠杂环：

吲哚　　　喹啉　　　异喹啉　　　嘌呤

当杂环上有取代基时，以杂环为母体，取代基的位次、数目和名称写在杂环母体名称的前面。杂环编号，一般从杂原子开始，顺环依次用 1、2、3…编号（或与杂原子相邻的碳原子为 α-位，顺次为 β-位、γ-位等）。环上有不同的杂原子时，则按 O、S、NH、N 的顺序编号，并使这些杂原子位次的数字之和为最小。例如：

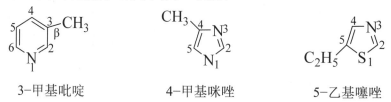

| 3-甲基吡啶 | 4-甲基咪唑 | 5-乙基噻唑 |

练一练1

写出下列化合物的名称并判断是否属于杂环化合物。

1.  　　　　2.  　　　　3. 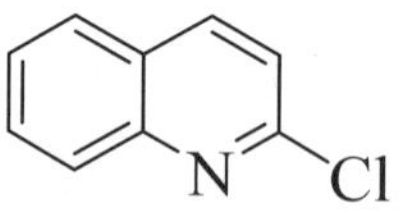 　　　　4.

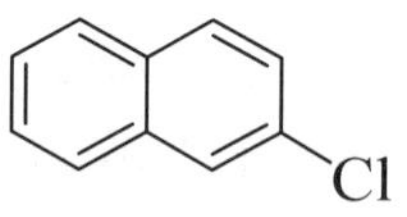

二、常见杂环化合物的性质

1. 五元杂环化合物的性质

五元杂环化合物结构上的共同点是环上的碳原子与杂原子都在同一平面，并以 σ 键相互连接，碳原子与杂原子的其他未成对电子（或孤对电子）形成闭合的共轭体系，该体系中共有 6 个 p 电子，这就构成了芳香体系。所以其主要化学性质显示为取代反应。

反应活性：吡咯 > 呋喃 > 噻吩 > 苯，主要进入 α-位。

（1）硝化反应。

吡咯、呋喃易被氧化，甚至能被空气氧化。硝酸是强氧化剂，因此不能用硝酸直接硝化。通常用比较温和的非质子硝化试剂——硝乙酐进行硝化，反应在低温下进行。

$$\underset{O}{\langle\!\!\langle\,\rangle\!\!\rangle} \xrightarrow[-5\sim-30\ ℃]{CH_3COONO_2} \underset{O}{\langle\!\!\langle\,\rangle\!\!\rangle}-NO_2$$

$$\underset{S}{\langle\!\!\langle\,\rangle\!\!\rangle} \xrightarrow[(CH_3CO)_2O]{CH_3COONO_2,\ -10\ ℃} \underset{S}{\langle\!\!\langle\,\rangle\!\!\rangle}-NO_2$$

（2）磺化反应。

吡咯和呋喃不能直接用硫酸进行磺化反应，常用温和的非质子磺化试剂，如用吡啶与三氧化硫加成物作为磺化剂进行反应。

$$\underset{O}{\langle\!\!\langle\,\rangle\!\!\rangle} \xrightarrow[ClCH_2CH_2Cl]{\langle\!\!\langle\,\rangle\!\!\rangle N^+SO_3^-,\ 室温} \underset{O}{\langle\!\!\langle\,\rangle\!\!\rangle}-SO_3H$$

噻吩比较稳定，可以直接用硫酸进行磺化。磺化产物水解可脱去磺酸基，工业上常用该方法除去煤焦油中的噻吩。

$$\underset{S}{\langle\!\!\langle\,\rangle\!\!\rangle} + H_2SO_4 \xrightarrow{25\ ℃} \underset{S}{\langle\!\!\langle\,\rangle\!\!\rangle}-SO_3H \xrightarrow[\triangle]{H_2O} \underset{S}{\langle\!\!\langle\,\rangle\!\!\rangle} + H_2SO_4$$

（3）卤化反应。

吡咯卤代常得到四卤代物。呋喃、噻吩在室温下与氯或溴反应强烈，得到多卤代物。如希望得到一氯代产物或一溴代产物，需要在温和的条件下（如低温及溶剂稀释）反应。碘不活泼，需在催化剂作用下进行。

$$\underset{N\!H}{\langle\!\!\langle\,\rangle\!\!\rangle} \xrightarrow[0\ ℃]{Br_2,\ 乙醇} \underset{Br\ \ N\!H\ \ Br}{\overset{Br\quad\ \ Br}{\langle\!\!\langle\,\rangle\!\!\rangle}}$$

$$\underset{O}{\langle\!\!\langle\,\rangle\!\!\rangle} \xrightarrow[0\ ℃]{Br_2,\ 二氧六环} \underset{O}{\langle\!\!\langle\,\rangle\!\!\rangle}-Br$$

（4）弗-克酰基化反应。

弗-克酰基化反应需采用较温和的催化剂，如 $SnCl_4$、BF_3 等，对活性较大的吡咯可不用催化剂，直接用酸酐酰化。

$$\underset{O}{\langle\!\!\langle\,\rangle\!\!\rangle} + Ac_2O \xrightarrow{BF_3} \underset{O}{\langle\!\!\langle\,\rangle\!\!\rangle}-COCH_3\ (75\%\sim92\%)$$

$$\underset{S}{\langle\!\!\langle\,\rangle\!\!\rangle} + Ac_2O \xrightarrow{H_3PO_4} \underset{S}{\langle\!\!\langle\,\rangle\!\!\rangle}-COCH_3\ \ (94\%)$$

$$\underset{N\!H}{\langle\!\!\langle\,\rangle\!\!\rangle} + Ac_2O \xrightarrow{150\sim200\ ℃} \underset{N\!H}{\langle\!\!\langle\,\rangle\!\!\rangle}-COCH_3\ (60\%)$$

这三种杂环由于均较活泼，在进行弗-克烷基化反应时易发生多取代，甚至生成树脂状物质，给分离提纯带来麻烦，因此不大应用。

2. 六元杂环化合物的性质

六元杂环化合物中比较重要的是吡啶，以其为例介绍六元杂环化合物的性质。

（1）碱性与成盐。

吡啶的环外有一对未作用的孤对电子，具有碱性，易接受亲电试剂而成盐。碱性：氨>吡啶>苯胺。

（2）取代反应。

如前所述，吡啶环上的氮原子类似硝基苯中的硝基，起第二类定位基的作用，钝化了芳环，使得吡啶的化学性质与硝基苯类似，其取代反应主要进入 β 位。

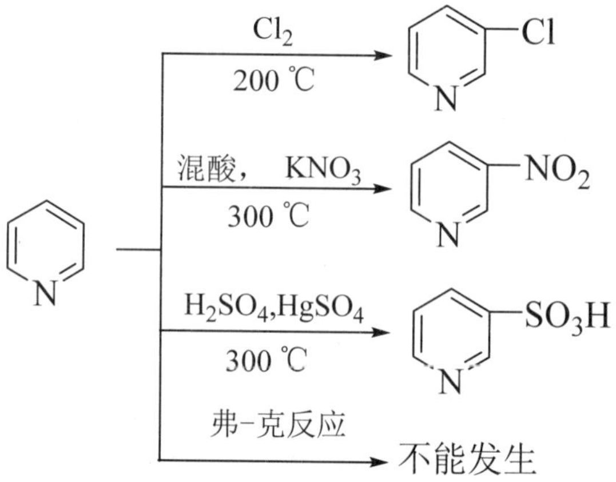

三、杂环化合物在药学中的应用

1. 呋喃（  ）

呋喃是最简单的含氧五元杂环化合物，是一种无色易挥发的液体，沸点 31.4 ℃，有氯仿气味，略溶于水，易溶于乙醇、乙醚等有机溶剂，有麻醉和弱刺激作用，极易燃，吸入后可引起头痛、头晕、恶心、呼吸衰竭。呋喃蒸气遇盐酸浸润过的松木片呈绿色，可用此反应鉴定呋喃及其低级同系物。呋喃催化氢化生成四氢呋喃，是一种重要的溶剂。

杀菌剂呋喃坦啶、抗血吸虫药呋喃丙胺、利尿药速尿等都含有呋喃环。

【知识链接】

呋喃西林

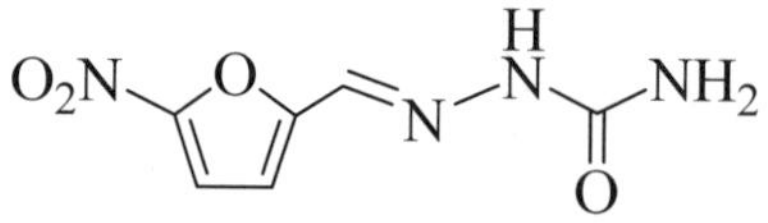

呋喃西林，黄色结晶性粉末，无臭，味苦，熔点 236～240 ℃，1 份该品可溶于 4 200 份水，590 份乙醇，几乎不溶于乙醚、氯仿，日光下色渐变深。临床仅用作消毒防腐药，用于皮肤及黏膜的感染，如化脓性中耳炎、化脓性皮炎、急慢性鼻炎、烧伤、溃疡等。对组织几乎无刺激，脓、血对其消毒作用无明显影响。

2. 吡咯（  ）

吡咯为无色液体，沸点 131 ℃，有弱的苯胺气味，易溶于乙醇和乙醚，100 g 水能溶解 6 g

吡咯。吡咯在空气中易被氧化，颜色迅速变深。吡咯的蒸气可使浸有盐酸的松木片呈红色，可用此反应鉴定吡咯及其低级同系物。

吡咯的衍生物广泛分布于自然界，叶绿素、血红素、维生素 B_{12} 及许多生物碱中都含有吡咯环。

【知识链接】---

血红素

血红素是血红蛋白分子上的主要稳定结构，为血红蛋白、肌红蛋白等的辅基。血红素中含有吡咯环。血红素与蛋白质结合成为血红蛋白，存在于哺乳动物的红细胞中，是运输氧气的物质，除了运输氧，血红素还可以与二氧化碳、一氧化碳、氰离子结合，结合的方式也与氧完全一样，所不同的只是结合的牢固程度，一氧化碳、氰离子一旦和血红素结合就很难离开，这就是煤气中毒和氰化物中毒的原理，遇到这种情况可以使用其他与这些物质结合能力更强的物质来解毒，比如一氧化碳中毒可以用静脉注射亚甲基蓝的方法来救治。

----

3. 噻唑

噻唑为无色具有腐败臭味的液体，沸点 116.8 ℃，微溶于水，溶于乙醇、乙醚等。噻唑具有弱碱性。噻唑是稳定的化合物，在空气中不会自动氧化。噻唑用于合成药物、杀菌剂和染料等。

噻唑的多种衍生物是重要的药物或具有生理活性的物质。如青霉素分子中含有一个四氢噻唑的环系；维生素 B_1 分子中的噻唑部分是一个季铵盐的衍生物；重要的抑菌剂磺胺噻唑是 2-氨基噻唑与对乙酰胺基苯磺酰氯缩合后，再经水解反应得到的产物；抗溃疡药法莫替丁也含有噻唑环。

【知识链接】---

青霉素

青霉素是最常用的抗生素之一，是从青霉菌培养液中提取的药物，是第一种能够治疗人类疾病的抗生素。青霉素分子中含有一个四氢噻唑的环系。

青霉素的发现者是英国细菌学家弗莱明。1928 年的一天，弗莱明在他的一间简陋的实验室里研究导致人体发热的葡萄球菌。由于盖子没有盖好，他发觉培养细菌用的琼脂上附了一层青霉菌。这是从楼上的一位研究青霉菌学者的窗口飘落进来的。使弗莱明感到惊讶的是，在青霉菌的近旁，葡萄球菌忽然不见了。这个偶然的发现深深吸引了他，他设法培养这种霉菌并进行多次试验，证明青霉素可以在几小时内将葡萄球菌全部杀死。弗莱明据此发明了葡萄球菌的克星——青霉素。

青霉素是一种有机酸，微溶于水，医药上将其制成钠盐或钾盐，以增大其水溶性。青霉素水溶液在室温下易分解，因此，医药上常使用其粉针剂。

---

4. 咪唑（ 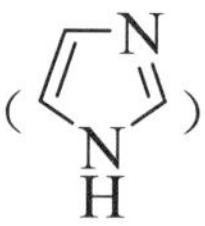 ）

咪唑为无色晶体，熔点 90～91 ℃，易溶于水和乙醇，微溶于苯，难溶于石油醚。咪唑能与强酸生成稳定的盐。组胺酸及其脱羧产物组胺、生物碱毛果芸香碱都是咪唑的衍生物。含咪唑环的药物有抗溃疡药西咪替丁、广谱驱虫药阿苯达唑、有多种药效的甲硝唑、抗真菌药双氯苯咪唑、益康唑、酮康唑、克霉唑等。

【知识链接】 --

甲硝唑

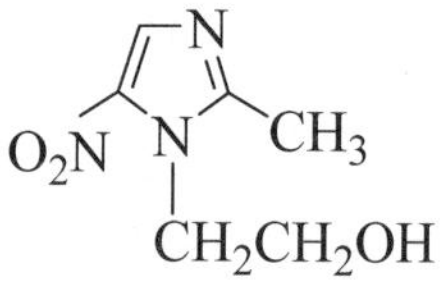

甲硝唑是一种抗生素和抗原虫剂。主要用于治疗或预防厌氧菌引起的系统或局部感染，如腹腔、消化道、女性生殖系、下呼吸道、皮肤及软组织、骨和关节等部位的厌氧菌感染，对败血症、心内膜炎、脑膜感染以及使用抗生素引起的结肠炎也有效。治疗破伤风常与破伤风抗毒素（TAT）联用。还可用于口腔厌氧菌感染。

2017 年 10 月 27 日，世界卫生组织国际癌症研究机构公布的致癌物清单初步整理参考，甲硝唑在 2B 类致癌物清单中。2020 年 1 月，甲硝唑入选第二批国家药品集中采购名单。

---

5. 吡啶（ 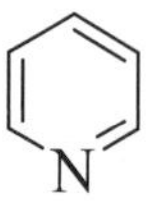 ）

吡啶为无色液体，有恶臭，有毒，触及人体易使皮肤灼伤。吡啶的沸点 115.5 ℃，能与水、乙醇、乙醚等混溶。吡啶对酸或碱稳定，对氧化剂也相当稳定。同时又能溶解大多数极性及非极性的有机化合物，甚至可以溶解某些无机盐类，所以吡啶是一个有广泛应用价值的溶剂。维生素 PP（包括烟酸和烟酰胺）、维生素 B_6（包括吡哆醇、吡哆醛和吡哆胺）、呼吸中枢兴奋药尼可刹米、抗结核病药异烟肼都含有吡啶环。

【知识链接】 --

维生素 PP

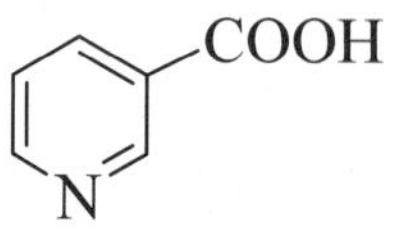

3-吡啶甲酸（烟酸） 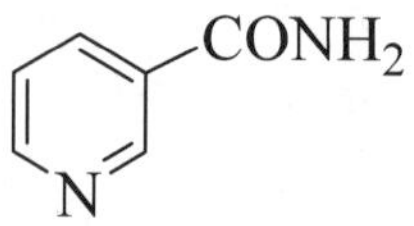　　　　　　　3-吡啶甲酰胺（烟酰胺）

维生素 PP 包括了烟酸和烟酰胺。烟酸也称为尼克酸、抗癞皮病因子、维生素 B_3，耐热，能升华。它是人体必需的 13 种维生素之一，是一种水溶性维生素。

烟酸在人体内转化为烟酰胺，烟酰胺是辅酶Ⅰ和辅酶Ⅱ的组成部分，参与体内脂质代谢、组织呼吸的氧化过程和糖类无氧分解的过程。

维生素 PP 有较强的扩张周围血管作用，可用作血管扩张药，临床用于治疗头痛、偏头痛、耳鸣、内耳眩晕症等；还用于抗癞皮病，大量用作食品饲料的添加剂；还作为医药中间体，用于异烟肼、烟酰胺、尼可刹米及烟酸肌醇酯等的生产。

若其缺乏时，可产生癞皮病，表现为皮炎、舌炎、口咽炎、腹泻及烦躁、失眠、感觉异常等症状。烟酸是少数存在于食物中相对稳定的维生素，即使经烹调及储存也不会大量流失而影响其效力。

------

6. 吲哚（）

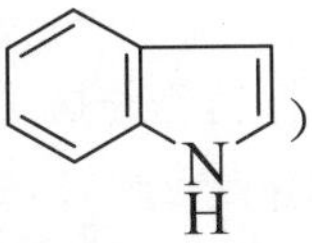

吲哚为白色晶体，熔点 52 ℃，吲哚浓度高时具有强烈的粪臭味，扩散力强且持久，而高度稀释后的溶液有香味，可以作为香料使用。吲哚能使浸有盐酸的松木片显红色。

天然吲哚广泛含于苦橙花油、甜橙油、柠檬油、白柠檬油、柑橘油、柚皮油、茉莉花油等精油中。吲哚的衍生物在自然界分布很广，许多天然化合物的结构中都含有吲哚环，有些吲哚的衍生物与生命活动密切相关，所以吲哚也是一个很重要的杂环化合物。哺乳动物及人脑中思维活动的重要物质 5-羟基色胺、蛋白质的重要组分色氨酸、降压药利血平、消炎解热镇痛药消炎痛等都含有吲哚环。

【知识链接】 ------

利血平

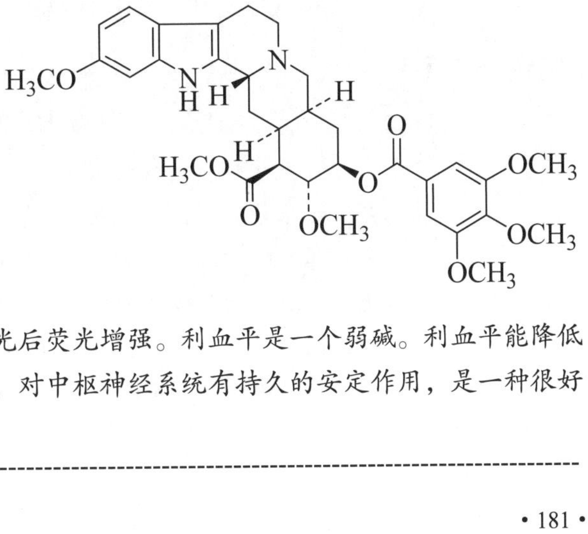

利血平是一种吲哚型生物碱，化学式为 $C_{33}H_{40}N_2O_9$。存在于萝芙木属多种植物中，在催吐萝芙木中含量最高可达 1%。无色棱状晶体。易溶于氯仿、二氯甲烷、冰醋酸，能溶于苯、乙酸乙酯，稍溶于丙酮、甲醇、乙醇、乙醚、乙酸和柠檬酸溶液。利血平的溶液放置一定时间后变黄，并有显著的荧光，加酸和曝光后荧光增强。利血平是一个弱碱。利血平能降低血压和减慢心率，作用缓慢、温和而持久，对中枢神经系统有持久的安定作用，是一种很好的镇静药。

------

7. 喹啉（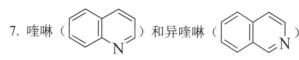）和异喹啉（ ）

喹啉是无色油状液体，有特殊气味，沸点 238 ℃，微溶于水，易溶于乙醇、乙醚等有机溶剂。异喹啉为无色低熔点固体或液体，沸点 243 ℃，其气味与喹啉完全不同。二者都具有碱性，异喹啉比喹啉碱性更强。天然的金鸡纳碱和合成的多种抗疟药都是喹啉的衍生物。血管扩张和解痉药罂粟碱、镇痛及催眠药颅痛定中都含有异喹啉的结构。

【知识链接】 --

奎宁

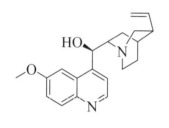

奎宁，又名金鸡纳碱，是茜草科植物金鸡纳树及其同属植物的树皮中的主要生物碱，是一种用于治疗与预防疟疾且可治疗焦虫症的药物。

对恶性疟的红细胞内型疟原虫有抑制其繁殖或将其杀灭的作用，是一种重要的抗疟药。奎宁还有抑制心肌收缩力及增加子宫节律性收缩的作用。

----

8. 嘧啶（ ）

嘧啶为无色结晶，熔点 20～22 ℃，易溶于水，有弱碱性，可与苦味酸、草酸等成盐。嘧啶的衍生物广泛存在于自然界，如核酸组成中的尿嘧啶、胞嘧啶和胸腺嘧啶都含有嘧啶环。

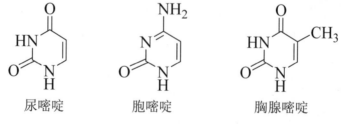

尿嘧啶　　　　　胞嘧啶　　　　　胸腺嘧啶

【知识链接】 --

5-氟尿嘧啶

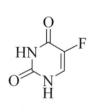

5-氟尿嘧啶为嘧啶类的氟代物，属于抗代谢抗肿瘤药物，因为其结构类似于尿嘧啶，在癌细胞内，能使胸腺嘧啶核苷酸合成酶错误地与其生成的 5-氟尿嘧啶脱氧核苷酸结合，而不与正常的尿嘧啶脱氧核苷酸结合，因此使癌细胞不能合成其 DNA 合成所需的胸腺嘧啶脱氧核苷酸，从而达到抗癌的作用。临床用于结肠癌、直肠癌、胃癌、乳腺癌、卵巢癌、绒毛膜上皮癌、恶性葡萄胎、头颈部鳞癌、皮肤癌、肝癌、膀胱癌等。

----

9. 嘌啉（ 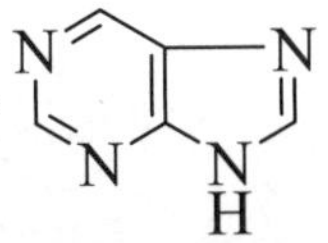 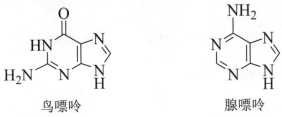 ）

嘌啉为无色晶体，熔点 216～217 ℃，易溶于水，可与强酸或强碱成盐。嘌呤本身并不存在于自然界，但它的衍生物广泛存在于动植物体中。具有合成蛋白质和传递遗传信息作用的核酸（腺嘌呤和鸟嘌呤）和核苷酸、对代谢有重要作用的辅酶 A 及生物代谢产物尿酸中都含有嘌呤的结构。存在于咖啡和茶叶中具有兴奋作用的植物性生物碱咖啡因和茶碱的基本骨架就是嘌呤。利尿和冠状动脉扩张药可可豆碱、抗嘌呤药乐疾宁也都含有嘌呤的结构。

鸟嘌呤	腺嘌呤

【知识链接】

尿酸和痛风

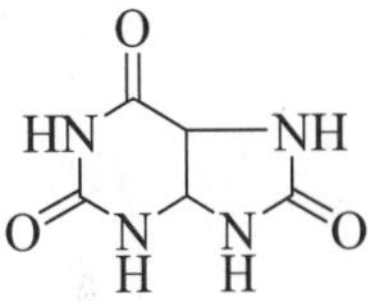

尿酸是白色晶体，难溶于水，具有弱酸性，是哺乳动物体内嘌呤衍生物的代谢产物，随尿排出。在体检中，验血报告单有一个项目为尿酸，正常参考值范围为 150～440 µmol/L。如果产生过多或排泄不出，尿酸囤积体内，会导致血液中尿酸值升高。血中尿酸浓度高到一定的程度时，称为高尿酸血症。尿酸过高，会在血液中积聚，导致身体各处出现尿酸结晶，包括皮肤及肾脏，又以关节最容易出现，一般是逐渐沉积在关节滑膜及软骨上，当浓度饱和，尿酸盐晶体便会释放到滑膜液中，诱发炎症，即是痛风。一般常见的症状是关节处红肿、发热、关节变形、疼痛。如在关节内抽取少量液体，在显微镜下观察，可找到尿酸结晶。

目标检测

一、选择题（每题只有一个正确答案）。

1. 下列化合物属于芳香杂环化合物的是（　　　）。

A. 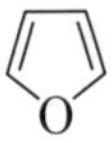 　　　　　B.  　　　　　C. 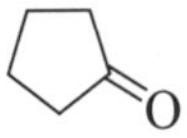 　　　　　D.

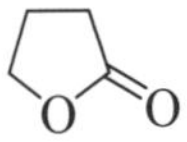

2. 青霉素是下列哪种化合物的衍生物？（　　　）

A. 呋喃　　　　B. 噻唑　　　　C. 吡咯　　　　D. 噻吩

3. 维生素 PP 是下列哪种化合物的衍生物？（　　）

A. 呋喃　　　　　　　B. 噻唑　　　　　　　C. 吡啶　　　　　　　D. 噻吩

4. 尿酸是哺乳动物体内下列哪种化合物衍生物的代谢产物？（　　）

A. 嘌呤　　　　　　　B. 嘧啶　　　　　　　C. 喹啉　　　　　　　D. 呋喃

二、写出下列化合物的名称或结构简式。

1. 　　2. 　　3. 　　4. 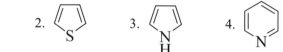　　5.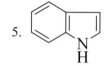

6. 四氢呋喃　　7. 糠醛　　8. 嘧啶　　9. 喹啉　　10. 嘌呤

三、完成下列化学反应方程式。

1. 吡啶 $\xrightarrow[200\ ℃]{Cl_2}$

2. 噻吩 $+ H_2SO_4 \xrightarrow{25\ ℃}$

3. 吡咯 $\xrightarrow[0\ ℃]{Br_2,\ 乙醇}$

4. 呋喃 $+ Ac_2O \xrightarrow{BF_3}$

第二节　糖类化合物

🖼 学习目标

1. 了解糖类化合物的结构、分类；

2. 掌握单糖的结构；

3. 掌握单糖的反应；

4. 了解常见的双糖和多糖。

【案例导入】--

　　抗感染药物是治疗病原体感染的药物，包括抗微生物药物和抗寄生虫药物两大类。抗微生物药物包括抗生素、合成抗菌药、抗结核药、抗麻风病药物和抗病毒药物等。人们很早以前就已认识到可溶性糖类化合物能阻止微生物在细胞表面的结合和繁殖。例如：乳汁中含有的大量寡糖被认为能防止哺乳期婴儿的感染。而高度糖基化的黏蛋白则构成了防卫病原体感染的另一道防线。这种认识已促使糖类药物在抗感染领域得到了长足的发展。

一、糖类化合物概述

糖类是自然界中存在最多的一类有机化合物。如绿色植物的根、茎、叶、果实和种子中所含的葡萄糖、蔗糖、淀粉和纤维素，哺乳动物乳汁中的乳糖、肝脏和肌肉中的糖原等这些人类必需的物质都是糖类。

绿色植物进行光合作用，利用水、二氧化碳和阳光合成糖类。动物不能由简单的二氧化碳自行合成糖类，而必须由食物中摄取。在我们每天的食物中，糖类约占 80%（干重）以上。糖的重要生理作用是供给生命活动所需的能量，一般来说，人体所需能量的 70% 以上是由糖氧化分解提供的。1 g 葡萄糖在体内完全氧化分解，可释放 16.75 kJ 的热能。糖类化合物也是生物体内组织细胞的重要成分，占人体组织干重的 2%，具有重要的生理作用，是体内合成脂肪、蛋白质和核酸的基本原料。有的糖本身还具有特殊的生理活性，如肝素有抗凝血作用等。

糖类化合物与药物的关系也很密切。如生产输液用到的主要成分葡萄糖、生产片剂用到的赋形剂淀粉、生产血浆制剂用到的右旋糖酐等都属糖类。许多中草药的有效成分（如毛地黄毒苷、黄夹桃毒苷、铃兰毒苷等）的水解产物中也含有糖类。

早年的元素分析发现糖类化合物由碳、氢、氧三种元素组成，其中氢和氧的比例为 2：1，通式可写成 $C_m(H_2O)_n$，故糖类化合物又被称为碳水化合物。但后来发现，有些化合物具有糖的性质却不符合通式 $C_m(H_2O)_n$，如鼠李糖的分子式为 $C_6H_{12}O_5$，脱氧核糖的分子式为 $C_5H_{10}O_4$；有些化合物符合通式 $C_m(H_2O)_n$，却不具有糖的性质，如醋酸的分子式为 $C_2H_4O_2$，乳酸的分子式为 $C_3H_6O_3$。所以，严格地讲，将糖类化合物称为"碳水化合物"是不准确的，但是，因为沿用已久，至今还在使用。

从结构上看，糖类化合物是多羟基醛或多羟基酮以及它们失水结合而成的缩聚物。如葡萄糖是多羟基醛，果糖是多羟基酮，蔗糖是葡萄糖和果糖失水结合而成的缩聚物，淀粉和纤维素则是由许多葡萄糖分子按不同方式失水结合而成的缩聚物。

1. 糖类化合物的定义、结构

糖类是一类多羟基醛（酮），或通过水解能产生多羟基醛（酮）的物质。例如：葡萄糖、鼠李糖、岩藻糖是多羟基醛，果糖是多羟基酮，淀粉和纤维素可经水解产生葡萄糖，因而它们都属于糖类。

根据糖类水解的情况，可将糖分为三类，即单糖、寡糖和多糖。单糖是最简单的糖，不能再被水解成更小的糖分子，如葡萄糖、果糖等；寡糖又称低聚糖，由 2 到 9 个单糖分子脱水缩聚而成；多糖由多于 9 个的单糖分子脱水而成，如淀粉、纤维素等。

从结构上，单糖可分为醛糖和酮糖，根据分子中所含碳原子的数目，又可分为三碳（丙）糖、四碳（丁）糖、五碳（戊）糖和六碳（己）糖等。自然界中最简单的醛糖是甘油醛，最简单的酮糖是 1,3-二羟基丙酮。自然界中存在最广泛的葡萄糖是己醛糖，而在蜂蜜中富含的果糖是己酮糖。自然界存在的碳数最多的单糖为 9 个碳的壬酮糖。生物体内以戊糖和己糖最为常见。有些糖的羟基可被氨基或氢原子取代，分别称为氨基糖和去氧糖，它们也是生物体内重要的糖类，如 2-氨基葡萄糖、2-脱氧核糖等。

2. 糖类化合物的分类、命名

（1）开链结构及构型。

通常单糖碳链无分支并含有多个手性碳。手性碳原子是指人们将连有四个不同基团的碳原子，形象地称为手性碳原子，常以*标记手性碳原子。该原子存在于生命化合物中。具有 n（n=1、2、3…）个手性碳的化合物应有 2^n 个立体异构体（分子内无对称因素时），因此，在醛糖中应有一对对映的丙糖、两对对映的丁糖、四对对映的戊糖和八对对映的己糖。酮糖中由于比相应的醛糖少一个手性碳，因此异构体要少些，如己酮糖只有四对对映体。

单糖命名时常采用俗称。一对对映体有同一名称，非对映体有不同名称。例如：己醛糖中的葡萄糖是指在费歇尔投影式中（按规定，羰基在投影式的上端，碳原子的编号从靠近羰基一端开始），C_2、C_4、C_5 位的羟基在同侧，而 C_3 位羟基在异侧的糖，有如下两个互成对映关系的异构体：

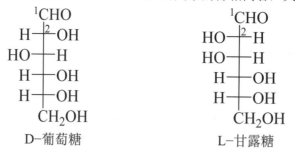

D-葡萄糖　　　　　　　　　　L-葡萄糖

葡萄糖和甘露糖是非对映体，其差别仅在 C_2 位的构型不同。像这种有多个手性碳的非对映体，彼此间仅有一个手性碳原子的构型不同，而其余的都相同者，又可称为差向异构体。

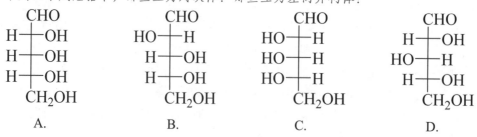

D-葡萄糖　　　　　　　　　　L-甘露糖

练一练 1

下列四个戊醛糖中，哪些互为对映体？哪些互为差向异构体？

CHO	CHO	CHO	CHO
H—OH	HO—H	HO—H	H—OH
H—OH	H—OH	HO—H	HO—H
H—OH	H—OH	HO—H	H—OH
CH₂OH	CH₂OH	CH₂OH	CH₂OH
A.	B.	C.	D.

（2）环状结构及构象。

糖的开链结构是从分子中羰基和羟基的一系列化学反应中推导而知的。以葡萄糖为例，其醛基能被氧化和还原，与乙酸酐反应可生成结晶的五乙酸酯，与氢氰酸反应后水解得到酸，再经氢碘酸和磷还原可得正庚酸。

$$
\begin{array}{c}
\text{CHO} \\
| \\
\text{(CHOH)}_4 \\
| \\
\text{CH}_2\text{OH}
\end{array}
\xrightarrow{\text{HCN}}
\begin{array}{c}
\text{HO—CHCN} \\
| \\
\text{(CHOH)}_4 \\
| \\
\text{CH}_2\text{OH}
\end{array}
\xrightarrow{\text{H}_2\text{O}}
\begin{array}{c}
\text{COOH} \\
| \\
\text{(CHOH)}_4 \\
| \\
\text{CH}_2\text{OH}
\end{array}
\xrightarrow[\text{P}]{\text{HI}}
\text{CH}_3(\text{CH}_2)_5\text{COOH}
$$

但是实验表明，有些性质不能用开链结构说明。例如：葡萄糖的醛基虽能与甲醇在无水的酸性条件下反应，但不是产生与两分子甲醇缩合的缩醛，而是生成与一分子甲醇结合的稳定化合物。D-葡萄糖在不同条件下结晶，可得到两种异构体，从冷乙醇中可得到熔点146 ℃、比旋光度+112°的晶体，从热吡啶中可得到熔点150 ℃、比旋光度+18.7°的晶体。上述两种晶体的水溶液，随着放置时间的延长，比旋光度都会发生变化，并都在达到+52.7°后稳定不变。这个现象并不是由于葡萄糖在水中分解引起的，因为把溶液蒸干后，分别用上述两种方法结晶，仍可分别得到原来比旋光度的晶体。上述葡萄糖在水溶液中放置后，自行改变比旋光度的现象称为变旋现象。

为了解释葡萄糖上述"异常现象"，人们从醛与醇能相互作用生成半缩醛的反应中得到启示：葡萄糖分子内同时存在醛基和羟基，它们有可能发生分子内反应，生成环状的半缩醛结构。在半缩醛（或酮）是不稳定的，但糖的环状半缩醛（或酮）结构较稳定，因而戊糖和己糖通常都以稳定的六元环或五元环形式存在。当以六元环存在时，与含氧的六元杂环吡喃相似，称为吡喃糖；当以五元环存在时，与含氧的五元杂环呋喃相似，称为呋喃糖。无论是吡喃糖还是呋喃糖，都有两种异构体。这是由于羰基具有平面结构，羟基可以从平面两侧向羰基进攻，结果生成了两个不同的环状半缩醛（或酮），如D-葡萄糖和D-果糖：

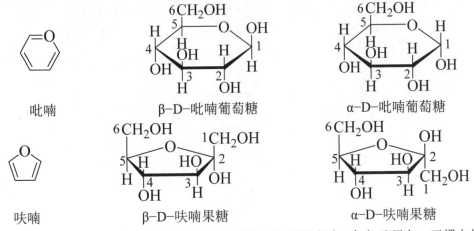

吡喃　　　　　β-D-吡喃葡萄糖　　　　　α-D-吡喃葡萄糖

呋喃　　　　　β-D-呋喃果糖　　　　　α-D-呋喃果糖

上述环状结构式称为哈沃斯透视式，环平面垂直于纸平面。在六元环中，习惯上将环中氧原子处于纸平面的右后方，C_2、C_3 处于纸平面的前方，面对观察者（用粗线表示），此时环上碳原子按顺时针方向编号。环上氢原子可省略也可写出。五元环的情况类似，碳环也可简化为均一单线条的六元或五元环。习惯上，将环状己醛糖中 C_1 位羟基（或环状己酮糖中 C_2 位羟基）与 C_5 羟甲基处于环平面同侧的称为 β-体，异侧的称为 α-体。

练一练 2

完成下列填空。

1. 早年的元素分析发现糖类化合物由_____、_____、_____三种元素组成，其中氢和氧的比例为_____。

2. 糖类化合物是多羟基_____或多羟基_____以及它们失水结合而成的缩聚物。

3. 糖类化合物的种类很多，通常根据能否水解和水解后产物的情况分为三类_____、_____、_____。

4. 手性碳原子是指_____。

二、常见的单糖

单糖中含有羟基和羰基，应具有一般醇和醛酮的性质，且它们处于同一分子内相互影响，故又显示某些特殊性质。

1. 差向异构

在弱碱（如氢氧化钡）作用下，D-葡萄糖、D-甘露糖和D-果糖三者可通过烯二醇中间体相互转化，生物体内酶催化下也能进行这种转化。

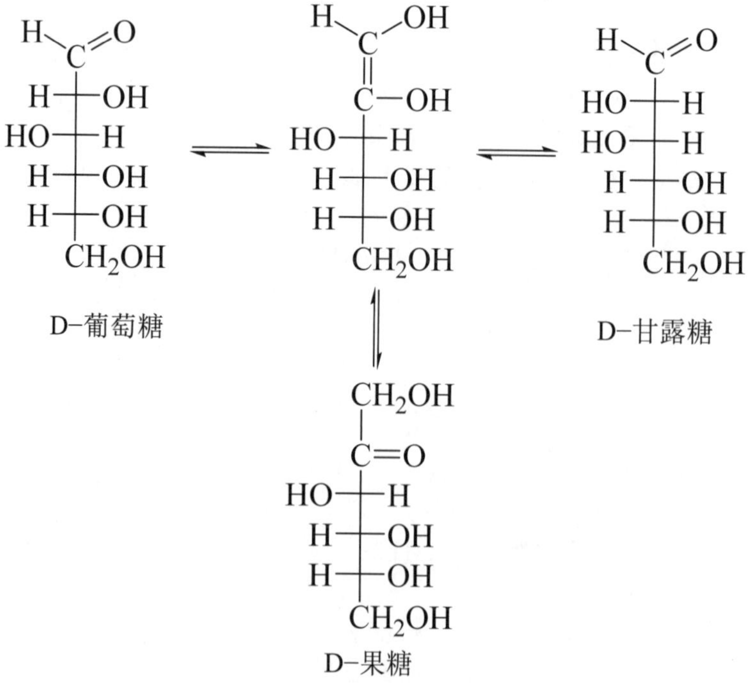

D-葡萄糖　　　　　　　　　　　　　D-甘露糖

D-果糖

在含有多个手性碳原子的分子中，只有一个相对应的手性碳的构型相反的异构体互称为差向异构体。差向异构体在一定条件下相互转化的反应称为差向异构化。如 D-葡萄糖和 D-甘露糖为差向异构体，二者在碱性条件下可发生差向异构化。D-葡萄糖和 D-甘露糖与 D-果糖的转化是醛糖与酮糖之间的转化。

2. 氧化反应

（1）与托伦试剂和斐林试剂的反应。

单糖虽然具有环状半缩醛（酮）结构，但在溶液中与开链的结构处于动态平衡中。因此，醛糖能还原银氨络离子（托伦试剂），产生银镜；也能还原 Cu^{2+}（斐林试剂），产生氧化亚铜的砖红色沉淀。果糖是酮糖，本身不具有能被氧化的醛基，但在试剂的碱性条件下可异构成醛糖，因此也能发生该反应：

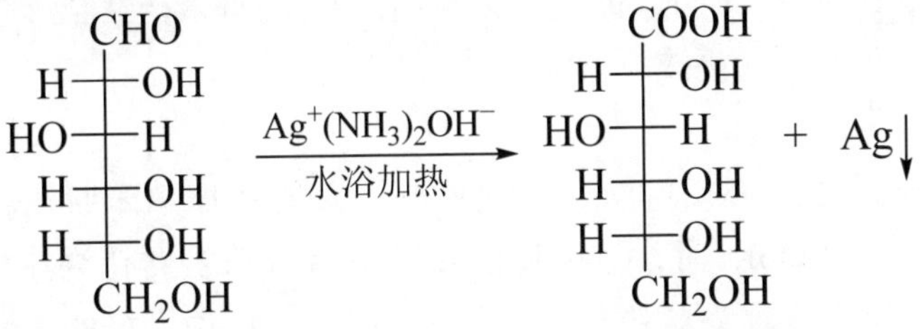

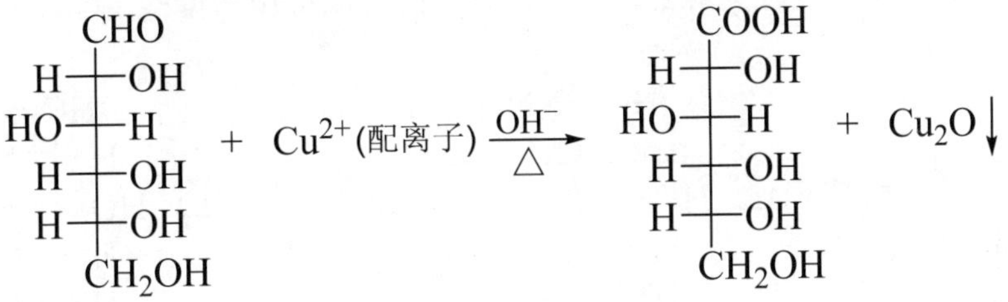

在糖化学中，将能发生上述氧化反应的糖称为还原糖，不反应的称为非还原糖。由于醛糖在碱条件下会发生异构化，故所得到的糖酸为混合物。

（2）与溴水的反应。

溴（或其他卤素）的水溶液可很快地与醛糖反应，选择性地将其醛基氧化成羧基，先生成醛糖酸，然后很快生成内酯。酮糖不发生此反应，因此可作为区分此两类糖的鉴别反应。例如：

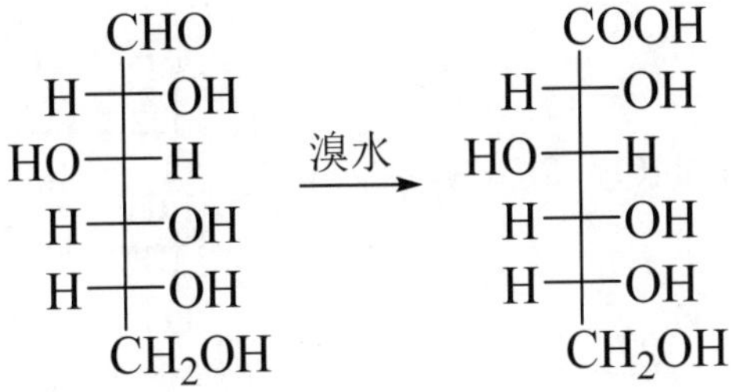

D-葡萄糖　　　　　　　D-葡萄糖酸

（3）与稀硝酸的反应。

在温热的稀硝酸作用下，醛糖可转化成糖二酸，即在氧化醛基的同时，一级醇羟基也选择性地被氧化。例如：

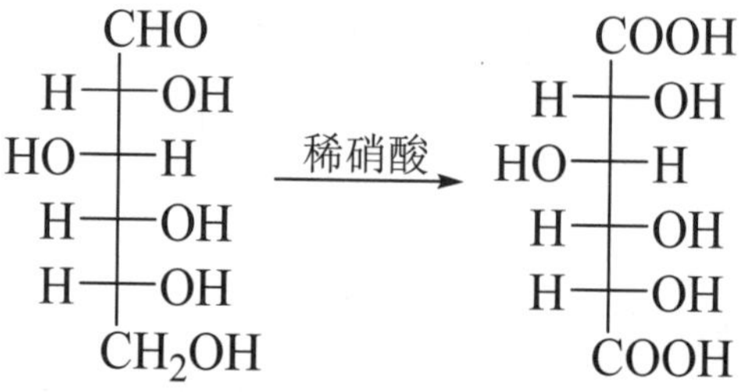

$$\text{D-葡萄糖} \xrightarrow{\text{稀硝酸}} \text{D-葡萄糖二酸}$$

如 D-半乳糖被硝酸氧化，生成半乳糖二酸，通常称为黏液酸。D-葡萄糖经硝酸氧化，生成 D-葡萄糖二酸，其经适当方法还原，可得 D-葡糖醛酸。D-葡糖醛酸广泛分布于植物和动物体内，它往往以苷的形式存在。另外，该糖在体内可与许多药结合形成葡萄糖酸衍生物，这是一个水溶性的代谢物，易于排泄出去。

3. 成脒反应

单糖的羰基可与某些含氮试剂发生加成反应。如与等摩尔苯肼在温和条件下可生成苯腙；但在苯肼过量（3 mol）时，与羰基相邻的 α-羟基可被转化为亚氨基酮，然后再与 1 mol 苯肼反应，结果生成称为脒的黄色晶体。脒的形成可作为糖的定性反应和衍生物的制备。例如：

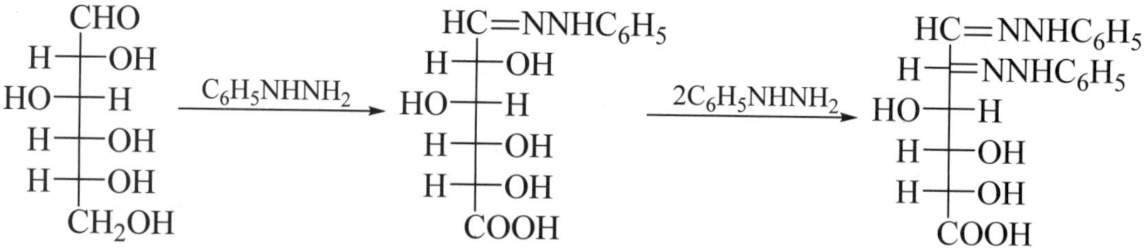

$$\text{D-葡萄糖} \xrightarrow{C_6H_5NHNH_2} \text{D-葡萄糖苯腙} \xrightarrow{2C_6H_5NHNH_2} \text{D-葡萄糖脒}$$

4. 成酯反应

单糖分子中含有多个羟基，其中包含一个苷羟基，它们能与酸发生酯化反应，如 D-葡萄糖在一定条件下可与磷酸作用生成葡萄糖-1-磷酸酯、葡萄糖-6-磷酸酯或葡萄糖-1,6-二磷酸酯。

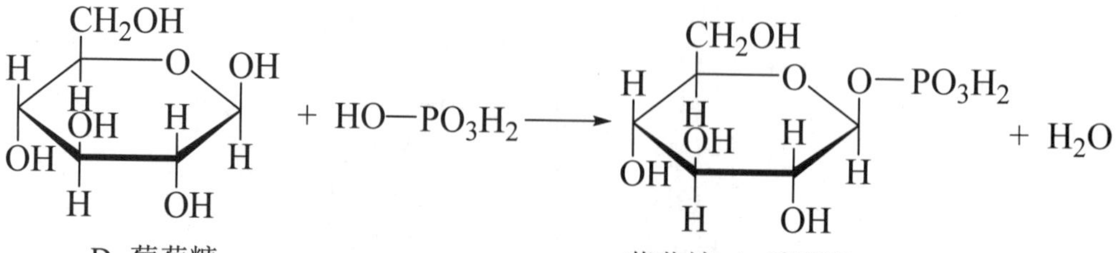

$$\text{D-葡萄糖} + HO-PO_3H_2 \longrightarrow \text{葡萄糖-1-磷酸酯} + H_2O$$

5. 成苷反应

单糖环状结构中的苷羟基比较活泼，容易与含有羟基的化合物（如醇、酚）发生缩合反应，脱去一分子水，生成糖苷，该反应称为成苷反应。例如：D-葡萄糖在干燥 HCl 作用下与甲醇作用生成 D-葡萄糖甲苷。

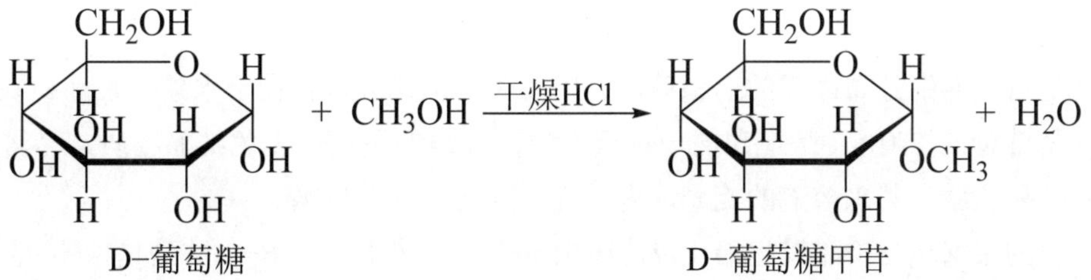

D-葡萄糖　　　　　　　　　　　　　D-葡萄糖甲苷

糖苷由糖和非糖两部分组成，糖的部分称为糖苷基，非糖部分称为配糖基。糖苷基和配糖基之间的键称为苷键，按原子种类的不同，苷键分为氧苷键、氮苷键、硫苷键等。如 α-D-吡喃葡萄糖甲苷分子中，葡萄糖是糖苷基，甲基是配糖基，二者通过氧苷键相连。

糖苷广泛分布于植物的根、茎、叶、花和果实中，多数为带色、无臭、味苦的结晶性粉末，有些有剧毒，能溶于水和乙醇，难溶于乙醚中。由于单糖形成糖苷时，失去了苷羟基，不能互变为开链结构，因此糖苷没有还原性和变旋光现象，但在稀酸或酶的作用下可水解为原来的糖和非糖部分。

糖苷是许多中草药的有效成分，具有一定的生理活性。如苦杏仁中的苦杏仁苷有止咳作用，甘草中的甘草皂苷是甘草解毒的有效成分，毛地黄中的毛地黄毒苷有强心作用。

6. 颜色反应

（1）莫利希反应。

在糖的水溶液中加入 α-萘酚的酒精溶液，然后沿试管壁慢慢加入浓硫酸，不要振摇试管，则在浓硫酸和糖溶液液面之间能形成一个紫色环，这个反应就称为莫利希反应。所有糖类物质都能发生此反应，而且反应灵敏，故用此法鉴别糖类物质。

（2）塞里凡若夫反应。

在浓盐酸存在下，酮糖脱水速率很快，脱水后生成的糠醛衍生物与间苯二酚缩合很快出现鲜红色，而醛糖脱水速率很慢，要 2 min 后才出现微弱的红色。所以，塞里凡若夫反应可用于区别酮糖和醛糖。

三、常见的单糖

1. 葡萄糖

葡萄糖是自然界分布最广、最重要的己醛糖。自然界存在的葡萄糖主要是 D-(+)-葡萄糖，它为白色结晶性粉末，易溶于水，难溶于酒精，甜度约为蔗糖的 70%，工业上多由淀粉水解制得。由于其水溶液有右旋光性，故又名右旋糖。

葡萄糖是生物体内重要的供能物质，1 g 葡萄糖在体内完全氧化分解，可释放 16.75 kJ 热量。人体血液中的葡萄糖称为血糖。正常人体血糖浓度为 3.9～6.1 mmol/L。低于正常浓度时，可导致低血糖症，过高可导致糖尿病。葡萄糖在体内不需要经过消化就可直接被吸收，是婴儿和体弱病人的良好补品。50 g/L 葡萄糖注射液是临床上常用的等渗溶液，有利尿、解毒作用，用于治疗水肿、低血糖症、心肌炎等。

2. 果糖

果糖是自然界中分布最广的己酮糖，它以游离的形式大量存在于水果的浆汁和蜂蜜中。它的甜度是蔗糖的170%，是最甜的一种天然糖。纯净的果糖是无色结晶物质，易溶于水，可溶于乙醇和乙醚，其水溶液的旋光性为左旋，因此又称左旋糖。

人体内的果糖能与磷酸发生酯化反应生成6-磷酸果糖酯和1,6-二磷酸果糖酯，它们都是体内糖代谢的中间产物。

3. 核糖和2-脱氧核糖

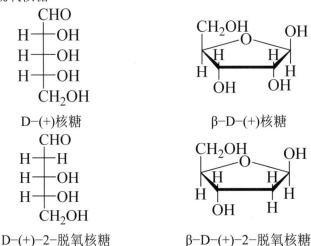

D-(+)核糖　　　　　　　β-D-(+)核糖

D-(+)-2-脱氧核糖　　　β-D-(+)-2-脱氧核糖

核糖和2-脱氧核糖是生物遗传大分子脱氧核糖核酸（DNA）和核糖核酸（RNA）的重要组分，在生命现象中发挥重要作用。核糖也是体内供能物质三磷酸腺苷（ATP）的主要成分。

4. 山梨糖和维生素C

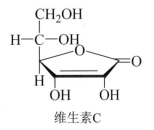

维生素C

山梨糖是己酮糖，与果糖的区别仅在C_3手性碳上的羟基在左侧，所以又称L-山梨糖。

山梨糖经氧化和内酯化反应，可生成维生素C。维生素C主要存在于新鲜蔬菜及水果等植物中，是白色结晶性粉末，无臭，味酸，遇光则颜色逐渐变黄，易溶于水和乙醇。它在体内参与糖代谢及氧化还原过程，人体缺乏它，会引起坏血病。维生素C可防治坏血病，增加人体的抵抗力，所以维生素C又名抗坏血酸。

四、双糖

双糖是由单糖通过脱水以苷键连接而成的化合物，本节将讨论有代表性的双糖，以了解连接单糖的各种方式，以及一些有重要生物功能的化合物。

由两个单糖单元构成的双糖，两个单糖可以相同，也可以不同。连接双糖的苷键可以是一个单糖的半缩醛羟基（简称苷羟基）与另一个单糖的醇羟基脱水，也可是两个单糖都用苷羟基脱水而成。

1. 蔗糖

蔗糖是自然界分布最广的双糖,因其在甘蔗和甜菜中含量最多,故称蔗糖或甜菜糖。蔗糖是无色晶体,熔点 186 ℃,易溶于水而难溶于乙醇,甜度低于果糖,是日常生活和医药上广泛应用的一种糖。

蔗糖分子是由 1 分子 α-D-吡喃葡萄糖 C_1 上的苷羟基与 1 分子 β-D-呋喃果糖 C_2 上的苷羟基之间脱去 1 分子水以 α-1,2-苷键连接而形成的双糖。其结构式如下:

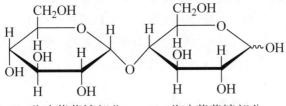

α-D-吡喃葡萄糖部分　　　D-吡喃葡萄糖部分

蔗糖分子中无苷羟基,其水溶液无变旋光现象,无还原性,不能与托伦试剂、本尼迪克特试剂反应,是非还原性双糖。

蔗糖是右旋糖,其比旋光度为+66.7°。在酸或转化酶的作用下,蔗糖水解生成等量的D-葡萄糖和 D-果糖,该混合溶液达到平衡时比旋光度为-19.7°,与水解前旋光方向相反,因此把蔗糖的水解过程称为转化,水解后的混合物称为转化糖。蜂蜜中大部分是转化糖。

2. 麦芽糖

淀粉在稀酸中部分水解时,可得 D-(+)-麦芽糖。此外,淀粉发酵成乙醇的过程中也可得D-(+)-麦芽糖。发酵所需的淀粉糖化酶存在于发芽的大麦中。在酸性溶液中,D-(+)-麦芽糖水解生成两分子 D-葡萄糖。麦芽糖有变旋现象,可还原托伦试剂和斐林试剂,说明分子内存在游离的半缩醛羟基,故为还原糖。

麦芽糖在大麦芽中含量丰富,饴糖是麦芽糖的粗制品。麦芽糖在酸性或酶的作用下水解生成两分子葡萄糖,其甜度为蔗糖的 40%,可用作营养剂和细菌培养基。

3. 乳糖

乳糖存在于哺乳动物的乳汁中(占人乳的 7%~8%,牛乳的 4%~5%)。工业上,可从制取乳酪的副产物乳清中获得。

乳糖也是还原糖,有变旋现象,当用苦杏仁酶水解时,可得等量的 D-葡萄糖和 D-半乳糖。乳糖是由一分子的 β-D-吡喃半乳糖与 D-吡喃葡萄糖通过 β-1,4-糖苷键相连而成的,具有还原性的双糖,能与托伦试剂、本尼迪克特试剂反应,其结构为:

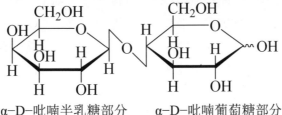

α-D-吡喃半乳糖部分　　　α-D-吡喃葡萄糖部分

练一练3

用化学方法鉴别下列各物质。

1. 果糖、葡萄糖和蔗糖

2. 蔗糖和乳糖

【知识链接】--

血糖

血液中的糖分称为血糖，绝大多数情况下都是葡萄糖。体内各组织细胞活动所需的能量大部分来自葡萄糖，所以血糖必须保持一定的水平才能维持体内各器官和组织的需要。正常人在空腹时血糖浓度为 3.9～6.1 mmol/L。空腹血糖浓度超过 7.0 mmol/L 称为高血糖，血糖浓度低于 3.9 mmol/L 称为血糖减低，血糖浓度低于 2.8 mmol/L 称为低血糖，我们拿到的血液生化检查报告中一般写为"葡萄糖"。

糖是我们身体必不可少的营养之一。人们摄入谷物、蔬果等，经过消化系统转化为单糖（如葡萄糖等）进入血液，运送到全身细胞，作为能量的来源。如果一时消耗不了，则转化为糖原储存在肝脏和肌肉中，肝脏可储糖 70～120 g，占肝重的 6%～10%。细胞所能储存的肝糖是有限的，如果摄入的糖分过多，多余的糖即转变为脂肪。

当食物消化完毕后，储存的肝糖即成为糖的正常来源，维持血糖的正常浓度。在剧烈运动时，或者长时间没有补充食物情况下，肝糖也会消耗完。此时细胞将分解脂肪来供应能量，脂肪的 10%为甘油，甘油可以转化为糖。脂肪的其他部分亦可通过氧化产生能量，但其代谢途径与葡萄糖是不一样的。

人类的大脑和神经细胞必须糖来维持生存，必要时人体将分泌激素，把人体的某些部分（如肌肉、皮肤甚至脏器等）摧毁，将其中的蛋白质转化为糖，以维持生存。人体的血糖是由一对矛盾的激素调节的，即胰岛素和胰高血糖素，当感受到血液中的血糖低的时候，胰岛的 A 细胞会分泌胰高血糖素，动员肝脏的储备糖原，释放入血液，导致血糖上升；当感受到血液中的血糖过高的时候胰岛的 B 细胞会分泌胰岛素，促进血糖变成肝糖原储备或者促进血糖进入组织细胞。

五、多糖

多糖与寡糖的区别仅在于构成分子的单糖数目不同。自然界大多数多糖含有 80～100 个单元的单糖。多糖主要有直链和支链两类，个别也有环状的。连接单糖的苷键主要有 α-1,4、β-1,4 和 α-1,6 三种，前两种在直链多糖中常见，而支链多糖的链与链的连接点是 α-1,6 苷键。在糖蛋白中还有 1,2 和 1,3 连接方式。多糖分子中虽有苷羟基，但因相对分子质量很大，因此它们并没有还原性和变旋现象。绝大多数多糖不溶于水，个别多糖虽溶于水，但只是形成胶体溶液。它们都是无定形粉末，也无甜味。

1. 淀粉

淀粉广泛分布于自然界，是人类获取糖类的主要来源。淀粉是白色、无臭和无味的粉状物质，其颗粒形状及大小因来源不同而异。天然淀粉可分为直链淀粉和支链淀粉两类，前者存在于淀粉的内层，而后者存在于淀粉的外层，组成淀粉的皮质。

　　直链淀粉难溶于冷水，在热水中有一定的溶解度；支链淀粉在热水中也不溶，但可膨胀成糊状。直链淀粉一般由 250～300 个 D–葡萄糖以 α–1,4–苷键连接而成，由于 α–1,4–苷键的氧原子有一定的键角，且单键可自由转动，分子内的羟基间可形成氢键，因此直链淀粉具有规则的螺旋状空间排列，每一圈螺旋有 6 个 D–葡萄糖。

　　支链淀粉的相对分子质量因来源不同而异，一般含 6 000～40 000 个 D–葡萄糖。支链淀粉分子中，主链由 α–1,4–苷键连接，而分支处为 α–1,6–苷键。

直链淀粉

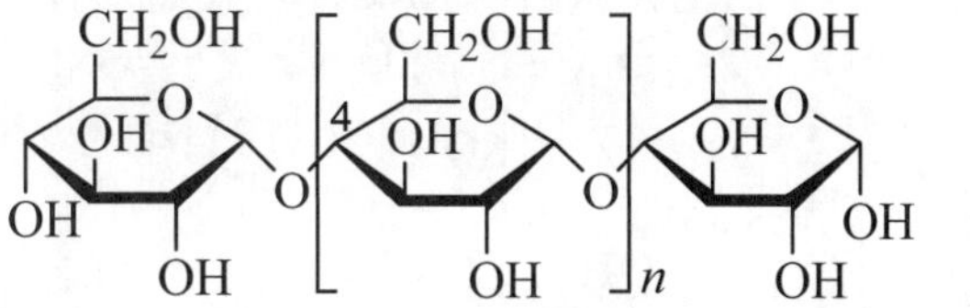

支链淀粉

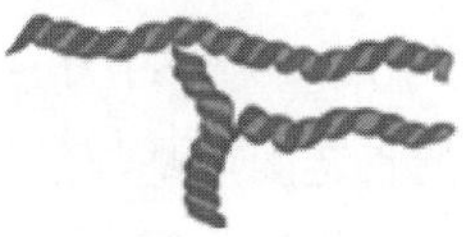

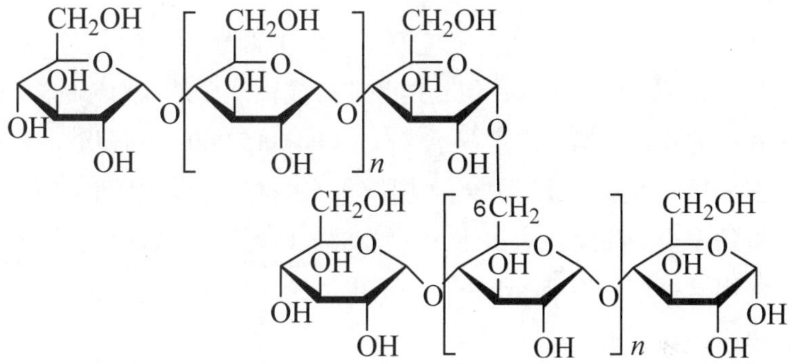

　　直链淀粉遇碘溶液呈蓝色，加热蓝色消失，冷却后又显蓝色。支链淀粉遇碘溶液呈紫红色。淀粉与碘作用现象明显，反应灵敏，往往用于淀粉和碘的定性检测。

　　淀粉在稀酸或酶的作用下水解，首先生成糊精。糊精是相对分子质量比淀粉小的多糖，当其相对分子质量较大时遇碘显红色，叫红糊精，再继续水解变成无色糊精，无色糊精有还原性，最后水解为葡萄糖。

　　2. 糖原

　　糖原又称肝糖，是由许多葡萄糖分子聚合而成的、存在于动物体中的多糖，又称为动物淀粉。其功能与植物的淀粉相似，是储存葡萄糖的形式，又是获得葡萄糖的来源。在人体中，糖原主要储藏在肝脏和骨骼肌中。成人体内约含 400 g 糖原，一旦机体需要（如血糖浓度低于正常水平时），糖原即可在酶的催化下分解出葡萄糖供机体利用。

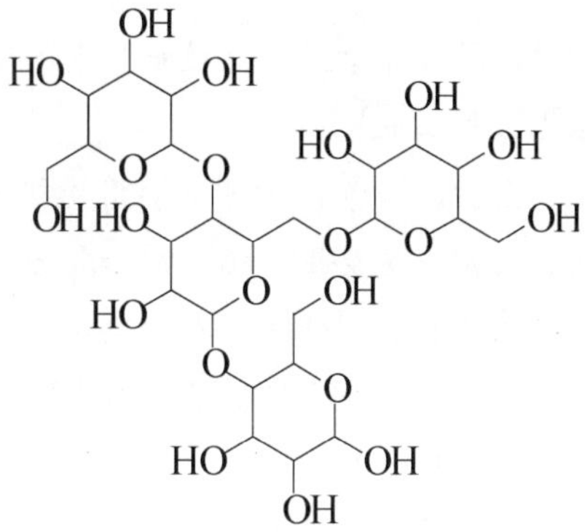

　　糖原的结构与支链淀粉很相似，但分支更密，每隔 8～10 个葡萄糖残基就出现一个 α–1,6–苷键。分支

糖原

的作用很重要，分支可增加水溶性，尤其是分支造成了许多非还原性的末端残基，而它们是糖原合成和分解时酶的作用部位，因而也增加了糖原合成和降解的速率。

3. 纤维素

纤维素是自然界分布最广、存在量最多的有机物。它是植物细胞的主要结构成分，占叶干重量的 $10\% \sim 20\%$，树木和树皮重量的 50%，棉纤维重量的 90%。纯的纤维素最容易从棉纤维中获得。在实验室，滤纸是最纯的纤维素来源。纤维素是 D-葡萄糖以 β-1,4-苷键相连的聚合物。

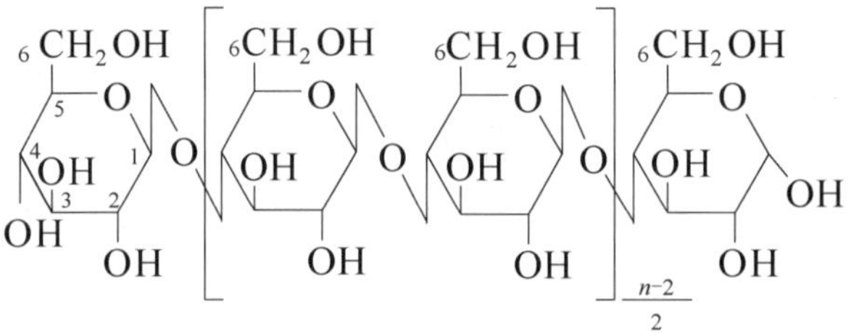

纤维素分子

纤维素是线性的多糖，但长链并非排成束，而是由相邻的羟基间氢键聚集在一起。在植物中存在的真正天然纤维素分子含有 $1\,000 \sim 15\,000$ 个葡萄糖，相对分子质量为 160 万～240 万，在分离纤维素的过程中会发生降解。木材的强度主要取决于相邻的长链间羟基与羟基形成氢键的多少。除反刍动物外，一般动物（包括人）胃中无纤维素酶，不能消化纤维素。纤维素的用途很广，除可造纸外，分子中的游离羟基经硝化和乙酰化后，可制成人造丝、火棉胶、电影胶片、硝基漆等。

纤维素是白色、无臭、无味的固体，不溶于水和一般的有机溶剂，无还原性和变旋光现象。纤维素比淀粉难水解，一般需要在高温、高压、浓硫酸的作用下进行，水解的最终产物是 D-葡萄糖。

【知识链接】---

微晶纤维素

微晶纤维素是天然植物原料的水解物，具有多种功能，广泛用于医药卫生、食品饮料、轻化工等工业。

微晶纤维素广泛应用于药物制剂，常用作吸附剂、助悬剂、稀释剂、崩解剂。在口服片剂和胶囊中主要用作稀释剂和黏合剂，不仅可用于湿法制粒也可用于干法直接压片。还有一定的润滑和崩解作用，在片剂制备中非常有用。

在食品工业上，微晶纤维素可作重要的功能性食品基料——膳食纤维素，可以保持乳化和泡沫的稳定性，保持高温的稳定性，提高液体的稳定性，是一种理想的保健食品添加剂，且不影响原有食品的色、味、形。用它可生产冷冻食品、冷饮甜食和烹调用调味汁，或用来加工饮料、冰激凌、糕点和汤类饮食品。在糖尿病患者用的营养食品和保健食品中，也大量使用了微晶纤维素。

在轻化工行业,微晶纤维素可作为拼料,用于多种化妆品、皮肤治疗与护理用品,以及清洁洗涤剂的制造。

目标检测

一、选择题（每题只有一个正确答案）。

1. （ ）又称为碳水化合物。

A. 羧酸　　　　　B. 糖　　　　　　C. 酯　　　　　　D. 甘油

2. 糖类可以看作是多羟基（ ）或多羟基（ ）及它们的脱水缩合产物。

A. 醇　　　　　　B. 醛　　　　　　C. 酮　　　　　　D. 酯

3. 下列不属于单糖的是（ ）。

A. 葡萄糖　　　　B. 果糖　　　　　C. 核糖　　　　　D. 蔗糖

4. 下列（ ）是非还原性双糖。

A. 维生素 C　　　B. 蔗糖　　　　　C. 麦芽糖　　　　D. 乳糖

5. 下列（ ）不属于多糖。

A. 脱氧核糖　　　B. 淀粉　　　　　C. 糖原　　　　　D. 纤维素

6. 淀粉水解的最终产物是（ ）。

A. 蔗糖　　　　　B. 乳糖　　　　　C. 葡萄糖　　　　D. 果糖

7. 对淀粉和纤维素关系的叙述,错误的是（ ）。

A. 都是非还原性糖　　　　　　　　B. 都符合通式$(C_6H_{10}O_5)_n$

C. 互为同分异构体　　　　　　　　D. 都是天然高分子化合物

8. 下列糖中,人体消化酶不能消化的是（ ）。

A. 乳糖　　　　　B. 纤维素　　　　C. 麦芽糖　　　　D. 淀粉

9. 糖在人体内储存的形式是（ ）。

A. 乳糖　　　　　B. 糖原　　　　　C. 麦芽糖　　　　D. 蔗糖

10. 血糖通常是指血液中的（ ）。

A. 葡萄糖　　　　B. 糖原　　　　　C. 麦芽糖　　　　D. 果糖

11. 检查淀粉是否完全水解应选用的试剂是（ ）。

A. 托伦试剂　　　　　　　　　　　B. 斐林试剂

C. 本尼迪克特试剂　　　　　　　　D. 碘试剂

12. 葡萄糖和果糖不能发生的反应的是（ ）。

A. 水解反应   B. 成苷反应   C. 成酯反应   D. 氧化反应

13. 直链淀粉遇碘显（   ）。

A. 红棕色   B. 蓝色   C. 褐色   D. 黄色

14. 鉴别醛糖和酮糖的方法是（   ）。

A. 托伦试剂   B. 本尼迪克特试剂

C. 斐林试剂   D. 塞利凡诺夫试剂

15. 下列不是同分异构体的是（   ）。

A. 葡萄糖与果糖   B. 麦芽糖与蔗糖

C. 蔗糖与乳糖   D. 核糖与脱氧核糖

二、用化学方法鉴别下列化合物。

麦芽糖、淀粉、纤维素

第三节 氨基酸、多肽、蛋白质和核酸

学习目标

1. 掌握氨基酸的结构特点；
2. 掌握氨基酸的分类、命名和主要性质；
3. 了解多肽、蛋白质和核酸。

【案例导入】

    1965 年 9 月 17 日，中国在世界上首次人工合成结晶牛胰岛素，为人类揭开生命奥秘、解决医学难题迈出了重要一步，成为中国攀登世界科技高峰征程上的一座里程碑。牛胰岛素是一种蛋白质分子，含有 2 条多肽链（α 链含有 21 个氨基酸，β 链含有 30 个氨基酸），2 条多肽链间由 2 个二硫键（二硫键是由两个—SH 连接而成的）连接，在 α 链上也形成 1 个二硫键。蛋白质研究一直被喻为破解生命之谜的关键点，人工合成牛胰岛素的结构、生物活力、物理化学性质以及结晶性状，都与天然牛胰岛素完全一样。人工牛胰岛素的合成，标志着人类在认识生命、探索生命奥秘的征途中迈出了关键性的一步，促进了生命科学的发展。

    问题：查找资料，说出蛋白质、多肽链和氨基酸三者之间的关系。

一、氨基酸

分子中既含有氨基（—NH₂）又含有羧基（—COOH）的化合物叫氨基酸。氨基和羧基

是氨基酸的官能团。

1. 氨基酸的分类

根据分子中氨基和羧基相对位置的不同，氨基酸可分为 α、β、γ、…、ω-氨基酸（末位碳编号为 ω）。氨基连在羧基 α-碳上的为 α-氨基酸，氨基连在羧基 β-碳上的为 β-氨基酸……例如：

$$R-\underset{\underset{NH_2}{|}}{CH}-COOH \qquad R-\underset{\underset{NH_2}{|}}{CH}-CH_2-COOH \qquad R-\underset{\underset{NH_2}{|}}{CH}-CH_2-CH_2-COOH$$

α-氨基酸 　　　　　　　β-氨基酸 　　　　　　　　　γ-氨基酸

天然的氨基酸都是 α-氨基酸，蛋白质水解产生的氨基酸也都是 α-氨基酸，构型都是 L 构型。

α-氨基酸的结构通式为：
$$R-\underset{\underset{NH_2}{|}}{CH}-COOH$$

根据分子中氨基和羧基的数目是否相等，把氨基酸分为中性氨基酸、酸性氨基酸和碱性氨基酸。中性氨基酸分子中氨基和羧基的数目相等，近乎中性；酸性氨基酸分子中氨基的数目少于羧基，呈酸性；碱性氨基酸分子中氨基的数目多于羧基，呈碱性。例如：

$$\underset{\underset{NH_2}{|}}{CH_2}-COOH \qquad HOOC-CH_2-\underset{\underset{NH_2}{|}}{CH}-COOH \qquad \underset{\underset{NH_2}{|}}{CH_2}-CH_2-\underset{\underset{NH_2}{|}}{CH}-COOH$$

中性氨基酸 　　　　　　酸性氨基酸 　　　　　　　碱性氨基酸

2. 氨基酸的命名

氨基酸的系统命名法与羟基酸相似，即把氨基作为羧酸的取代基来命名。氨基的位置，一般用希腊字母或阿拉伯数字表示。例如：

$$\underset{\underset{NH_2}{|}}{CH_2}-COOH \qquad\qquad CH_3-\underset{\underset{CH_3}{|}}{CH}-CH_2-\underset{\underset{NH_2}{|}}{CH}-COOH$$

氨基乙酸（俗称甘氨酸） 　　　　　　　4-甲基-2-氨基戊酸

　　　　　　　　　　　　　　　　　（γ-甲基-α-氨基戊酸，俗称亮氨酸）

$$CH_3-\underset{\underset{NH_2}{|}}{CH}-CH_2-COOH \qquad\qquad HOOC-CH_2-CH_2-\underset{\underset{NH_2}{|}}{CH}-COOH$$

3-氨基丁酸（β-氨基丁酸） 　　　　2-氨基戊二酸（α-氨基戊二酸，俗称谷氨酸）

练一练 1

用系统命名法给下列物质命名。

1. $CH_3\underset{\underset{OH\ NH_2}{|\quad|}}{CHCH}COOH$ 　　　2. ⬡$CH_2\underset{\underset{NH_2}{|}}{CH}COOH$ 　　　3. $\underset{\underset{NH_2}{|}}{CH_2}CH_2CH_2CH_2\underset{\underset{NH_2}{|}}{CH}COOH$

氨基酸是组成蛋白质的结构单元。蛋白质水解时，最后得到多种 α-氨基酸的混合物。这些氨基酸更常使用的是它们的俗称，如甘氨酸、亮氨酸、谷氨酸等。常见的 α-氨基酸见表 5-1。

表 5-1　　　　　　　　　　　　　常见的 α-氨基酸

名称	结构式	单字母代号	等电点 pI
甘氨酸	CH₂—COOH ︱ NH₂	G	5.97
丙氨酸	CH₃—CH—COOH 　　　　︱ 　　　NH₂	A	6.00
*缬氨酸	CH₃CH—CHCOOH 　　︱　　︱ 　CH₃　NH₂	V	5.96
*亮氨酸	CH₃CH—CHCOOH 　　︱　　︱ 　CH₃　NH₂	L	5.98
*异亮氨酸	CH₃CH₂CHCH₂CHCOOH 　　　　　︱　　　︱ 　　　CH₃　　NH₂	I	6.02
丝氨酸	CH₂CHCOOH 　︱　︱ 　OH NH₂	S	5.68
*苏氨酸	CH₃CHCHCOOH 　　　︱　︱ 　　OH NH₂	T	6.16
半胱氨酸	CH₂CHCOOH 　︱　︱ 　SH NH₂	C	5.05
*蛋氨酸	CH₂CH₂CHCOOH 　︱　　　︱ 　SCH₃　　NH₂	M	5.74
*苯丙氨酸	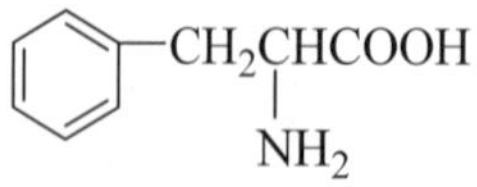 ⬡—CH₂CHCOOH 　　　　　︱ 　　　　NH₂	F	5.48
酪氨酸	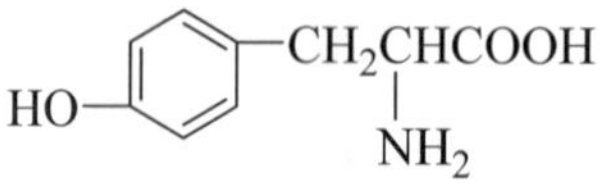 HO—⬡—CH₂CHCOOH 　　　　　　　︱ 　　　　　　NH₂	Y	5.66
脯氨酸	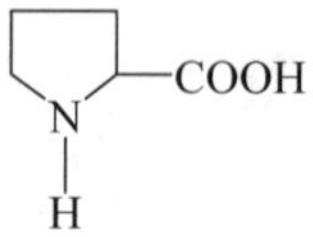 ⬠—COOH（N-H）	P	6.30

名称	结构式	单字母代号	等电点 pI
*色氨酸	(结构式) $CH_2CHCOOH$ / NH_2	W	5.89
天门冬氨酸	CH_2—$CHCOOH$ / $COOH$ NH_2	D	2.77
谷氨酸	$HOOC$—CH_2—CH_2—CH—$COOH$ / NH_2	E	3.22
*赖氨酸	$CH_2CH_2CH_2CH_2CHCOOH$ / NH_2 NH_2	K	9.74
精氨酸	H_2N—C—$NHCH_2CH_2CH_2CHCOOH$ / NH NH_2	R	10.76
组氨酸	(结构式) $CH_2CHCOOH$ / NH_2	H	7.59

构成蛋白质的氨基酸有 20 多种，其中 8 种是人体不能合成的（上表中带*号的），必须从食物中摄取，称为人体必需氨基酸。

2. 氨基酸的性质

氨基酸一般都是无色结晶，具有较高的熔点（一般在 200～300 ℃），大都在熔化时分解。除胱氨酸和酪氨酸外，大多数氨基酸能溶于水而难溶于乙醚、苯等有机溶剂。天然的 α-氨基酸中除甘氨酸外，都具有旋光性。

氨基酸分子中含有碱性的氨基和酸性的羧基，既具有胺和羧酸的典型性质，同时还具有这两种基团相互影响而表现出来的一些特性。

（1）两性和等电点。

氨基酸分子中，氨基能与酸作用，羧基能与碱作用，都能分别形成盐。因此，氨基酸为两性化合物。

$$R\text{—}\underset{NH_2}{CH}\text{—}COOH + HCl \longrightarrow \left[R\text{—}\underset{N^+H_3}{CH}\text{—}COOH\right]Cl^-$$

$$R\text{—}\underset{NH_2}{CH}\text{—}COOH + NaOH \longrightarrow \left[R\text{—}\underset{NH_2}{CH}\text{—}COO^-\right]Na^+ + H_2O$$

氨基和羧基共存于统一体中，这两种官能团也能互相作用，在分子内形成同时具有正电荷和负电荷的两性离子，这种在分子内生成的两性离子称为内盐。内盐具有盐类的特性。游离的氨基酸通常以内盐的形式存在，因此熔点较高，并且多数易溶于水。

氨基酸的内盐是由弱酸弱碱生成的，当遇到强酸和强碱时，都能发生反应。它在不同介质中的变化如下：

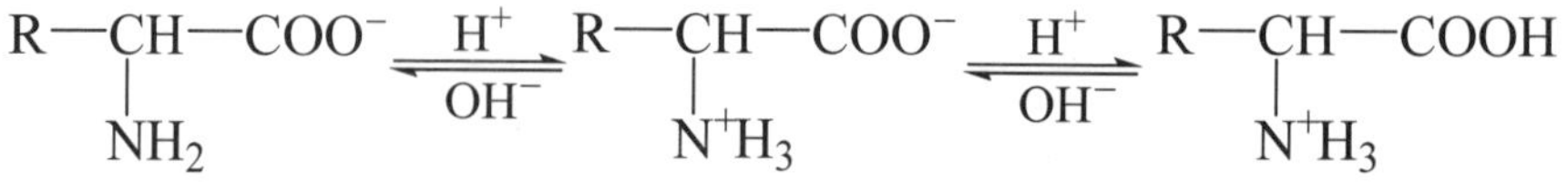

$$\underset{\substack{\text{负离子}\\ \text{pH}>\text{等电点}}}{\overset{\displaystyle R\text{—}\underset{\displaystyle NH_2}{\overset{\displaystyle |}{C}H}\text{—}COO^-}{}} \underset{OH^-}{\overset{H^+}{\rightleftharpoons}} \underset{\substack{\text{内盐}\\ \text{pH}=\text{等电点}}}{\overset{\displaystyle R\text{—}\underset{\displaystyle N^+H_3}{\overset{\displaystyle |}{C}H}\text{—}COO^-}{}} \underset{OH^-}{\overset{H^+}{\rightleftharpoons}} \underset{\substack{\text{正离子}\\ \text{pH}<\text{等电点}}}{\overset{\displaystyle R\text{—}\underset{\displaystyle N^+H_3}{\overset{\displaystyle |}{C}H}\text{—}COOH}{}}$$

由上化学式可以看出，氨基酸分子中的净电荷决定于溶液的 pH 值。当溶液为某一酸度时，氨基酸主要以内盐的形式都存在，此时的 pH 值称为等电点，用 pI 表示。

不同氨基酸由于结构的不同，等电点也不一样。中性氨基酸的等电点为 5.0～6.3，酸性氨基酸的等电点为 2.8～3.2，碱性氨基酸的等电点为 7.6～10.8。各种氨基酸水溶液的 pH 值，就是该氨基酸的等电点。在等电点时，氨基酸的溶解度最小。

（2）缩合反应。

氨基酸受热时，也能发生和羟基酸相类似的缩合反应。

α-氨基酸受热时，发生两分子间的氨基与羧基间的脱水，生成环状的交酰胺。例如：

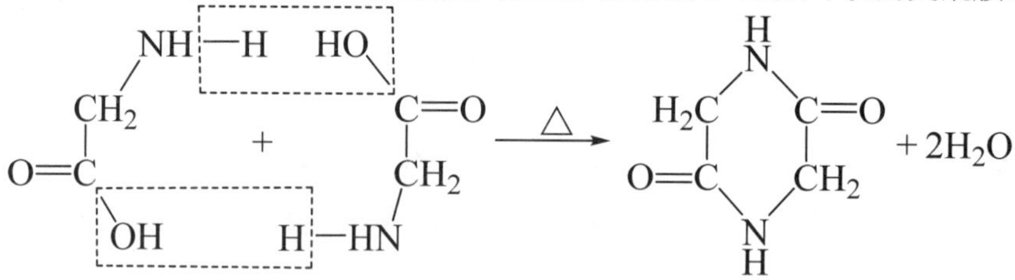

β-氨基酸受热时，分子内脱去一分子氨，生成 α,β-烯酸。

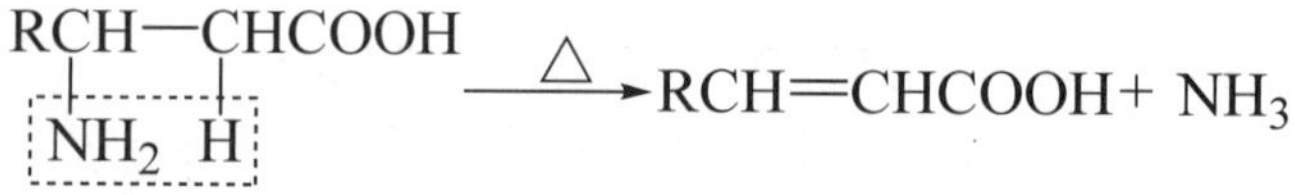

γ-氨基酸、δ-氨基酸加热至熔点时，分子内脱水生成五元环或六元环的内酰胺。内酰胺水解时又得到相应的氨基酸。

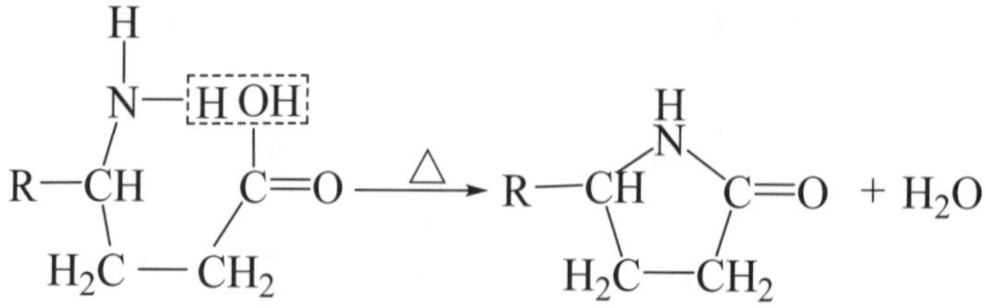

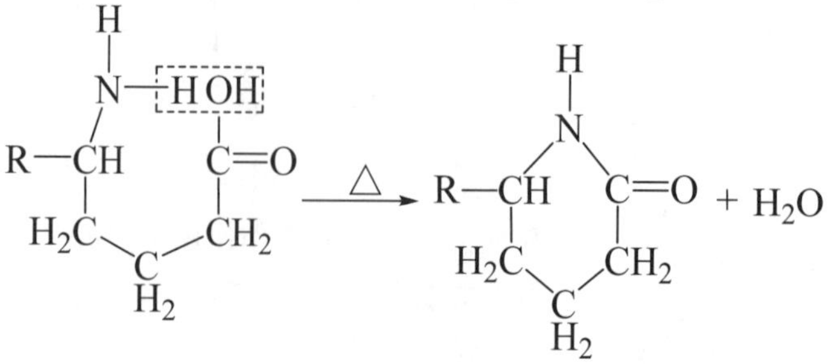

氨基酸中的氨基与羧基之间多于四个碳原子时，受热后发生许多分子间的脱水反应，生成长链的聚酰胺。

$$n\,\mathrm{H-\underset{\underset{H}{|}}{N}-(CH_2)_x-\underset{\underset{}{\overset{\overset{O}{\|}}{C}}}{}-OH} \xrightarrow{\triangle}$$

$$\mathrm{H-\underset{\underset{H}{|}}{N}-(CH_2)_x-\overset{\overset{O}{\|}}{C}-\left[\underset{\underset{H}{|}}{N}-(CH_2)_x-\overset{\overset{O}{\|}}{C}\right]_{n-2}-\underset{\underset{H}{|}}{N}-(CH_2)_x-\overset{\overset{O}{\|}}{C}-OH} + n\,H_2O$$

（3）与茚三酮的显色反应。

α-氨基酸与茚三酮的水溶液共热时，能生成蓝紫色化合物。这个反应非常灵敏，可用来鉴别 α-氨基酸。多肽和蛋白质也有此显色反应。

（4）成肽反应。

在酸或碱存在下，α-氨基酸受热可发生分子间脱水，生成以酰胺键（ $\mathrm{-\overset{\overset{O}{\|}}{C}-\underset{\underset{H}{|}}{N}-}$ ）相连的化合物，称为肽。肽分子中的酰胺键称为肽键。

$$\mathrm{H-\underset{\underset{H}{|}}{N}-\underset{\underset{R}{|}}{CH}-\overset{\overset{O}{\|}}{C}-OH} + \mathrm{H-\underset{\underset{H}{|}}{N}-\underset{\underset{R}{|}}{CH}-\overset{\overset{O}{\|}}{C}-OH} \xrightarrow{-H_2O}$$

$$\mathrm{H-\underset{\underset{H}{|}}{N}-\underset{\underset{R}{|}}{CH}-\underset{\underline{\,\overset{\overset{O}{\|}}{C}-\underset{\underset{H}{|}}{N}\,}}{}-\underset{\underset{R}{|}}{CH}-\overset{\overset{O}{\|}}{C}-OH}$$

肽键

二、多肽

最简单的肽是由两个氨基酸缩合而成的，称为二肽。二肽分子中仍存在游离的氨基和羧基，可以与另一分子氨基酸继续缩合生成三肽，再继续缩合生成四肽、五肽等。由多个氨基酸缩合而成的肽，称为多肽。

无论肽链有多长，在肽链的一端有游离的氨基，称为 N 端；另一端有游离的羧基，称为 C 端。

$$\boxed{\mathrm{N_2H}}\mathrm{-\underset{\underset{R}{|}}{CH}-\overset{\overset{O}{\|}}{C}-\underset{\underset{H}{|}}{N}-\underset{\underset{R'}{|}}{CH}-\overset{\overset{O}{\|}}{C}\Big]_n\underset{\underset{H}{|}}{N}-\underset{\underset{R''}{|}}{CH}-}\boxed{\mathrm{COOH}}$$

$\qquad$ N 端 $\qquad\qquad\qquad\qquad\qquad\qquad\qquad$ C 端

由两个不同的氨基酸脱水可形成两种二肽，如甘氨酸和丙氨酸脱水缩合，可生成如下两种不同结构的二肽。

$$\mathrm{H_2N-CH_2-\overset{\overset{O}{\|}}{C}-\underset{\underset{H}{|}}{N}-\underset{\underset{CH_3}{|}}{CH}-COOH}$$
甘氨酰丙氨酸（简称甘-丙）

$$\mathrm{H_2N-\underset{\underset{CH_3}{|}}{CH}-\overset{\overset{O}{\|}}{C}-\underset{\underset{H}{|}}{N}-CH_2-COOH}$$
丙氨酰甘氨酸（简称丙-甘）

【知识链接】

多肽在医药中的医用

多肽是涉及生物体内各种各样细胞功能的生物活性物质。随着生物学、细胞生物学技术性的飞速发展，多肽的科学研究得到了惊人的、划时代的进展。目前发现存在于生物体的多肽已经有数十万种，而且发现全部的细胞都能合成多肽。目前，多肽的应用主要是集中在多肽药物、多肽药物载体、组织工程原材料、多肽营养食品等层面。

多肽药物是一种可用于疾病的预防、治疗和诊断的生物药物。多肽类药物主要包括多肽疫苗、抗肿瘤多肽、抗病毒多肽、多肽导向药物、细胞因子模拟肽、抗菌性活性肽、诊断用多肽以及其他药用小肽等。

多肽药物与一般的有机小分子药物相比，具有生物活性强、用药剂量小、毒副作用低和疗效显著等突出特点，然而其半衰期一般较短、不稳定，在体内容易被快速降解。

与蛋白类大分子药物相比，除了多肽疫苗外，多肽类药物免疫原性相对较小，用药剂量少，单位活性更高，易于合成、改造和优化，产品纯度高，质量可控，能够迅速确定药用价值。多肽药物是一个庞大的家族，是比较有前景的发展方向之一。

三、蛋白质

多肽是蛋白质分子的主要部分。多肽和蛋白质都是以 α-氨基酸为基本组成单位的，它们之间并无严格区别。通常将相对分子质量在 10 000 以下的称为多肽。蛋白质具有更长的肽链，相对分子质量更大，结构也更复杂。有些蛋白质分子中除了多肽链外，还含有糖、脂肪和含磷、铁等非蛋白质的辅基。

【知识链接】

蛋白质的四级结构

蛋白质分子是由许多氨基酸通过肽键相连成的生物大分子。蛋白质的空间构象涵盖了蛋白质分子中每一个原子在三维空间的相对位置，它们是蛋白质特有性质和功能的结构基础。但并非所有蛋白质都有四级结构，由一条肽链形成的蛋白质只有一级、二级和三级结构，由两条以上肽链构成的才有四级结构。

1. 氨基酸的排列顺序决定蛋白质的一级结构，蛋白质一级结构是理解蛋白质结构、作用机制以及生理功能的必要基础，在蛋白质分子中，从 N 端至 C 端的氨基酸的排列顺序称为蛋白质一级结构，蛋白质一级结构中主要化学键是肽键。

2. 蛋白质分子某一段肽链的局部空间结构构成了蛋白质的二级结构，蛋白质二级结构不涉及氨基酸残基侧链的构象。构成二级结构的主要化学键是氢键，二级结构包括 α-螺旋、β-折叠、β 转角和无规则卷曲。由于蛋白质相对分子质量巨大，因此，一个蛋白质分子可含有多种二级结构或多个同种二级结构。

3. 蛋白质三级结构指整条肽链中全部氨基酸残基的相对空间位置，也就是说整条肽链中所有原子在三维空间的排布位置，蛋白质三级结构的形成和稳定主要靠次级键，如疏水键、盐键、氢键和范德华力等。

4. 蛋白质分子中各个亚基的空间排布及亚基接触部位的布局和相互作用，称为蛋白质四级结构，体内许多功能性蛋白质含两条或以上多肽链。每一条多肽链都有其完整的三级结构，称为亚基，亚基与亚基之间呈特定的三维空间排布，并以非共价键相连接。

蛋白质的一级结构称为结构基础，二级、三级和四级结构称为高级结构，一级结构是高级结构的基础，但高级结构并不仅仅由一级结构决定，这也是蛋白质结构之间的关系。

蛋白质是生物体的基本组成部分。动物的肌肉、各种组织、毛发、蹄角，植物细胞里的原生质、叶绿体等，都是由蛋白质构成的。生物的一切生命现象都离不开蛋白质。蛋白质又是人和动物赖以生存的重要营养成分。蛋白质是由许多 α-氨基酸分子间失水形成的链状高分子化合物，相对分子质量由几万到几百万，一般含 C、H、O、N、S 等元素，有些还含有 P、Fe 等。

蛋白质与酸、碱共热或在酶的作用下，能发生水解，先是生成多肽，最后得到 α-氨基酸。

和氨基酸一样，蛋白质也是两性物质。与强酸、强碱都能成盐，在酸性溶液中蛋白质带正电，在碱性溶液中带负电，在等电点时净电荷为零。

蛋白质溶解于水中，具有胶体溶液的性质。在蛋白质溶液中加入无机盐，可使蛋白质析出，这种作用叫盐析。盐析是个可逆过程，析出的蛋白质可再溶于水，并不影响蛋白质的性质。

在热、紫外光照射或重金属盐等的作用下，蛋白质溶解度降低而凝固，这种现象称为蛋白质变性。蛋白质变性是不可逆过程。蛋白质变性后，就失去可溶性，并丧失原有的生理机能。因此，对于药用的一些蛋白质，如血清、各种疫苗及酶类等，都应避光低温保存，防止其变性失去效用。

练一练2

简述氨基酸、多肽、蛋白质之间的关系。

【知识链接】 --

合理膳食与营养平衡

食物营养是人类生存的基本条件，更是反映一个国家经济水平和人们生活质量的重要指标。随着人们生活水平的提高及饮食结构的不断调整，健康饮食已是目前饮食业的主流。

人体需要的营养素有六大类：水、无机盐、糖类、蛋白质、脂肪和维生素。要想得到足够的营养，每日食物应包括谷类、薯类、豆类、果蔬类、肉蛋禽鱼类、奶类、油脂和水等。人体需要的营养素是多种多样的，它们分布在各种食物中，没有一种食物能完全满足人体所需的一切营养素，所以必须吃多样化的食物，机体内各种营养素之间可以相互补充、相互制约、共同调配，以求在体内和谐。合理饮食的另一个要求是对任何一种营养素的摄入过多或过少，都会造成营养失调，以致体内营养平衡被打破，造成机体失调，发生某种营养素缺乏或导致某种营养素过剩，诱发多种疾病等。合理膳食、营养平衡是人们维持生存、增强体质、预防疾病、保持旺盛的精力和延缓机体衰老的重要因素。保持健康的身体是提高国民幸福指数的基础。

蛋白质是生命不可缺少的物质。在工业上和医药上，其应用也日益广泛。例如：丝和羊毛可作纺织原料，许多动物的皮是制革原料，不少蛋白酶及血清等是重要的药物。

四、核酸

1. 核酸的组成与分类

构成核酸的单体是核苷酸。核苷酸完全水解后生成三种不同的化合物：碱基、戊糖（核糖或脱氧核糖）和磷酸。

核酸按其完全分解后所得戊糖的组成不同，分为两大类：核糖核酸（RNA）和脱氧核糖核酸（DNA）。RNA 分解得到的是核糖和四种碱基（脲嘧啶、胞嘧啶、腺嘌呤、鸟嘌呤），DNA 分解得到的是脱氧核糖和四种碱基（胸腺嘧啶、胞嘧啶、腺嘌呤、鸟嘌呤）。

2. 碱基

存在于核苷酸中的碱基都是嘧啶或嘌呤的羟基或氨基衍生物（只有一种还含有甲基），常见的只有五种。其中嘧啶衍生物有三种：尿嘧啶、胞嘧啶和胸腺嘧啶；嘌呤衍生物有两种：腺嘌呤和鸟嘌呤。五种碱基的结构如下：

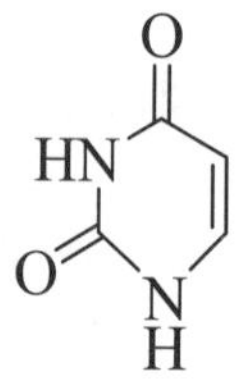

尿嘧啶 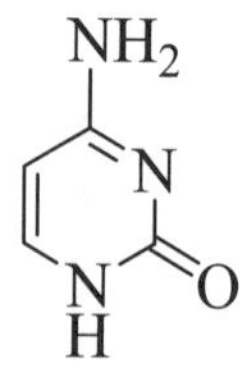　　　　　　　胞嘧啶 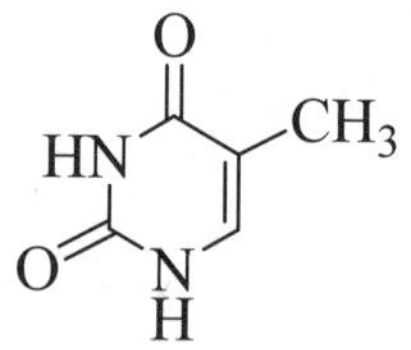　　　　　　　胸腺嘧啶

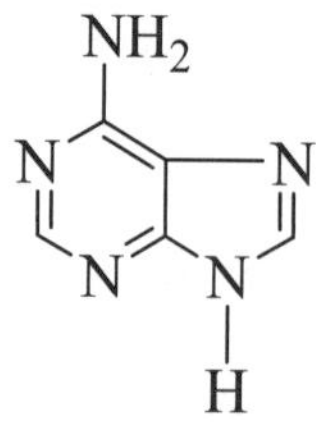

腺嘌呤 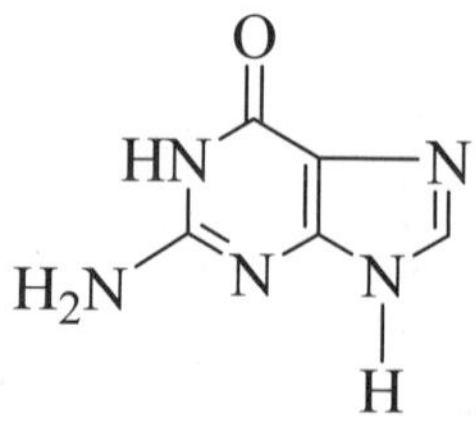　　　　　　　鸟嘌呤

3. 核苷与核苷酸

糖的半缩醛羟基可与氨基反应形成糖苷。核糖、脱氧核糖与碱基形成的糖苷称为核苷。

核苷酸是核苷的磷酸酯。由 DNA 水解得到的核苷酸称为脱氧核糖核苷酸，由 RNA 水解得到的核苷酸称为核糖核苷酸。

核酸是以核苷酸为基本组成单位的。核酸是由两条反向平行的多核苷酸链相互缠绕形成一个右手的双螺旋结构。

蛋白质是生物体用以表达各项功能的具体工具，而核酸则是生物用来制造蛋白质的模型。没有核酸，就没有蛋白质。因此，核酸是最根本的生命的物质基础。所以，核酸是现代科学研究最吸引人的领域之一。

【知识链接】--

新型冠状病毒及预防

新型冠状病毒（以下简称新冠病毒）通常是由蛋白质和核酸构成的，而并不是仅由蛋白质构成。

新冠病毒是由一个核酸分子和蛋白质构成的非细胞形态的病毒，病毒表面有突起，看起来比较像王冠，是一种冠状病毒，整个病毒的直径一般是 40～160 nm。从生物结构来看，新冠病毒由五种成分构成：一个 RNA 基因链条和四种蛋白质。病毒最外层是刺突糖蛋白（S），刺突下面由小包膜糖蛋白（E）和膜糖蛋白（M）构成的病毒包膜，包膜里面藏着的核心是一个由 RNA 基因链条和核衣壳蛋白（N）构成的螺旋折叠结构。

预防新冠病毒需要注意多喝水、多休息、避免熬夜、适度运动，以提高个体免疫能力，注意营养搭配、合理饮食，肉类、禽类以及蛋类要充分煮熟后食用。还应准备常用物资，如体温计、一次性口罩或者是家庭用消毒用品等。

目标检测

一、选择题（每题只有一个正确答案）。

1. 构成蛋白质的氨基酸中，人体必需的氨基酸有（　　　）。

A. 6 种　　　　　　　　B. 7 种　　　　　　　　C. 8 种　　　　　　　　D. 9 种

2. 组成蛋白质的旋光性氨基酸的构型均为（　　　）。

A. L 构型　　　　　　　B. S 构型　　　　　　　C. R 构型　　　　　　　D. D 构型

3. 一般中性氨基酸的等电点为（　　　）。

A. $pI=7$　　　　　　　B. $pI<7$　　　　　　　C. $pI>7$　　　　　　　D. $pI \geqslant 7$

4. 氨基酸在等电点时的主要存在形式是（　　　）。

A. 阴离子　　　　　　　B. 阳离子　　　　　　　C. 两性离子　　　　　　D. 中性分子

5. 蛋白质分子中氨基酸的主要连接方式是（　　　）。

A. 二硫键　　　　　　　B. 氢键　　　　　　　　C. 肽键　　　　　　　　D. 疏水键

6. 欲使蛋白质质沉淀且不变性宜选用（　　　）。

A. 盐析　　　　　　　　B. 重金属盐　　　　　　C. 有机酸类　　　　　　D. 有机溶剂

7. 鉴别氨基酸时常用的试剂是（　　　）。

A. $CuSO_4/NaOH$ B. $I_2/NaOH$ C. 水合茚三酮   D. 菲林试剂

8. 下列有关蛋白质的叙述正确的是（　　　）。

A. 通过盐析作用析出的蛋白质再难溶于水

B. 天然蛋白质水解后的最终产物都是 α-氨基酸

C. 蛋白质溶液都具有胶体溶液的性质

D. 蛋白质溶液中的蛋白质分子都能透过半透膜

9. 在预防新冠病毒时，专家告诉我们要用含氯消毒剂对公共场所进行消毒；室内可以用医用酒精进行擦拭，被褥也要放在阳光下暴晒。其目的是（　　　），从而杀死新冠病毒。

A. 使病毒的核酸水解   B. 使病毒的核酸变性

C. 使病毒的蛋白质水解   D. 使病毒的蛋白质变性

10. 下列哪种碱基只存在于 RNA 而不存在于 DNA？（　　　）

A. 脲嘧啶   B. 腺嘌呤   C. 胞嘧啶   D. 鸟嘌呤

二、判断题。

（　　）1. 中性氨基酸溶于水时所得的水溶液 pH 值等于 7。

（　　）2. 天然的氨基酸都是 α-氨基酸。

（　　）3. 在等电点时氨基酸的熔点最大。

（　　）4. 氨基酸分子都可以与强碱作用生成盐，但不能与强酸作用生成盐。

（　　）5. DNA 是生物遗传物质，而 RNA 不是。

三、填空题。

1. 氨基酸的结构通式为_____，常见的氨基酸中_____无手性碳原子，无旋光性。

2. 多肽是由_____分子缩合而形成的，氨基酸之间通过酰胺键（肽键）连接，二肽分子中含有_____个肽键，三肽则含有_____个肽键。

3. 使蛋白质沉淀的方法有_____、_____、_____、_____，其中，_____不能使蛋白质变性。

4. 核酸分为_____和_____两大类。

四、完成下列化学反应方程式。

1.
$$CH_3-\underset{\underset{NH_2}{|}}{CH}-COOH \ + \ HCl \longrightarrow$$

2.
$$CH_3-\underset{\underset{NH_2}{|}}{CH}-COOH \ + \ NaOH \longrightarrow$$

3.
$$RCH-CH_2COOH \ \overset{\triangle}{\longrightarrow}$$
$$\underset{NH_2}{|}$$

4.

$$CH_3{-}\underset{\underset{NH_2}{|}}{CH}{-}COOH + CH_3{-}\underset{\underset{NH_2}{|}}{CH}{-}COOH \xrightarrow[\text{H}^+\text{或OH}^-,\ \triangle]{-H_2O}$$

五、用化学方法鉴别下列化合物。

α-氨基丙酸、α-羟基丙酸、α-溴代丙酸

第四节　类脂化合物、萜类化合物、甾族化合物、生物碱

学习目标

1. 了解类脂化合物的概念、性质；
2. 了解萜类化合物的概念、结构、分类；
3. 了解甾族化合物的概念、结构、分类；
4. 了解生物碱的一般性质；
5. 了解类脂化合物、萜类化合物、甾族化合物、生物碱在药学中的应用。

一、类脂化合物

1. 类脂化合物概述

在生物体中，除油脂外还含有一类结构和性质类似油脂的化合物称为类脂化合物，是广泛存在于生物组织中的天然大分子有机化合物，这些化合物的共同特点是都具有很长的碳链，但结构中其他部分的差异却相当大。常见的类脂化合物有蜡、磷脂、萜类化合物、甾族化合物以及一些维生素等。

2. 类脂化合物的性质

常温下呈液态为油，呈固态和半固态为脂；不溶于水，易溶于有机溶剂；无固定的熔点和沸点。

3. 类脂化合物在医药中的应用

（1）蜡。

蜡是存在于自然界动植物体内的蜡状物质。它的主要成分是十六碳以上的偶数碳原子的羧酸和高级一元醇所形成的酯。蜡中往往还存在一些相对分子质量较高的游离羧酸、醇以及高级的碳氢化合物。

蜡的物理性质与石蜡相似，化学性质比油脂稳定，在空气中不变质，可用于制造蜡纸、防水剂、上光剂和软膏的基质。几种重要的蜡见表 5-2。

表 5-2 几种重要的蜡

主要组成	名称	熔点（℃）	存在
$C_{15}H_{31}COOC_{30}H_{61}$	蜂蜡	62～65	蜜蜂腹部
$C_{15}H_{31}COOC_{16}H_{33}$	鲸蜡	41～46	鲸鱼头部
$C_{25}H_{51}COOC_{30}H_{61}$	巴西蜡	83～90	巴西棕榈叶
$C_{25}H_{51}COOC_{26}H_{53}$	虫蜡	81.3～84	女贞树上白蜡虫的分泌物

（2）磷脂。

磷脂是含有磷脂根的类脂化合物，也是生命的基础物质，还是构成细胞膜的重要组成部分。磷脂分为甘油磷脂和鞘磷脂两大类，分别由甘油和鞘氨醇构成。磷脂为两性分子，一端为亲水的含氮或磷的头，另一端为疏水（亲油）的长烃基链。由于此原因，磷脂分子亲水端相互靠近，疏水端相互靠近，常与蛋白质、糖脂、胆固醇等其他分子共同构成磷脂双分子层，即细胞膜的结构。

磷酸甘油酯体内含量较多的是磷脂酰胆碱（卵磷脂）、磷脂酰乙醇胺（脑磷脂）、磷脂酰丝氨酸、磷脂酰甘油、二磷脂酰甘油（心磷脂）及磷脂酰肌醇等。

1）纯的卵磷脂为白色蜡状物，有较强的吸水性，在空气中易氧化而变为黄色或棕色，不溶于水，易溶于乙醇、乙醚及三氯甲烷。蛋黄中含有丰富的卵磷脂，牛奶、动物的脑、骨髓、心脏、肺脏、肝脏、肾脏以及大豆和酵母中都含有卵磷脂。卵磷脂具有调节血清脂质、保护心脏、有益大脑、柔润皮肤、延缓衰老等用途。

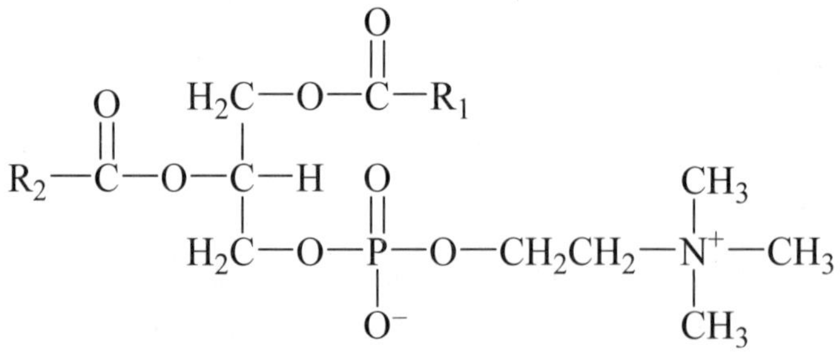

卵磷脂

2）脑磷脂结构与卵磷脂相似，易被氧化成棕黑色，不溶于乙醚，可溶于热乙醇。其存在于脑、神经、大豆等中，是一种优良的天然活性剂，具有特有的生物活性和生理功能，并且无毒、无刺激，也不会对环境造成污染，具有改善大脑功能、提高人体各细胞间的传递速度以及准确性等用途。

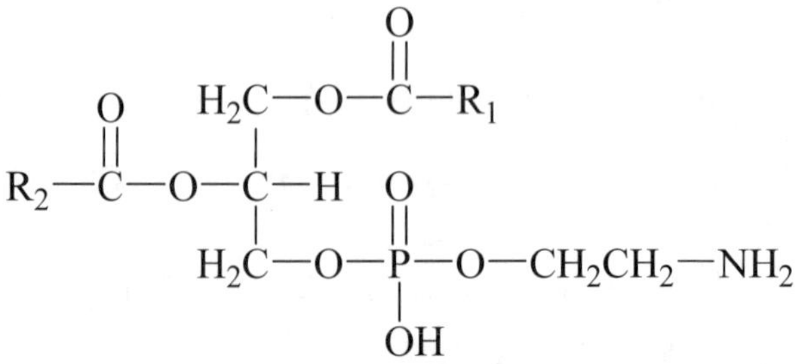

脑磷脂

二、萜类化合物

【案例导入】--

　　风油精主要成分有薄荷脑、水杨酸甲酯、樟脑、桉油、丁香酚等。其中薄荷脑、樟脑、桉油都属于萜类化合物。

　　萜类化合物有许多生理活性，如祛痰、止咳、祛风、发汗、驱虫、镇痛等。风油精因有消炎止痛、清凉止痒的功效，是居家、旅游常备保健良药。

　　问题：萜类的化合物的基本结构是怎样的呢？

----

　　1. 萜类化合物的结构

　　萜类化合物是指由多个异戊二烯单元按不同方式头尾相连而形成的化合物。头指靠近异戊二烯甲基支链一端，尾指远离甲基支链一端。各种异戊二烯的低聚体及其氢化物、含氧衍生物都称为萜类化合物。萜类化合物这种结构上的特点被称为"异戊二烯规律"。例如月桂烯和柠檬烯都是由 2 个异戊二烯单元构成的萜类化合物（结构式中用虚线将其划分为两个异戊二烯单元）。

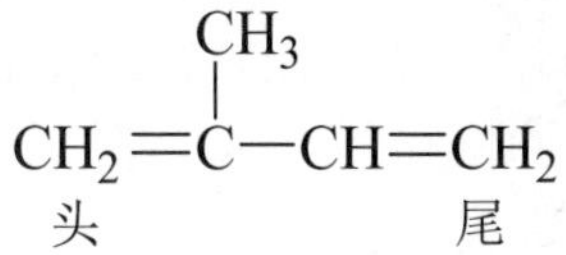

异戊二烯 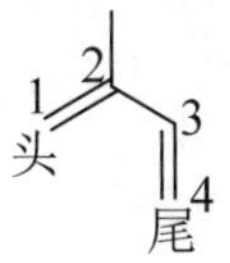　　　　　异戊二烯 　　　　　月桂烯 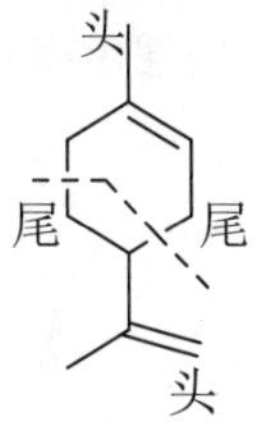　　　　　柠檬烯

　　萜类化合物广泛存在于自然界，是构成某些植物的香精、挥发油、树脂、色素等的主要成分，如玫瑰油、桉叶油、松脂等都含有多种萜类化合物。另外，某些动物的激素、维生素等也属于萜类化合物。曾被世界卫生组织称为"世界上唯一有效的疟疾治疗药物"的青蒿素也属于萜类化合物。

　　2. 萜类化合物的分类

　　根据分子中所含异戊二烯的单位数不同，萜类可以分为单萜、倍半萜、二萜、二倍半萜、三萜、四萜、多萜等。萜类化合物的分类可见表 5-3。

表 5-3　　　　　　　　　　　　　　萜类化合物的分类

异戊二烯单元数	碳原子数	类别
2	10	单萜类
3	15	倍半萜
4	20	二萜类
5	25	二倍半萜
6	30	三萜类
8	40	四萜类
>8	>40	多萜类

3. 萜类化合物在药学中的应用

（1）橙花醇和香叶醇。

两者互为顺反异构体，它们存在于玫瑰油、橙花油、香茅油中，为无色的有玫瑰香气的液体，可用来制造香料。香叶醇是一种昆虫的性外激素，如当蜜蜂发现了食物时，它便分泌出香叶醇以吸引其他蜜蜂。

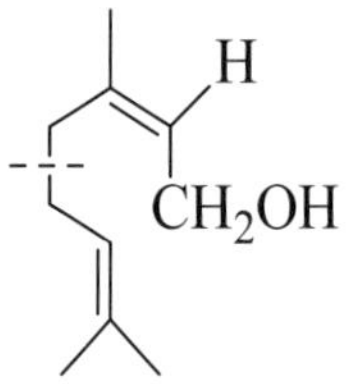

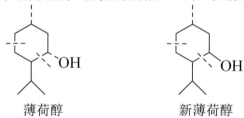

橙花醇 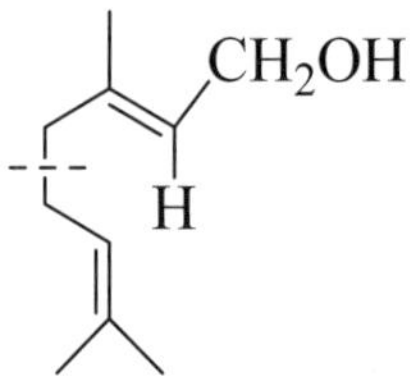　　　　　　　　　　　香叶醇

（2）薄荷醇。

薄荷醇又称3-萜醇，是萜烷的C_3-羟基衍生物。其分子中有3个手性碳原子（用*表示），存在4对光学异构体，即（±）薄荷醇、（±）异薄荷醇、（±）新薄荷醇、（±）新异薄荷醇。自然界存在的主要是（－）-薄荷醇，存在于薄荷油中，具有芳香凉爽气味，祛风、杀菌、防腐作用，并有局部止痛的效力。用于医药、化妆品及食品工业中，如清凉油、牙膏、糖果、烟酒等。

薄荷醇　　　　　　　　　　　新薄荷醇

（3）维生素A。

体内缺少维生素A则引起眼角膜硬化，初期的症状就是夜盲症，此外会引起生殖功能衰退，骨骼成长不良及生长发育受阻等症状。

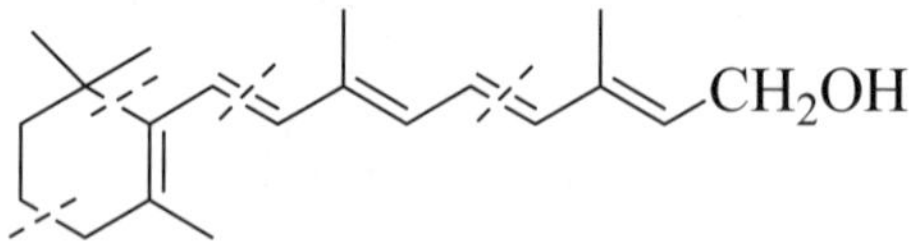

维生素A

（4）叶绿醇。

叶绿醇是叶绿素的一个组成部分，用碱水解叶绿素可得到叶绿醇，叶绿醇是合成维生素K及维生素E的原料。

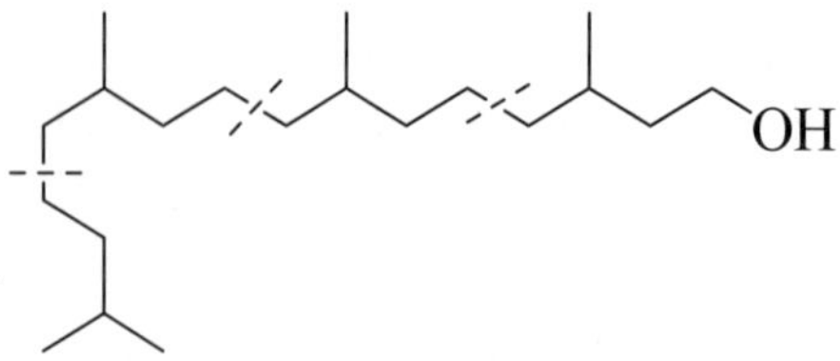

叶绿醇

（5）α-蒎烯。

α-蒎烯是松节油的主要成分，主要用作油漆、蜡等的溶剂，还是合成冰片、樟脑等的重要化工原料。松节油有局部止痛作用，可用作外用止痛药。

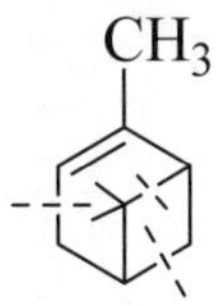

α-蒎烯

（6）樟脑。

樟脑化学名称为2-茨酮或α-茨酮，是由樟科植物樟树中得到，并由此而得名。

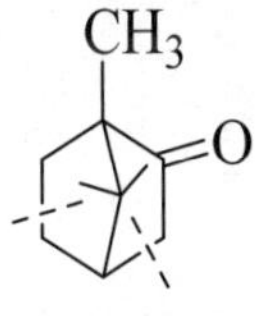

| 樟脑 | （+）樟脑 | （-）樟脑 |

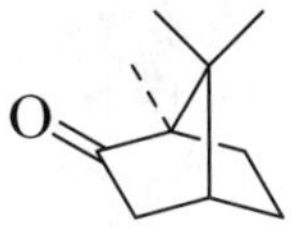

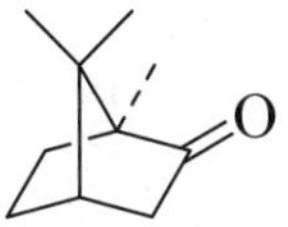

从樟树中得到的樟脑是右旋体，$[\alpha]_D^{20}$为+43°～+44°（10%乙醇），人工合成樟脑为外消旋体。樟脑为无色闪光结晶，熔点179 ℃，易升华、有香味、难溶于水、易溶于有机溶剂。

樟脑的气味有驱虫作用，可用于衣物的防虫剂。樟脑是呼吸或循环系统的兴奋剂，对呼吸或循环系统功能衰竭的病人，可作为急救药品。但由于水溶性低，在使用上受到限制。

三、甾族化合物

甾体化合物又称为类固醇化合物，广泛存在于动植物体内，对动植物的生命活动起着极其重要的调节作用。

1. 甾族化合物的结构和分类

甾体化合物的基本碳架（甾核）及其碳原子的编号如下：

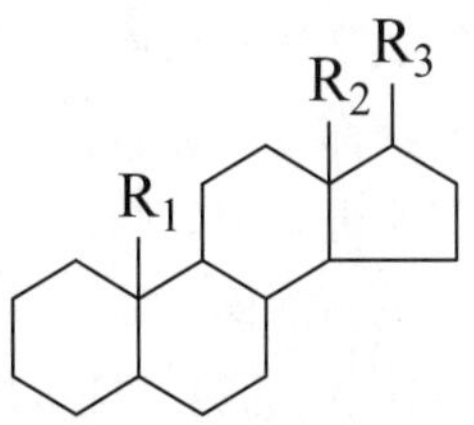

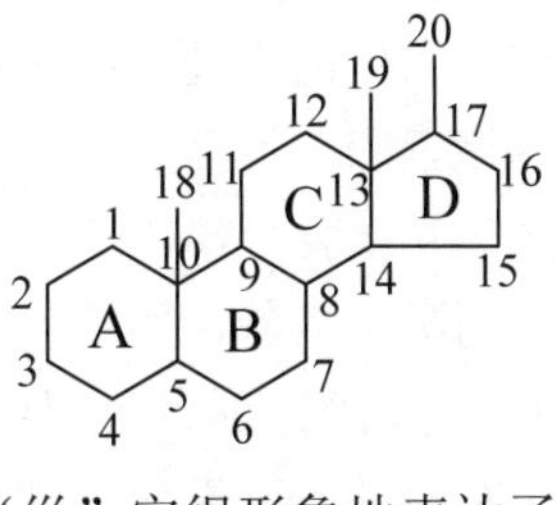

它是由环戊烷并多氢菲和三个侧链构成的。"甾"字很形象地表达了这种特征，"田"表示四个环，"巛"表示为三个侧链。R_1、R_2一般为甲基，称为角甲基，R_3为其他含有不同碳原子数的取代基。许多甾体化合物除这三个侧链外，甾核上还有双键、羟基和其他取代基。

甾体化合物的种类很多，结构复杂，根据甾体化合物的化学结构，可以分为甾醇类、胆甾酸类、甾体激素、强心苷类、甾体皂苷类和甾体生物碱类等。常见的甾体化合物，多以其来源或生理作用来命名。

2. 甾族化合物在药学中的应用

（1）胆甾醇。

胆甾醇又称胆固醇，存在于人及动物的血液、脂肪、脑髓及神经组织中。胆甾醇是无色或略带黄色的结晶，熔点 148 ℃，微溶于水，溶于乙醇、乙醚、氯仿等有机溶剂。

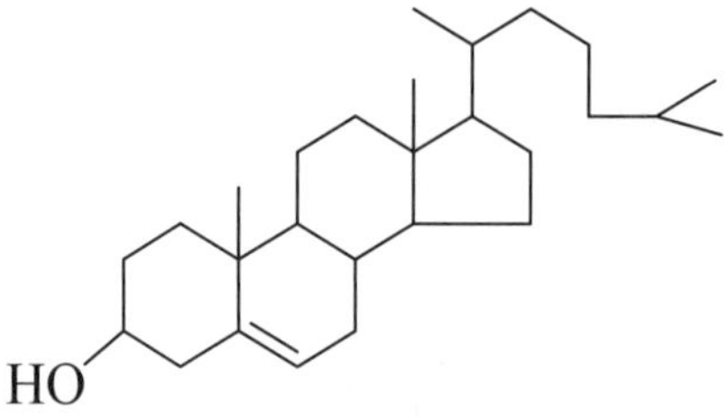

胆甾醇

人体内发现的胆结石几乎全是由胆甾醇所组成的，胆固醇的名称也是由此而来。人体中胆固醇含量过高是有害的，它可以引起胆结石、动脉硬化等病症。

（2）胆甾酸。

胆甾酸存在于动物的胆汁中，从人和牛的胆汁中分离出来的胆甾酸主要为胆酸。胆酸是油脂的乳化剂，其生理作用是使脂肪乳化，促进它在肠中的水解和吸收。故胆酸被称为"生物肥皂"。

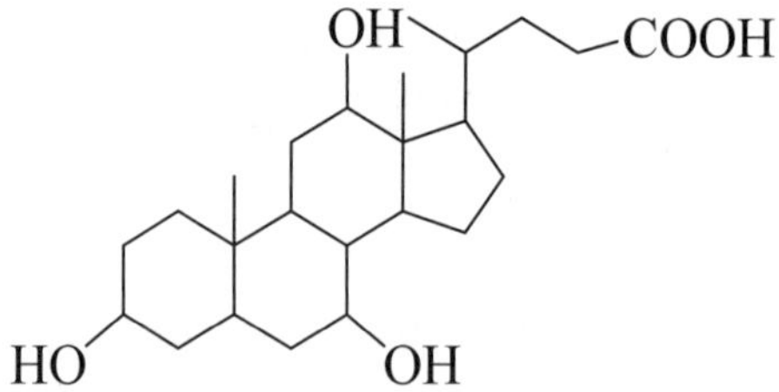

胆酸

（3）性激素。

性激素是高等动物性腺的分泌物，能控制性生理、促进动物发育、维持第二性征（如声音、体形等）的作用。它们的生理作用很强，很少量就能产生极大的影响。

性激素分为雄性激素和雌性激素两大类，两类性激素都有很多种，在生理上各有特定的生理功能。例如：睾酮是睾丸分泌的一种雄性激素，有促进肌肉生长，声音变低沉等第二性征的作用，它是由胆甾醇生成的，并且是雌二醇生物合成的前体。雌性激素包括雌激素和孕激素。雌二醇为卵巢的分泌物，是活性最强的雌激素，对雌性的第二性征的发育起主要作用。黄体酮是由卵巢黄体分泌的一种天然孕激素，为维持妊娠所必需。

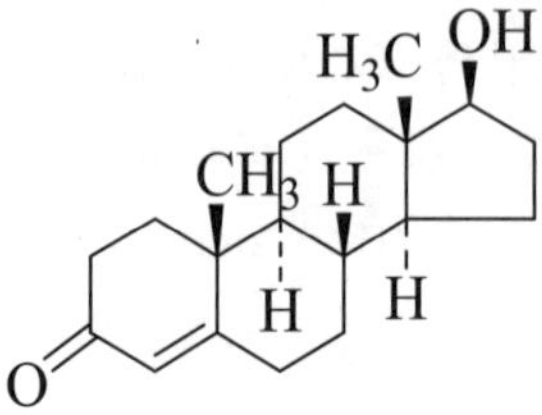

睾酮

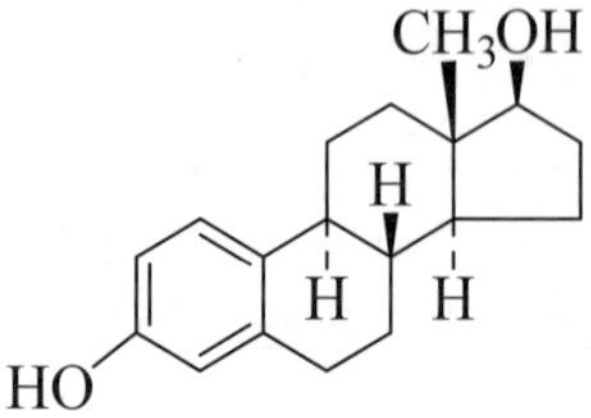

雌二醇

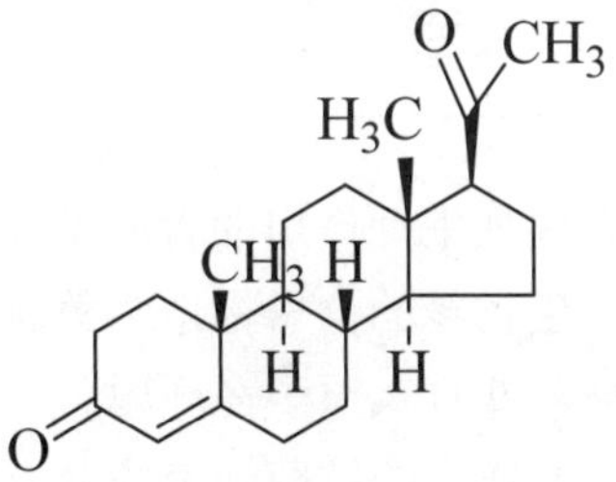

黄体酮

（4）肾上腺皮质激素。

肾上腺皮质激素是哺乳动物肾上腺皮质分泌的激素，其重要功能是维持体液的电解质平衡和控制糖类的代谢。动物缺乏它会引起机能失常以至死亡。皮质醇、可的松、皮质酮等都属于此类激素。

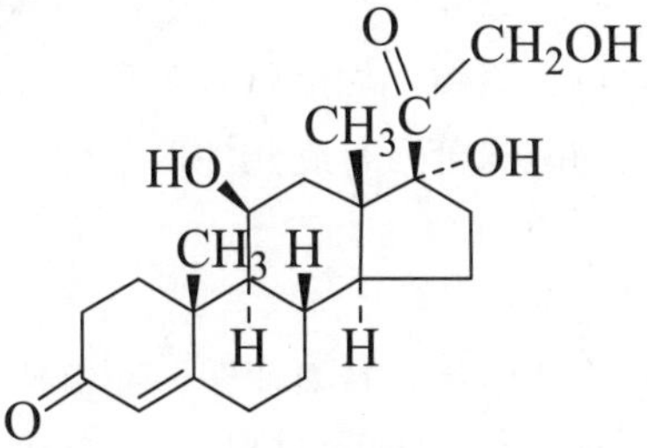

皮质醇

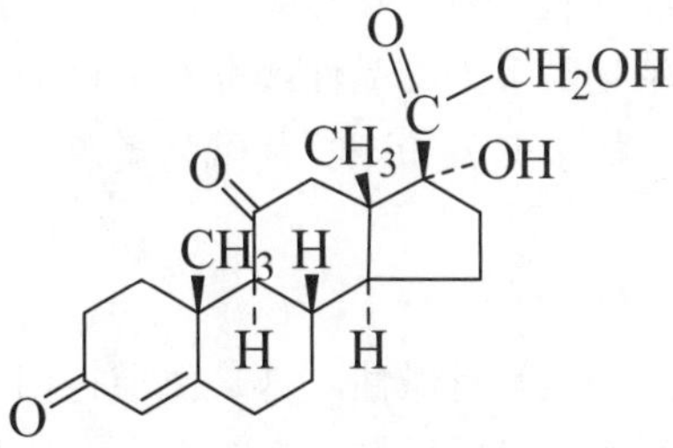

可的松

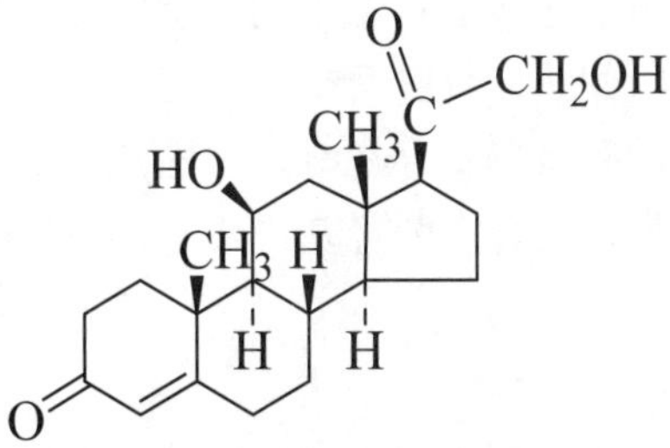

皮质酮

四、生物碱

【案例导入】--

尼古丁

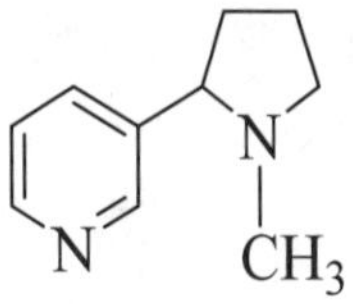

烟民往往都有烟瘾，这是尼古丁长期作用的结果。尼古丁又称烟碱，少量使用对中枢神经有兴奋作用，可加快心跳，升高血压并降低食欲。大量则抑制中枢神经系统，会引起恶心、呕吐、头痛，严重时会导致死亡。

尼古丁就像其他麻醉剂一样，刚开始吸食时并不适应，会引起胸闷、恶心、头晕等不适，但如果吸烟时间久了，血液中的尼古丁达到一定浓度，反复刺激大脑并使各器官产生依赖性，此时烟瘾就缠身了。若停止吸烟，会暂时出现烦躁、失眠、厌食等所谓的"戒断症状"。

问题：尼古丁属于生物碱，生物碱还有哪些性质呢？

存在于生物体内，对生物体有强烈生理作用的含氮碱性有机化合物称为生物碱。

生物碱能与酸反应生成盐类。生物碱的分子构造多数属于仲胺、叔胺或季胺类，少数为伯胺类。它们的构造中常含有杂环，并且氮原子在环内。生物碱常常是很多中草药的有效成分，如麻黄中的平喘成分麻黄碱、黄连中的抗菌消炎成分小檗碱（黄连素）和长春花中的抗癌成分长春新碱等。

生物碱大多数来自植物，少数也来自动物，如肾上腺素等。生物体内生物碱含量一般较低。至今分离出来的生物碱已有数千种，其中用于医药的有近百种。

1. 生物碱的一般性质

（1）一般性状。

游离的生物碱多为结晶性或非结晶性的固体，也有液体，如烟碱。多数生物碱无色，但有少数例外，如小檗碱和一叶萩碱为黄色。多数生物碱味苦，有旋光性，左旋体常有很强的生理活性。

（2）酸碱性。

大多数生物碱具有碱性，这是由于它们的分子构造中都含有氮原子，而氮原子上又有一对未共用电子对，对质子有一定吸引力，能与酸结合成盐，所以呈碱性。各种生物碱的分子结构不同，特别是氮原子在分子中存在的状态不同，所以碱性强弱也不一样。分子中的氮原子大多数结合在环状结构中，以仲胺、叔胺及季胺碱三种形式存在，均具有碱性，以季铵碱的碱性最强。若分子中氮原子以酰胺形式存在时，碱性几乎消失，不能与酸结合成盐。有些生物碱分子中除含碱性氮原子外，还含有酚羟基或羧基，所以既能与酸反应生成盐，也能与碱反应生成盐。

（3）溶解性。

游离生物碱极性较小，一般不溶或难溶于水，能溶于氯仿、二氯乙烷、乙醚、乙醇、丙酮、苯等有机溶剂，在稀酸水溶液中溶解成盐。生物碱的盐类极性较大，大多易溶于水及醇，不溶或难溶于苯、氯仿、乙醚等有机溶剂；医药上利用此性质将生物碱类药物制成易溶于水的盐来应用，如硫酸阿托品、磷酸可待因、盐酸吗啡等。

生物碱及其盐类的溶解性也有例外的情况。季铵碱（如小檗碱、酰胺型生物碱和一些极性基团较多的生物碱）一般能溶于水，习惯上常将能溶于水的生物碱称为水溶性生物碱。中性生物碱则难溶于酸。含羧基、酚羟基或含内酯环的生物碱等能溶于稀碱溶液中。某些生物碱的盐类（如盐酸小檗碱）则难溶于水，另有少数生物碱的盐酸盐能溶于氯仿中。

生物碱的溶解性对提取、分离和精制生物碱十分重要。

（4）沉淀反应。

大多数生物碱或其盐的水溶液，能与一些试剂生成难溶性的盐或配合物而沉淀。这些试剂称为生物碱沉淀剂。这种沉淀反应可用来鉴别、分离和精制生物碱。常用的生物碱沉淀剂有：碘化汞钾（$K_2[HgI_4]$）（与生物碱作用多生成白色或淡黄色沉淀）、碘化铋钾（$BiI_3 \cdot KI$）（与生物碱作用多生成红棕色沉淀)、碘–碘化钾（KI·I$_2$）、鞣酸、苦味酸等。

（5）颜色反应。

生物碱与一些试剂反应，呈现出不同的颜色，也可用于鉴别生物碱。例如：1%的钒酸铵–浓硫酸试剂遇吗啡显棕色、遇莨菪碱显红色、遇马钱子碱显血红色、遇奎宁显淡橙色、遇士的宁显蓝紫色，甲醛–浓硫酸试剂遇可待因显蓝色、遇吗啡显紫红色。这些能使生物碱发生颜色反应的试剂称为生物碱显色剂。

2. 生物碱在药学中的应用

（1）莨菪碱和阿托品。

莨菪碱属莨菪烷衍生物类生物碱。莨菪碱是由莨菪酸和莨菪醇缩合而形成的酯，莨菪醇是由四氢吡咯环和六氢吡啶环稠合而成的双环构造。莨菪碱在碱性条件下或受热时易消旋，其外消旋体即阿托品。

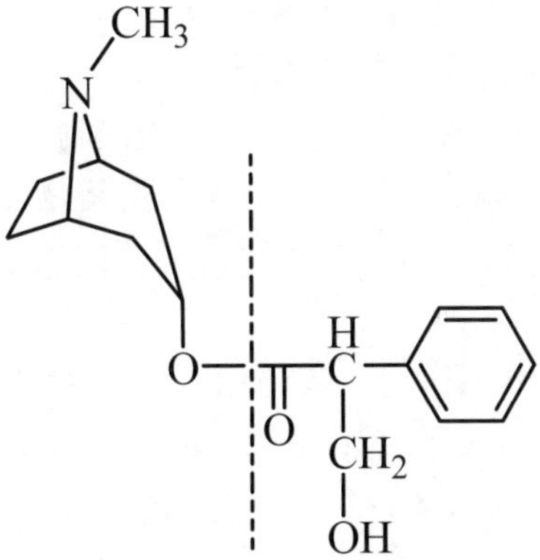

莨菪醇部分　　莨菪酸部分

医药上常用硫酸阿托品作抗胆碱药，能抑制唾液、汗腺等多种腺体的分泌，并能扩大瞳孔；还用于平滑肌痉挛、胃和十二指肠溃疡病；也可用作有机磷、锑中毒的解毒剂。

除莨菪碱外，我国学者又从茄科植物中分离出两种新的莨菪烷系生物碱，即山莨菪碱和樟柳碱。两者均有明显的抗胆碱作用，并有扩张微动脉，改善血液循环的作用。用于散瞳、慢性气管炎的平喘等，也能解除有机磷中毒。其毒性比硫酸阿托品小。

（2）吗啡和可待因。

罂粟科植物鸦片中含有20多种生物碱，其中比较重要的有吗啡、可待因等。这两种生物碱属于异喹啉衍生物类，可看作为六氢吡啶环（哌啶环）与菲环相稠合而成的基本结构。

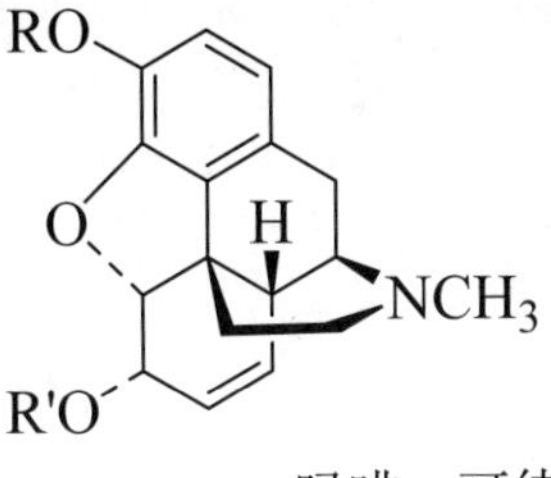

吗啡　R、R'为H
可待因　R为CH$_3$、R'为H
海洛因　R、R'为CH$_3$C—
　　　　　　　　　　　‖
　　　　　　　　　　　O

吗啡、可待因和海洛因

吗啡对中枢神经有麻醉作用，有极快的镇痛效力，但易成瘾，不宜常用。

可待因是吗啡的甲基醚（甲基取代吗啡分子中酚羟基的氢原子）。可待因与吗啡有相似的生理作用，镇痛作用比吗啡弱也能成瘾，主要用作镇咳药。

海洛因是吗啡的二乙酰基衍生物，即二乙酰基吗啡（两个乙酰基分别取代吗啡分子中两个羟基的氢原子）。海洛因镇痛作用较大，并产生欣快和幸福的虚假感觉，但毒性和成瘾性极大，过量能致死。海洛因被列为禁止制造和出售的毒品。

【知识链接】 --

珍爱生命 拒绝毒品

根据《中华人民共和国刑法》第357条规定，毒品是指鸦片、海洛因、甲基苯丙胺（冰毒）、吗啡、大麻、可卡因以及国家规定管制的其他能够使人形成瘾癖的麻醉药品和精神药品。《麻醉药品及精神药品品种目录》中列明了121种麻醉药品和130种精神药品。根据中国禁毒网权威发布，毒品分为传统毒品、合成毒品、新精神活性物质（新型毒品）。其中最常见的主要是麻醉药品类中的大麻类、鸦片类和可卡因类。

海洛因服用后极易成瘾，难以戒断，过量会呼吸抑制而死亡。去氧麻黄素，俗称冰毒，吸食一次就会上瘾，长期服用会损害心、肺、肝、肾及神经系统，严重者甚至死亡。近几年又有新型毒品"摇头丸"出现，服用后会使人摇头不止，行为失控，有暴力攻击倾向，易引发各种暴力犯罪。

毒品的泛滥直接危害人的身心健康，并给经济发展和社会进步带来巨大威胁。日趋严重的毒品问题已成为全球性的灾难，世界上没有哪一个国家和地区能够摆脱毒品之害。由贩毒、吸毒诱发的盗窃、抢劫、诈骗、卖淫和各种恶性暴力犯罪严重危害着许多国家和地区的治安秩序。有些地方，贩毒、恐怖、黑社会三位一体，已构成破坏国家稳定的因素。大量的毒品交易，巨额的毒资流动直接或间接地威胁国际经济的正常运转。至今为止毒品问题仍是世界的头等公害，据统计，全球每年因滥用毒品致死的人数高达20万，上千万人因吸毒丧失劳动能力。毒品正危害着美好的社会和家庭，我们应珍惜生命，远离毒品。

（3）麻黄碱。

麻黄碱是含于中药麻黄中的一种生物碱，又叫麻黄素。一般常用的麻黄碱是指左旋麻黄碱，它与右旋的伪麻黄碱互为旋光异构体。麻黄碱和伪麻黄碱都是仲胺类生物碱，没有含氮杂环，因此它们的性质与一般生物碱不尽相同，与一般的生物碱沉淀剂也不易产生沉淀。

麻黄碱

麻黄碱具有兴奋交感神经、升高血压、扩张支气管、收缩鼻黏膜及止咳作用，医药上常用盐酸麻黄碱治疗支气管哮喘、鼻黏膜肿胀和低血压等。

（4）小檗碱。

小檗碱又名黄连素，存在于小檗属植物黄柏、黄连和三颗针中，属于异喹啉衍生物类生物碱，是一种季铵化合物。黄连素具有较强的抗菌作用，医药上常用盐酸黄连素治疗菌痢、肠炎等疾病。

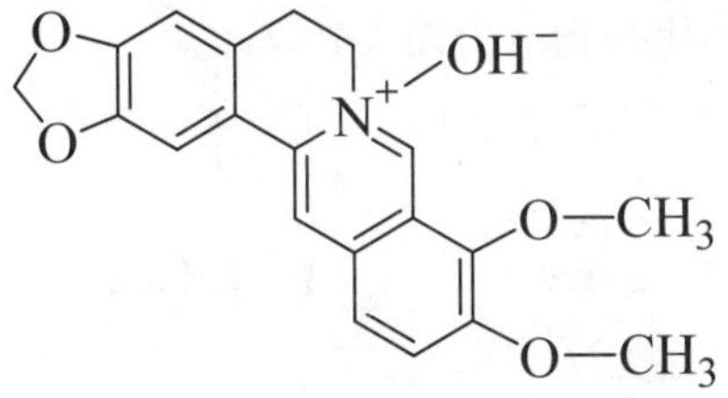

小檗碱（黄连素）

（5）喜树碱。

喜树碱是一种植物抗癌药物，从中国中南、西南分布的珙桐科落叶植物喜树的种子或根皮中提取的一种生物碱，它能直接破坏 DNA 结构与 DNA 结合而使 DNA 易受内切酶的攻击，同时抑制 DNA 聚合酶而影响 DNA 的复制，主要对增殖细胞敏感，为细胞周期特异性药物。

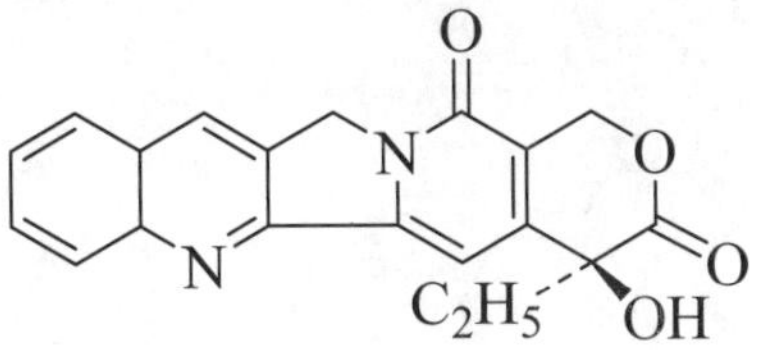

喜树碱

目标检测

一、选择题（每题只有一个正确答案）。

1. 生物碱不具有的特点是（　　）。

A. 分子中含氮原子　　　　　　　　　B. 具有碱性

C. 分子中都有苯　　　　　　　　　　D. 有强烈的生理作用

2. 小檗碱的结构类型是（　　）。

A. 喹啉类　　　　　B. 异喹啉类　　　　　C. 哌啶类　　　　　D. 吲哚类

3. 甾体化合物的母核结构为（　　）。

A. 苯并多氢菲　　　　　　　　　　　B. 环戊烷并多氢菲

C. 环己烷并多氢蒽　　　　　　　　　D. 环己烷并多氢菲

4. 下列各组物质中，前者为附着在容器内壁的物质，后者为选用的洗涤剂，其中搭配合适的是（　　）。

A. 银镜、氨水   B. 油脂、热碱水

C. 石蜡、NaOH 溶液   D. 油脂、水

5. 可鉴别吗啡与可待因的试剂是（   ）。

A. 钒酸铵-浓硫酸   B. 碘化汞钾   C. 苦味酸   D. 甲醛-浓硫酸

6. 萜类化合物由下列哪种化合物衍生而成？（   ）

A. 戊二烯   B. 异戊二烯   C. 苯丙氨酸   D. 酪氨酸

7. 能使脂肪乳化的是（   ）。

A. 胆酸   B. 胆甾醇   C. 胆固醇   D. 甘氨酸

8. 倍半萜含有的碳原子数目为（   ）。

A. 10   B. 15   C. 20   D. 25

9. 三萜的异戊二烯单位有（   ）。

A. 3 个   B. 4 个   C. 5 个   D. 6 个

10. 薄荷醇属于（   ）。

A. 单萜类   B. 倍半萜   C. 二萜类   D. 二倍半萜

11. 下列结构中不是甾体化合物的是（   ）。

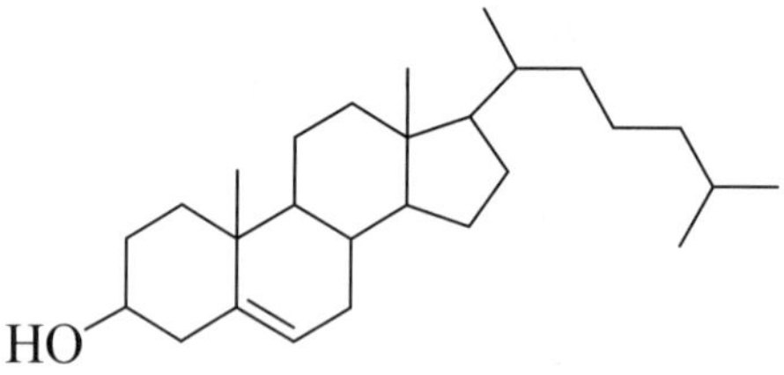

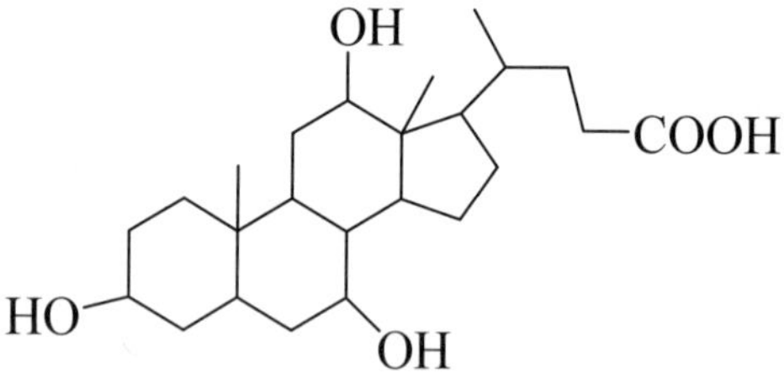

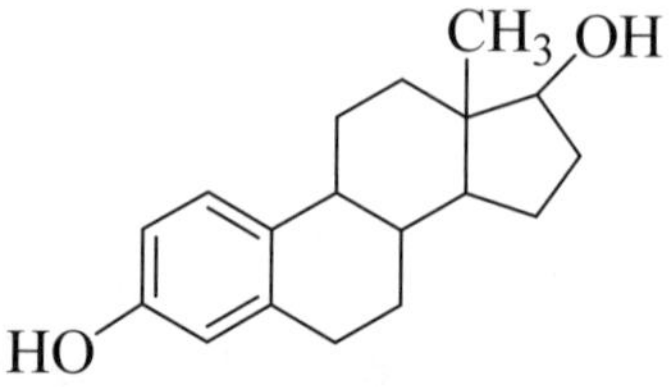

12. 以下哪种物质的缺乏会导致动物机能失常以致死亡？（   ）

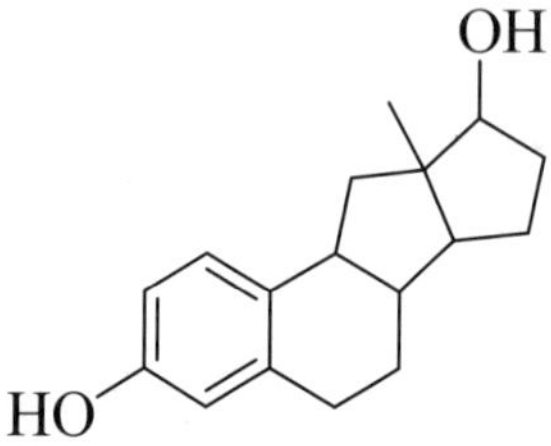

A. 性激素   B. 胆固醇

C. 胆甾醇   D. 肾上腺皮质激素

二、填空题。

1. 类脂是生物体内除_____以外的所有_____，包括磷脂、糖脂和类固醇。

2. 萜类化合物是由若干个_____单元结合而成的化合物及其衍生物。单萜含有_____个异戊二烯单元，二萜含有_____个异戊二烯单元。

3. 甾族化合物分子的母核是由_____环稠合而成的。胆固醇就是一种常见的甾族化合物，人体中胆固醇含量过高是有害的，但胆固醇的代谢产物受到紫外线照射后会生成

_____，能促进人体对钙的吸收。

三、指出下列化合物的碳干怎样分割成异戊二烯单元。

1.

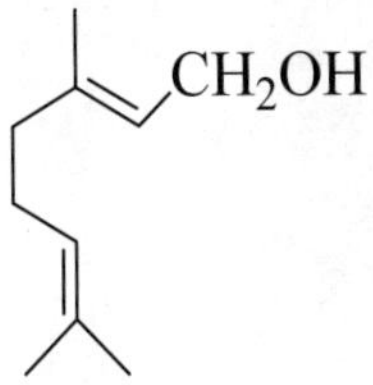

2.

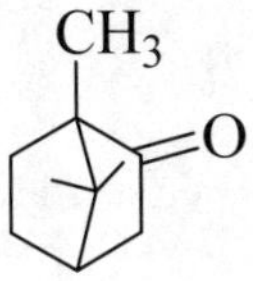

3.

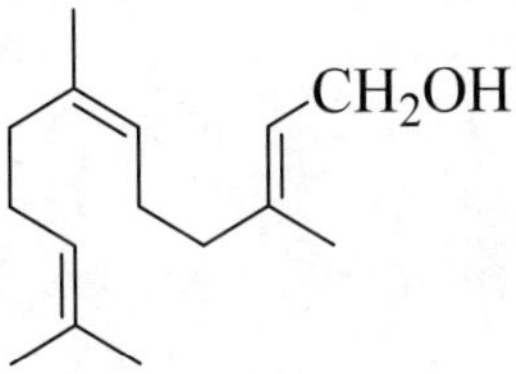

4.

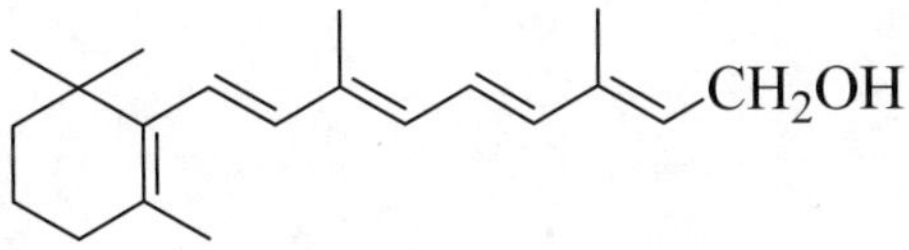

四、用化学方法鉴别下列物质。

柠檬醛、樟脑

实验部分

有机化学实验室规则

一、实验室工作规则

为了保证实验的顺利进行，培养严谨的科学态度和良好的实验习惯，学生必须遵守下列实验室规则。

1. 实验前，必须做好预习，明确实验目标，熟悉实验原理和实验步骤。未预习不得进行实验。

2. 实验开始前，首先检查仪器是否完整无损，仪器如有缺损，应及时登记补领；然后检查仪器是否干净（或干燥），如有污物，应洗净（或干燥）后方可使用，否则会给实验带来不良影响；再检查实验装置是否正确稳妥，在征得老师同意后，方可进行实验。

3. 实验进行时，要严格遵守安全规则与每个实验的安全注意事项。应保持安静，不得谈笑，不得擅自离开岗位，要经常注意观察反应进行的情况和装置是否漏气、破损等现象。一旦发生意外事故，应立即报告老师，采取有效措施，迅速排除事故。

4. 当进行有可能发生危险的实验时，要根据实验情况采取必要的安全措施，如戴防护眼镜、面罩或橡胶手套等。

5. 使用易燃、易爆药品时，应远离火源。实验试剂不得入口。严禁在实验室内吸烟和饮食。实验结束后要仔细洗手。

6. 熟悉安全用具，如灭火器材、砂箱以及急救药箱的放置地点和使用方法，并要妥善爱护。安全用具和急救药箱不准移作他用。

7. 实验时，要经常保持台面和地面的整洁，实验中暂时不用的仪器不要摆放在台面上，以免碰倒损坏。用过的沸石、滤纸等应放入废物桶中，不得丢入水槽或扔在地上。废酸、酸性反应残液应倒入指定容器中，严禁倒入水槽。实验完毕，应及时将仪器洗净，并放入指定的位置。

8. 要爱护公物，节约药品，养成良好的实验习惯。要爱护和保管好实验仪器，不得将仪器带出实验室，如有损坏，要填写破损单，经指导老师签署意见后，凭原物领取新仪器。要节约用水、电及消耗性药品。要严格按照规定称量或量取药品，使用药品不得乱拿乱放，药品用完后，应盖好瓶盖放回原处。公用的工具使用后，应及时放回原处。

9. 学生轮流值日，打扫、整理实验室。值日生应负责打扫卫生、整理试剂架上的药品（试剂）与公共器材，倒净废物桶并检查水、电、门窗是否关闭。

10. 实验完毕，及时整理实验记录，写出完整的实验报告，按时交老师审阅。

二、实验室意外事故的预防

1. 预防火灾

（1）在操作易燃溶剂时，应远离火源，切勿将易燃溶剂放在敞口容器内用明火加热或放在密闭容器内加热。

（2）在进行易燃物质实验时，应先将酒精等易燃物质搬开。

（3）蒸馏易燃物质时，装置不能漏气，接收器支管应与橡皮管相连，使余气通往水槽或室外。

（4）回流或蒸馏液体时应放沸石，不要用火焰直接加热烧瓶，而应根据液体沸点的高低使用石棉网、油浴、沙浴或水浴。冷凝水要保持畅通。

（5）切勿将易燃溶剂倒入废液缸中，更不能用敞口容器盛放易燃液体。倾倒易燃液体时应远离火源，最好在通风橱中进行。

（6）油浴加热时，应避免水滴溅入热油中。

（7）酒精灯用毕应立即盖灭，避免使用灯颈已经破损的酒精灯，切忌斜持一只酒精灯到另一只酒精灯上去点火。

2. 预防中毒

（1）对有毒药品应小心操作，妥善保管，不许乱放。实验中所用的剧毒物质应有专人负责收发，并向使用者指出必须注意遵守的操作规程。对实验后的有毒残渣必须做妥善有效处理，不准乱丢。

（2）有些有毒物质会渗入皮肤，因此，使用这些有毒物质时必须穿上工作服，戴上手套，操作后立即洗手，切勿让有毒药品沾及五官或伤口。

（3）在反应过程中可能会产生有毒或有腐蚀性气体的实验应在通风橱内进行，实验过程中，不要把头伸入橱内，使用后的器皿应立即清洗。

3. 预防触电

（1）使用电器时，应防止人体与金属导电部分直接接触，不能用湿的手或手握湿的物体接触电插头。

（2）装置或设备的金属外壳等都应连接地线。

（3）实验后应先切断电源，再将电器连接总电源的插头拔下。

三、实验室意外事故的处理

1. 火灾

起火时要立即一面灭火，一面防止火势蔓延（如采取切断电源、移去易燃药品等措施）。灭火要针对起因选用合适的方法：一般小火可用湿布、石棉布或沙子覆盖燃烧物；火势大时可使用泡沫灭火器；电器失火时切勿用水泼救，以免触电；若衣服着火，切勿惊慌乱跑，应赶紧脱下衣服，或用石棉布覆盖着火处，或立即就地打滚，或迅速以大量水扑灭。

2. 割伤

伤处不能用手抚摸，也不能用水洗涤。应先取出伤口中的玻璃碎片或固体物，用 3% H_2O_2 洗后涂上紫药水或碘酒，再用绷带扎住。大伤口则应先按紧主血管以防大量出血，急送医务室。

3. 烫伤

不要用水冲洗烫伤处。烫伤不重时，可涂凡石林、万花油，或者用蘸有酒精的棉花包扎伤处；烫伤较重时，立即用蘸有饱和苦味酸或高锰酸钾溶液的棉花或纱布贴上，送到医务室处理。

4. 酸或碱灼伤

酸灼伤时，应立即用水冲洗，再用 3% $NaHCO_3$ 溶液或肥皂水处理；碱灼伤时，水洗后用 1% HAc 溶液或饱和 H_3BO_3 溶液洗。

5. 酸或碱溅入眼内

酸液溅入眼内时，先立即用大量自来水冲洗眼睛，再用 3% $NaHCO_3$ 溶液洗眼；碱液溅入眼内时，先用自来水冲洗眼睛，再用 10% H_3BO_3 溶液洗眼。最后用蒸馏水将余酸或余碱洗净。

6. 触电

首先切断电源，然后在必要时进行人工呼吸。

实验一 芳香烃的性质

一、实验目的

1. 验证芳香烃的主要化学性质，加深对芳香烃性质的理解；
2. 进行芳香烃的鉴别试验；
3. 熟练进行水浴加热操作。

二、实验原理

芳香烃在化学性质上表现相当稳定，不易被氧化，易发生亲电取代反应，如卤代、硝化、磺化、烷基化和酰基化反应。当苯环上有取代基时，会影响取代反应的反应速率，供电子基团活化苯环使亲电取代反应容易进行，吸电子基团则使反应较难进行。

芳香烃性质稳定，不易被氧化。但若取代基上与苯环相连的碳上有氢原子（α-H），则能被酸性高锰酸钾氧化成苯甲酸，且无论取代基侧链长短，产物都是苯甲酸，且有几个取代基，就生成几个羧基。

芳香族化合物及其衍生物通常可以用显色反应进行鉴别。在甲醛-浓硫酸中会发生显色反应，苯和甲苯显红色，萘显蓝绿色。芳香族化合物在无水升华的氯化铝存在的情况下，与氯仿反应生成有色物质，苯和甲苯变橙色，萘变蓝色。

三、实验仪器与药品

1. 仪器：10 mm×100 mm、18 mm×150 mm 试管、250 mL 烧杯、酒精灯、显微镜、表面皿、玻棒、水浴锅。

2. 药品：甲苯、苯、浓硝酸、1.5 mol/L 硫酸、浓硫酸、1.5 mol/L 硝酸、10 g/L 溴四氯化碳、0.03 mol/L 高锰酸钾、无水 $AlCl_3$。

四、实验内容

1. 磺化反应

取干燥大试管两支，各加入浓硫酸 3 mL，然后分别加苯和甲苯各 10 滴，将试管放在 80 ℃水浴中加热并不断振摇，开始反应物形成乳浊液，然后渐渐溶解，待完全溶解后，放冷，将反应物缓慢倒入盛有 15 mL 冷水的小烧杯中，观察和解释发生的变化。

2. 硝化反应

取干燥大试管两支，各加入浓硝酸和浓硫酸 2 mL，摇匀、冷却后分别加入苯和甲苯各 7 滴，不断振摇，试管内形成不稳定的很快分层的乳浊液。边振摇，边水浴（60 ℃），加热 10 min

后，将内容物倒入盛有 30 mL 水的小烧杯中，观察和解释发生的变化。

3. 溴代反应

取干燥试管两支，各加入 10 g/L 溴的四氯化碳溶液 3 滴，铁粉少许，在通风柜中分别加入苯和甲苯各 10 滴，振摇，注意溴的颜色的褪色，以及冒"烟"的溴化氢的生成，观察和解释所发生的变化。

4. 氧化反应

取试管两支，各加入 5 滴 0.03 mol/L 高锰酸钾溶液和 5 滴 1.5 mol/L 硫酸，然后分别加入 10 滴苯和甲苯，剧烈振摇数分钟，放在 50～60 ℃的水浴中加热 2～3 min，观察和解释所发生的变化。

5. 芳香烃的显色反应

（1）甲醛-浓硫酸试验。

在点滴板上分别滴加 1～2 滴苯、甲苯、正己烷，再各加 1 滴甲醛-浓硫酸试剂，观察颜色变化。

（2）无水 $AlCl_3$-$CHCl_3$ 试验。

取一支干燥的试管，加入 0.1～0.2 g 无水 $AlCl_3$（取用 $AlCl_3$ 时要特别小心，要在通风柜中进行，并戴好护目镜），试管口用少量棉花堵住，加热使 $AlCl_3$ 升华，并结晶在棉花上，取升华的 $AlCl_3$ 粉末少许置点滴板的两个孔穴中，各滴加 2 滴氯仿，再分别滴加 2 滴苯和甲苯，观察颜色变化。

五、注意事项

1. 本次实验的试剂或生成物大多为有毒物质（如苯、甲苯、溴以及生成的硝基苯等），实验过程中应尽量避免与人体直接接触。部分实验要在通风橱中进行，实验过程中用到浓硫酸、浓硝酸、液溴等强腐蚀性物质，实验时一定要做好防护工作，以防意外。

2. 无水 $AlCl_3$ 为白色颗粒或粉末，有强盐酸气味。易溶于水，遇水反应放热并放出有毒的腐蚀性气体，会对呼吸系统产生严重的刺激，使用时要佩戴口罩和化学安全防护眼镜。无水 $AlCl_3$ 触及皮肤时，可先用干抹布擦拭，然后用大量清水冲洗，严重时送医。

3. 硝化反应为强放热反应，其放热集中，因而热量的移除是控制硝化反应的突出问题之一。硝化反应要求保持适当的反应温度，以避免生成多硝基物和氧化等副反应。

4. 本次实验中的部分实验仪器要干燥，否则现象不明显。如溴代反应、无水 $AlCl_3$-$CHCl_3$ 显色试验、硝化反应等

5. 有时盛有苯的试剂的试管也会出现显色现象，可能出现的原因：苯中含有少量的甲苯、硫酸中含有少量还原性物质、水浴温度过高、反应时间过长等。

六、问题与讨论

1. 总结归纳芳香烃的性质。

2. 芳香烃和脂环烃的性质有什么不同？

3. 芳香烃与高锰酸钾的氧化反应实验中，为什么要加入硫酸？

实验二　卤代烃的性质

一、实验目的

1. 验证卤代烃的主要化学性质；
2. 进行不同卤代烃的性质比较；
3. 探究卤代烃的制备方法。

二、实验原理

卤代烃作为重要的有机合成中间体，是许多有机合成的原料，它能发生许多化学反应，如取代反应、消去反应等。卤代烷中的卤素容易被—OH、—OR、—CN、NH_3 或 H_2NR 取代，生成相应的醇、醚、腈、胺等化合物。

碘代烷最容易发生取代反应，溴代烷次之，氯代烷又次之，芳基和乙烯基卤代物由于碳卤键连接较为牢固，很难发生类似反应。

卤代烃在强碱的作用下可以脱去卤化氢生成碳碳双键或碳碳三键。卤代烃的取代反应和消除反应互为竞争关系，哪一种占优势，则与卤代烷的分子结构及反应条件（如试剂的碱性、溶剂的极性、反应温度等）有关。一般伯卤烷、稀碱、强极性溶剂及较低温度有利于取代反应；叔卤烷、浓的强碱、弱极性溶剂及高温有利于消除反应。例如：溴乙烷与强碱氢氧化钾在乙醇共热的条件下，生成乙烯、溴化钾和水。

三、实验仪器与药品

1. 仪器：10 mm×100 mm、18 mm×150 mm 试管、250 mL 烧杯、酒精灯、试管架、表面皿、玻棒、水浴锅，分液漏斗。

2. 药品：1-溴丁烷、1-氯丁烷、1-碘丁烷、溴化苄、溴苯、硝酸银、乙醇、5%氢氧化钠、稀硝酸、2-氯丁烷、2-氯-2-甲基丙烷、溴乙烷、酸性高锰酸钾溶液、正丁烷、溴化钠、浓硫酸、正丁醇、溴化钠、无水氯化钙。

四、实验内容

1. 卤代烃的水解

（1）不同烃基结构的反应。

取三支试管，分别加入 10～15 滴 1-氯丁烷、2-氯丁烷及 2-氯-2-甲基丙烷，然后在各管中加入 1～2 mL 5%氢氧化钠，充分振荡后静置。小心取水层数滴，加入同体积稀硝酸酸化，用 2%硝酸银检查有无沉淀。

若无沉淀，可在水浴上小心加热，再检查。比较三种氯代烃的活泼性次序。

（2）不同卤原子的反应。

取三支试管，分别加入 10～15 滴 1-氯丁烷、1-溴丁烷及 1-碘丁烷，然后在各管中加入 1～2 mL 5% 氢氧化钠，充分振荡后静置。小心取水层数滴，加入同体积稀硝酸酸化后，再用 2% 硝酸银检查，记录活泼性次序。

2. 与硝酸银的乙醇反应

（1）不同烃基结构的反应。

取三支干燥试管并编号，在管 1 中加入 10 滴 1-溴丁烷，管 2 中加入 10 滴溴化苄（溴苯甲烷），管 3 中加入 10 滴溴苯，然后各加入 4 滴 2% 硝酸银的乙醇溶液，摇动试管观察有无沉淀析出。如 10 min 后仍无沉淀析出，可在水浴上加热煮沸后再观察。写出它们活泼性次序。

（2）不同卤原子的反应。

取三支干燥试管并编号，各加入 4 滴 2% 硝酸银的乙醇溶液，然后分别加入 10 滴 1-氯丁烷、1-溴丁烷及 1-碘丁烷。按上述方法观察沉淀生成的速度以及沉淀的颜色。写出它们活泼性的次序。

3. 卤代烃的 β-消除反应

在一试管中加入 1 g 氢氧化钾固体和乙醇 4～5 mL，微微加热，当氢氧化钾全部溶解后，再加入溴乙烷 1 mL 振摇混匀，塞上带有导管的塞子，导管另一端插入盛有溴水或酸性高锰酸钾溶液的试管中。试管中有气泡产生，溶液褪色，说明有乙烯生成。

五、注意事项

1. 在 18～20 ℃时，硝酸银在无水乙醇中的溶解度为 2.1 g，由于卤代烃能溶于乙醇而不溶于水，所以乙醇用作溶剂能使反应处于均相，有利于反应顺利进行。

2. 本实验通过检查氯离子是否存在来判断卤代烃是否水解，实验中不能使用含氯离子的自来水。

六、问题与讨论

1. 根据实验现象，归纳不同卤代烃发生取代反应的活性大小顺序。

2. 溴乙烷发生消除反应后产生的气体既能使溴水褪色，又能使酸性高锰酸钾溶液褪色，其发生的反应类型相同吗？

实验三　醇和酚的性质

一、实验目的

1. 熟悉醇、酚的性质上的异同；
2. 学会鉴别醇、酚的方法。

二、实验原理

醇和酚都含有羟基，但羟基的连接方式不同，性质也不一样。醇的羟基可以被取代、消除，除个别醇外，酸性极弱；酚除易取代、易氧化、有弱酸性的特点，还能起特殊的颜色反应。

三、实验仪器药品

1. 仪器：试管、试管夹、酒精灯、粗铜丝。
2. 药品：无水乙醇、正丁醇、仲丁醇、叔丁醇、甘油、苯酚、间苯二酚、连苯三酚、浓盐酸、1% 氢氧化钠、无水氯化锌、三氯化铁、碘化钾、饱和溴水、金属钠、酚酞、95% 乙醇、浓硫酸、5% 硫酸铜溶液、0.05% 高锰酸钾溶液。

四、实验内容

1. 醇的性质

（1）比较醇的同系物在水中的溶解度。

取三支试管中，分别加入 1 mL 水，再分别滴加乙醇、正丁醇、辛醇各 10 滴，振荡观察溶解情况，如已溶解则再加 10 滴样品，观察现象。

（2）醇钠的生成和水解。

取两支干燥试管，分别加入 1 mL 无水乙醇和 1 mL 正丁醇，再分别加入一粒绿豆大小的金属钠，观察发生的现象，比较反应速率有何不同。待金属钠完全消失后，将试管口靠近酒精灯火焰，检验生成的气体。向试管中加入 2 mL 水，加入 2 滴酚酞指示剂，观察并解释发生的现象。

（3）卢卡斯反应。

在 3 支小试管中分别加入 2 滴正丁醇、仲丁醇和叔丁醇，然后各滴加 2 滴卢卡斯试剂，振荡后静置，记录出现浑浊或分层现象的时间，10 min 后若溶液仍无变化，加热，再观察现象。

（4）脱氢与氧化反应。

1）脱氢反应：在试管中加入 1 mL 乙醇，将粗铜丝的一端绕成螺旋状，在酒精灯火焰上灼烧，至铜丝表面变黑，立即将铜丝插入盛有乙醇的试管中，重复操作几次，观察铜丝表面的变化，并在试管口闻一闻生成物的气味。

以仲丁醇和叔丁醇作同样实验，观察现象。

2）氧化反应：在 3 支小试管中分别加入 1 滴正丁醇、仲丁醇和叔丁醇，然后各滴加 1 滴 5% 重铬酸钾溶液和 1 滴 1：5 硫酸，振荡后水浴微热，观察现象。

（5）邻位二元醇的特性。

在小试管中加入 1 滴 5% 硫酸铜溶液和 1 滴 5% 氢氧化钠溶液，再滴加一滴甘油，振荡，观察颜色变化情况。然后再滴加 1 滴浓盐酸，观察颜色变化情况。

2. 酚的性质

（1）苯酚的溶解性。

取一定量的苯酚晶体（约两粒黄豆大小），加入 2 mL 水，振荡，观察苯酚溶解情况；加热再冷却，观察现象。

（2）苯酚的酸性。

用玻璃棒蘸取上述苯酚溶液，滴于 pH 试纸上，观察试纸的颜色变化。

取约 1 mL 上述苯酚溶液，逐滴加入 10% NaOH 溶液，边加边振荡，观察试管中溶液的变化。再用干净的吸管向试管中小心吹气，注意观察现象。

（3）苯酚与溴水的反应。

取上述苯酚溶液 4～5 滴，放入试管中，用水稀释至 2 mL，逐滴滴入饱和溴水，振荡，观察现象。

（4）苯酚的氧化反应。

在小试管中加入 1 滴饱和苯酚溶液和 1 滴 1：5 硫酸，摇匀后再滴加 1 滴 0.05% 高锰酸钾溶液，振荡，观察现象。

（5）苯酚与 $FeCl_3$ 作用。

在 3 支小试管中分别加入 2 滴 1% 的苯酚、间二苯酚、连苯三酚溶液，再各滴加 1 滴 1% 三氯化铁溶液，观察现象。

五、注意事项

1. 醇和钠的反应进行时，溶液逐渐变稠，可稍加热试管，使反应加快，然后静置冷却，醇钠从溶液中析出。如反应停止后溶液中仍有残余的金属钠，应用镊子将钠取出，并投入无水乙醇中销毁。实验中接触过金属钠的小刀、镊子应用水洗净，用过的滤纸也要在水中浸泡一下再丢弃到垃圾桶中。

2. 卢卡斯试剂的配制：配制卢卡斯试剂需要在通风柜中进行。将装有一定量 $ZnCl_2$ 固体的试剂瓶，置于冷水浴中，加入适量的浓盐酸，盖上瓶盖，不要旋紧，让其慢慢溶解。一天后将上层清液倒入棕色的磨口瓶中，即得卢卡斯试剂。

3. 苯酚有毒，且苯酚固体或浓溶液对皮肤有较强的腐蚀性，如不慎沾到皮肤上，应立即用酒精洗涤。如洒在桌上，也应用酒精擦洗。

六、问题与讨论

1. 用卢卡斯试剂鉴别伯、仲、叔醇时，实验成功的关键何在？卢卡斯试剂能鉴别所有的伯、仲、叔醇吗？

2. 乙醇和苯酚都含有羟基，但乙醇不显酸性，而苯酚显酸性，试说明原因。

3. 苯与溴发生取代时，需要液溴（或溴的 CCl_4 溶液），且要用溴化铁作催化剂才能反应，而苯酚的溴代只需要溴水即可，且无须催化剂就能产生沉淀，为什么？

实验四 醛和酮的性质

一、实验目的

1. 观察醛、酮的化学反应，认识分子结构与性质的关系；
2. 验证醛、酮的化学性质，掌握醛、酮的鉴别方法。

二、实验原理

醛、酮分子中都含有羰基，所以具有相似的化学性质，主要表现在羰基亲核加成反应、α-活泼氢反应及还原反应。因为它们结构上有差异，所以化学性质有所不同。在一般反应中，醛比酮更活泼，某些反应只有醛能发生，如醛能与托伦试剂、斐林试剂、希夫试剂反应，而酮则不能与之反应。乙醛或甲基酮以及氧化后能生成乙醛或甲基酮的醇都能发生碘仿反应。丙酮在碱性溶液中能与亚硝酰铁氰化钠作用显紫红色，此反应可检验丙酮的存在。

三、实验仪器与药品

1. 仪器：试管、烧杯、恒温箱。
2. 药品：希夫试剂、碘溶液、乙醇、40% 甲醛水溶液、乙醛、丙酮、苯甲醛、饱和亚硫酸氢钠溶液、斐林试剂甲、斐林试剂乙、2,4-二硝基苯肼溶液、2.5 mol/L 盐酸、0.5 mol/L 氨水、1.25 mol/L 氢氧化钠、0.05 mol/L 硝酸银溶液、0.05 mol/L 亚硝酰铁氰化钠溶液。

四、实验内容

1. 羰基上的加成反应
（1）与 2,4-二硝基苯肼反应。

取四支干燥的试管，各加入 1 mL 2,4-二硝基苯肼试剂，然后分别加入甲醛溶液、乙醛、丙酮、苯甲醛各 3～4 滴。振荡，静置片刻，观察有无沉淀析出。如无沉淀析出，可稍加热，冷却后再观察。如有油状物，可加入 1～2 滴乙醇，振摇促使沉淀生成。比较几种试剂沉淀的颜色。

（2）与亚硫酸氢钠的反应。

取两支干燥的试管，各加入新配制的饱和亚硫酸氢钠溶液 1 滴，然后分别加入丙酮、苯甲醛各 5 滴，振荡，试管用冰水冷却，观察变化。若无结晶析出，再加乙醇 1 mL，然后往生成结晶的试管中滴加 2.5 mol/L 盐酸，观察并解释发生的变化。

2. 氧化反应
（1）与托伦试剂的反应。

在洁净的试管中加入 2 mL 硝酸银溶液，加入 1 滴 1.25 mol/L 氢氧化钠溶液，然后在振荡状态下滴加 0.5 mol/L 氨水，直到生成的氧化银沉淀恰好溶解，停止滴加氨水。所得澄清溶液即为托伦试剂。将托伦试剂分装于四支洁净的试管中，然后分别加入甲醛溶液、乙醛、丙酮、苯甲醛各 3 滴，摇匀，放在 60 ℃的水浴中加热数分钟，观察并解释发生的现象。

（2）与斐林试剂反应。

在洁净的试管中加入斐林试剂甲液和乙液各 2 mL 混匀，然后分装于四支洁净的试管中，分别加入甲醛溶液、乙醛、丙酮、苯甲醛各 4 滴，振摇，放在 80 ℃的水浴中加热 3～5 min，观察并解释发生的现象。

3. 与希夫试剂的反应

取三支试管，各加 1 mL 希夫试剂，然后分别加入甲醛溶液、乙醛、丙酮各 2～3 滴，振荡，观察颜色的变化。在显色的试管中边摇边滴加几滴浓硫酸，观察并解释发生的现象。

4. 碘仿反应

取四支试管，分别加入甲醛溶液、乙醛、乙醇、丙酮各 2 滴，再各加碘溶液 10 滴，摇匀，然后分别滴加 1.25 mol/L 氢氧化钠溶液至碘颜色褪去为止。观察有无沉淀析出，能否闻到碘仿的气味解释发生的现象。

五、注意事项

1. 2,4-二硝基苯肼试剂的配制时，称取 2,4-二硝基苯肼 3 g，溶于 15 mL 浓硫酸中，将此溶液慢慢加入 70 mL 95% 乙醇中，再加蒸馏水稀释到 100 mL，过滤，取滤液备用，保存在棕色试剂瓶中。

2. 饱和亚硫酸氢钠溶液的配制时，在 100 mL 40% 亚硫酸氢钠溶液中，加入不含醛的无水乙醇 25 mL，混合后，滤去少量亚硫酸氢钠晶体，取滤液备用。此试剂不稳定，易氧化分解，宜在用前配制。

3. 进行托伦反应的试管内壁必须十分干净，否则产生的银将呈黑色细粒析出，而不是形成银镜；配制银氨溶液时氨水不能过多，以免影响实验结果；反应要用水浴加热，不能直接用明火加热，以免温度过高生成爆炸性的雷酸银；反应完毕，可加入硝酸少许，将银镜洗去。

4. 进行碘仿反应时，加碱不能过多，加热不能太久，否则能使生成的碘仿溶解或分解而干扰反应。

六、问题与讨论

1. 总结归纳醛、酮的鉴别方法。
2. 银镜反应时应注意什么？
3. 斐林试剂为何要临时配制？哪些物质可发生斐林反应？
4. 哪些物质能发生碘仿反应？反应时应注意什么问题？
5. 使用希夫试剂应注意什么？

实验五　羧酸及其衍生物的性质

一、实验目的

1. 验证羧酸的主要性质；
2. 验证羧酸的重要衍生物的主要性质。

二、实验原理

羧酸分子中由于羧基中羟基氧上的孤对电子和羰基形成 p-π 共轭体系，电子向羰基转移，增大了氢氧键极性，氢易以质子形式解离，故显酸性。不同结构的羧酸其酸性强弱不同。

羧酸一般不能氧化，但有些羧酸，如甲酸、草酸等，由于结构的特殊性，易被高锰酸钾氧化，所以具有还原性。

草酸在加热到一定程度时容易发生脱羧反应，可用石灰水加以检验。

羧酸衍生物分子中都含有酰基，所以都可以发生水解、醇解和氨解反应，生成羧酸、酯和酰胺。反应速率：酰卤>酸酐>酯>酰胺。

三、实验仪器与药品

1. 仪器：水浴锅、白色点滴板、试管、玻璃棒、带橡皮塞的玻璃导管（与大试管配套）。
2. 药品：10% 碳酸钠溶液、酚酞指示剂、5% 乙酸溶液、冰乙酸、异戊醇、浓硫酸、甲酸、乙酸、乙二酸、丁二酸溶液、0.05% 高锰酸钾溶液、1∶5 硫酸溶液、固体草酸、饱和石灰水、乙酰氯、5% 硝酸银溶液、乙酸酐溶液、无水乙醇、20% Na_2CO_3 溶液、10% 氢氧化钠溶液、苯胺。

四、实验内容

1. 羧酸的性质

（1）酸性。

在白色点滴板的空穴中加入 2 滴 10% 碳酸钠溶液和 1 滴酚酞指示剂，再滴加 2 滴 5% 乙酸溶液，观察现象。

（2）酯化。

在试管中先加入几粒沸石，再加入乙醇、乙酸各 2 mL，然后边振荡，边缓慢加入 2 mL 浓硫酸，按实验图 1 连接实验仪器，用酒精灯缓缓加热，将产生的气体经导管通入饱和碳酸钠溶液上方 2～3 mm 处，注意观察透明的油状液体浮在碳酸钠溶液液面上。停止加热，取下试管，振荡后静置，待溶液分层后，观察上层油状液体，并小心闻一闻气味。

实验图 1

（3）甲酸的银镜反应。

先取 1 支洁净的试管，加入 1 mL 20% 的 NaOH 溶液，再向其中滴加 5～6 滴甲酸溶液。另取一支试管，加入 5～6 滴硝酸银溶液，加入 1 滴氢氧化钠溶液，然后在振荡状态下滴加 0.5 mol/L 氨水，直到生成的氧化银沉淀恰好溶解为止。将两支试管中的溶液合并，摇匀，若产生沉淀，则补加几滴氨水，直到沉淀刚好消失，然后将试管放入 90～95 ℃水浴中，加热几分钟，观察银镜的析出。

（4）部分羧酸的氧化反应。

在白色点滴板的 4 个空穴中分别加入 2 滴 5% 的甲酸、乙酸、乙二酸、丁二酸溶液后，各滴加 1 滴 0.05% 高锰酸钾溶液和 1 滴 1∶5 硫酸溶液，搅拌，观察颜色的变化。

（5）脱羧反应。

在装有导气管的干燥硬质大试管中，放入固体草酸少许，将试管稍微倾斜，夹在铁架上，然后加热，导气管插入另一盛有饱和石灰水的小试管或小烧杯中，观察石灰水的变化。

2. 羧酸衍生物的性质

（1）水解反应。

1）酰卤水解：取 1 mL 水于试管中，加入 4 滴乙酰氯，观察现象。在水解后的溶液中滴加 5% 硝酸银 2 滴，观察现象。

2）酸酐水解：取 1 mL 水于试管中，加入 5 滴乙酸酐，先勿摇，观察后振摇，微热，用手在试管口轻轻扇动，小心地闻其气味。

（2）醇解反应。

1）酰卤醇解：取 1 mL 无水乙醇于干燥试管中，沿管壁慢慢滴入 10 滴乙酰氯（若反应过猛，可将试管浸入冷水中）。加 2 mL 水，用 20% Na_2CO_3 溶液中和反应液至中性，用手在试管口轻轻扇动，小心地闻其气味。

2）酸酐醇解：取 0.5 mL 乙酸酐于干燥试管中，加 1 mL 无水乙醇，水浴加热至沸，冷却后用 10% 氢氧化钠中和至对石蕊试纸呈弱碱性，用手在试管口轻轻扇动，小心地闻其气味。

（3）氨解反应。

1）酰卤氨解：取 5 滴苯胺于干燥试管中，慢慢滴入 5 滴乙酰氯，待反应结束后，加入 5 mL 水，观察现象。

2）酸酐氨解：取 5 滴苯胺于干燥试管中，加入 10 滴乙酸酐，混合，加热至沸，冷却后，加入 2 mL 水，观察现象（若无晶体析出可用玻璃棒摩擦试管内壁）。

五、注意事项

1. 甲酸的酸性较强，若直接加入弱碱性的银氨溶液中，银氨离子将被破坏，不能生成银镜，故需用碱中和甲酸。

2. 乙酰氯的水解和醇解反应都很剧烈，滴加时要小心，以免液体溅出。

六、问题与讨论

1. 甲酸、乙酸、草酸哪一个酸性强？为什么？

2. 比较酰卤和酸酐的水解、醇解、氨解的反应活性。

3. 如何用简单的方法鉴别甲酸、丁酸？

4. 为什么酯化反应要加浓硫酸？浓硫酸在反应中起什么作用？为什么要用饱和碳酸钠溶液接受生成的乙酸乙酯？

5. 甲酸具有还原性，能发生银镜反应，其他羧酸是否也有此性质？

实验六 糖的性质

一、实验目的

1. 验证糖类物质的主要化学性质；
2. 进行糖类物质的鉴别试验。

二、实验原理

糖类是多羟基醛、多羟基酮和它们的脱水缩合产物。单糖包括葡萄糖、果糖、核糖和脱氧核糖等。由于它们的结构上均含有苷羟基，在溶液中与开链的结构处于动态平衡中，所以都具有还原性和变旋光现象，能与本尼迪克特试剂反应生成砖红色 CuO 沉淀，与银氨试剂发生银镜反应。双糖中除蔗糖是非还原糖外，麦芽糖、乳糖因含有苷羟基而具有还原性和变旋光现象。多糖不具有还原性。双糖和淀粉、糖原、纤维素等多糖均能发生水解，水解最终产物是还原性单糖，所以水解液具有还原性。

淀粉与碘液作用呈现蓝色。当淀粉水解时，分子由大逐渐变小，遇碘液的颜色也由蓝色向紫红变化，当淀粉水解到麦芽糖、葡萄糖时，遇碘液则不显色。因此可用碘液来检验淀粉的水解程度。糖在浓硫酸存在下，与 α–萘酚反应显紫色，此颜色反应称为莫利希反应常用于糖类化合物的鉴别。

三、实验仪器与药品

1. 仪器：10 mm×100 mm、18 mm×150 mm 试管、250 mL 烧杯、酒精灯、显微镜、表面皿、玻棒、pH 试纸。

2. 药品：0.5 mol/L、0.1 mol/L 果糖溶液、0.3 mol/L、0.06 mol/L 蔗糖溶液、本尼迪克特试剂、托伦试剂、浓硫酸、塞利凡诺夫试剂、浓盐酸、酒精–乙醚（体积比 1∶3）、斐林溶液 A 和 B 0.5 mol/L、0.1 mol/L 葡萄糖溶液、0.3 mol/L、0.06 mol/L 麦芽糖溶液、100 g/L、20 g/L 淀粉溶液、莫利希试剂、碘溶液、苯肼试剂、1.8 mol/L 醋酸钠溶液、2.5 mol/L 氢氧化钠溶液。

四、实验内容

1. 糖的还原性

（1）与托伦试剂的反应。

取管壁干净的试管 5 支，编号。各加托伦试剂 2 mL，再分别滴入 0.1 mol/L 葡萄糖、0.1 mol/L 果糖、0.06 mol/L 麦芽糖、0.06 mol/L 蔗糖溶液和 20 g/L 淀粉溶液各 5 滴，把试管放在 60 ℃的热水浴中加热数分钟，观察并解释发生的变化。

（2）与斐林试剂的反应。

取斐林溶液 A 和 B 各 2.5 mL 混合均匀后，分装于 5 支试管，编号，放在水浴中温热。再分别滴入 0.1 mol/L 葡萄糖、0.1 mol/L 果糖、0.06 mol/L 麦芽糖、0.06 mol/L 蔗糖溶液和 20 g/L 淀粉溶液各 5 滴，摇匀，放在水浴中加热 2～3 min，观察并解释发生的变化。

（3）与本尼迪克特试剂的反应。

取试管 5 支，编号。各加本尼迪克特试剂 1 mL，用小火微微加热到沸，再分别滴入 0.1 mol/L 葡萄糖、0.1 mol/L 果糖、0.06 mol/L 麦芽糖、0.06 mol/L 蔗糖溶液和 20 g/L 淀粉溶液各 5 滴，摇匀，放在水浴中加热 2～3 min，观察并解释发生的变化。

2. 糖的颜色反应

（1）莫利希反应。

取试管 5 支，编号，分别加入 0.5 mol/L 葡萄糖、果糖 0.3 mol/L 麦芽糖、蔗糖和 100 g/L 淀粉各 1 mL，再各加 2 滴莫利希试剂，摇匀。把盛有糖液的试管倾斜成 45°角，沿管壁慢慢加入浓硫酸 1 mL，使硫酸与糖液之间有明显的分层，观察两层之间的颜色变化。数分钟内如无颜色出现，可在水浴上温热再观察变化（注意不要振动试管）并加以解释。

（2）塞里凡诺夫反应。

取试管 5 支，编号，各加 1 mL 塞里凡诺夫试剂，再分别加入上述 0.1 mol/L 葡萄糖、果糖、0.06 mol/L 麦芽糖、蔗糖和 20 g/L 淀粉溶液各 5 滴，摇匀，浸在沸水浴中 2 min。观察并解释发生的变化。

（3）淀粉与碘的反应。

往试管中加 4 mL 水、1 滴碘溶液和 1 滴 20 g/L 淀粉溶液，观察颜色变化。将此溶液稀释到浅蓝色，加热，再冷却。观察并解释发生的变化。

3. 生成糖脎的反应

取试管 4 支，编号，分别加入 0.5 mol/L 葡萄糖、果糖、0.3 mol/L 麦芽糖、蔗糖溶液各 10 滴，再各加水 10 滴、苯肼试剂 10 滴、醋酸钠溶液 10 滴，混合均匀，在沸水浴中加热，不断振摇，记录成脎的时间（若在 20 min 后，尚无晶体析出，放冷后再观察）。观察并解释发生的变化。上述混合物慢慢冷却后，各取出 1 滴放在载玻片上，以低倍显微镜观察并绘下晶体的形状。

4. 蔗糖与淀粉的水解

（1）蔗糖的水解。

在试管中加入 0.3 mol/L 蔗糖溶液 4 mL，浓盐酸 1 滴，摇匀，放在沸水浴中加热 3～5 min。放冷，取出 2 mL，用氢氧化钠溶液中和至弱碱性，加本尼迪克特试剂 1 mL，摇匀，放在水浴中加热，观察并解释发生的变化。

（2）淀粉的水解。

在试管中加入 20 g/L 淀粉溶液 4 mL，浓盐酸 2 滴，摇匀。放在沸水浴中加热，取出少许，用碘溶液试验不变色后取出 2 mL，用氢氧化钠溶液中和至弱碱性，加本尼迪克特试剂 1 mL，摇匀，放在水浴中加热，观察并解释发生的变化。

五、注意事项

1. 本尼迪克特试剂很稳定，可以储存，而且遇还原糖时反应灵敏。本尼迪克特试剂又称班氏试剂、本尼迪克试液或班乃德试剂，是一种浅蓝色化学试剂，为斐林试剂的改良试剂。它与醛或醛糖反应生成红黄色沉淀。它是由硫酸铜、柠檬酸钠和无水碳酸钠配置成的蓝色溶液，可以存放备用，避免斐林溶液必须现配现用的缺点。

配制过程中将 173 g 柠檬酸钠和 100 g 无水碳酸钠溶解于 800 mL 水中。再取 17.3 g 结晶硫酸铜溶解在 100 mL 水中，慢慢将此溶液加入上述溶液中，最后用水稀释到 1 L，当溶液不澄清时可过滤。与还原糖反应加热生成红黄色沉淀。

2. 莫利希反应很灵敏，但不专一，不少非糖物质也能得阳性结果，所以反应阳性不一定是糖，而反应阴性则肯定不是糖。糖与无机酸作用生成糠醛及其衍生物，莫利希试剂中的 α-萘酚与糖起缩合反应生成紫色化合物。

3. 塞里凡诺夫试剂是间苯二酚的盐酸溶液。与己糖共热时，先生成 5-羟甲基糠醛，后者与间苯二酚缩合生成分子式为 $C_{12}H_{10}O_4$ 的红色化合物。由于在同样条件下，5-羟甲基糠醛的生成速度，酮糖比醛糖快 15～20 倍，所以在短时间内，酮糖已呈红色而醛糖还未变化，可用来鉴别酮糖。

4. 在糖脎反应中加入醋酸钠使盐酸苯肼转变为醋酸苯肼，后者是弱酸强碱的盐，容易水解生成苯肼而与糖反应生成糖脎。苯肼的毒性大，操作时应小心，如不慎触及皮肤，应先用稀醋酸洗，之后用水洗。糖脎都是黄色晶体，不同的糖析出糖脎的时间不同：葡萄糖 4～5 min，果糖 2 min，麦芽糖放冷却后才析出，蔗糖须转化后才生成糖脎，约需 30 min。成脎反应不仅是还原糖，也是所有 α-羟基酮的特性。

六、问题与讨论

1. 本尼迪克特试剂和斐林试剂的区别是什么？
2. 莫利希反应时应注意什么？
3. 醛糖和酮糖的性质区别是什么？

参考答案

第一章 绪论

练一练1答案

1. D 2. B

练一练2答案

1.

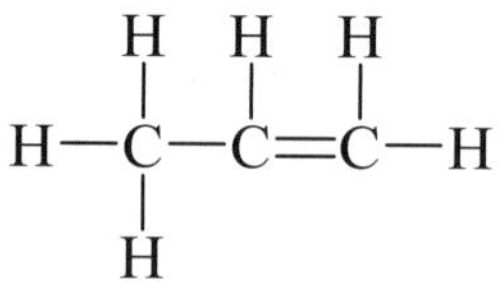

2.

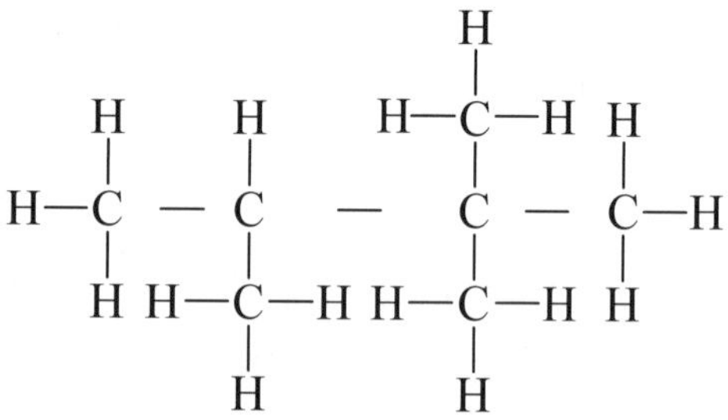

3. 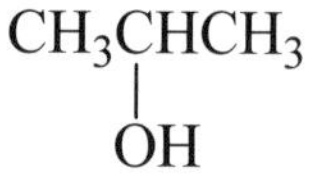 CH₃CHCH₃
      |
      OH

3. CH_3CHCH_3 (with OH below)

4. CH_3CH_2CHO

练一练3答案

B

目标检测参考答案

一、选择题。

1-5 BACBA 6 B

二、判断题。

1-4 √√××

三、试写出下列化合物的结构简式。

1. CH_3CH_3 2. $CH_3CH=CH_2$

3. CH_3CH_2CHO 4. $CH_3CH=CHCH_3$

第二章　烃类化合物

第一节　烷烃

练一练1答案

氢原子数为 $2n+2=2\times12+2=26$

练一练2答案

C_6H_{14} 的五种同分异构体的结构简式：

$CH_3CH_2CH_2CH_2CH_2CH_3$　　　　　$CH_3CHCH_2CH_2CH_3$　　　　　$CH_3CH_2CHCH_2CH_3$

（第二个结构带有支链 CH_3；第三个结构带有支链 CH_3）

$CH_3CH\!-\!CHCH_3$（带两个支链 CH_3　CH_3）　　　　　$CH_3CCH_2CH_3$（带支链 CH_3 和 CH_3）

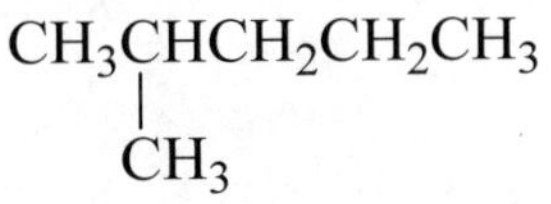

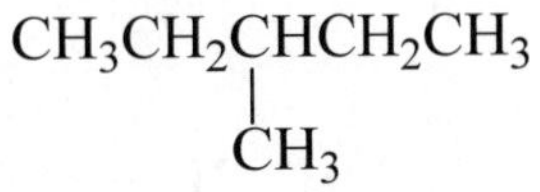

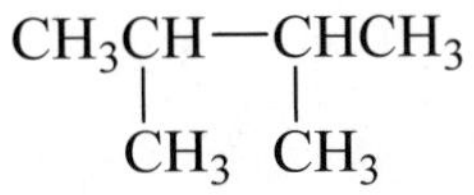

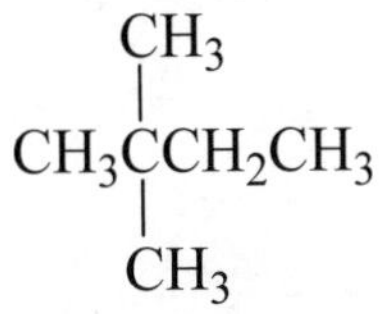

练一练3答案

（结构1）$\overset{1°}{C}H_3\overset{2°}{C}H_2\overset{2°}{C}H_2\overset{2°}{C}H_2\overset{1°}{C}H_3$

（结构2）$\overset{1°}{C}H_3\overset{3°}{C}H\overset{2°}{C}H_2\overset{1°}{C}H_3$，支链 $\overset{1°}{C}H_3$

（结构3）$\overset{1°}{C}H_3\overset{4°}{C}\overset{1°}{-C}H_3$，上下支链 $\overset{1°}{C}H_3$

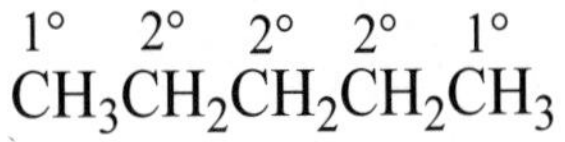

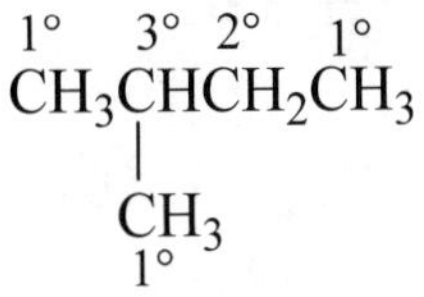

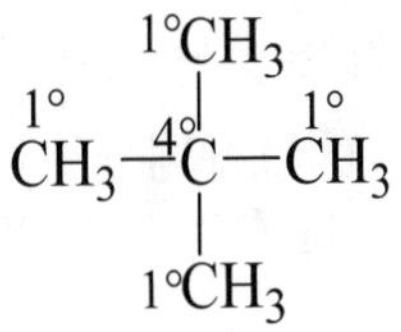

练一练4答案

1. 命名正确　　2. 命名错误，主链选错，正确命名为：3,6-二甲基辛烷

目标检测参考答案

一、选择题。

1-5　BDDBC　　6-8　ACB

二、命名并指出下列有机物中各碳原子的类型。

1. 3,5-二甲基庚烷　$\overset{1°}{C}H_3\overset{2°}{C}H_2\overset{3°}{C}H\overset{2°}{C}H_2\overset{3°}{C}H\overset{2°}{C}H_2\overset{1°}{C}H_3$，上方支链 $\overset{1°}{C}H_3$，下方支链 $\overset{1°}{C}H_3$

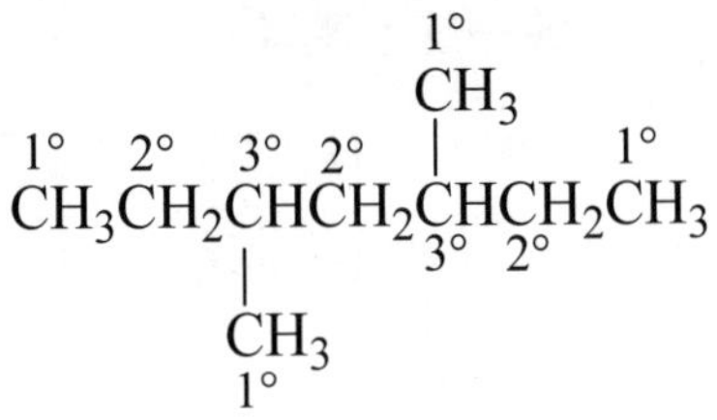

2. 3,3,5-三甲基庚烷

$$\overset{1°}{CH_3}CH_2\overset{2°}{CH}\overset{3°}{CH_2}\overset{CH_3}{\underset{2°}{\overset{1°}{C}}}\overset{CH_3}{\underset{1°}{\overset{1°}{C}}}CH_2CH_3$$

三、用系统命名法命名或者根据名称写出结构式。

1. 正庚烷

2. 2,4-二甲基辛烷

3. 2,5-二甲基-3,4-二乙基己烷

4. 2,2,5,6-四甲基辛烷

5. 2,2,3,3-四甲基戊烷

6. 3-甲基-5-乙基-9-异丙基十二烷

7. $CH_3CH-CH-CHCH_2CH_2CH_3$
   $\quad\quad | \quad\quad | \quad\quad |$
   $\quad\quad CH_3 \ CH_3 \ CH_3$

8. $CH_3CHCH_2CHCHCH_2CH_2CH_3$ （带 CH_2CH_3 支链）
   $\quad\quad | \quad\quad\quad |$
   $\quad\quad CH_3 \quad\quad CH_3$

9. $CH_3CCH_2CCH_3$
   $\quad\quad CH_3\ CH_3$ (上)
   $\quad\quad CH_3\ CH_3$ (下)

10. CH_3-C-CH_3
    $\quad\quad CH_3$ (上)
    $\quad\quad CH_3$ (下)

四、写出 C_6H_{14} 的五种同分异构体并命名。

C_6H_{14} 的五种同分异构体：

$CH_3CH_2CH_2CH_2CH_2CH_3$

正己烷

$CH_3CHCH_2CH_2CH_3$
$\quad\quad CH_3$

2-甲基戊烷

$CH_3CH_2CHCH_2CH_3$
$\quad\quad\quad CH_3$

3-甲基戊烷

$CH_3CH-CHCH_3$
$\quad\quad CH_3\ CH_3$

2,3,-二甲基丁烷

$CH_3CCH_2CH_3$
$\quad\quad CH_3$ (上)
$\quad\quad CH_3$ (下)

2,2-二甲基丁烷

第二节　烯烃

练一练1答案

1. 1-己烯

2. $CH_2=CCHCH_2CH_2CH_3$
   $\quad\quad CH_3$ (上)
   $\quad\quad CH_3$ (下)

3. 3,5-二甲基-1-己烯

4. 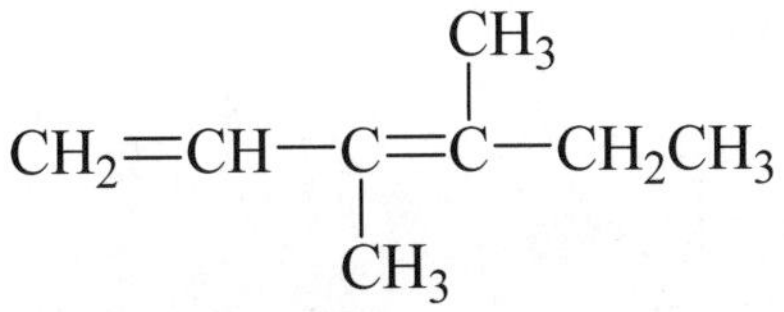
$$CH_2{=}CH{-}C{=}C{-}CH_2CH_3$$

其中 C 上连 CH_3（上）和 CH_3（下）

练一练2答案

烯烃 C_5H_{10} 的五种同分异构体：

$CH_2{=}CHCH_2CH_2CH_3$

$CH_3CH{=}CHCH_2CH_3$

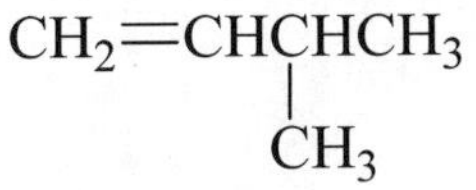

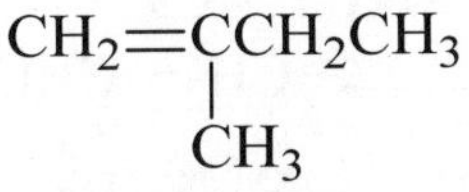

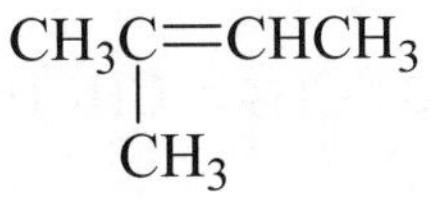

$CH_2{=}CHCHCH_3$ （带支链 CH_3）

$CH_2{=}CCH_2CH_3$ （带支链 CH_3）

$CH_3C{=}CHCH_3$ （带支链 CH_3）

练一练3答案

1. (E)-2-庚烯（反-2-庚烯）

2. 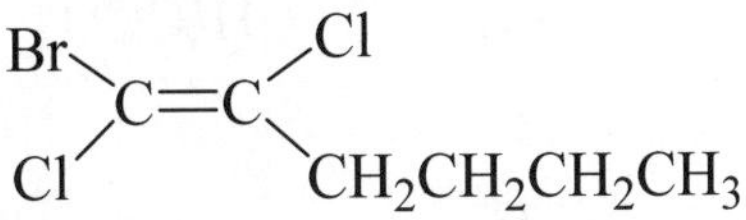
$$\underset{Cl}{\overset{Br}{C}}{=}\underset{CH_2CH_2CH_2CH_3}{\overset{Cl}{C}}$$

练一练4答案

1. 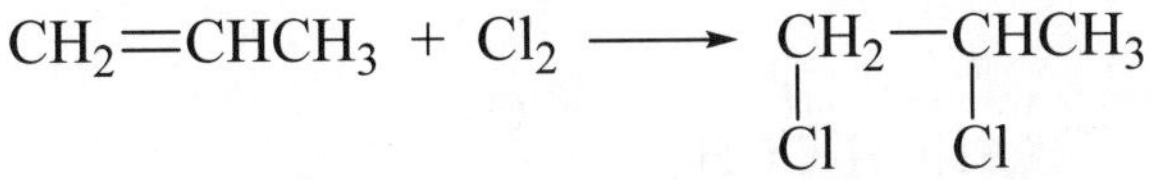 $CH_2{=}CHCH_3 + Cl_2 \longrightarrow CH_2{-}CHCH_3$ （各带 Cl）

2. $CH_2{=}CHCH_3 + HCl \longrightarrow CH_2{-}CHCH_3$ （带 H 和 Cl）

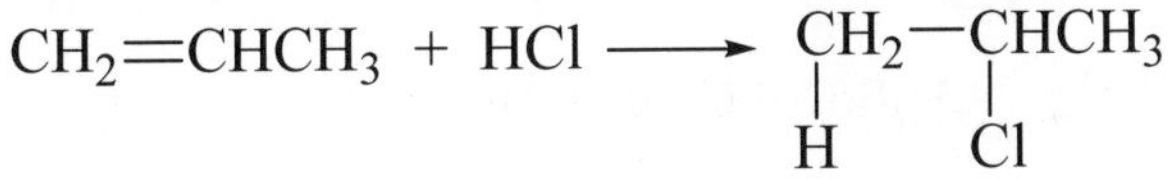

练一练5答案

分别项两瓶气体中滴加少量溴水（或高锰酸钾溶液），振荡，溶液褪色的是乙烯，不褪色的是甲烷。

目标检测参考答案

一、选择题。

1-5 CCBAB   6-10 DDADA

二、写出下列化合物的名称或结构简式。

1. 3-异丙基-1,4-己二烯

2. 3-甲基-2-乙基-1-丁烯

3. 顺-2-溴-3-甲基-2-戊烯 或 (Z)-2-溴-3-甲基-2-戊烯

4. 反-4-乙基-3 庚烯 或 (Z)-4-乙基-3 庚烯

5. 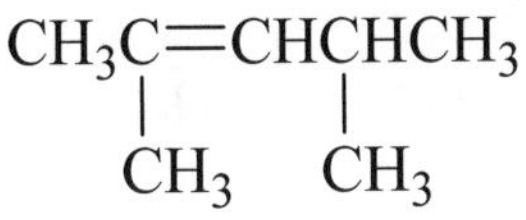 $CH_3C{=}CHCHCH_3$ （带两个 CH_3 支链）

6. 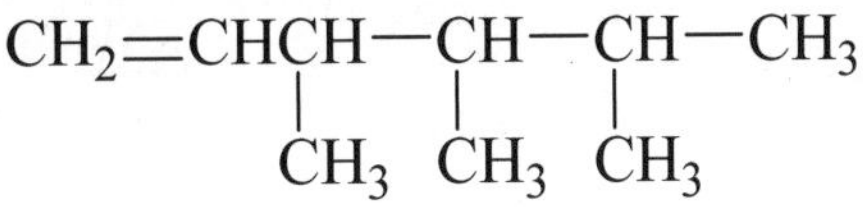 $CH_2{=}CHCH{-}CH{-}CH{-}CH_3$ （带三个 CH_3 支链）

7. $\underset{\underset{Cl}{|}}{\overset{\overset{H}{|}}{C}}=\underset{\underset{CH_2CH_3}{|}}{\overset{\overset{Br}{|}}{C}}$

8. $\underset{\underset{Br}{|}}{\overset{\overset{Cl}{|}}{C}}=\underset{\underset{Cl}{|}}{\overset{\overset{H}{|}}{C}}$

三、完成下列化学反应方程式。

1. $CH_3CH_2\underset{\underset{CH_3}{|}}{C}=CHCH_3 + H_2 \xrightarrow{Ni} CH_3CH_2\underset{\underset{CH_3}{|}}{CH}CH_2CH_3$

2. $CH_2=CH_2 + HCl \longrightarrow \underset{\underset{H}{|}}{CH_2}-\underset{\underset{Cl}{|}}{CH_2}$

3. $CH_2=CHCH_3 + HBr \longrightarrow \underset{\underset{H}{|}}{CH_2}-\underset{\underset{Br}{|}}{CH}CH_3$

4. $CH_2=CHCH_3 \xrightarrow[(2)H_2O]{(1)H_2SO_4} CH_3\overset{\overset{O}{\|}}{C}CH_3$

5. $CH_3CH_2\underset{\underset{CH_3}{|}}{C}=CHCH_3 + HOCl \longrightarrow CH_3CH_2\underset{\underset{CH_3}{|}}{\overset{\overset{OH}{|}}{C}}-\overset{\overset{Cl}{|}}{CH}CH_3$

6. $CH_3CH_2\underset{\underset{CH_3}{|}}{C}=CH_2 \xrightarrow{KMnO_4/H^+} CH_3CH_2\overset{\overset{O}{\|}}{C}CH_3 + CO_2$

7. $CH_2=\underset{\underset{CH_3}{|}}{C}CH=CH_2 \xrightarrow[1\ mol]{Br_2/H_2O} CH_2Br\underset{\underset{CH_3}{|}}{C}=CHCH_2Br$

8. (丁二烯) $+$ (马来酸酐) $\longrightarrow$ (加成产物)

四、你能用几种化学方法来鉴别丁烷和1-丁烯?

方法1：分别向两种气体中滴加溴水，振荡，溶液褪色的为1-丁烯，不褪色的为丁烷。

方法2：分别向两种气体中滴加高锰酸钾溶液，振荡，溶液褪色的为1-丁烯，不褪色的为丁烷。

五、该化合物结构为： $CH_3\underset{\underset{CH_3}{|}}{C}=CHCH_3$

反应方程式为： $CH_3\underset{\underset{CH_3}{|}}{C}=CHCH_3 \xrightarrow{KMnO_4/H^+} CH_3\overset{\overset{O}{\|}}{C}CH_3 + CH_3COOH$

第三节 炔烃

练一练1答案

1. $CH_3CHC{\equiv}CCHCH_3$
$\quad\quad\ \ |\quad\quad\quad\ |$
$\quad\quad CH_3\quad\ \ CH_3$

2. $CH{\equiv}CCH_2CHCH_3$
$\quad\quad\quad\quad\quad\quad |$
$\quad\quad\quad\quad\quad\ CH_3$

3. $CH{\equiv}CCH{=}CHCH_3$

4. $CH_2{=}CHCH_2C{\equiv}CH$

5. $CH{\equiv}CCHCH_3$
$\quad\quad\quad |$
$\quad\quad\ CH_3$

6. $CH_3C{\equiv}CCH_2CH_3$

练一练2答案

$CH_3CHC{\equiv}CH$
$\quad\quad |$
$\quad\ CH_3$

练一练3答案

$HC{\equiv}CCH_2CH_3 + 2Ag(NH_3)_2NO_3 \longrightarrow AgC{\equiv}CCH_2CH_3 \downarrow + 2NH_4NO_3 + 2NH_3$

目标检测参考答案

一、选择题。

1-5 BAAAA 6-8 BDA

二、填空题。

1. ⑥；②④；①③；⑤

2. $CH_3CH_2C{\equiv}CH$；1,1,2,2-四溴丁烷；2,2,3,3-四溴丁烷；$HC{\equiv}CH$；加聚

三、用系统命名法命名下列各化合物，或根据下列化合物的命名写出相应的结构式。

1. 2,2,5-三甲基-3-己炔　　2. 1,3-己二烯-5-炔　　3. 5-庚烯-1,3-二炔

4. （环戊基）$-C{\equiv}CH$

5.
$H_3C\quad\quad\quad\quad\quad H$
$\quad\ \diagdown\quad\quad\quad\diagup$
$\quad\quad C{=}C$
$\quad\ \diagup\quad\quad\quad\diagdown$
$H\quad\quad\quad\quad C{\equiv}CCH_2CH_3$

6. $CH_3CH{=}CHCC{\equiv}CH$
$\quad\quad\quad\quad\quad\ |$
$\quad\quad\ CH_3CHCH_2CH_3$

四、完成下列化学反应方程式。

1. $CH_2{=}CHCH_2C{\equiv}CH \xrightarrow{Cl_2} CH_2{-}CHCH_2C{\equiv}CH$
$\quad\quad\quad\quad\quad\quad\quad\quad\quad\quad\quad\ |\quad\ |$
$\quad\quad\quad\quad\quad\quad\quad\quad\quad\quad\ Br\ \ Br$

2. $CH_3CH_2C{\equiv}CH \xrightarrow[H_2O]{HgSO_4/H_2SO_4} CH_3CH_2\overset{\displaystyle O}{\overset{\|}{C}}CH_3$

3. 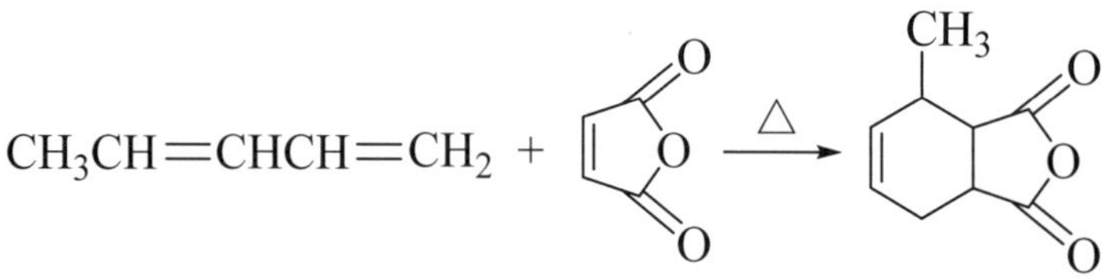 $CH_3CH=CHCH=CH_2$ + $\xrightarrow{\triangle}$

4. 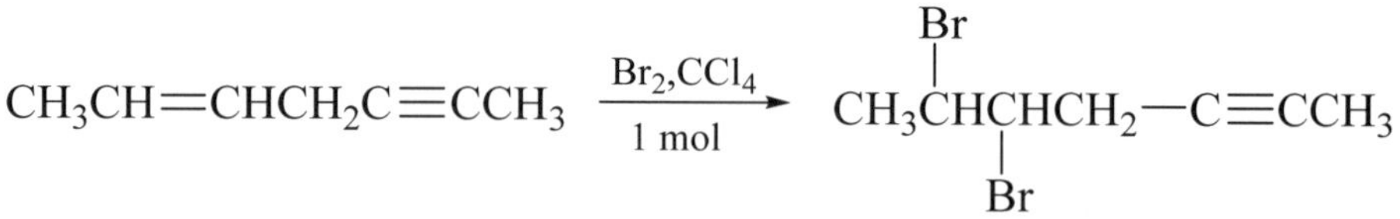 $CH_3CH=CHCH_2C\equiv CCH_3$ $\xrightarrow[1\ mol]{Br_2,CCl_4}$ $CH_3\underset{\underset{Br}{|}}{C}H\underset{\underset{Br}{|}}{C}HCH_2-C\equiv CCH_3$

五、用化学方法鉴别下列各组化合物。

1. 分别向其中加入溴水，不褪色的为己烷，余下两者加入 $Ag(NH_3)_2^+$ 溶液有白色沉淀生成的为1-己炔，另者为2-己炔。

2. 分别向其中加入 $KMnO_4$ 溶液，不褪色的为正戊烷，余下两者加入 $Ag(NH_3)_2^+$ 溶液有白色沉淀生成的为1-戊炔，另者为1-戊烯。

第四节　脂环烃

练一练1答案

1. 环丙烷　　　2. 甲基环戊烷　　　3. 环己烯　　　4. 4-甲基环戊炔

练一练2答案

1. 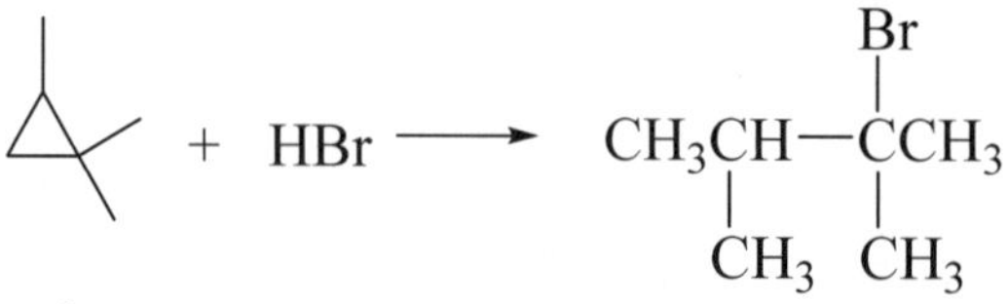 + HBr ⟶ $CH_3\underset{\underset{CH_3}{|}}{C}H\underset{\overset{\overset{Br}{|}}{\underset{CH_3}{|}}}{C}CH_3$

2. 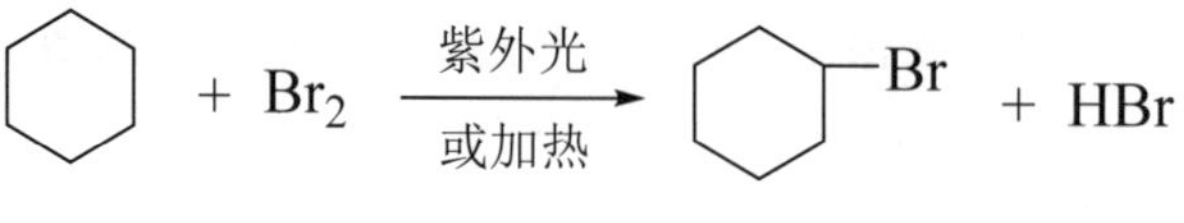 + Br_2 $\xrightarrow[\text{或加热}]{\text{紫外光}}$ + HBr

目标检测参考答案

一、选择题。

1-4　DDAB

二、写出下列化合物的名称或结构简式。

1. 1,2-二甲基环己烷　　　2. 1-乙基环戊烷　　　3. 4-甲基环己烯

4.  　　　5. 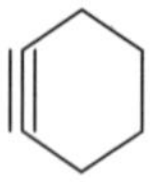 　　　6.  CH_3——CH_3

三、填空题。

1. 烯、炔　　　2. 五、六　　　3. 加成开环　　　4. σ

四、完成下列化学反应方程式。

1.  + HBr ⟶ CH₃CH₂CHCH₃ ($CH_3CH_2\underset{Br}{CH}CH_3$)

2. + Br₂ $\xrightarrow{\text{紫外光}}$ + HBr

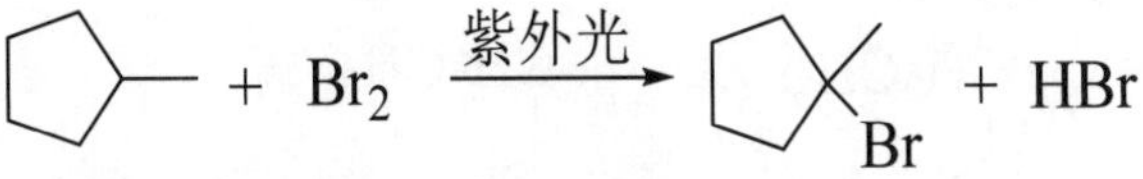

五、用化学方法鉴别下列化合物。

1. 分别向其中加入溴水，溶液不褪色的为环戊烷，褪色的为 1-戊烯。

2. 分别向其中加入溴水，溶液褪色的为甲基环丙烷、环己烯，不褪色的是环己烷；再分别向甲基环丙烷、环己烯中加入酸性高锰酸钾溶液，溶液褪色的是环己烯，不褪色的是甲基环丙烷。

第五节　芳香烃

练一练答案

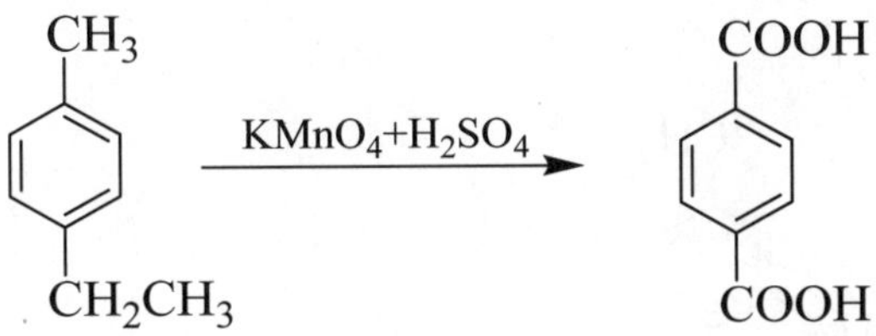

$\xrightarrow{KMnO_4+H_2SO_4}$

目标检测参考答案

一、选择题。

1-5　CCADD　　6　D

二、写出下列化合物的名称。

1. 乙苯　　　2. 1,3-二甲基苯（间二甲基苯）　　　3. 4-硝基甲苯（对硝基甲苯）

4. 2-溴甲苯（邻溴甲苯）　　　　5. 苯甲酸　　　6. 2-甲基苯磺酸

三、完成下列化学反应方程式。

1. 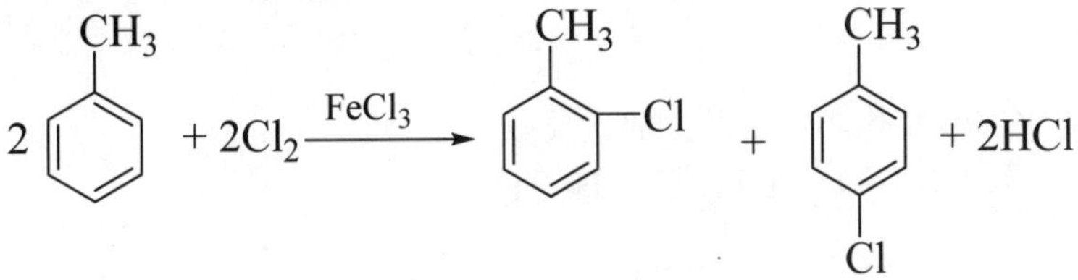 2 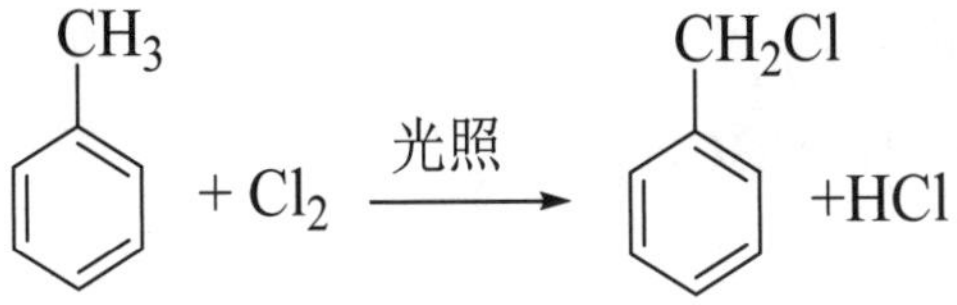 + 2Cl₂ $\xrightarrow{FeCl_3}$ + + 2HCl

2. + Cl₂ $\xrightarrow{\text{光照}}$ + HCl

3.

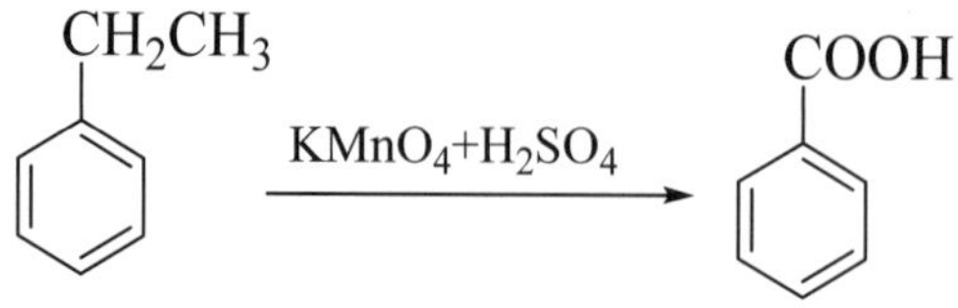

$$\text{(CH}_2\text{CH}_3\text{苯)} \xrightarrow{\text{KMnO}_4+\text{H}_2\text{SO}_4} \text{(COOH苯)}$$

4. 2 (CH$_2$CH$_3$苯) $+ 2\text{H}_2\text{SO}_4 \longrightarrow$ (邻-CH$_2$CH$_3$-SO$_3$H苯) $+$ (对-CH$_2$CH$_3$-SO$_3$H苯) $+ 2\text{H}_2\text{O}$

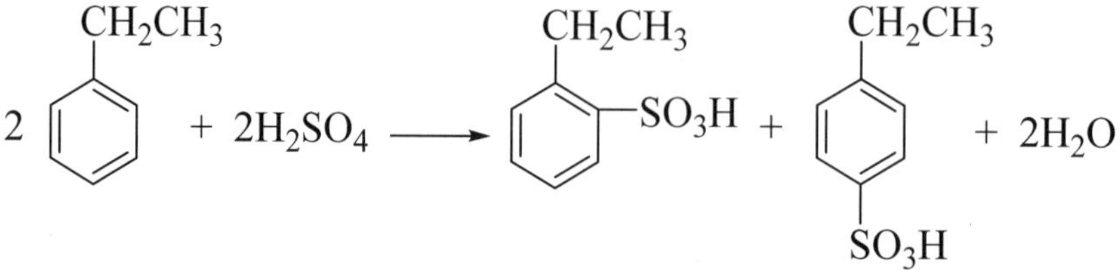

四、用化学方法鉴别下列物质。

分别向其中加少量溴水，溴水褪色的是苯乙烯，再分别向另外两种物质中加入少量高锰酸钾溶液，溶液褪色的是异丙苯，不褪色的是苯。

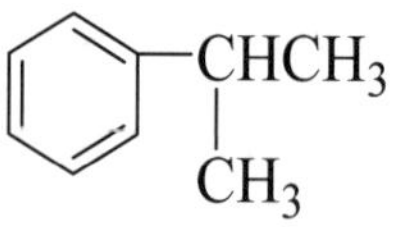

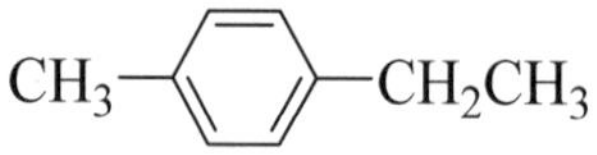

五、推断题。

甲为 (苯—CH$_2$CH$_2$CH$_3$) 或 (苯—CHCH$_3$，CH$_3$)

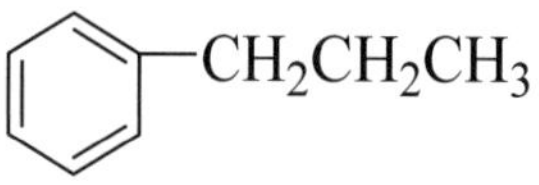

乙为 CH$_3$—(苯)—CH$_2$CH$_3$ 丙为 (1,3,5-三甲基苯)

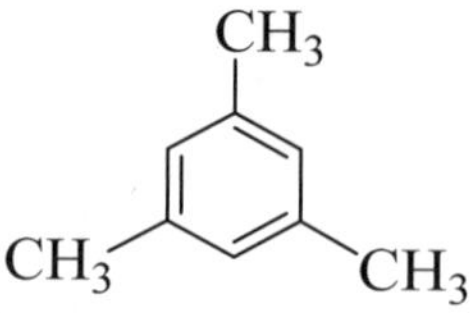

第三章 烃的衍生物

第一节 卤代烃

练一练1答案

1. 1,2,4-三甲基-4-溴戊烷　　2. 2,2-二甲基-5-氯己烷　　3. 1-溴丙烯

练一练2答案

主要产物不同。

卤代烃与 NaOH 的水溶液共热，主要发生取代反应。

$$\text{CH}_3\text{CHCH}_2\text{CH}_3 \text{(Br)} \xrightarrow{\text{NaOH/H}_2\text{O}} \text{CH}_3\text{CHCH}_2\text{CH}_3 \text{(OH)}$$

卤代烃与 NaOH 的醇溶液共热，主要发生消去反应。

$$\text{CH}_3\text{CHCH}_2\text{CH}_3 \text{(Br)} \xrightarrow{\text{NaOH/醇}} \text{CH}_3\text{CH}=\text{CHCH}_3$$

目标检测参考答案

一、选择题。

1-5　DDBAB　　6-10　BBBDB

二、命名下列化合物或写出符合下列名称的结构式。

1. 2,2,4-三甲基-4-溴戊烷　　　　　2. 2-甲基-5-氯-2-溴己烷

3. 3,4-二甲基乙苯　　　　　　　　4. (Z)-1-溴丙烯

5. $CH_3-\underset{\underset{Cl}{|}}{\overset{\overset{CH_3}{|}}{C}}-CH_3$　　　　　　　　6. $CH_2=CHCH_2Br$

7. —CH_2Cl　　　　8. Cl——CH_2Cl

三、完成下列化学反应方程式。

1. $CH_3CH_2CH_2I + AgNO_3 \xrightarrow{\text{醇}} CH_3CH_2CH_2ONO_2 + AgI\downarrow$

2. —$CH_2Cl + NaOCH_2CH_3 \longrightarrow$ —$CH_2OCH_2CH_3$ $+ NaCl$

3. —$CH_2Br + NaCN \longrightarrow$ —$CH_2CN + NaBr$

4. $CH_3\underset{\underset{Cl}{|}}{\overset{\overset{CH_3}{|}}{CH}}CHCH_3 \xrightarrow[\triangle]{NaOH/C_2H_5OH} CH_3\overset{\overset{CH_3}{|}}{CH}=CCH_3 + NaCl + H_2O$

四、用化学方法区分下列各组化合物。

1. 分别向三种物质中加入少量 $AgNO_3$ 的乙醇溶液，振荡，生成黄色沉淀的是 1-碘丙烷，生成浅黄色沉淀的是 1-溴丁烷，生成白色沉淀的是 1-氯代烷。

2. 分别向三种物质中加入少量酸性高锰酸钾溶液，振荡，溶液不褪色的是氯苯，溶液褪色的为氯苄、对氯甲苯。再分别取氯苄、对氯甲苯，向其中加入少量 $AgNO_3$ 的乙醇溶液，振荡，立即有白色沉淀产生的是氯苄，另一个没有沉淀产生的是对氯甲苯。

第二节　醇

练一练1答案

1. 脂肪醇、仲醇（2°醇）、一元醇　　2. 脂肪醇、仲醇（2°醇）、二元醇

3. 脂肪醇、叔醇（3°醇）、一元醇　　4. 脂环醇、伯醇（1°醇）、一元醇

5. 脂环醇、仲醇（2°醇）、一元醇　　6. 芳香醇、伯醇（1°醇）、一元醇

练一练2答案

1. 2-丁醇　　　　2. 2,3-丁二醇　　　　3. 2-甲基-2-丁醇

$$
\begin{array}{l}
\text{CH}_2\text{OH} \\
\text{4. CH}\text{—OH} \\
\text{CH}_2\text{OH}
\end{array}
\qquad
\text{5. CH}_3\text{OH}
\qquad
\begin{array}{l}
\text{CH}_3 \\
\text{6. CH}_3\text{—C}\text{—OH} \\
\text{CH}_3
\end{array}
$$

练一练3答案

分别向三种物质中加入卢卡斯试剂，立即变浑浊的是 $\begin{array}{l}\text{OH}\\ \text{CH}_3\text{—C}\text{—CH}_2\text{CH}_3\\ \text{CH}_3\end{array}$ ，放置片

刻后变浑浊的是 $\begin{array}{l}\text{CH}_3\text{—CH}\text{—CH}\text{—CH}_3\\ \quad\text{CH}_3\ \ \text{OH}\end{array}$ ，常温下无现象，加热后变浑浊的是

$\begin{array}{l}\text{CH}_3\text{—CH}\text{—CH}_2\text{CH}_2\text{OH}\\ \quad\text{CH}_3\end{array}$ 。

练一练4答案

$$
\text{1. }
\begin{array}{l}
\text{CH}_3\ \ \text{OH} \\
\text{CH}_3\text{—CH}\text{—CH}\text{—CH}_2\text{CH}_3
\end{array}
\xrightarrow{\text{浓H}_2\text{SO}_4}
\begin{array}{l}
\text{CH}_3 \\
\text{CH}_3\text{—C}\text{=CH}\text{—CH}_2\text{CH}_3
\end{array}
$$

$$
\text{2. }
\begin{array}{l}
\text{OH} \\
\text{CH}_3\text{—CH}\text{—CH}_2\text{CH}_3
\end{array}
\xrightarrow{\text{浓H}_2\text{SO}_4}
\text{CH}_3\text{CH}\text{=CHCH}_3
$$

练一练5答案

$$
\text{1. }
\begin{array}{l}
\text{CH}_3\text{—CH}\text{—CH}_2\text{—CH}_2\text{OH} \\
\quad\text{CH}_3
\end{array}
\xrightarrow{[\text{O}]}
\begin{array}{l}
\text{CH}_3\text{—CH}\text{—CH}_2\text{—CHO} \\
\quad\text{CH}_3
\end{array}
$$

$$
\text{2. }
\begin{array}{l}
\text{CH}_3\text{—CH}\text{—CH}\text{—CH}_3 \\
\quad\text{CH}_3\ \ \text{OH}
\end{array}
\xrightarrow{[\text{O}]}
\begin{array}{l}
\text{CH}_3\text{—CH}\text{—C}\text{—CH}_3 \\
\quad\text{CH}_3\ \ \text{O}
\end{array}
$$

$$
\text{3. }
\begin{array}{l}
\text{OH} \\
\text{CH}_3\text{—C}\text{—CH}_2\text{CH}_3 \\
\text{CH}_3
\end{array}
\text{不能被氧化}
$$

目标检测参考答案

一、选择题。

1-5 　AACDD 　　6-10 　DDBBA

二、判断题。

1-5　√√××√　　6-7　×√

三、用系统命名法命名下列各化合物，或根据化合物名称写出相应的结构式。

1. 2-丁醇

2. 2,3-丁二醇

3. CH_3CH_2OH

4. CH_3OH

5.
$$\begin{array}{l} CH_2-OH \\ | \\ CH-OH \\ | \\ CH_2-OH \end{array}$$

6. $CH_3\underset{\underset{CH_3}{|}}{CH}CH_2CH_2OH$

四、完成下列化学反应方程式。

1. $CH_3-\underset{\underset{OH}{|}}{CH}-CH_2CH_3 + Na \longrightarrow CH_3-\underset{\underset{ONa}{|}}{CH}-CH_2CH_3 + H_2\uparrow$

2. $CH_3-\underset{\underset{OH}{|}}{CH}-CH_3 + HCl \xrightarrow{ZnCl_2} CH_3-\underset{\underset{Cl}{|}}{CH}-CH_3 + H_2O$

3. $CH_3-\overset{\overset{CH_3}{|}}{CH}-OH + HNO_3 \longrightarrow CH_3-\overset{\overset{CH_3}{|}}{CH}-O-NO_2 + H_2O$

4. $CH_3-\underset{\underset{OH}{|}}{CH}-CH_2CH_3 \xrightarrow[\triangle]{浓H_2SO_4} CH_3CH=CHCH_3 + H_2O$

5.
—OH $\xrightarrow[H_2SO_4]{K_2Cr_2O_7}$ =O

五、用化学方法鉴别下列化合物。

1. 分别向其中加入卢卡斯试剂，立即变浑浊的是叔丁醇，放置片刻后边浑浊的是仲丁醇，常温下无现象，加热后才变浑浊的是正丁醇。

2. 分别向其中加入新制 $Cu(OH)_2$，沉淀溶解，溶液变深蓝色的是 2,3-丁二醇，另一个就是 1,4-丁二醇。

六、推断题。

该醇为正戊醇，结构简式为 $CH_3CH_2CH_2CH_2CH_2OH$（ ⌇⌇⌇—OH ）

反应方程式：

（1） ⌇⌇⌇—OH $\xrightarrow{HBr}$ ⌇⌇⌇—Br

（2） ⌇⌇⌇—Br $\xrightarrow{KOH(醇溶液)}$ ⌇⌇⌇=

（3） ⌇⌇⌇= $\xrightarrow{H_2O}$ ⌇⌇⌇—OH

（4） $\xrightarrow{\text{K}_2\text{Cr}_2\text{O}_7+\text{H}_2\text{SO}_4}$

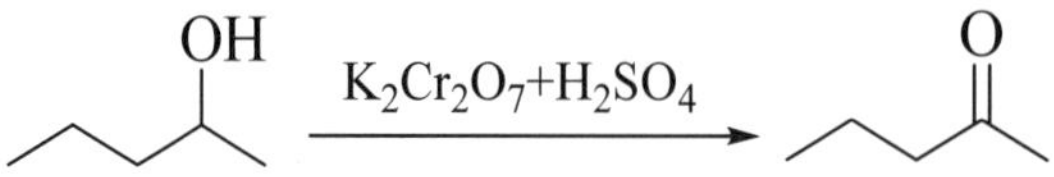

第三节 酚

练一练1答案

1.  　　2. 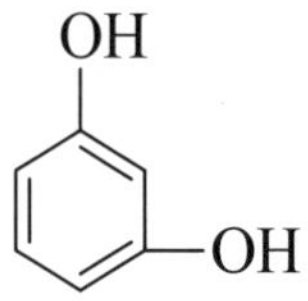 　　3.

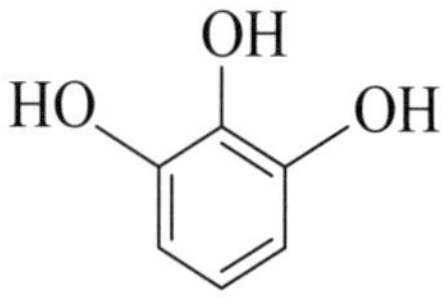

4. 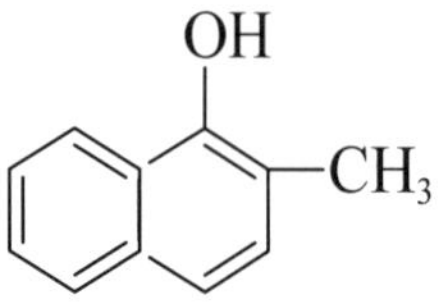 　　5. 间溴苯酚　　6. 2,4,6-三溴苯酚　　7. 3,4-二羟基苯甲酸

练一练2答案

D ＞ C ＞ A ＞ B

练一练3答案

向三种试剂中分别加入 $FeCl_3$ 溶液，显紫色的是苯酚，显蓝色的是对甲苯酚，无变化的是环己醇。

练一练4答案

方法1：向两种试剂中分别加入 $FeCl_3$ 溶液，显紫色的是苯酚，无变化的是苯甲醇。

方法2：向两种试剂中分别加入溴水溶液，生成白色沉淀的是苯酚，无变化的是苯甲醇。

目标检测参考答案

一、选择题。

1-5 BACDA 　　6-10 BDAAC

二、判断题。

1-5 ×××√× 　　6-10 ××√√√

三、写出下列化合物的名称或结构简式。

1. 2-氯-1-萘酚　　2. 4-甲基-1,3-苯二酚　　3. 均苯三酚（1,3,5-苯三酚）

4. 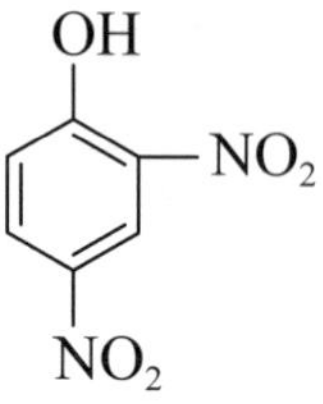 　　5. 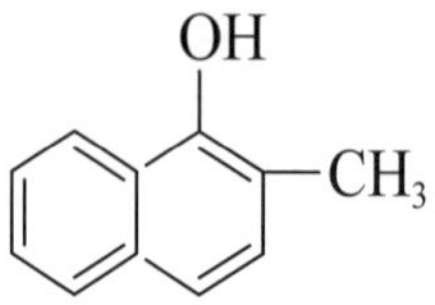 　　6.

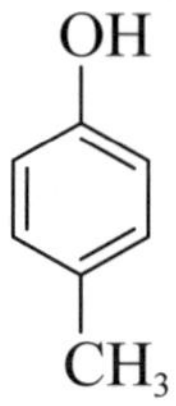

四、用化学方法鉴别下列化合物。

1. 分别向三种试剂中加入溴水，溴水褪色的是苯乙烯，生成白色沉淀的是苯酚，无现象的是苯甲醇。

2. 分别向三种试剂中加入三氯化铁溶液，显紫色的是邻甲苯酚溶液，另外两种溶液不显色，再向另外两种溶液中分别加入金属钠，生成气体的是苯甲醇，无现象的是甲苯。

五、完成下列化学反应方程式。

1.

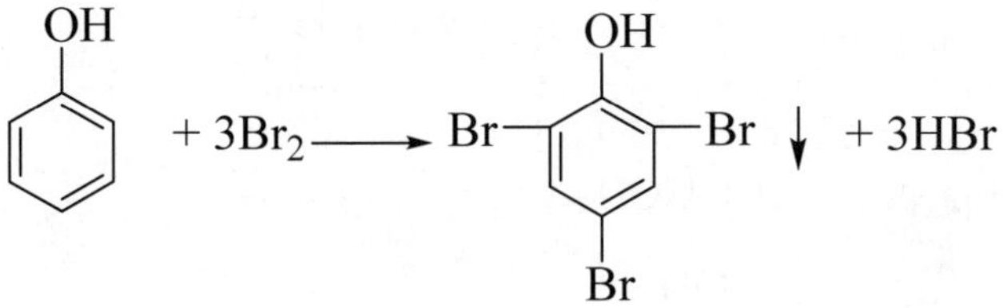

2.

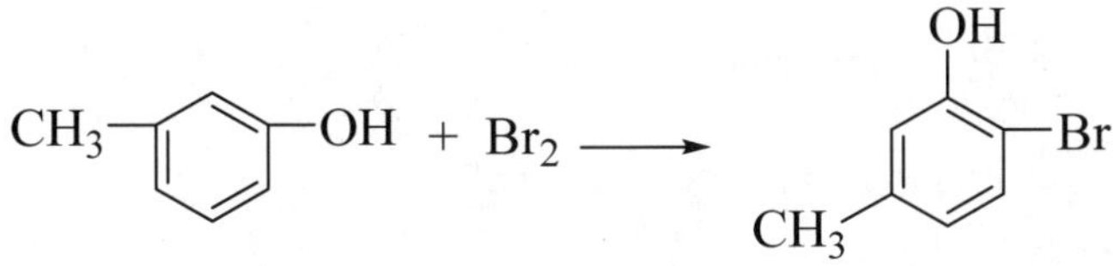

3.

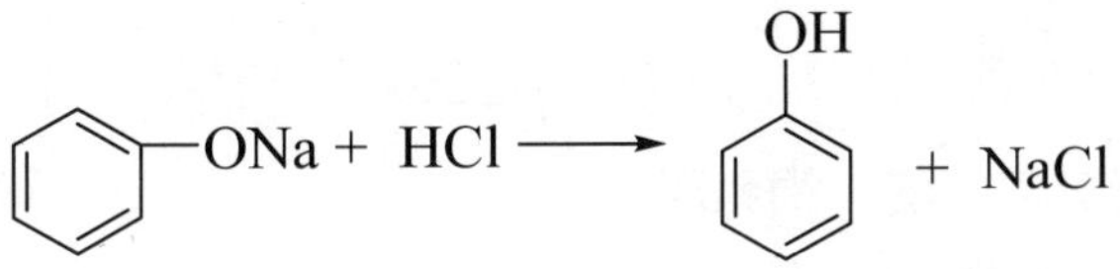

4.

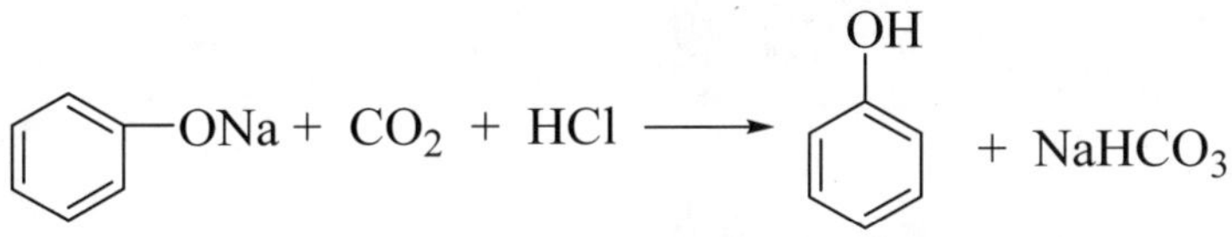

第四节 醚

练一练1答案

1. 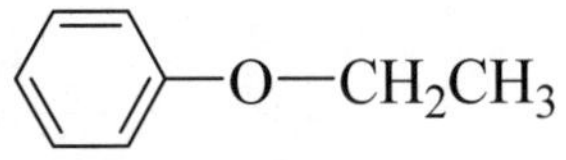   2. $CH_2\!=\!CH\!-\!O\!-\!CH_2CH_2CH_3$

3. 甲基仲丁基醚   4. 2,3-环氧丁烷

练一练2答案

1. 分别向三种物质中加入 $FeCl_3$ 溶液，溶液显紫色的是苯酚，再分别向苯甲醇和苯甲醚中加入 $KMnO_4$ 溶液，溶液褪色的是苯甲醇，不褪色的是苯甲醚。

2. 分别向两种物质中加入 $KMnO_4$ 溶液，溶液褪色的是甲基烯丙醚，不褪色的是丙醚。

目标检测参考答案

一、选择题。

1-5　ACCDD　　6　A

二、判断题。

1-5 × √ √ × × 6 √

三、写出下列化合物的系统名称。

1. 异丙醚 2. 乙醚

3. 苯甲醚 4. 甲乙硫醚

四、完成下列化学反应方程式。

1. $CH_3CH_2OCH_2CH_3 + HCl \longrightarrow \left[CH_3\overset{+}{C}HOCH_2CH_3 \right] Cl^-$
$\qquad\qquad\qquad\qquad\qquad\qquad\qquad\qquad |$
$\qquad\qquad\qquad\qquad\qquad\qquad\qquad\qquad H$

2. $CH_3\underset{\underset{CH_3}{|}}{C}HOCH_3 \xrightarrow[\triangle]{HI} CH_3I + CH_3\underset{\underset{OH}{|}}{C}HCH_3$

3. $CH_3-\langle\text{苯环}\rangle-OCH_3 \xrightarrow[\triangle]{HBr} CH_3Br + CH_3-\langle\text{苯环}\rangle-OH$

4. $CH_3OCH_3 + O_2 \longrightarrow CH_3OCH_2-O-O-H$

五、用化学方法鉴别下列物质。

分别加入一小块金属钠，有气体产生的是乙醇，无气体的是乙醚。

第五节 醛、酮和醌

练一练1答案

1. 2-甲基丙醛 2. 2-丁酮

练一练2答案

1. 乙醛能发生碘仿反应，也能与托伦试剂反应。

2. 甲乙酮能发生碘仿反应，不能与托伦试剂反应。

3. 苯乙酮不能发生碘仿反应，也不能与托伦试剂反应。

4. 苯甲醛不能发生碘仿反应，能与托伦试剂反应。

目标检测参考答案

一、选择题。

1-5 DBADD 6-10 DCBBD

二、判断题。

1-5 × × √ √ ×

三、写出下列化合物的名称或结构。

1. 2,3-二甲基戊醛 2. 4-甲基-2-戊酮 3. 2-甲基苯乙醛 4. 3-甲基环己酮

5. HCHO 6. CH_3CHO 7. $CH_3\overset{\overset{\displaystyle O}{||}}{C}CH_3$

四、完成下列化学反应方程式。

1. $CH_3CH_2CHO + H_2 \xrightarrow{Ni} CH_3CH_2CH_2OH$

2. $CH_3CH_2CHO + HCN \longrightarrow CH_3CH_2\underset{\underset{CN}{|}}{C}HOH$

3. $CH_3-\overset{\overset{O}{\|}}{C}-CH_3 + NaHSO_3 \longrightarrow CH_3-\underset{\underset{SO_3Na}{|}}{\overset{\overset{OH}{|}}{C}}-CH_3$

4. $=O + H_2NOH \longrightarrow$ $=NOH + H_2O$

5. $CH_3CH=CHCH_2CHO \xrightarrow{LiAlH_4} CH_3CH=CHCH_2CH_2OH$

6. $CH_3CH_2CHO + Cl_2 \xrightarrow{NaOH} CH_3\underset{\underset{Cl}{|}}{\overset{\overset{Cl}{|}}{C}}CHO$

7. $CH_3(CH_2)_5\underset{\underset{OH}{|}}{C}HCH_3 \xrightarrow[\triangle]{K_2Cr_2O_7+稀H_2SO_4} CH_3(CH_2)_5\underset{\underset{O}{\|}}{C}CH_3$

五、用化学方法鉴别下列各组物质。

1. 分别加入希夫试剂，不变色的是丙酮，变紫红色的是甲醛、乙醛，再分别向其中加入硫酸，不褪色的是甲醛，褪色的是乙醛。

2. 分别加入希夫试剂，不变色的是丙酮，变紫红色的是苯甲醛、丙醛，再分别向其中加入菲林试剂，加热，产生红色沉淀的是丙醛，无红色沉淀产生的是苯甲醛。

第六节　羧酸

练一练1答案

1. 2-甲基丁酸　　2. 3-环戊基丙酸　　3. 2-氯-1,4-丁二酸

练一练2答案

1. 甲酸>苯甲酸>乙酸>苯酚　　2. 对硝基苯甲酸>苯甲酸>对甲基苯甲酸

练一练3答案

1. $CH_3CH_2COOH + CH_3CH_2OH \xrightarrow[\triangle]{浓H_2SO_4} CH_3CH_2COOC_2H_5 + H_2O$

2. $-COOH + CH_3CH_2OH \xrightarrow[\triangle]{浓H_2SO_4}$ $-COOC_2H_5 + H_2O$

3. $\begin{array}{l} CH_2CH_2COOH \\ | \\ CH_2CH_2CH_2COOH \end{array} \xrightarrow{\triangle}$ ⬡=O $+\ H_2O\ +\ CO_2\uparrow$

目标检测参考答案

一、选择题。

1-5　ADBCA　　　6-10　DABDB

二、判断题。

1-5　×√√×√　　　6　×

三、命名下列化合物或根据名称写出其结构简式。

1. (E)-4-羟基-2-戊酸　　　　　　　2. 3-邻羟基苯基戊酸

3. 3-甲基丁酸　　　　　　　　　　4. 3-甲基-2-丁烯酸

5. 丁二酸　　　　　　　　　　　　6. 丁烯二酸

7. $CH_3CHCH_2CH_2COOH$

    ⬠

8. $CH_3CH-CHCH_2COOH$
       $\quad\ \ |\ \ \ \ |$
       $\quad CH_3\ \ CH_3$

9. $\begin{array}{l} COOH \\ | \\ COOH \end{array}$

四、按酸性由强到弱的顺序排列以下各组化合物。

1. α-羟基乙酸>乙酸>碳酸>苯酚>水>乙醇

2. 草酸>甲酸>苯甲酸>乙酸>碳酸>苯酚

五、完成下列化学反应方程式。

1. $CH_3COOH+SOCl_2 \longrightarrow CH_3\overset{\overset{\displaystyle O}{\|}}{C}-Cl+SO_2\uparrow+HCl\uparrow$

2. $CH_3COOH+CH_3CH_2OH \xrightarrow[\triangle]{浓H_2SO_4} CH_3COOC_2H_5+H_2O$

3. $CH_3COOH+NaHCO_3 \longrightarrow CH_3COONa+CO_2\uparrow+H_2O$

4. $\begin{array}{l} CH_3COOH \\ CH_3COOH \end{array} \xrightarrow[\triangle]{P_2O_5} \begin{array}{l} H_3C-\overset{\overset{\displaystyle O}{\|}}{C} \\ \qquad\qquad\ \ \ \diagdown \\ \qquad\qquad\qquad O+H_2O \\ \qquad\qquad\ \ \ \diagup \\ H_3C-\underset{\underset{\displaystyle O}{\|}}{C} \end{array}$

六、用化学方法鉴别下列各组化合物。

1. 加碳酸氢钠，产生气体的是乙酸和草酸，没有气体产生的是乙醇；再用酸性高锰酸钾，使之褪色的是草酸。

2. 加碳酸氢钠产生气体的是苯甲酸；再用溴水，产生白色沉淀的是苯酚。

第七节 取代羧酸

练一练1答案

1. 一氟乙酸　　2. 2-氯丁酸　　3. 三氯乙酸

练一练2答案

1. 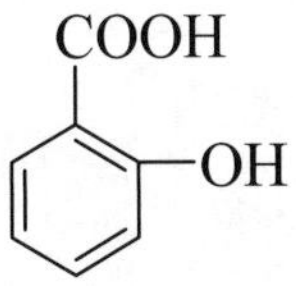
$$\text{COOH}$$
（邻羟基苯甲酸结构）—OH

2. $CH_3CHCOOH$ ，下方 OH

3. CH_3CCH_2COOH （酮基 O 在第二个碳上）

4. $HOOCCH-CHCOOH$ ，两个 OH

目标检测参考答案

一、填空题。

1. 氢　　　2. 氢，醇酸，酚酸　　　3. 苯酚，二氧化碳　　　4. 酮基，羧基，$\alpha-$，$\beta-$，$\gamma-$

二、选择题。

1-5　BBDBC　　6-10　ADBDA

三、写出下列化合物的名称或结构。

1. 对甲基苯基-3-氯丙酸　　2. 3-羟基丙酸　　3. 2-对羟基苯基丙酸

4. 2-甲基-5-己酮酸　　5. $HOOCCH-CHCOOH$ ，两个 OH　　6.
$$\text{OH} \\ \text{COOH}$$

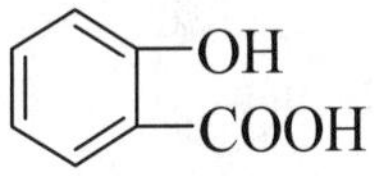

7. $CH_3CHCOOH$ ，下方 OH　　8. CH_3CCH_2COOH （酮基 O）

四、完成下列化学反应方程式。

1. $RCHCH_2CH_2COOH \xrightarrow{\triangle} RCH=CHCH_2COOH$ （下方 OH）

2.
$$\text{邻羟基苯甲酸} \xrightarrow{\triangle} \text{苯酚-OH} + CO_2\uparrow$$

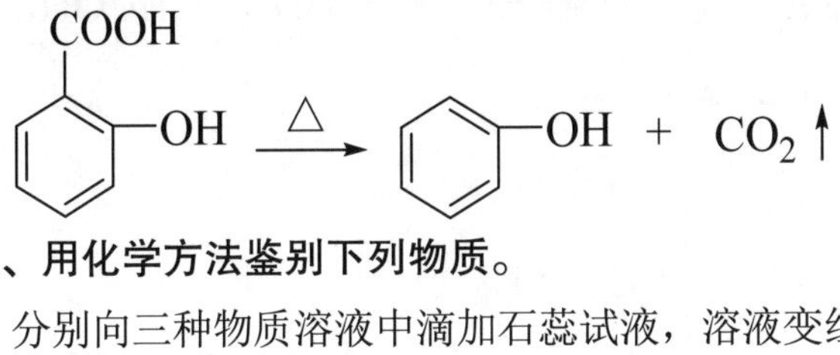

五、用化学方法鉴别下列物质。

1. 分别向三种物质溶液中滴加石蕊试液，溶液变红色的是苯甲酸和水杨酸，不变色的是苯甲醇。再分别向苯甲酸和水杨酸中滴加 $FeCl_3$ 溶液，显紫色的是水杨酸，不变色的是苯甲酸。

2. 分别向三种物质溶液中滴加 $FeCl_3$ 溶液，显紫色的是水杨酸和苯酚，不变色的是乙酰水杨酸。在分别向水杨酸和苯酚中滴加 $NaHCO_3$ 溶液，有气体产生的是水杨酸，无气体产生的是苯酚。

第八节　羧酸衍生物

练一练1答案

1. $\mathrm{CH_3\overset{\overset{\large O}{\|}}{C}-Cl}$

2. $\mathrm{CH_3CH_2\overset{\overset{\large O}{\|}}{C}-NH_2}$

3.

4.

5. 乙丁酐

6. 乙二酸二乙酯

7. N−甲基丙酰胺

练一练2答案

1.

2.

练一练3答案

1.

2. $$\mathrm{CH_2{=}CH\overset{\overset{\large O}{\|}}{C}OCH_3 + n\text{-}C_4H_9OH \xrightleftharpoons{p\text{-}CH_3C_6H_4SO_3H} CH_2{=}CH\overset{\overset{\large O}{\|}}{C}OHC_4H_9\text{-}n}$$

练一练4答案

1.

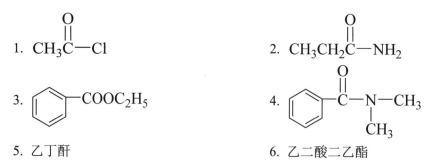

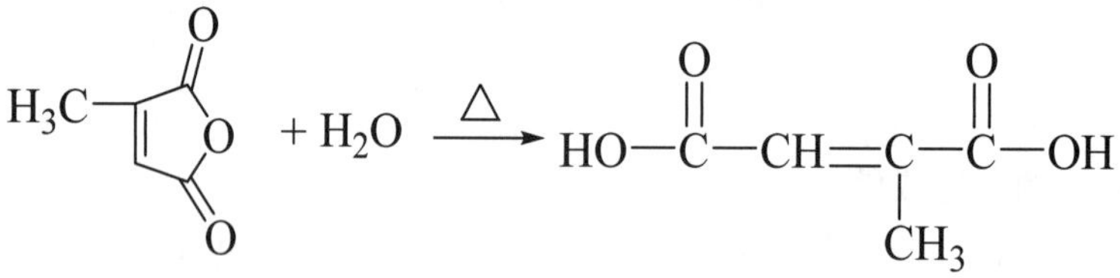

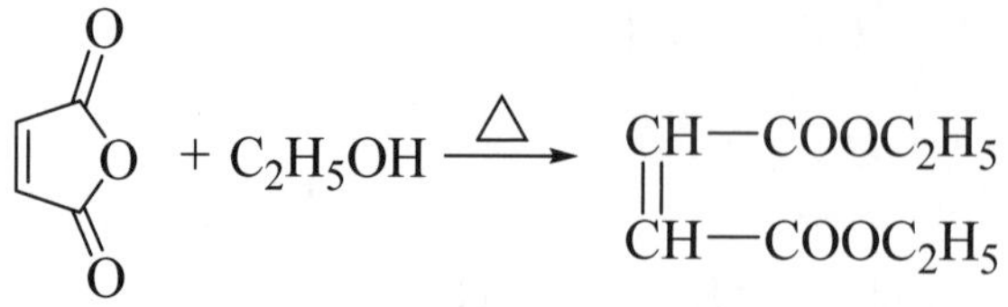

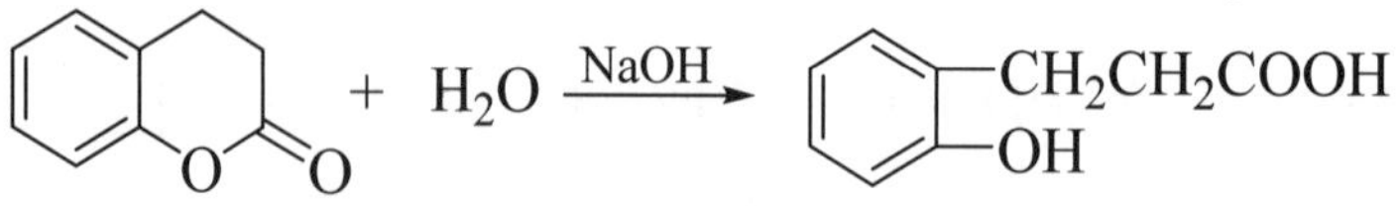

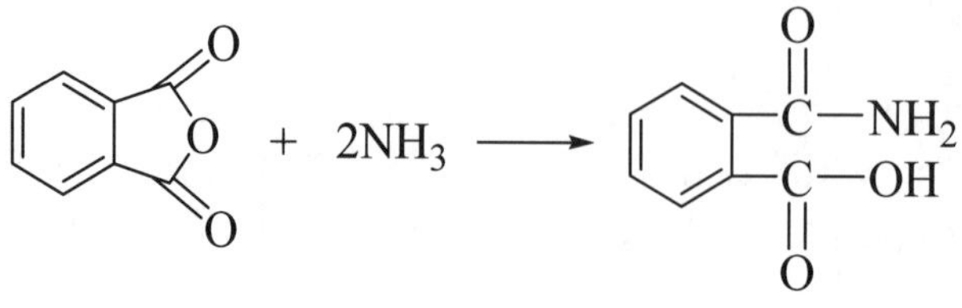

2. $CH_3\underset{\overset{|}{OH}}{CH}COOC_2H_5 + NH_3 \longrightarrow CH_3\underset{\overset{|}{OH}}{CH}CONH_2 + C_2H_5OH$

目标检测参考答案

一、选择题。

1-5　BCDCC

二、命名下列化合物或写出其结构简式。

1. 3-甲基苯甲酰氯

2. 乙丙酸酐

3. 3-甲基-1,2-苯二甲酸酐

4. 对甲基苯乙酸乙酯

5. 苯甲酰胺

6.
$$\begin{array}{c} CH_3CH_2\overset{\overset{O}{\|}}{C} \\ \quad\quad\quad\quad O \\ CH_3CH_2\underset{\underset{O}{\|}}{C} \end{array}$$

7. $H_2C\overset{COOCH_3}{\underset{COOCH_3}{<}}$

8. $\text{Ph}-NH-\overset{\overset{O}{\|}}{C}-CH_3$

9. $Cl-\overset{\overset{O}{\|}}{C}-Cl$

10. $CH_3CH_2-NH-\overset{\overset{O}{\|}}{C}-CH_3$

三、完成下列化学反应方程式。

1. $HOCH_2CH_2CH_2COOH \xrightarrow{\triangle}$ (γ-丁内酯) $+ H_2O$

2. $CH_2=\overset{\overset{CH_3}{|}}{C}-COOH \xrightarrow{PCl_3} CH_2=\overset{\overset{CH_3}{|}}{C}-COCl$

3. $CH_3\overset{\overset{CH_3}{|}}{CH}COCl + CH_3NH_2 \longrightarrow CH_3\overset{\overset{CH_3}{|}}{CH}CONHCH_3$

4. $\overset{COOC_2H_5}{\underset{COOC_2H_5}{|}} + H_2N\overset{\overset{O}{\|}}{C}NH_2 \xrightarrow{C_2H_5ONa}$ (乙内酰脲衍生物)

四、用化学方法区别下列各化合物。

分别向四种物质中加水，不溶分层的是乙酸乙酯；再分别向另外三种物质中滴加石蕊指示剂，不变色的是乙酰胺，溶液变红色的是乙酸和乙酰氯；再分别向乙酸和乙酰氯中滴加 $AgNO_3$ 溶液，产生白色沉淀的是乙酰氯，无沉淀的是乙酸。

第四单元　含氮有机化合物

第一节　硝基化合物

练一练1答案

1. 2,4,6-三硝基甲苯　　　2. 4-硝基苯乙酮　　　3. 3-硝基苯甲醛

4. 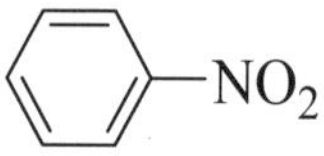 　　5.  CH_3——NO_2　　6. 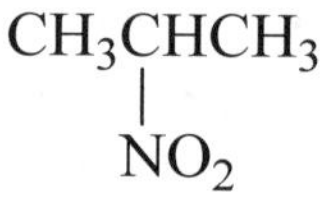 CH_3CHCH_3 | NO_2

练一练2答案

四种物质的酸性强弱顺序为：（1）＜（2）＜（3）＜（4）。

硝基是强吸电子基，使得硝基的邻、对位羟基所连碳原子电子密度降低，从而使羟基氢更容易电离，显示酸性，苯环上连接的硝基越多，酸性越强。

练一练3答案

三支试管中加入蒸馏水后，试管中都出现分层现象，因为硝基化合物都不溶于水，且密度都比水大。继续加入强碱氢氧化钠溶液，摇匀后硝基甲烷、2-硝基丙烷的试管中分层现象消失，而装有硝基苯的试管无现象，因为硝基甲烷、2-硝基丙烷都含有 α-H，显示明显的酸性，能与氢氧化钠反应生成可溶性盐。而硝基苯无 α-H，与氢氧化钠不反应。

目标检测参考答案

一、选择题。

1-5　ACDAC　　6-8　DDD

二、命名下列化合物或者写出其结构式。

1. 3-硝基苯胺　　　2. 4-硝基乙酰苯胺　　　3. 2-甲基-4-硝基戊烷

4. 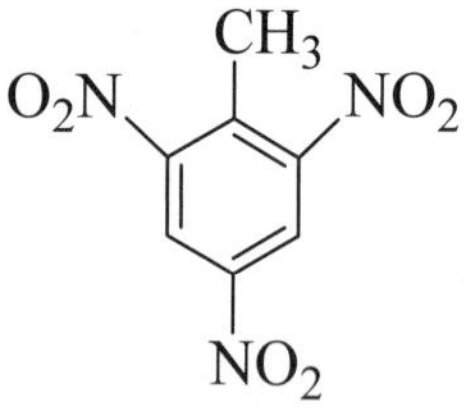 　　5.

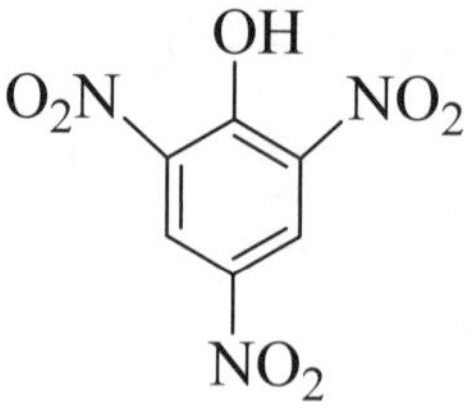

三、完成下列化学反应方程式。

1.

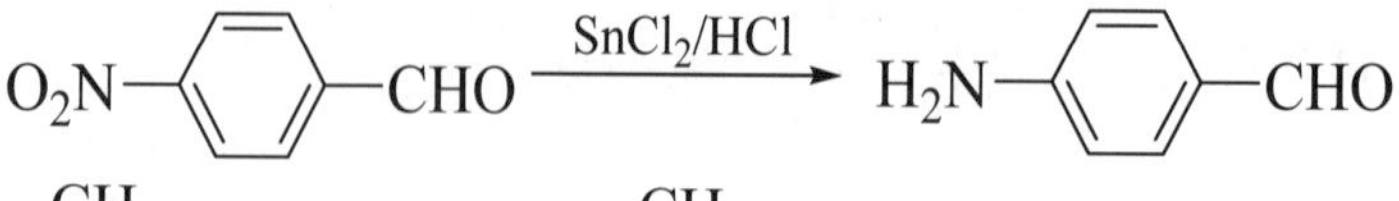

2.

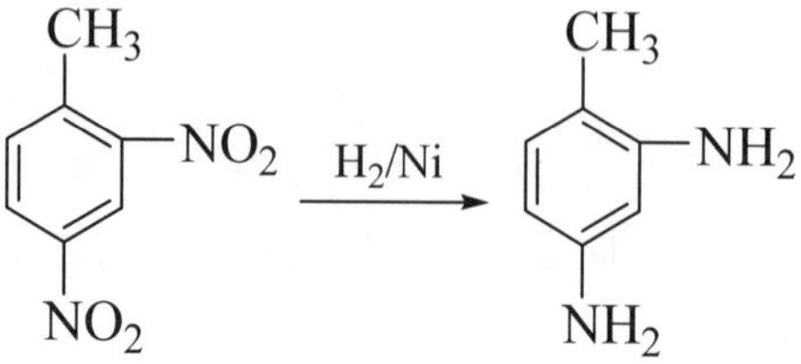

3. $CH_3CH_2NO_2 + NaOH \longrightarrow [CH_3CHNO_2]^- Na^+ + H_2O$

4. 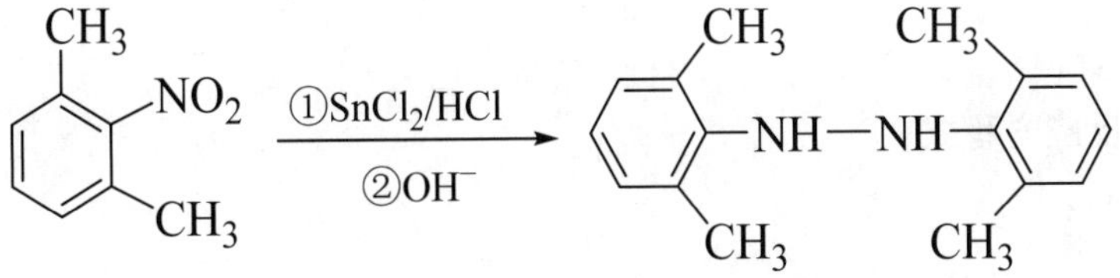 $\xrightarrow[\text{②OH}^-]{\text{①SnCl}_2/\text{HCl}}$

第二节 胺和季铵化合物

练一练1答案

1. N,N–二甲基苯胺　　　2. 叔丁胺　　　3. N,N–二乙基–3–甲基–2–氨基戊烷

练一练2答案

1. 碱性：二甲胺＞甲胺＞苯胺
2. 碱性：对甲氧基苯胺＞苯胺＞对硝基苯胺

练一练3答案

（1）是仲胺，（2）、（4）是伯胺，能和苯磺酰氯发生磺酰化反应；（3）、（5）是叔胺，不能和苯磺酰氯发生磺酰化反应。

练一练4答案

该反应时硝基苯在酸性条件下的还原反应，生成苯胺。

实验现象：硝基苯不溶于水，生成的苯胺易溶于水。

目标检测参考答案

一、选择题。

1-5　DABBA　　6-10　CCADD

二、命名下列化合物或者写出其结构式。

1.

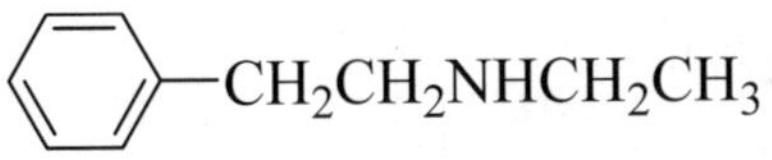

2.

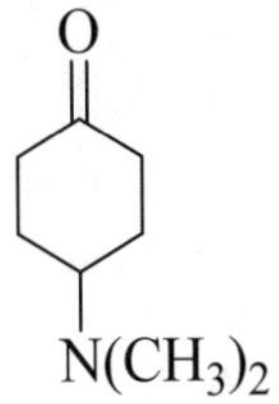

3.

4.

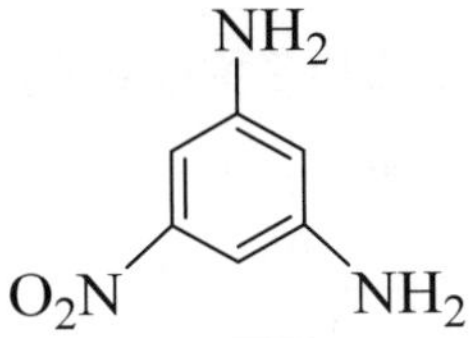

5.

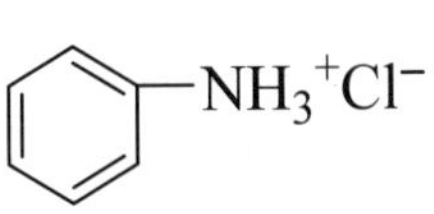

6.

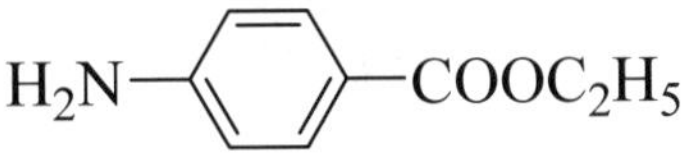

7. N,N–二甲基苯胺

8. 3–氨基苯甲醚

9. 甲基异丙基胺

10. 2–硝基–4–氯苯胺

11. 1–氨基–4–苯基环己烷

12. 氢氧化二乙铵

三、完成下列化学反应方程式。

1.

$$\text{（环己酮）} + \text{（环己胺）} \xrightarrow{\text{H}_2/\text{Ni}} \text{C}_6\text{H}_{11}\text{-NH-C}_6\text{H}_{11}$$

2.

$$\text{（对硝基甲苯）} \xrightarrow{\text{Fe+HCl}} \text{（对甲基苯胺）}$$

3. $(CH_3)_2CHNHCH(CH_3)_2 \xrightarrow[\text{HCl/H}_2\text{O}]{\text{NaNO}_2} (CH_3)_2CHN(N=O)CH(CH_3)_2$

4. $H_2N\text{—}\langle\text{苯环}\rangle\text{—NO}_2 \xrightarrow[\text{②H}_2\text{O,}\triangle]{\text{①NaNO}_2/\text{HCl}} HO\text{—}\langle\text{苯环}\rangle\text{—NO}_2$

四、用化学方法鉴别下列物质。

分别向三种物质中加入亚硝酸钠和强酸和盐酸，样品溶解且有气体放出的是苯胺，产生黄色油状物的是 N–甲基苯胺，产生橘黄色物质的是 N,N–二甲基苯胺。

第五章　生命关联有机物

第一节　杂环化合物

练一练1答案

1. 环戊二烯　　2. 噻吩　　3. 2–氯喹啉　　4. 2–氯萘
其中 2 和 3 属于杂环化合物，1 和 4 不是杂环化合物。

目标检测参考答案

一、选择题。

1-4　ABCA

二、写出下列化合物的名称或结构简式。

1. 呋喃　　2. 噻吩　　3. 吡咯　　4. 吡啶　　5. 吲哚

6. （四氢呋喃）　7. （糠醛）　8. （嘧啶）　9. （喹啉）　10.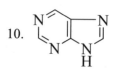

三、完成下列化学反应方程式。

1. 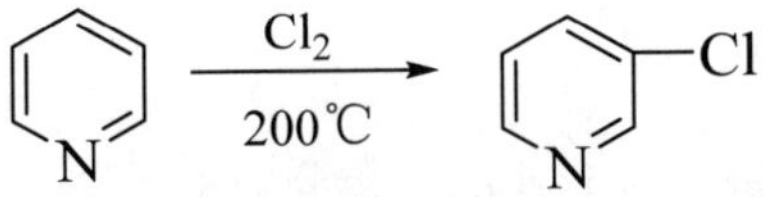 吡啶 $\xrightarrow[200\,℃]{Cl_2}$ 3-氯吡啶

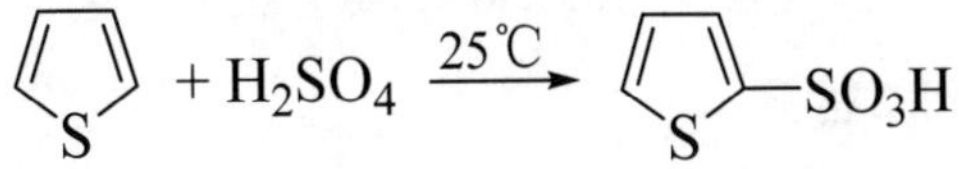

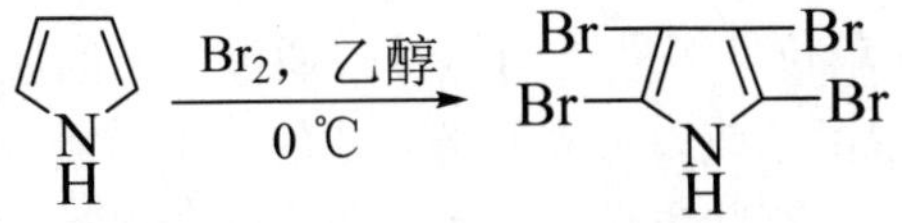

2. 噻吩 $+ H_2SO_4 \xrightarrow{25\,℃}$ 噻吩-2-磺酸（SO_3H）

3. 吡咯 $\xrightarrow[0\,℃]{Br_2,\ 乙醇}$ 四溴吡咯（Br, Br, Br, Br）

4. 呋喃 $+ Ac_2O \xrightarrow{BF_3}$ 2-乙酰基呋喃（$COCH_3$）

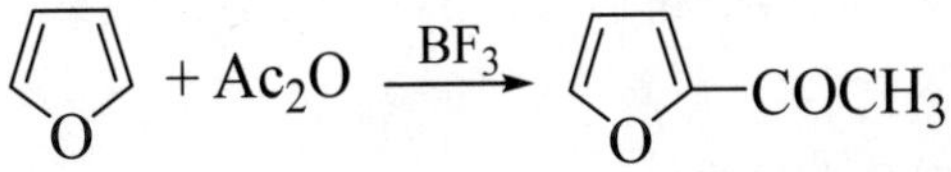

第二节　糖类化合物

练一练1答案

A 和 C 是对映异构，A 和 B 是对映异构，A 和 D 是对映异构

练一练2答案

1. 碳、氢、氧，2∶1　　　2. 醛、酮　　　3. 单糖、寡糖、多糖

4. 手性碳原子是指人们将连有四个不同基团的碳原子

练一练3答案

1. 葡萄糖、果糖、蔗糖三种化合物都是糖，葡萄糖、果糖是单糖，具有还原性，能被托伦试剂和斐林试剂氧化，而蔗糖是非还原性双糖，因此，可用托伦试剂和斐林试剂将蔗糖与葡萄糖、果糖区别。葡萄糖是醛糖，可被溴水氧化，而果糖是酮糖，不被溴水氧化，因此，溴水可将二者区别。

2. 蔗糖分子中无苷羟基，其水溶液无变旋光现象，无还原性，不能与托伦试剂、本尼迪克特试剂反应，是非还原性双糖。乳糖具有还原性的双糖，能与托伦试剂、本尼迪克特试剂反应。

目标检测参考答案

一、选择题。

1. B　　2. B、C　　3. D　　4. B　　5. A　　6. C　　7. D　　8. D　　9. D　　10. A

11. A　　12. A　　13. B　　14. C　　15. D

二、用化学方法鉴别下列化合物。

分别用碘酒和斐林试剂，淀粉遇碘变蓝，麦芽糖和斐林试剂反应生成氢氧化亚铜砖红色沉淀。

第三节　氨基酸、多肽、蛋白质和核酸

练一练1答案

1. 2-氨基-3羟基丁酸　　2. 3-苄基-2-氨基丙酸　　3. 2,6-二氨基己酸

练一练2答案

多肽和蛋白质都是以 α-氨基酸为基本组成单位。多肽是由氨基酸通过分子间脱水而成的，氨基酸之间通过肽键相连。蛋白质通常是由两条或以上多肽链组成的，蛋白质分子中的多肽链更长，相对分子质量更大，结构也更复杂。有些蛋白质分子中除了多肽链外，还含有糖、脂肪和含磷、含铁等非蛋白质的辅基。

目标检测参考答案

一、选择题。

1-5　CABDC　　　6-10　ACBDA

二、判断题。

1-5　× √ √ × ×

三、填空题。

1. $R-\underset{\underset{NH_2}{|}}{CH}-COOH$、甘氨酸

2. 氨基酸、一、二

3. 盐析、加热、紫外光照射、重金属盐、盐析

4. 核糖核酸（或 RNA）、脱氧核糖核酸（或 DNA）

四、完成下列化学反应方程式。

1. $CH_3-\underset{\underset{NH_2}{|}}{CH}-COOH + HCl \longrightarrow \left[CH_3-\underset{\underset{N^+H_3}{|}}{CH}-COOH\right]Cl^-$

2. $CH_3-\underset{\underset{NH_2}{|}}{CH}-COOH + NaOH \longrightarrow \left[CH_3-\underset{\underset{NH_2}{|}}{CH}-COO^-\right]Na^+ + H_2O$

3. $RCH-CH_2COOH \overset{\triangle}{\longrightarrow} RCH=CH_2COOH + NH_3$
   $\ \ \ |$
   $\ NH_2$

4. $CH_3-\underset{\underset{NH_2}{|}}{CH}-COOH + CH_3-\underset{\underset{NH_2}{|}}{CH}-COOH \xrightarrow[H^+或OH^-,\triangle]{-H_2O}$

   $CH_3-\underset{\underset{NH_2}{|}}{CH}-CONH-\underset{\underset{CH_3}{|}}{CH}-COOH$

五、用化学方法鉴别下列化合物。

分别向三种物质中加入茚三酮水溶液，溶液显蓝紫色的是 α-氨基丙酸，再分别另两种物

质中硝酸银的乙醇溶液，有沉淀产生的是 α-溴代丙酸，无沉淀产生的是 α-羟基丙酸。

第四节　类脂化合物、萜类化合物、甾族化合物、生物碱

目标检测参考答案

一、选择题。

1-5　CBBBA　　6-10　BABDA　　11-12　CD

二、填空题。

1. 油脂、类似油脂的化合物

2. 异戊二烯、2、4

3. 环戊烷并多氢菲、维生素 D

三、指出下列化合物的碳干怎样分割成异戊二烯单元。

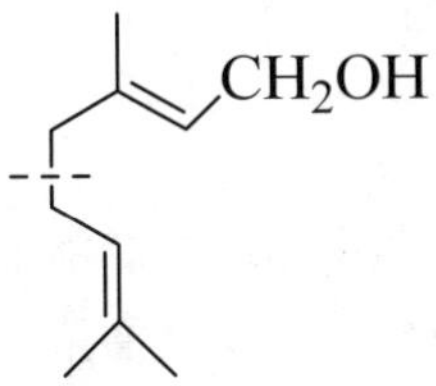

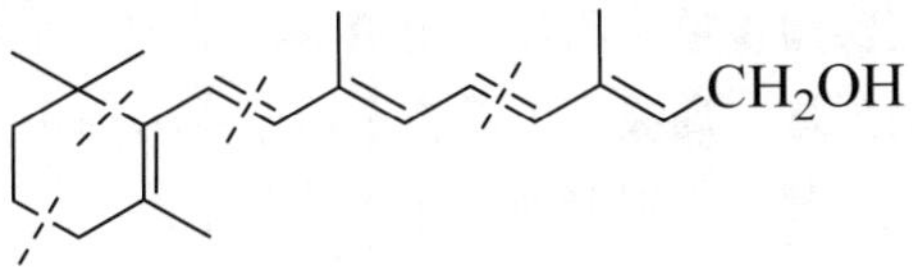

四、用化学方法鉴别下列物质。

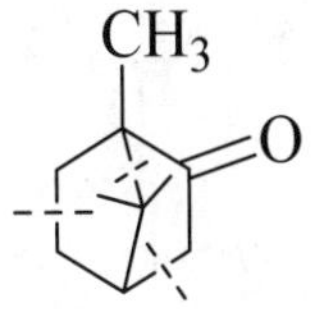

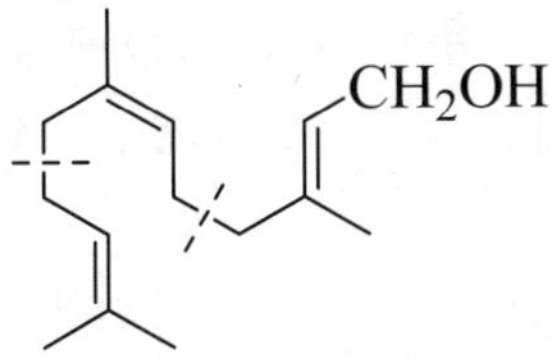

分别向两种物质中加入斐林试剂，加热，有红色沉淀产生的是柠檬醛，无红色沉淀产生的是樟脑。

实验部分

实验一　芳香烃的性质

问题与讨论答案

1. 芳香烃的性质有：加成反应、还原反应、氧化反应、取代反应等。

2. 脂环烃是碳骨架为环状而性质和开链烃相似的烃类。由于环的存在限制了碳碳单键的自由旋转，脂肪烃中存在几何异构现象。脂肪烃的化学性质基本上就是开链烷烃和开链烯烃的化学性质。

脂肪烃的物理性质，例如沸点、熔点、相对密度等，随分子中碳原子数的递增而呈现出有规律变化，常温下的状态则由气态逐渐变成液态、固态。

芳香烃不溶于水，但溶于有机溶剂，如乙醚、四氯化碳、石油醚等非极性溶剂。一般芳香烃比水轻；沸点随相对分子质量升高而升高；熔点除与相对分子质量有关外，还与其结构有关，通常对位异构体由于分子对称，熔点较高。

3. 高锰酸钾溶液中用硫酸酸化后，可提高高锰酸钾的氧化性。

实验二　卤代烃的性质

问题与讨论答案

1. 不同卤代烃发生取代反应的活性大小顺序：

叔卤代烃＞仲卤代烃＞伯卤代烃；

烯丙型（苄基型）＞卤代烷型＞乙烯型；

碘代烃＞溴代烃＞氯代烃。

2. 溴乙烷发生消除反应后产生的气体为乙烯。乙烯既能使溴水褪色，又能使酸性高锰酸钾溶液褪色，其发生的反应类型不同。乙烯使溴水褪色，发生的是加成反应；而乙烯使酸性高锰酸钾溶液褪色，发生的是氧化反应。

实验三　醇和酚的性质

问题与讨论答案

1. 用卢卡斯试剂鉴别伯、仲、叔醇时，实验成功的关键在于实验所用的醇要能溶于卢卡斯试剂，若不溶，则反应前后都出现分层，就无法判断是否起了反应。其次盐酸浓度要足够浓，否则实验现象不明显。用卢卡斯试剂不能鉴别六个碳以上（不包括六个碳）的伯、仲、叔醇，因为这些高级醇本身就不溶于卢卡斯试剂，所以将它们加到卢卡斯试剂中，不管是否发生反应，都会出现混浊，即无法鉴别。

2. 乙醇和苯酚都含有羟基。乙醇分子中与羟基相连的是乙基，乙基是推电子基，使羟基氧上的电子云密度变大，更难电离出氢离子；而苯酚分子中与羟基相连的是苯环，由于羟基氧的未共用电子对与苯环发生 p-π 共轭，从而导致了苯酚氧上的电子云密度变小，更容易电离出氢离子。

3. 苯酚比苯更容易发生取代反应，是因为酚羟基能使苯环活化，取代反应变得更容易。

实验四　醛和酮的性质

问题与讨论答案

1. 醛、酮可以用银镜反应鉴别：银氨络合物可以被醛类化合物还原为银。在样品溶液中加入银氨络合物，生成银镜的即为醛，不生成的为酮。

醛、酮也可以用氢氧化铜鉴别：醛类可以与新制氢氧化铜（斐林试剂、本尼迪克特试剂）反应，出现砖红色沉淀，酮不会发生此现象。

醛、酮还可以用希夫试剂鉴别：醛类与希夫试剂作用显紫红色，而酮类无此性质。

2. 试管内壁必须十分干净，否则产生的银将呈黑色细粒析出，而不是形成银镜；碱性条件下，有利于醛的氧化，但氨水不能过多，以免影响实验结果；反应物不能直接用明火加热，以免生成爆炸性的雷酸银；反应完毕，应加入硝酸少许，将银镜洗去，以免产生雷酸银。

3. 斐林试剂可提前配制以下溶液：

甲液：3.5 g 硫酸铜晶体溶解于 100 mL 水中，如浑浊可过滤。

乙液：17 g 酒石酸钾钠溶解于 20 mL 热水中，加入 20 mL 20%的氢氧化钠，并稀释到 100 mL。

两者分别储存，用时等量混合。

斐林试剂可与脂肪醛发生反应。

4. 具有 $\overset{\displaystyle O}{\underset{\displaystyle \|}{CH_3C}}$— 的醛、酮或者具有 $\overset{\displaystyle OH}{\underset{\displaystyle |}{CH_3CH}}$— 结构（能被次卤酸盐氧化为 $\overset{\displaystyle O}{\underset{\displaystyle \|}{CH_3C}}$—）的化合物都能发生碘仿反应。碘仿反应时，加碱不能过多，加热不能太久，否则能使生成的碘仿溶解或分解而干扰反应。

5. 希夫试剂又称品红亚硫酸试剂。品红是一种红色染料，将二氧化硫通入品红水溶液中，品红的红色褪去，得到的无色溶液称为品红亚硫酸试剂。它能跟醛作用显紫色，与酮作用不显色。这一显色反应非常灵敏，可用于鉴别醛类化合物。使用这种方法时，溶液中不能存在碱性物质和氧化剂，也不能加热，否则会消耗亚硫酸，溶液恢复品红的红色，出现假阳性反应。

实验五　羧酸及其衍生物的性质

问题与讨论答案

1. 甲酸、乙酸、草酸的酸性强弱：草酸＞甲酸＞乙酸。甲酸中与羧基相连的是 H 原子；草酸中与羧基相连的是羧基，而羧基是吸电子基，使酸性增强；乙酸中与羧基相连的是甲基，甲基是推电子基，使酸性减弱。

2. 酰卤的水解、醇解、氨解的反应活性都比酸酐强。

3. 分别向甲酸、丁酸中加入希夫试剂，溶液显紫红色的是甲酸，不显色的是丁酸。

4. 酯化反应加浓硫酸能催化反应地进行，另外浓硫酸还有吸水作用，能除去反应中生成的水，使反应向生成物方向移动。用饱和碳酸钠溶液接受生成的乙酸乙酯是因为乙酸乙酯在无机盐中溶解度减小，且碳酸钠能与蒸发出来的乙酸反应，便于闻乙酸乙酯的气味。

5. 甲酸能发生银镜反应，是因为甲酸分子中有醛基，而其他羧酸分子中没有醛基，不能发生银镜反应。

实验六　糖的性质

问题与讨论答案

1. 本尼迪克特试剂常用于尿糖的鉴定，其配方与斐林试剂不一样，其反应原理与斐林试剂略有差别，两种试剂的保存方式不同。

2. 沿管壁小心注入浓硫酸，不要摇动试管，否则紫色环会受到影响。

3. 醛糖为多羟基醛，酮糖为多羟基酮。二者结构上的区别：前者有醛基后者含有羰基，导致性质上的区别：前者可以发生银镜反应，后者不能发生银镜反应。